U0257088

〔美〕E.斯科特·邓拉普 /编
（E.Scott Dunlap）

张 缵 /译

The Comprehensive
Handbook of
校园安全
综合手册
School Safety

社会科学文献出版社
SOCIAL SCIENCES ACADEMIC PRESS (CHINA)

目　录

第一部分　校园安保

前　言

"你相信上帝吗?"射手询问年轻的凯西·伯纳尔（Cassie Bernal）。前一刻她还在学校过着和以前同样的生活，此刻却身处混乱，她回答"是"。没过一会儿，枪伤就结束了她的生命。凯西是科伦拜高中（Columbine High School）枪击案中许多受到伤害的学生之一（Bernall，1999）。科伦拜惨案使美国为之震撼。我们之前就已在文化各领域讨论安防问题，科伦拜枪击案却促使学校开始关注这个重大问题。

在现代社会，人们经常会看到:

- 使用金属探测器防止枪械和其他武器被带进学校
- 学生们身着制服，以免犯罪分子混入
- 警方进行巡视以探测暴力行为并处理出现的事故

这些现象永远改变了我们对于学校安全状况的认识。然而，学校安全这个短语不仅仅是指提前制定妥善的安保措施保护学生以及教职员工，还包括从各个层面来综合探讨环境安全保障问题。在每个暑假都会有孩子受伤，或因户外活动天气炎热，或因搭乘交通工具时没有得到足够的保护。教师会因简单的活动如装饰教室时没有站在梯子上而是爬到椅子上而受伤。行政人员会因违规操作而受伤，比如在操作设备时没有对能源进行安全设置。

本书寻求拓展学校安全领域方面的对话，全面探讨学生、教

I

职员工会遇到的安全风险问题。学校管理人员可以根据本书提供的材料制定正确的保护程序，避免他们受到伤害。

参考文献

Bernall, M. (1999). *She said Yes*. Pocket Books, New York.

编辑者

E. 斯科特·邓拉普（E. Scott Dunlap），教育博士，工业安全师，孟菲斯大学教育专业博士，东肯塔基大学阻止损失和安全专业硕士。是美国社会安全工程师协会的专业人员，拥有经美国安全专业资格委员会颁发的工业安全师执业证书（CSP）。在他开始从事工作场所安全领域的研究之前，他在东肯塔基大学的公共学校系统讲授消防教育课程。

邓拉普在马里兰的巴尔迪莫郊区的州立精神医院担任安全专家时开启他的职业生涯。随后他迁至俄亥俄州的曾斯维尔，在汽车地带公司分发中心担任安全经理人。在汽车地带公司工作三年之后，邓拉普在粮食工厂待了六年，为位于明尼苏达州明尼阿波里斯市的嘉吉公司和伊利诺伊州迪凯特市的阿彻·丹尼尔斯·米德兰公司（ADM）工作，他在这两个机构分别担任健康和安全指导。随后他在位于田纳西孟菲斯的耐克公司工作，并提出安全和健康倡议计划，耐克公司绝大部分的设备、鞋袜和服装都是从这里发往美国各个州，耐克网络公司也设立在此处。邓拉普目前在东肯塔基大学担任助教，给研究生讲授安防和应急管理课程。

除了工作职责，邓拉普还在两个粮食组织，即谷仓升降机和加工协会（GEAPS）以及全国谷物和饲料协会（NGFA）担任领导职位。他在加拿大和美国多次参加国家级及地区级召开的粮食产业会议，并担任主要发言人。他还曾在全国安全大会和美国社会安全工程师协会（ASSE）全国职业发展会议上发言。

邓拉普在关于职业安全和健康协会条例的遵守情况、运输部条例的遵守情况、行为安全以及机构安全文化领域发表了很多著作。他的作品被《职业安全》《远程学习管理在线期刊》《紧急医疗服务期刊》《世界粮食杂志》收录，被列为机动车安全和审计领域的教科书。他最近的研究课题是关于企业内部工作场所安全领域的领导力发展及介入。

贡献者

　　瑞安·K. 巴格特（Ryan K. Baggett），理学硕士，在东肯塔基大学（EKU）的安防和应急管理系担任国土安全这门课的助教。在任该职之前，他在东肯塔基大学司法和安全中心担任国土安全计划的主要负责人。他负责监督美国国土安全部门和联邦紧急管理机构的两个经费项目的运作情况。在大学警力部门工作三年之后，巴格特从 1999 年的秋天开始在东肯塔基大学工作。在中心就职的这段时间，他在司法系和国土安全系担任各种公共安全和安防项目的管理人员。这些项目的专题领域包括：国家事故管理系统/国家回应体系、技术评价和评估、农村和远程机构的培训和技术支持。直至 2011 年秋，巴格特之前在学院安防和应急管理系以及犯罪司法和警方研究系担任助理教师。他参与撰写了几本著作，最近参与撰写《国土安全和重大基础设施保护》（Praeger International，2009）。巴格特在东肯塔基大学获得犯罪司法（关注警务管理）硕士学位，从美国莫瑞州立大学犯罪司法专业获得学士学位。他目前正全力撰写关于教育领导力和政策研究的博士论文。

　　帕梅拉·A. 柯林斯（Pamela A. Collins），教育博士，在肯塔基州里士满市东肯塔基大学司法安全学院司法安全中心担任联邦资助项目的首席研究员和高级项目管理人员，并担任研究生院的代理院长，以及损失阻止和安全专业的系主任。她在安防和应急管理部门担任教授，指导本科生和研究生进行安防领域的研究。柯林斯在 1998 年成立并开始运作的司法安全中心（JSC）负责指导项目的实施和完善工作。当她首次来到该中心时，那里只运作三个由联邦资助的项目，总金额约两百万美元。从价值两百万美元的这三个项目开始，十年之后司法安全中心运作的项目超过七个，这些项目由联邦、州政府和当地部门资助，总金额超过一亿两千五百万美元。

柯林斯获得安防和公共安全专业的本科学位后，在东肯塔基大学拿到犯罪司法硕士学位，在肯塔基大学拿到教育政策博士学位。她是一名注册舞弊审查师。柯林斯在加州州立大学东湾分校和斯坦福大学完成博士后研究。

在来到东肯塔基大学之前，柯林斯是一名工业安全专员，为通用电气公司和航空发动机公司服务，并担任产业风险保险公司的消防安全工程师。她还在肯塔基乔治郡的丰田汽车公司担任顾问，在那里她用大约一年的时间制定安全预案。她还为国内以及国外的多家公司提供安全咨询服务。

柯林斯在美国工业安全国际指导委员会协会工作了几年，并带头把私人保镖从业指南修改成标准版本。她在该委员会的部分早期工作是核查研发机构制定标准时的操作过程，她在委员会任职的第二年被指定负责这项工作。她还担任美国工业安全世界协会和犯罪司法科学学会委员会的主席，所有这些职位都和安全和阻止犯罪有关。

罗纳德·多森（Ronald Dotson），理学硕士，东肯塔基大学职业安全和健康专业的教授，肯塔基安全和健康网络工作委员会的负责人。他是职业安全和健康培训机构的培训人员，他自己开办有挖掘机场。多森是国际医学史学会执有从业资格证书的安全健康指导，是经美国执证安全人员委员会认证的健康和安全技术员，是美国安全工程师协会、安全健康管理机构和国家安全专家协会的活跃成员。他目前的研究兴趣包括场地安全和教育服务业雇员的职业受伤问题。

多森在安全工作领域的研究背景包括各种技术和环境管理，如美国海军预备队的军事建造项目，担任一些小型的挖掘业承包商和经营个人挖掘公司。最近，多森为肯塔基住宅承包商提供安全培训。他在肯塔基的一所公立学校担任橄榄球教练，为各种安防和个人保护项目、重型设备操作培训、商业交通工具驾驶、柴油机机械装置以及执法担任指导工作。

作为在肯塔基阿什兰供职的高级警官，他获得一些奖项，并被授予"荣誉勋章"。在巡视和调查之余，他担任肯塔基里士满犯罪司法培训部门的指导。他的工作是为新进员工提供防御技巧和体育健身方面的培训，以及培训熟练员工。在离开刑事司法培训部门不久，他就为刑事司法培训部门的国土安全部提供化学物品知识培训和筹备工作，并提供个人设备保护以及处理可疑包裹事项的培训。

多森在克鲁格国际定制家具连锁集团美国分公司（KI USA Corporation）担任安全管理经理，在他的带领下，公司降低了46%的伤亡率，成为肯塔基微软电子表格软件协会的首届会员。在他的任期内，他创造了 KI 公司史上工人赔付最低花费的纪录。

多森在梅斯维尔的肯塔基社区技术学院重型设备操作课程顾问委员会任职。他还在东肯塔基大学的一些委员会以及肯塔基安全和健康网络奖学金委员会任职。

保罗·英格利希（Paul English），安全防范认证师，他是肯塔基大学安防和应急管理系的副教授。他曾就职于世界 100 强公司，包括雀巢和福特汽车公司，负责职业安防和应急回应的各方面工作。在福特汽车公司工作期间，他设计了三个新的交通工具，他的创新举措减少了伤害和疾病，他因此而代表美国人民得到总统健康安全创新奖。他目前供职于佛罗里达的奥卡拉的 E-One Inc.，担任环境健康和安全负责人。

加里·D. 佛克米尔（Gary D. Folckemer），学士，警局下士，在东肯塔基大学公共安全部门负责应急管理工作。他曾是一名美国陆军军事警察，后来在丽思达卡尔顿酒店集团担任安保管理人员，并且在 Corrections Corporation of America（译者注：美国矫正公司，美国首家私营监狱机构）担任狱警，在美国大学和东肯塔基大学担任校警。他在佛罗里达州巴拿马市湾岸社区学院获得大专理科学位，在华盛顿哥伦比亚特区的美国大学获得心理学专业学士学位。他目前在东肯塔基大学司法安全学院安防和应急管理专业攻读硕士学位。他和他的妻子南希住在肯塔基的里士满。

格雷格·戈贝特（Greg Gorbett），理学硕士，在肯塔基州里士满市东肯塔基大学消防工程技术专业担任助教。目前在美国国家消防协会技术委员会参与制定"火灾调查人员专业资格标准"，并在全国消防协会担任副指挥。在过去的11年，他在肯尼迪联合公司、麦迪逊县火灾调查工作队、科迪亚克消防安全部门担任消防爆炸专家。他开办了自己的咨询公司。戈贝特拥有两个学士学位，即消防科学学士学位和法务科学学士学位。他还获得两个硕士学位，即消防执行领导硕士学位和消防保护工程硕士学位。他是伍斯特理工学院火灾保护工程专业的博士研究生。他是注册火灾爆炸调查员、注册火灾调查员、注册火灾保护专家、注册交通工具火灾调查员、注册火灾指导员。戈贝特被选为火灾工程师协会的正式成员。

凯莉·戈贝特（Kelly Gorbett），博士，是国家级注册校园心理师，在肯塔基列克星敦的费耶特县公立学校担任全职校园心理师。戈贝特毕业于印第安纳的安哥拉的三州大学，在心理学和犯罪司法专业获得学士学位。她在印第安纳的曼希市鲍尔州立大学的研究生院获得咨询硕士学位和校园心理学博士学位。她是校园心理师国家协会的成员，肯塔基校园心理学协会的成员。

威廉·D. 希克斯（William D. Hicks），理学硕士，在肯塔基里士满的东肯塔基大学安防和应急管理部门担任助教。希克斯在消防安全工程技术专业获得学士学位，在东肯塔基大学安全和防止亏损专业获得硕士学位。他在美国政府消防部门担任消防队长，在全国消防学会担任消防执行官，在国际消防队长协会担任首席消防官。他是国家消防调查员协会和国际纵火犯调查员协会调查火灾、纵火案和爆炸案的注册调查员，以及国家火灾保护协会的注册火灾保护专家。他在几个技术领域担任企业咨询顾问，如火灾保护探测和灭火系统、紧急响应系统和紧急管理准备领域。

埃米·C. 休斯（Amy C. Hughes），理学硕士，在东肯塔基大学司法安全中心联邦资助项目即农村家庭准备联盟担任执行理事。休斯监督数百万美元国家项目各方面的运作情况，为小型及农村紧急响应团体进行高质量全方位的培训。

休斯在肯塔基大学获得商业联络学士学位，在东肯塔基大学获得安防和应急管理硕士（SSEM）学位。她在州政府政策方面拥有广泛的经验，包括国土安全保障、紧急管理和灾难管理等争议性方面的工作。休斯在国家紧急管理协会担任高级政策分析师，及紧急管理互助契约管理人员。在2004年的几场飓风即查利飓风、弗朗西丝飓风、伊凡飓风和珍妮飓风来袭期间的互助救助中为超过3000万美元的人力和设备资产的流动提供支持。休斯是东肯塔基大学安防和应急管理（SSEM）部门的兼职教师、著作等身的研究人员及作家。她在过去的十五年里参与资助项目经营和管理工作。

特里·克兰（Terry Kline），教育博士，1997年8月在东肯塔基大学担任教授，2007年7月在东肯塔基大学交通安全协会担任项目合作者。他在州交通学校（教室）的肯塔基交通电器部担任项目指挥，担任新手驾驶员渐进式驾照项目指挥，该项目为交通安全机构的签约项目提供140万美元的经费资助。他还担任东肯塔基大学肯塔基摩托车驾驶员教育项目的指挥，该项目是由肯塔基司法和公共安全顾问团签订，在24个地区的培训点为新手和有经验的骑手们提供110万美元的培训经费。他在美国驾驶员和交通安全教育协会（ADTSEA）担任主席，制定大纲标准。他是米勒斯维尔州大学教育专业学士、中央密苏里大学安全专业硕士、得克萨斯 A&M 大学工业教育/大纲设计专业博士。

克兰在宾夕法尼亚的印第安纳大学担任兼职教授，在得克萨斯 A&M 大学担任研究人员和讲师，在中央华盛顿大学担任兼职教授，在华盛顿州担任地区交通安全专家，在中央密苏里大学担任研究助手，在宾夕法尼亚担任高中驾驶员教育教员。在超过 8 个州和全国协会会议举办提高驾驶技巧的讲座。克兰为铁路公路交叉路口项目、小学自行车教育项目、初中交通安全项目、禁止酒后驾驶中级教育项目、成年人商业驾驶技能提高项目、禁止成年人酗酒的教育项目制定大纲。他为《美国驾驶员和交通安全教育协会编年史》《美国驾驶员和交通安全教育协会新闻和评论》，以及一家关于交通安全教育研究领域的具有学术参考价值的国家级期刊担任编辑。他还为肯塔基、宾夕法尼亚、华盛顿、得克萨斯的州级刊物担任编辑。他发表四十多篇关于驾驶员和交通安全问题的文章，为几家国家级杂志撰稿。他是培生出版社发行的关于驾驶员权利的相关支撑材料的教科书的作者，以及关于驾驶员和交通安全教育的《教育百科全书》的作者。

他和当地媒体和国家级媒体一起为交通安全教育提供支持，在 2004 年波特兰会议上被授予令人梦寐以求的美国驾驶员和交通安全教育协会理查德凯伍德奖。克兰目前正从事全州范围内的课程制定工作，并为肯塔基驾驶员和交通安全教育认证组织的车内培训指导员项目而工作。

迈克尔·兰德（Michael Land），教育博士，在东肯塔基大学实验室和网络部门，以及司法安全学院担任指挥。除了在东肯塔基大学 20 年的工作时间，他还为州以及联邦机构技术设计和执行各方面工作担任顾问咨询。在肯塔基大学任职期间，他讲授大约三十门关于安保和防止亏损专业的课程。他还开办了几家私人企业，并且在几家关于工作场所安全、遵守规章制度和安保方面的私人公司担任顾问。他在东肯塔基大学安全和防止亏损专业获得学士学位，在防止亏损管理专业获得硕士学位，并在林肯纪念大学教育领导专业获得博士学位。

林恩·麦科伊·西曼黎（Lynn McCoy-Simandle），博士，肯

塔基大学的毕业生，担任学校心理师，和无数受欺凌的孩子以及年轻人一起工作。自从在肯塔基的列克星敦的费耶特县的公立学校退休以后，他在肯塔基学校安全中心担任学校安全顾问，出席了无数为教师、管理人员、家长和学生们举办的关于欺凌行为的研讨会。

希拉·普雷斯利（Sheila Pressley），博士副教授，在肯塔基里士满的东肯塔基大学环境健康科学部门担任副教授。她的研究兴趣包括环境对于孩子们健康的影响，比如孩子们接触到含铅和实验室里的非法毒品的问题，以及食品安全和安保问题。除了发表著作，她还在不同的时事通讯、杂志和期刊上发表文章。她在西卡罗来纳大学获得环境健康科学学士学位，在塔夫斯大学的土木建筑学院获得硕士学位，在肯塔基大学的公共健康学院获得博士学位。她还拥有数个职业证书，比如由国家环境健康协会颁发的环境健康注册专家证书和国家公共健康监察员委员会颁发的公共健康证书。在东肯塔基大学任教之前，她还为芝加哥的一家公司工作，在该公司领导了一系列关于中西部地区环境健康和安全培训项目，以及由国家环境健康科学协会和美国环境保护组织所资助的东海岸项目。

丽贝卡·施拉姆（Rebbecca Schramm），理学硕士，在东肯塔基大学获得安防和应急管理硕士学位，在西密歇根大学获得中等教育（主修英语专业，辅修通讯专业）学士学位。她在东肯塔基大学担任兼职协调员，在人力资源、法规事务和设施工程方面颇有经验。她在密歇根的卡拉马祖的史赛克医疗器械有限公司担任环境健康和安全督导，在那儿，她和她的丈夫亚历克斯和她的两个孩子马克斯和麦肯齐共同生活。

詹姆斯·P. 斯蒂芬斯（James P. Stephens），理学硕士，1995年在东肯塔基大学的警察管理专业获得学士学位，2010年获得硕士学位。他为东肯塔基大学的司法安全学院担任兼职教员。他在执法方面有16年多的经验。他的执法生涯从1995年在肯塔基的阿什兰警局工作开始，1996 年他从肯塔基里士满的犯罪司法培训学院毕业。

1999 年他开始在肯塔基州警局供职，在那期间他从肯塔基州警方培训学会获得研究生学历。在肯塔基州警局任期内，他的警衔等级是警员、一级警员、中士、中尉和上尉。

他积极参与制定和改善应急措施和准备措施，以应对在学校设施、教堂、医院和其他机构组织出现的重大事故。他的工作包括与学校及执法管辖机构会谈，审核并评估他们制定的应急响应措施。

他参加了各种团体和会议，包括参加 2008 年、2009 年、2010年、2011 年在肯塔基校园安全中心召开的各界年会，加入肯塔基驻校警员协会，并参加肯塔基医疗联盟会议在 2008 年、2009 年、2010 年和 2011 年召开的各界年会。斯蒂芬斯在肯塔基州警局担任驻地司令官。

第一部分

校园安保

第一章 校园安全隐患评估

瑞安·K. 巴格特（Ryan K. Baggett）

帕梅拉·A. 柯林斯（Pamela A. Collins）

目　录

据统计在 2009 学年，全美约 5600 万名学龄前儿童注册了 12 个年级的课程，约 3600 万名全职教师对这些学生提供教学指导（Snyder and Dillow，2011）。不幸的是，这些学生、全体教师和行政工作人员都无法免于受到校园危机事件的侵害。这些事件包括自然灾害（龙卷风、洪灾、飓风、地震）、流行性传染病、恐怖分子的威胁以及其他的犯罪行为。这些事件的威胁不能完全从学校根除，但股东们通过对校园安全隐患进行全面评估可以更好地应对这些危机事件，并恢复正常秩序。评估有助于阻止发生某些事件，也可以在事件发生时缓和并减轻这些事件造成的冲击力。为了便于开展评估程序，本章将鉴定校园安全隐患评估的组成要素，并描述校园环境的整体优势。

本章将首先探讨在进行安全评估时，实施团队合作计划的目的和优势。这个部分将介绍团队内部成员构成、团队成员扮演的角色和责任、团队有可能完成的任务。然后将着重介绍三个方面的评估要素，包括资产和基础设施鉴定、威胁和危险评估、安全隐患评估。

资产和基础设施鉴定的相关信息将帮助相关利益者们了解和保护学校的重要资产和基础设施。对这些方面进行鉴定，有助于为设施制定适当的缓解风险的策略。与此相关，威胁和危险评估将着重探讨学校有可能遇到的威胁和危险，并强调需增强情境意识，对复杂环境和周边社区所发生的事件有所了解。威胁和危险评估是团队执行校园安全隐患评估的准备工作。

正如本章所强调的，校园安全隐患评估程序有助于鉴定各校或校区内部明显的安全隐患和风险。经过鉴定，利益相关者们可以制订计划以探讨并帮助修复这些还存在问题的安全隐患领域。除了描述评估过程，本章还将提供报告书和优先考虑对成果进行保护的相关信息。重要的是在成功完成评估之后必须以适当的格式来撰写报告书以及相关成果，这将为利益相关者们提供信息，帮助他们了解如何改善复杂情况下的安全和安保措施。

本章最后部分是一个虚拟的个案研究，它能够帮助读者们批判性地运用他们所获得的信息。该个案研究可以由小组成员独立进行，也可以作为课堂讨论工具。总体来说，本章各个小节将介绍校园安全隐患评估的基本信息；但在步入本章正题之前，应该先了解一些要点。

第一，本章不是引导读者逐步实施评估或了解如何进行评估的操作向导，而是向学校利益相关者们提供一份评估综述，以鼓励社区内部知识广博的其他成员进行更多的讨论，这些讨论能够帮助评估团队取得进步，并引发后续性评估。

第二，重要的是要了解进行评估有很多途径。其实有些方法论中用不同的术语来描述这个评估过程。本章将介绍常见的术语和方法，为评估过程提供一些对评估有帮助的因素如总体综述、可获取的资源、社团利益相关者的意愿、学校人口统计和后勤。但是，需要明确指出的是：评估不是"一刀切"的解决办法；为了证明评估方法的有用性，必须根据学校及社区的实际情况来定制评估，以预测后续活动。

评估团队

无论规模大小，社团都是由具有不同背景、教育和经历的个体所组成。不可能要求学校全体员工都具备所必须具备的知识和技能来进行校园安全隐患评估，所以吸纳各方面社团利益相关者很重要。在进行评估时，组建评估团队会对多方面评估工作产生影响，而这些不同成员在各个阶段制订的计划和拟定的报告也会派上用场。组建评估团队的第一步是要确定团队类型，以及应吸纳的成员个体类型。

从内部的角度而言，管理者们必须确定评估团队是为学区服务，还是仅为某校服务。组建一个学区范围内的评估团队有助于对校董事会进行多角度评估（美国教育部，2008）。这样的团队有

助于最大化利用资源和避免重复劳动，但要注意的是进行评估的
基本前提是根据每个学校的实际情况来定制评估。因此组建团队
时要根据团队的类型来选择团队成员。

　　组建评估团队时的一个趋势就是吸纳对评估过程有帮助的所
有个体。但是，重要的是确保团队规模的可控性，并依据有助于
评估的特定技能来选拔团队成员。团队规模根据学校或者学区的
规模和评估的复杂情况而定。接下来，在向外界寻求帮助时，校
方领导人应确定机构内部需要哪些领域的专家。表 1－1 中列出了
评估团队中应该考虑吸纳哪些学校工作人员。

表 1－1　评估团队中有可能包括的学校工作人员职位

管理人员	校长/副校长
	地区/中心办事处代表
教育人员	普通的教育人员
	特别的教育人员
驻校治安警员/安全保障工作人员	
学校护士	
建筑物和场地工作人员	咖啡厅服务人员
	保管员
	司机

　　将管理人员吸纳到评估团队将会是明智之举，因为这些人通
常可以决定经费分配和政策调整。在根据校园安全隐患评估结论
进行工作调整时，上述两项很有帮助。接下来要强调的是，
表 1－1列出的这些其他职务在学校日常事务中是不可或缺的。正
如之前所强调的，要努力确保团队规模的可控性，这些人有可能
不是评估团队成员，而是接受访谈的对象，为评估提供更多的信
息。在对团队内部成员进行界定之后，就应该确定团队以外的社
团利益相关者。

在评估过程中，个人技能和经历的多样性是十分重要的。表 1 - 2 列出了团队中的一些重要职务。第一，应对危机事务方面颇有经验的公共安全官员们在处理学校潜在的危机和威胁时很有帮助（美国教育部，2008）。第二，来自当地或者县政府的代表们不仅在他们特定的专业领域里会提供帮助（比如他们在学校发挥的作用），在城市或者县进行评估工作时也很有经验。与此相关，一些私营企业实体对于评估安全隐患很熟悉；这将帮助学校团队将此类经验运用到团队活动中。第三，要努力获得学生家长们的支持和学生家长们提供的技术上的全部支持，把学校委员会或学校家长会的代表人员纳入团队是明智的决定。这些代表人员或许还可以担任表 1 - 2 列出的一些职务。第四，管理人员应该向州教育局进行咨询。他们或许曾经参加过其他学校的安全隐患评估工作，可以派代表指导工作。更为重要的是，他们可以帮助团队向本州的其他机构比如学校安全中心或本领域的其他专家寻求帮助。在确定团队成员之后，团队应该集中到一起来商讨有可能承担的任务和相关的截止日期。

重要之处在于评估小组成员需理解加入团队后应承担的责任。评估不是一时之举，而是一种连续测评的系统过程。在计划、执行和草拟报告书的过程中，保持团队成员的连续性很重要。团队成员在最初的会面中，应该介绍自己所具备的知识技能和他们认为对评估团队有帮助的一切信息。评估团队也应该设定明确的目标以及客观的可操作的相关截止日期。这些项目将确保团队根据任务而努力工作，并及时完成评估任务。

表 1 - 2　评估团队中可能包括的社区相关利益者

	执法人员
公共安全官员	消防队员
	紧急事故管理人员
	医疗救助人员

		续表
学校委员会/家长会		
当地政府官员	公共设施官员	
	交通官员	
	法规实施/法规制定监理员	
私有企业代表		
政府教育系统代表		

资产和基础设施评估

资产是指可以为学校带来价值的需要保护的某种资源。资产可以是有形的（比如学生、教员、行政工作人员、学校建筑、设施或者设备），也可以是无形的（比如制作工序、信息或者学校名声）。在资产和基础设施评估过程中，鉴定并优先考虑资产和基础设施鉴定是至关重要的第一步。只有鉴定了学校的资产之后才可以实施缓解措施以制定可接受层面的预防校园暴力的保护措施。很显然，即使不是所有人，大多数人也会认可的一个观点就是人（学生和教职员工）是学校最重要的资产。评估过程是从人开始，然后进入对学校基础设施的评估鉴定和优先考虑。

要对人和学校资产进行价值评估，首先就要和那些最熟悉学校政策和设施的人进行访谈。从表1-1列出的校方人士以及任何其他可以帮助鉴定最有价值资产的人士那里，就可以得到必要信息并进行一次完整的评估。在设计这些访谈时，一个值得推荐的方法就是在访谈之前设计一份问卷或者话题清单。尽管评估团队中的任何一个成员都有能力进行评估，仍建议将评估任务交给那些可以回来向团队做报告并进行最终汇报的团队成员（比如驻校治安警员）。

在鉴定核心功能的程序和所有流程结束之后，可以对学校基础设施进行评估。下面列出的是一些有可能遇到的问题，以便更好地理解和对已鉴定的基础设施进行价值评估：

　　● 在一次直接对基础设施造成影响的恐怖分子袭击中会有多少人受到伤害或者死亡？

　　● 假如特定的资产遗失或者被损，这种情况对学校功能、服务以及学生满意度会造成什么样的影响？（学校的主要服务还能继续吗）

　　● 假如在评估中遗漏某个环节，或某个评估环节无效，会对机构组织其他资产造成什么影响？

　　● 学校是否存储和处理关键性信息或敏感信息？

　　● 学校资产有备份吗？

　　● 如何获取可替代物？

接下来要指出的是，评估团队应确定有可能发生的伤亡事件，制定应对所有危机事件的措施。应对所有危机事件的应急预案侧重于制定最重要的措施和处理方式以应对所有紧急事件和灾难。这个过程从讨论以下问题开始：

　　● 鉴定在紧急事件中哪些重要的教员、行政工作人员、管理人员的伤亡会损害或严重影响全体学生、教员或者行政工作人员的安危

　　● 确定学校资产是否可以被替换，鉴定在失去学校建筑物之后，另外寻找替代场所的费用

　　● 鉴定关键设备的安置地点

　　● 测定学校内部工作人员工作区域和操作系统的所在地

　　● 鉴定学校管辖区域之外的其他工作地点

　　● 详细确定重要支撑建筑体的物理所在地

　　　● 交流和信息技术（IT、关键信息的交流）

　　　● 公共设施（比如供电设施、水、空调等）

 • 可以通往外部的资源，为学生和教职员工行动提供便利的交通路线（比如公路、铁路、航空路线）

 • 确定在应急状态下资产的安置地点、可获取性和稳定性，以及对学校职员进行资产操作培训的情况（联邦紧急事务管理局署，2003）

资产和基础设施评估鉴定是一个耗时的过程，但必须正确鉴定学校设施。可以使用这些信息以制定措施、维护必要的学校系统和资产，从而最佳地保护学生、教职员工以及其他的校内人员。收集完这些信息，评估团队必须重点关注威胁和危险评估。

威胁和危险评估

论及学校安保需求，全面审核学校安保工作是必不可少的步骤。审核时应该对校园场地（内部和外部）进行巡视，理想的做法是由负责学校安保工作的人士带领巡视、由评估团队成员陪同巡视。在巡视中，应该重点查看关键危险处并拍照保存，以及起草一份涉及所有安保问题和应对措施的基本综述。用健康和安全领域的术语来表述，危险是指任何有可能导致伤害或损毁的情况。危险可以描述不安全的环境（比如会导致工作场所不安全的物理环境），比如很滑的地板、不安全的行为（比如嬉戏打闹）。不安全的疏忽现象是指没有遵守安全系统规章或没有穿戴保护设备。在这一项里，重要的是对最坏情景进行分析。

在 20 世纪 90 年代，全美的公立学校系统发生了 28 起有针对性的暴力犯罪事件，而最大规模的集体伤亡事件发生在 1999 年 8 月 20 日的科罗拉多州李特尔顿的科隆比纳中学（Omoike，2000；Vossekuil et al.，2002）。震惊于此次令人恐惧的袭击事件，全国各州和校区修订了他们过时的危机管理预案，并转而整合公共关系领域的研究，以便在出现枪支暴力案件采取阻止措施时通报事态变化，并调查在危机干涉措施中所使用的策略性和预期性模式。鉴于教育部、美国特工处、司法处的集体推荐，学校管理人员开始对自己和工作人员进行威胁评估技巧培训，以期阻止他们的学校成为另一个科隆比纳（Vossekuil et al.，2002）。

校园安全倡议计划（2002）是关于学校安全的开创性计划，该倡议是由特工处国家威胁评估中心和教育部安全无毒品学校项目共同运作。校园安全倡议计划首先关注的是那些制造校园枪击案件的学生的思维、计划以及发起攻击前的行为。这个研究调查了美国在1974年11月到2000年5月之间发生的37起有针对性的校园暴力案件（Vossekuil et al.，2002）。

基于该调查结论，制定了《学校威胁评估：管理威胁情况和创建安全学校风气的指南》。这份报告书为学校管理人员提供了基本信息，帮助他们制定威胁评估一体化策略以阻止学校暴力。该报告书旨在帮助学校管理人员和教师们获得必需的信息和工具，创造安全有保障的校园环境。该报告书深刻研究如何对故意伤害事件犯罪活动进行调查、评价和管理，以及学校官员们应该如何负责地、迅速地、有效地应对威胁和采取其他的会加强关注潜在暴力犯罪的行为方式（Fein et al.，2002）。

校园安全倡议计划中的一些关键研究结论显示出大多数的犯罪分子并不是对目标物进行直接攻击，而是蓄意谋划攻击前的行为，这些行动计划显示出一种趋向于或者有可能导致有针对性的暴力犯罪。对进攻者们在发起攻击前的行为进行研究得出的结果使得在威胁评估过程中基于事实制定的措施变得有效。这个过程主要是依据对行为者们的评价而制定的，而不是基于已指明的威胁或特征来决定是否需要关注。

制造校园暴力进攻案件的学生们通常并不仅仅是在进行射击、因为一时冲动或其他随意的行为。相反，校园安全倡议计划调查显示，这些攻击事件似乎都经过全面考虑才付诸实施的，这些思维和行动通常从一个想法开始，然后制订计划，再制定具体措施以执行计划，继而在攻击中达到最高峰。校园安全倡议计划发现攻击者们决定进攻和具体开始进攻的时间间隔通常很短。相应地，当有消息显示有学生蓄谋对校园构成威胁时，校方管理人员和执法人员们需要快速前去调查并制定可能的阻止方案。

该研究结论指出，为有可能构成暴力威胁的个体建立具体的行为模式是不现实的。使用行为模式来确定学生是否在蓄谋或计划一次暴力进攻的方式并不是鉴定学生们是否会在学校采取有针对性的暴力攻击危机事件的有效途径。该研究认为，调查应该关注学生们的行为和他们对其他学生及教职员工所说的话。

有趣的是，在很多的案例之中，恃强凌弱并不是构成暴力犯罪行为的要素，不能认为学生逞凶是为了报复学校，所以就构成威胁的指征。但恃强凌弱确实是一个真实的令人担忧的要素，在很多事件中，学生们成为被嘲笑的对象，他们描述自己行为的动机是因为受到欺负。当受到欺负构成暴力行为的要素时，受害者们经常把受到欺负描述成"痛苦"；假如在工作场所发生这种行为，这种行为就会被描述成骚扰或者攻击（Vossekuil et al.，2002）。

在大多数的校园暴力案件中，所选用的武器通常都是手枪或者来复枪。这些武器通常都是从学生自己家里、朋友或亲戚家中拿来。学生会采取暴力行为的一个特征就是他们有使用枪支的历史。

大多数这类案件的持续时间都很短，而法律制约又很少能够真正地阻止出现攻击行为。除了采取目前运作情况较好的应急措施，学校、教职员工以及社区相关者们还要在任何可能的情况下制定阻止措施，这些阻止措施应该包括签订协议、制定应急工作程序、控制威胁以应对其他方面争议性行为的问题。根据已获得的危险及威胁信息，评估团队准备开启校园安全隐患评估程序。

隐患评估

　　隐患评估就是评估不完善之处，这些不完善之处会被入侵者利用，这些经过鉴定的重大资产安全隐患包括大量已被鉴定的威胁，这种评估能够为保障民众人身安全和重要资产安全提供基础。本章结束部分将列出一些在线参考资源以提供最佳操作方法，这些最佳操作方法是基于技术发展和科学研究而制定，旨在设计新的建筑物或评估现存校园建筑物。进行校园安全隐患评估初级筛查时，可以把清单所列项目当作工具；或本领域的专家们也可以运用这些项目，以全面评估现存校园建筑的安全隐患。

　　对学校建筑进行安全隐患评估是指评估已经界定的威胁情境和校方资产价值，正如本章之前所界定的。比如，应该分析校园建筑存在的安全隐患以应对每次威胁，应该界定安全隐患等级。表 1-3 是从 FEMA428（联邦紧急事务管理局，2008）中提取的，该表格作为范例演示在安全隐患评估程序中如何对资产进行价值等级体系评定。这些设备等级不是固定的，可以基于各个学校独特的校园环境进行调整。

表 1-3　中学资产价值评估等级量化

资产	价值	数值
学生	很高	10
教师	很高	10
行政工作人员	很高	10
防空庇护处	很高	10
教学楼	高	9
教学功能	高	9
IT/信息设备	高	8
防空庇护处设施	比较高	7
医疗站	比较高	7

续表

资产	价值	数值
学校/学生记录	比较高	7
交通工具	比较高	7
安保设施	比较高	7
行政职能	中等	5
临时教室	比较低	4
餐饮服务	比较低	4
图书馆	低	3
保管	低	3
商铺	低	3
室内运动设施	低	2
室外运动设施	很低	1

资料来源：联邦紧急事务管理局（2008）。入门：应对恐怖袭击设计校园安全项目——联邦紧急事务管理第 428 款。美国国土安全局，华盛顿哥伦比亚特区。

优先制定报告书和研究成果

在安全隐患评估数据收集阶段之后，必须以适当的格式列出信息以帮助决策者们实施预案并改善复杂环境下的安全保障措施。假如没有及时并有效地执行这个阶段的任务，之前的努力就有可能被否定。制定报告书旨在优先考虑校园安防体系中会对学校和学区造成最大风险的安全隐患。有一些小贴士对于制定最终版本的报告书会很有帮助（美国教育部，2008）。

考虑应用风险模型确定哪些危险源及安全隐患会对学校造成最严重的危害

正如 2008 年美国教育部实施校园安全隐患评估的指南报告书第 26 页和 27 页所示，建立风险模型是校方测定需优先考虑的威胁源的一个途径。正如表 1-4 中所列，学校可以根据频率、量度、警告等级、精确度和需要优先考虑的整体风险来测定哪种危险源应该被首先或者稍后再加以考虑。

表1－4　风险指数工作单

	频率	量度	警告	精确度	风险
风险	4－非常有可能	4－灾难性的	4－最小化的	4－灾难性的	3－高
	3－很可能	3－严重的	3－6~12小时	3－严重的	2－中等
	2－或许	2－有限的	2－12~24小时	2－优先的	1－低
	1－不太可能	1－可以忽略的	1－24或者更多小时	1－可以忽略的	

提供精确客观、需重点考虑的风险安全隐患列表

评估团队须始终保持高度的客观性。此时重要的是向报告相关人员提供对于复杂环境精确安全的整体信息。不论大小，所有的安全隐患都应该包括在报告书中。在校园巡视、与校方相关利益人员的访谈或其他社区进行的风险研究中可以鉴定这些安全隐患。

既考虑负面效应，也关注正面效应

在评估过程中，假如校方和学区实施了已鉴定过的成功措施，这些措施也应该被记录在报告书中。这样做不仅能增强参与者的危机情境意识，同时也为有可能面临相似挑战的其他学校提供最好的操作建议。

考虑在报告书中增加图片或其他图表以及可视性辅助物

对学校复杂情境危险使用图片留证的做法能够向读者提供近似第一手的资料，帮助他们知道遇到的问题。其他的图表和可视辅助物能够帮助学习者们从视觉上观看评估过程中重要事实的图解展示。除此之外，评估团队可以考虑在校董事会或其他会议做陈述演示时使用软件工具以搜集信息。

允许全体成员们在报告提交之前进行最终审阅

尽管不是所有团队成员都有可能参与报告书的实际草拟过程，但每个人都应能有机会对报告书进行最终审阅。通过对材料进行最终审阅，团队成员们可以明确不明之处和要求对不正确或不当之处进行修改，或在最终版本的报告书中提供更多的信息。

在撰写和提交最终版本评估报告书之后，至关重要的是执行后续措施。实施评估、起草和提交报告书是很重要的步骤；但股东们应该继续合作以制定预案，从而降低报告书中提到的危险和安全隐患。经费预算和时间限制将是后续跟进探讨中不容置疑的重要问题，实施长期和短期预案有助于完善校园复杂环境中的整体安防措施。

结　论

可以通过系统的全面的安全隐患评估结果来考虑应优先采取的灾难缓解活动，帮助学校从灾难中恢复，制定缓解应对预案。正如本章所示，评估程序是多角度的，需要奉献精神的博学的团队成员、采取好方法、制定明确的长期目标和符合实际的短期目的，以及确定实际可行的截止日期。需要注意的是，评估不是一时之需，应该每年进行一次，成为该区的应急预案活动的一个部分（美国教育部，2008）。团队成员应每年不断改进评估，制定相关报告综述，确定计划的正反面因素、方法和工具，阐述整体情况。尽管这不是万能的解决方法，但评估结果能够帮助利益相关者们根据学校和校区的整体安防系统制定决策。

个案研究

鉴于社区里暴力事件数量日增以及来自社团的压力，塞缪尔县学区今天宣布将对社区内 15 所学校存在的安全隐患进行一次全面评估。鉴于学校数量之多，学区评估将根据每所学校已知的需求采取渐增法。为了评估活动的正常运行，评估团队将会在塞缪尔县南部的本杰明·富兰克林高级中学进行第一次评估。

本杰明·富兰克林高级中学有 2200 名学生，位于市区，占地

20 英亩。校区里有一些建筑物、运动场、停车场。据当地执法部门提供的信息，这所中学已接到可靠消息面临危险，将成为一名独行枪手或者是相邻帮派大规模火并的犯罪地点。上级主管人员已召集校方管理人员和安保人员开会商议，以确认正在及时进行校区安全隐患评估，特别是在该中学。

- 评估过程的第一步应该是什么？
- 根据所获信息，你的团队将由哪些人组成？
- 在传统的中学设施中，哪些资产和基础设施是最重要的？
- 你如何确定建筑物里存在哪些资产和基础设施？
- 一旦收到明确的威胁，你打算从中获得更多怎样的信息？
- 你打算如何从面临的威胁和危险中获取更多的信息？
- 在校区安全隐患评估过程中，你会采取哪些步骤？
- 在制定最终版本的报告书时，你会涉及哪些内容，为什么最终版本的报告书至关重要？

练 习

1. 请说出在学校或学区进行安全隐患评估时会遇到的挑战和具有的优势。
2. 本章的个案研究描述的是一个大型的城区学校，若是在一个小型的农村学校进行评估，这两种评估会有什么相似和不同？
3. 因为学校管理人员担任很多职责，所以他们的时间有限。评估团队应该如何在评估中使校方管理人员们感兴趣，并获得最初支持？
4. 学生们在评估过程中应该起作用吗？如何作用？

5. Cavent Emptor 是拉丁语"顾客留心,货物出门概不退换"的意思。当有消息传出某校或者某学区正在筹划进行安全隐患评估时,卖家和其他私人实体都有可能联系学校,努力推销他们的产品(指南、评估软件等),在估量哪些产品会对评估有帮助时,评估团队应该考虑哪些方面?

参考文献

Federal Emergency Management Agency. (2003). *Reference Manual to Mitigate Potential Terrorist Attacks against Buildings-FEMA* 426. U. S. Department of Homeland Security, Washington, D. C.

Federal Emergency Management Agency. (2008). *PRIMER: To Design Safe School Projects in Case of Terrorist Attacks-FEMA* 428 . U. S. Department of Homeland Security, Washington, D. C.

Fein, R. A. , Vossekuil, B. , Pollack, W. S. , Borum, R. , Modzeleski, W. , and Reedy, M. (2002). *Threat Assessment in Schools: A Guide to Managing Threatening Situations and to Creating Safe School Climates.* United States Secret Service and the U. S. Department of Education, Washington, D. C.

Omoike, I. I. (2000). *The Columbine High School Massacres: An Investigatory Analysis.* Omoike Publishing, Baton Rouge, LA.

Snyder, T. D. , and Dillow, S. A. (2011). *Digest of Education Statistics*, 2010. NCES 2011 – 2015. U. S. Department of Education, Washington, D. C.

U. S. Department of Education. (2008). *A Guide to School Vulnerability Assessments: Key Principles for Safe Schools.* Office of Safe and Drug-Free School, Washington, D. C.

Vossekuil, B. , Fein, R. A. , Reddy, M. , Borum, R. , and Modzeleski, W. (2002). *The Final Report and Findings of the "Safe School Initiative": Implications for the Prevention of School Attacks in the United States.* U. S. Department of Education and U. S. Secret Service, Washington, D. C.

有用网站

联邦紧急事务管理局，安全风险管理系列，http：//www. fema. gov/plan/prevent/rms。

国家教育交流中心设施，学校和大学安全评估，http：//www. ncef. org/rl/safety _ assessment. cfm。

国家学校安全中心，http：//www. schoolsafety. us。

学校安全及毒品净化办公室，http：//www2. ed. gov/about/offices/list/os-dfs/index. html。

美国情报局，国家威胁评估中心，学校安全倡议，http：//www. secretservice. gov/ntac. shtml。

第二章　路径控制

罗纳德·多森（Ronald Dotson）

目　录

公立学校的门禁事宜涉及安全措施以及如何处理与公众之间的关系。你希望让家长们觉得受到欢迎，但仍需控制路径，使公众觉得安全措施令人震慑。须对学校所在社区有所了解，以开放的态度来处理各种热点问题，缓解严格的安全制度给人带来的严苛感受。重要之处在于了解门禁控制是基于什么理念而制定的。应采取战略的、战术的、保护性的门禁控制策略。采取这些措施是为了使需要通过门禁的人员能够及时通过，而拦截那些具有危险性的人员。

通常而言，最初只能允许所有人员从一个入口处进入学校。然后评估对于其他出入口径的需求和风险性。其他的合理化出入口径应该包括教室门以及其他的员工的出入口、商贩们比如卡车司机们运输咖啡店物资的出入通道。而普通邮政业务则不需进入学校的专门通道。单一路径规则意味着校园必须被围起来，至少将校园或者建筑物的四周而不仅仅是正门围起来。在课间休息或者体育活动时，这些可以从操场或者其他教育区域快速进入的通道大门可以不用上锁。当遇到突发事故造成伤害之时，门禁会对进入通道增加障碍。如果通过某通道需要钥匙或者需要路径卡插入或划过传感器时，这样做会妨碍快速回应。这并不意味着大门不应设防或是让任何人都能进入，而是指不仅仅把通过人员限制成学校教职员工们或者参加活动的孩子们。关紧大门，圈围校区，设立安全哨岗能够保护大门直到不再需要设立快速通道。这时应实施安全措施。这是为了至少能在 4 分钟之内提供最初的应急响应措施，并尽可能得到更多帮助。

STP 方法：战略的、战术的和保护性的障碍物

为了创建一个通道点或合理减少通道点的数量，应该战略性、战术性和保护性地设立通路路障和标志物。设立路障和摆放路径控制标志物的第一步就是设立战略性障碍物，战略性障碍物或许

会设置得不像路障，这些标志物可以是庭院、招牌、人行道、十字路口、建筑物，这些标志物引导或影响人们通往主要道路的行动。在学校建筑物和资产维护的最初设计阶段就必须考虑路径控制。在建筑的最初设计阶段就必须考虑到一些因素如人行通道的人流量、停车场的位置、屏障的设置、建筑物的正面指示，以及通道大门的设计。比如说，应该考虑巴士载人和乘客上下车时的通行道，以及来访者和父母在接送孩子时可以走的通行道。为员工们开辟一条专用的通道，或者为商用车辆开辟第四条通道也是理想的做法。有一种附加物类型的战略性障碍设置法是把障碍物设计得看起来很像景观。在最初的设计中还应考虑这些区域在摄像机之类的手段监控下是可视的，或可以被观察到。还应该考虑会影响观测的一些空间如建筑角落、柱形物的布局、学校建筑物内部阴暗的走道或幽闭的小房间。

战术性障碍物是指实物型物体。战术性障碍物能阻挡观测，阻止或限制途径，迫使入侵者移动，或总的来说阻止进入。通常而言，它们是安置在视野之内的设施。但是它们也并不总会显示出监狱式环境的特征。公园样式的长条椅是由钢筋混凝土来加固的，比如说，这些长条椅如勒马绳一般阻止危险，并阻止交通工具通过，保护人群安全和避免无意受伤，或至少能减缓交通工具通过的速度，以便于采取应急行动。垃圾箱、灌木丛、树木、高的边石、减速路脊、指示停车杠、雕像和许多被创造出来的其他物体都可以作为战术性障碍物。

保护性障碍物是指可以提供保护，避免碰触的物品。这些物品不可避免地和来往人员发生近距离的接触。保护性障碍物的外形可以设计成耐冲击的玻璃、屏幕、桌子、书桌、门和许多其他的物品。设计保护性障碍物时最基本的措施是保持距离感。防御者在采取保护措施时的一个好方法就是保持距离。可以预料大多数恶意人员会尽可能接近学校建筑物，以及尽可能和需要接触的人保持远距离。

书桌、餐桌、柜台和其他可以近距离接触但没有设置有形障碍物和隔离保护设施的有形物体应足够宽大，以便快速和很容易地阻止攻击行为。彼此之间要保持碰触不到的距离。需教导警员采取防御战术，在最初接触和靠近时要维持6英尺的距离。需要记住这个提醒，这个提醒值得竖起大拇指夸奖。比如说，柜台应足够宽敞，而工作人员和参观者之间的距离就可以很容易地被维持在6英尺。柜台和书桌通常没有这么宽大，但工作人员可以起身向后退。柜台的高度和宽度有助于保护员工们免于受到柜台另一端恶意人士的突然袭击。缺乏战术性有形障碍物的阻挡，恶意人士就有机会突然袭击或瞬间向前扑18－21英尺，防御者在没有保镖时很难采取防御保护措施。

假如采取路径措施的人不熟悉STP策略，并且没有就如何识别攻击行为征兆和如何采取防御对抗措施接受培训，路径控制措施就无效。所有负责欢迎和示意的前台接待人员，以及任何一位可能会接触到社团中情绪波动者的工作人员都应接受这些培训。在家长—教师见面会上很可能会出现袭击事件，攻击教师、教练、员工以及校长，而这些人通常都是处理愤怒人士投诉事件的最前线人员。路径控制必须适用于对于攻击性行为或者紧急事件回应规划和培训的任何场合。

定　位

布鲁斯·西德尔（Bruce Siddle）创建的压力控制策略被广泛认为是警员及教师应使用的防御战术。该项目为教师提供如何应对失控学生的指导建议。从最低程度而言，教师、工作人员应该熟悉定位策略，把定位战术和战术性保护性的障碍物策略相结合。

在运用西德尔计划定位战术时，定位是根据和教师或工作人员交谈的那个人的角度来进行设置的。该人的正前方被定位是0位。该人的正对面和旁边之间的45°角方位是1位。顺着这个方向的另一端被定位为 2 位，该人的正后方是 3 位。斜后方 45°角方位是 21/2 位。

应该避免 0 位。和人谈话或最初接触时的最佳方位应该是 1 位。教师通常不带武器，不带武器的人士和不熟悉的人士在最初接触期间，当这个不熟悉的人士显得有暴力倾向，或看着很沮丧时，尝试控制谈话场面将会很有挑战。通常而言，暴力人士在出拳时会变换自己所站的方位或者侧身以缩短他或者她的出拳范围，站在 1 位而不是站在谈话人士的正对面就能够减慢暴力人士的攻击行动，使教师或工作人员避免攻击和使用障碍物进行躲避。当学校里有第二个人或工作人员在场时，他应该使自己处于相反的 1 位或者 21/2 位（Siddle，2001）。

当办公室里的物体被设置成来访人士必须通过的多种障碍物时，这种战术性定位就更加有效。障碍物的设置有可能是为了帮助学校员工们自然而然地处于 1 位，或者得到来自于 21/2 位的第二个人士的帮助。要做到这一点，可以对负责接待和示意来访人士的前台工作人员进行定位。合适的做法就是在中间设置入口处，并且至少安排两名工作人员面对面地站在入口处的两边。

路径控制策略

主入口处是明显被关注的地点。第一个入口处可以设置呈漏斗形，引导来访者走到负责接待的前台接待处。来访者通过前台接待管理人员的审核或者通过可视观测身份识别系统验证之后才能获许进入学校。比如说，在进入前面大门之后，通往学校的道路应该是一个较难通过的门。而侧门则会引导来访者至前台接待处。更为合适的做法是封锁侧门，接待人员可以观察要求进入的人士，允许他们进入或者是保持一定距离为他们开门。来访人员一经登记就应该被送往目的地，除非来访者是一名固定的被信任的人士，学校之前设置的来访登记档案中已经对他的背景情况进行过检查。但常见的做法是陪同或者带领前来拜访的人士、学生或偶尔来访者前往办公室。

学校里常会出现特别活动。对于这些特别活动而言，来访者在登记之后可以由指定人士陪同引导或者由在学校有关地点等待他们的人士陪同，并被带往学校的相关区域。对在大厅和未开放区域的安全保障路径进行常规巡查是常见的做法。比如说，在校园开放时段，教师们和校长们会忙着和家长们谈话。学校的工作人员和教育助理们可以协助巡查或者检查大厅、被锁闭的路径、未开放的区域，以及为来访人员引领停车车位。

根据学校的政策和惯例，在体育馆或者学校场地经常会举办许多特别活动。一些学校允许把设施出租或借给社团组织使用。此时应将学校的门和道路设置得安全稳妥。因事来访的人员可以进入公共休息室、紧急救援室以及通过足够应付一定数量人员和设施布置的出口，但是不可以进入主要办公室和教室。

正如我们之前在讨论主要建筑物时认为在室外场地设置障碍物和通道点时必须采取同样的策略。在室外场地比如运动场就应设置视野之外和视野之内的障碍物。对于视野之外的障碍物控制比较松，因为资源有限。然而战略性障碍物是指引导交通工具分流和到达视野之内通道点的主要工具。

为室外事件设置通道口与设置单独通道点的规则不同。需要优先考虑分散人群，把人群规模最小化。通道口必须方便通行，设置足够多的通道口可以使人群快速进出。在通道前的区域应再次使用障碍物引导并且分流人群到达入口处。有能力提供帮助并且对校园设置进行标识的工作人员可以帮助人群有序行进，避免因人群拥挤出现危机。

室外场地有一些其他的需特别考虑之处。动物应该被放置在学校场地之外。流浪狗应该被送往动物控制部门，应该在操场上修建栅栏，并且设置木桩或者电缆以维护场地上的栅栏，并且禁止栅栏下面的道路通行。应该要求学校周边的住户们在栅栏之内、狗屋里养动物，或者用皮带拴住动物。

门禁控制

在执行政策和实施培训期间封锁大门是很常见的做法，但这还不够。假如在休息期间或其他情况下打开大门提供通道就会存在管理上的问题。尽管一些学校设有安全保障工作人员，但大多数人无法使用这种安全资源，或者说还没有经历过需要使用安保人员的场合。另外，实施进门检查措施是不现实的，因为这会妨碍教师和员工们的工作。

解决途径就是使用路径报警系统。这些报警系统应该和学校的综合报警系统进行整合。另外的措施就是在前台接待处路径报警系统设置控制面板，这通常由控制人员来操作。最小限度而言，在入口处可以听到的嗡嗡声，以提醒大门敞开时区域内的教师、学生以及工作人员。

这似乎不现实，因为将使用很多路径，以便为教师和学生在课间、休息和其他时间获得外部通道。因为外部通道是被控制的，只有授权人士才能进入，这样做可以把风险降到最小化。最低限度而言，有几个门可以不设置路径报警系统。这样可以把需要被控制的门的数量最小化。假如路径设置在学校周边的栅栏处，这种方法就特别有效。需要在内部监控视野之外的路径设置报警系统。

就路径控制而言，至关重要的是要阻止未授权人士轻易通过路径。假如咖啡馆的商贩进出或者送货时不经过登记和办理常规的前台登记程序，当时值班人员就应对路径进行合理的控制。路径应该设置内部对讲系统或者为驾驶员们请求通行设置可听系统。工作人员应该采取措施界定是否授权商贩进入。驾驶员和车辆应该在预期送货时间或规定好的送货时间请求通行。假如不是这样，驾驶员就必须在前台接待处进行登记。

通往学校的步行通道

所有学校在校内或周边地区都设置了人行通道。一些学校为每天往返学校的学生们设置了人行道。设置行人往返学校的通道是一个有挑战性的任务。在学校场地以及学校场地之外的行人交通方式通常会影响行人安全。

在2009年，美国约1.3万名学龄儿童在交通工具事故和行人交通事故中受伤（美国孩子安全，2011）。这些事故中有许多都不是发生在学校场地。但各个学校采取的流程会对孩子们在学校场地之外的行为产生影响。孩子们在学校养成的习惯和行为模式更令人信服，因为学校被认为是传授正确的道德和安全行为的场所。因此应该严格检查在学校创建的流程，这势在必行。

进行严格检查需要阐明原因、研究可操作性和制定规则（斯坦福哲学百科全书，2005）。阐明原因可以界定遇到的麻烦，界定涉及的行为人，制定评价标准，制定衡量成功的指标。在检查K-12学校的安全措施时并不是经常使用这种做法。常见做法是采取感同身受的方式，这种做法将会对学生未来的行为造成真正的影响。

大多数教育者把校园安全的定义都弄错了。校园安全有三个密切相连的要素。校园安全是指对教育业雇员们在工作场所的安全事项进行管理；对学生安全问题的安保措施进行管理；对学校来宾们的安全事宜进行管理以及在处理学校事宜时，对相关社团的安全事务和相应的安保措施进行管理。无法成功保护教师和学校员工的现象向所有涉及学校事务的人士发出了一个潜在信息。对于孩子们造成的影响也影响到整个社团。据2005年到2009年肯塔基学校董事会协会数据显示，在肯塔基教育服务类员工的受伤事件中，教师占首位。肯塔基学校董事会协会是那个时期（I-saacs，2010）174个地区中的98个地区工人赔偿相关事宜的运作者和管理者。了解这一点，我们就必须问问我们自己，孩子们是否都看到并理解这个情况，是什么使得孩子们在其他地方更容易受到伤害，在建筑工地、普通工厂里或者其他职业领域里比在学校里更容易受到伤害。

让我们来看看父母在一所地区小学里接送孩子的日常做法。为了接送孩子，父母停在学校的大门前的拦路杠前，拦路杠的前方就是有标记的人行横道。一名教师等在离学校最近的人行横道的尽头。当其他的员工、孩子或者客人从停车场、人行道走近学校入口，教师举手示意司机等待并走到机动车的前面，让行人通过。在绝大多数时间里观察到的情况是，行人并没有在人行横道停下脚步确认车辆都已经停止，也没有确认司机意识到自己的存在。他们打算过马路，并且没有犹豫地想和教师在人行横道的中间会合。当然，教师并不确认司机遵守了交通规则，而且教师也没有穿高感光度的背心，或者是使用停车指示牌要求车辆让行。或许安全标准中最令人百思不得其解的就是教师不必要的出场。为小孩子树立的潜在不良行为示范就是不在过马路时先停下来，看着两边，听即将驶来的车的鸣声，直到路面没有车辆时再通过马路，或者直到车辆停止以等待行人时再通过马路。需要更进一步说明的是，这种做法会使行人为了执行某种任务而有危险，总的来说，因为教师的社会形象和学校的社会形象，这种做法某种程度上是"骑士精神的实践"。

你的学生从已经形成的安全行为操作步骤中学到的潜在信息是什么？在上面的特定例子中，这些行为习惯将会影响孩子们离开学校之后的行为甚至成年后的行为。在这个检查中，每一年里作为行人的孩子们的受伤数量是个大问题。即使只有一个孩子受伤也会让人觉得无法接受。这里的安全标准应该是没有出现任何受伤现象。作为被信任的教育者，我们将会努力持续改善安全环境。这并不一定意味着在这方面取得成功的衡量标准是零伤亡，而是说我们将会持续检查每一种策略和政策，以减少危机和事故。

所以 1.3 万名孩子作为行人在过马路时受伤是无法令人接受的事实。

从教育角度而言，教师和管理人员无疑是关键行动者，他们控制着政策制定和惯例实施。不论特定或全面，根据大多数情况制定的最佳安全管理惯例已经建立。此处要特别谈到的是，我们曾探讨过十字路口的标准做法和教学。很显然成功的衡量标准可能包括孩子作为行人在过马路时的受伤事件数量的减少，以及侥幸逃脱的学生数量增多，但还包括孩子在学校和在社区时被观测到的行为方式。

对于大多数有责任感的高年级学生而言，从公众场合到学校之间的人行横道是体现责任感的最佳环境。学校工作人员担任十字路口交通协管员并监管学生们过马路，和当地执法部门建立合作关系。可以在十字路口设置可携带的交通停止标志。让护送孩子们过马路的护卫示停来往的交通车辆，并等待直至确认司机知道孩子们要通过马路和停止车辆。护送孩子们过马路的护卫这时可以向行人们发出信号，让孩子们从走道穿越马路，走路时双手不要乱晃。当然，学校工作人员需要穿着能见度很高的护卫背心制服，并对学生们进行培训。

理想的做法是和当地执法机构合作以实施计划，每天早晨尽可能地巡逻或者查处交通违规现象，比如违反限速令或者错误停车。可以使用警力资源以提供培训并帮助维护设备。这种类型的措施在大型社区里很常见，而且运作得非常成功。

最初看来学生可能会在这样的地形中受到伤害。但尽职尽责地正确监管学生，要求学生在人行道上行走以避免受到交通车辆的冲撞，这些做法都可以把风险最小化。这样做的好处是很显然的，可以维护市民义务、个人安全、其他人的安全、责任以及整体的领导力。这样持续努力一年就可以看到成效。学区可以把到省会、博物馆和华盛顿哥伦比亚特区进行田野调查作为对孩子们实施安全行为的回报。

对于行人而言，最理想的保护措施就是避免车辆在中途上下客，使用行人天桥或者桥梁或者隧道以维持交通工具和步行者的分流。这样做需要对现存建筑设施进行增建。但是在学校的早期设计中就进行正确的规划将会降低成本，避免学校日后再次施工。

结　论

路径控制是当今不稳定的生存环境中的一个必不可缺的部分。学校曾经历冲动暴力行为的冲击。那些拥有球场、校园操场、开放式体育馆的学校经历几个小时的法庭自我辩护，以应对那些在学校场地上受伤人员的高额诉讼。今天，路径控制不仅意味着在操场上安置轻易就可看到的障碍物，使用这些障碍物以战术性地进行定位和阻止不受欢迎的人通过，还意味着在室外操场、锁闭的路径以及入口处大门进行探测和管理，必须不断地对校园场地里不安全的环境进行审查，以避免入侵者或业余使用者进行诉讼。在控制道路和限制受损方面，使用相机是另一个有力的遏制策略。很明显的是，今天的环境使得学校不再采取广泛开放、总体而言欢迎社区来访的态度。校长、教育者、工作人员现在必须在他们多层次的工作职责中添加"安全保障工作"这一项。

个案研究

你所在的学校有许多家长在早晨7∶30到8∶00之间送孩子上学。尽管校车在进入和离开学校时有单独的通道，但步行上班的员工、来访人员以及带领孩子步行到学校的父母们必须越过有车辆行驶的道路。两个星期之前，一个孩子被一辆刚刚送完孩子入校的车辆撞倒。这名孩子没有受伤。这辆车也只是刚刚发动。孩子的家长正在停车场停车，让孩子在那儿等待，因为时间太晚家长赶着上班就没有让孩子等在接送区域的界线内。这个刚刚发动汽车的家长驾驶的是一辆重型大卡车，安装的是牵引式后视镜，他没有看到孩子在人行横道上。这辆卡车后的一个家长目击此幕，并声称孩子小跑着越过驾驶车道，但他不知道孩子是否停了下来或者说在越过马路时是否犹豫过。

- 可以通过哪种方式阻止这起事故？
- 你打算在学校采取安全预案的哪些措施，以及如何处理这起风险事故？

练 习

1. 设计一份安全预案，护卫行人通行，不经过隧道或者天桥。你的预案会包括哪些事项？
2. 为负责交通安全的学校员工制作一份风险分析材料。
3. 学校应该就行人安全通行问题培训和教育学生吗？假如学校位于城市，有很多孩子步行上学，应该采取什么策略？
4. 设计一次课堂教学计划，就步行来往学校这个方面的内容对你的学生进行培训。

参考文献

Isaacs, J. (2010). *School liability issues.* 2010 Kentucky School Board Association Annual Meeting, Louisville, KY.

Safe Kids USA. (2011). Pedestrian safety fact sheet. Accessed April 30, 2012. Http://www.sfekids.org/our-work/reserch/fact-sheets/pedestrian-safety-fact-sheet.html.

Siddle, B. (2001). *Pressure point control tactics mangement systems.* Instructor certification course, Department of Criminial Justice Training, Richmond, KY,

June 2001. Conducted by Tim Anderson.

  Stanford Encyclopedia of Philosophy. （2005）. *Critical theory*. Accesssed March 3, 2012. Http：//plato. stanford. edu/enteries/critical-theory.

第三章　着装规定

E. 斯科特·邓拉普（E. Scott Dunlap）

目　录

学校管理人员可以利用标准化学生着装规定来探讨会导致学校安全风险的争议性问题。实施基本着装规定需要考虑学生个人便装以及正式校服。

基本着装规定

学校管理人员可能会选择基本着装规定的实施这个方面来探讨学校安全风险，允许学生穿着个人便装，但也会就需要考虑的因素对学生提出要求。以下是这种着装规定的一个范例：

- 不允许穿膝盖上有破洞的会露出皮肤的蓝色牛仔裤。
- 不能穿露出身体中部的衣服。
- 不能穿吊带衫。
- 不允许穿藤条装、布条装。
- 短裤、半身裙或者连衣裙的长度至少要延长到大腿中部。
- 不许戴头巾或者戴帽子。
- 不允许穿具有暴力意味的衣服或者佩戴有暴力意味的装饰物。
- 不允许穿布袋装款式的牛仔服或者露出内衣。
- 不允许穿戴在种族、文化或者宗教方面具有诋毁意义的衣着、珠宝或者装饰物。
- 耳朵上不能扎耳洞和佩戴装饰物。
- 第一次违规—家长会/午餐延迟/换衣服。
- 第二次违规—家长会/在校内停课室服务1到3天/换衣服。
- 第三次违规—家长会/在校外停课区服务1到3天/换衣服。(Sott High School, 2011)

着装规定的大部分内容探讨的是外表衣着，但是也会探讨给学校安全带来风险的争议性问题。比如说，着装规定禁止"穿戴在种族、文化或者宗教方面具有诋毁意义的衣着、珠宝或者装饰物"。这种穿着打扮会引起暴力行为，因为衣饰会引发偏见和歧视。具有诋毁含义的交流会使学生产生负面情绪，或导致身体上的侵犯行为，从而营造一种恶意的氛围。学校管理者们可以根据制定的基本着装规定来判断学生着装有可能导致哪些校园安全风险，并且设计可以接受的着装标准，以期消除有可能引发的危机事件。

校 服

学校管理人员可能会超越基本着装规定，要求学生穿着校服。校服可以是简单的宽松长裤/半身裙和高尔夫球 T 恤，也可以是更为正式的外套/运动衣和领带。研究（Brunsma and Rockquemore，2003；Firmin et al.，2006；Boutelle，2008）探讨的是对于广泛实施的学校校服政策引发的争议性问题，以及在 1996 年的国情咨文演说中比尔·克林顿总统所声称的"假如（教学风格、价值和公民权）意味着品牌夹克衫能够使十几岁的年轻人们停止彼此杀戮，那么我们的公立学校就能够要求他们的学生们穿校服"。自从该声明问世，就引发对于实施校服政策收效的研究工作。

卡恩赫麦·卡克斯特恩（Konheim-Kaikstein）对实施校服政策是否能够真正改善校园风气，如减少暴力行为倾向等这类事情的观点进行了评估。看起来"团伙犯罪现象是实行校服政策的影响最大的原因之一"（Konheim-Kaikstein，2006，p. 25）。她对过往文字材料进行审核后发现在实施校服方案和学生课业表现之间存在着正面关系，但她发现争论之一在于校服制度实质上违反了公民权。但最高法院根据"卡纳迪对博西耶·帕里什（Canady vs. Bossier Parrish）学校董事会"案件进行审理的结论，支持学校实施校服制度的权利。

• 第一，学校董事会有权制定该政策；

● 第二，该政策能够为学校董事会创造实际收益；

● 第三，学校董事会没有采取该政策来压抑学生对于自我个性的传达；

● 第四，学校董事会能创造的实际收益大于该政策对学生自我个性造成的"偶尔的"束缚。（Konheim-Kalkstein，2006，p. 27）

卡恩赫麦·卡克斯特恩得出结论，尽管研究不是决定性的最后因素，因为还需考虑其他的一些变量，但当下研究和那些涉及实施校服方案的人士所提供的证词也很重要。

布伦斯玛（Brunsma）和洛克奇摩（Rockquemore）寻求通过定量研究来探讨实施校服方案是否有助于改善校园环境。在回应他们早期研究的评论时，他们力求通过数据来研究身着校服的学生和没有身着校服的学生有什么不同。他们探讨的一个独特的争议性问题就是，超越媒体言论或致力于改善校服方案的个人或团体，从日常工作层面来探讨实施校服政策的有效性。这个被探讨的研究是关于他们早期力求以量化方式来研究实施校服制度的有效性，而不是探讨主体穿着者的美化程度，而后面这一项仅仅是爱好评头论足人士所热衷的。他们的研究结果显示出需要考虑影响学校环境的其他变量，而不是实施校服政策这个唯一的变量。

实施校服方案面临的挑战包括规章制度的用词遣句，使父母们了解学区制定的校服方案。鲍特尔（Boutelle）对加利福尼亚州颁布的校服规章制度进行了研究，该条款既赋予学校颁布校服着装规定的权利，也从措辞上赋予父母"免于使他们的孩子遵守已制定的校服政策"的权利（Boutelle，2008，p. 34）。在这样的法律体系下实施的小学校服制度，带给教员大量的困扰，这些教员负责管理班级着装，要确认一个被界定为不遵守纪律的学生仅仅是违反了校服着装规定，还是因为父母反对而有合理的理由不遵守校服着装规定。学区需要宣传并培训教员就已颁布的着装规定通知父母和要求学生穿校服。这种宣传工作可以帮助父母改变最初的观点，转而接受学校的校服方案。

在加利福尼亚州长滩区颁布实施小学和中学校服政策之后，加利福尼亚州的法律很快就被检验（Portner，1996）。美国民权同盟（ACLU）起诉该地区没有完整地告知父母们可以选择自己的孩子不遵守这种校服方案。美国民权同盟关注经济负担，实施校服方案会对贫穷家庭造成负担。争论颇有成就性地通过一些改进措施而得以解决：

- 父母们通过邮件就校服政策进行额外的交流。
- 鉴定提供免费校服的慈善机构，并告诉父母这个消息。
- 创建有助于学校和父母进行交流的联络途径。

沃姆斯利（Walmsley）进行了一例个案研究，探讨校服制度在英格兰的公立学校造成的影响。无可否认，她"从不提倡学校校服制度"（Walmsley，2011，p. 64），但孩子们在这个问题上表现出来的不同层次的行为方式改变了她的看法。她超越学校暴力这个热点问题来看待实施校服制度会带来的好处，亦即学生们在日常穿戴方面的花费少，而这可以和昂贵的私人服饰以及穿着校服创建校园文化进行对比。

研究取得了不同的成果，很显然实施校服着装规定对降低学校暴力产生积极影响，但是需要考虑一些额外的变量。实施校服方案的关键在于通过以下措施持续巩固学校安全：

- 减少暴力和盗窃。
- 鉴定非学生入侵者。
- 阻止犯罪团伙进校犯罪。（Daugherty，2002，p. 391）

为达到这些目标，表3－1进一步列出了界定颁布校服着装规定时所需考虑的争议性问题。

实施方案的两个策略中存在的一个主题问题就是要考虑到父母。在探讨如何使父母参与到政策制定阶段和如何为那些需要的人士提供财政支持这两个方面都体现了需要采取的策略。制定校服着装政策充满了挑战，表 3 – 1 显示出父母是促成第一批学生穿着规定服装进入校园的关键要素。

表 3 – 1 实施校服方案

沃姆斯利（2011，p. 65）	卡恩赫麦·卡克斯特恩（2006，p. 26）
寻求父母和社团的支持	从一开始就使父母们参与其中
研究之前做了些什么	保护学生们的宗教言论
为实施政策制定目标	保护学生们其他方面的言论自由
获得凭证或者寻求资金以帮助低收入的家庭购买物品	确定政策是自愿的还是强制性的
从小学开始实施，以上的所有年级都要实施	不要求学生附和消息（学校想法或观点） 帮助需要经济援助的家庭 把校服当成是全面的安全项目一部分

资料来源：节选自 Konheim-Kalkstein，Y.（2006），美国校园董事会月刊，8 月，第 25-27 页；Walmsley（2011），Phi Delta Kappan，92，65。

个案研究

在过去的三年里，东方学区持续关注学校安全领域的工作。不仅非学生身份的入侵者会周期性的在校园进行犯罪，学生之间的暴力事件数量也在不断上升。管理人员开会以根据他们在媒体上所了解的报道讨论实施学校校服方案。一些管理人员支持并推进这个决定，要求学生们穿校服，而其他管理人员持保留态度。

- 在做决定时应该考虑什么变量？
- 假如这是学校管理人员们的最后决定，应该采取什么措施推进实施学校校服着装规定？

练习

1. 在为学校制定基本着装规定时，你会考虑哪些方面的问题？
2. 最高法院在支持学校学区实施校服着装规定的权利时，是根据什么标准？
3. 你是如何使学生父母参与到校服着装规定的制定和实施方案中的？
4. 在州立法的"不参与"的条款中体现出怎样的挑战性？
5. 校服制度是强制性的还是自愿性的？为什么？

参考文献

Boutelle, M. (2008). Uniforms: Are they a good fit? *The Education Digest*, February, 34-37.

Brunsma, D., and Rockquemore, K. A. (2003). Statistics, sound bites, and school uniforms: A reply to Bodine. *The Journal of Educational Research*, 97 (2), 72-77.

Daugherty, R. (2002). Leadership in action: Piloting a school uniform program. *Education*, 123 (2), 390-393.

Firmin, M., Smith, S., and Perry, L. (2006). School uniforms: Analysis of aims and accomplishments at two Christian Schools. *Journal of Research on Christian Education*, 15 (2), 143-168.

Konheim-Kalkstein, Y. (2006). A Uniform look. *American School Board Journal*, August, 25-27, 3.

Portner, J. (1996). Suit challenging Long Beach uniform policy dropped. *Education Week*, 15 (23).

Scott High School. (2011). Dress code. Accessed November 2, 2011. http://www.scotthighs-kyhawks.com/dresscode.htm.

Walmsley, A. (2011). What the United Kingdom can teach the United States about school uniforms. *Phi Delta Kappan*, 92 (6), 63-66.

第四章　驻校治安警员

詹姆斯·P. 斯蒂芬斯（James P. Stephens）

目　录

校园暴力行为导致人们对个人人身安全的忧虑，这种忧虑持续增长。在 2007～2008 学年，全美校园发生 21 起凶杀案和 5 起学龄儿童自杀行为。伴随暴力犯罪行为而来的是超过 150 万起发生在校园场地上的非暴力犯罪行为。

校园安防问题具有重大争议性，需要得到各界关注。因此全国各学区都在采取多方面措施以弥补校园里每天出现的各种安防措施隐患。应对学区安防问题的举措之一就是实施驻校治安警员（SRO）计划。该计划将当地执法组织中的成员（们）吸纳到校园规划中。很多人本能地认为将执法机构官员纳入校园规划是为了执法。但研究结果显示，这只是驻校治安警员计划的功能和任务之一，这个卓有成效的计划会从各个方面发挥它的作用。

尽管驻校治安警员的威慑力和所采取的回应措施很重要，要正确实施该计划还必须通过建立官员、学生和教育者之间的关系来创建机构内部全面的安全文化（Kennedy，2001）。驻校治安警员应该承担三个主要的角色：①社区资源问题的解决者和联络人；②教育者；③安全专家和执法人员（Raymond，2010）。这些角色对于最大化发挥分配到各校区的执法者的作用很重要。合理设计和正确执行驻校治安警员计划，可以创造校园安全文化，减少犯罪活动的数量。

尽管尚未对驻校治安警员计划的有效性进行全国性普查，但仍可找到对各学区、各州进行的多份调查，以及对 19 个不同的驻校治安警员计划进行的一个研究。一份对 19 个大型的驻校治安警员计划进行的研究调查结论显示对该计划大体持肯定态度。该研究揭示了这个卓有成效的驻校治安警员计划许多方面的内容，并特地研究了参与者们对于校园安全的持续看法，和他们对于驻校治安警员计划的个人认同和满意度之间的内在关系。

介　绍

美国每学年伊始都会给学生和教育者们的生活带来一些不确

定性。常规的不确定性来源于学校和学习环境里的各种因素，如不熟悉的教师、学生和氛围。不幸的是，今天的学生们和教育者们在进入原本就必然不寻常的学习殿堂时必须面对一些其他的担忧和焦虑。在校园里正在肆虐的暴力行为浪潮引发了对于个人人身安全的恐惧感，并成为持续增长的焦虑。

校园安全措施取得了很多进步，如录像监控、路径管理、应急管理体系、审查，但是却忽略了一个重要的因素。合理设计并实施的驻校治安警员计划所提供的人性化要素包括的不仅仅是有效的威慑效果和对于校园犯罪行为制定紧急应对机制。实施驻校治安警员计划是很有价值、很实用的措施之一，它能够在学区里全面推进安全和安保措施，并帮助生活在安全环境里的人们加深对校园安全问题的了解。

驻校治安警员的历史

尽管统计资料显示，较之普通公众场合，在校园里成为犯罪行为受害者的概率更小，但对校园犯罪行为的感知和产生的恐惧感仍会扰乱学习环境。1968年出台的《对在公交车上发生犯罪行为的控制和街道安全法案》要求执法人员们更多地融入社区，该法案还为推行此战略措施的各种项目提供资金支持。而这些举措进一步完善了司法组织和犯罪行为做斗争的作战策略。正如在1998年对1709条款的修订版所示，该法案对驻校治安警员和驻校治安警员计划的多种功效进行了界定。驻校治安警员被定义为"职业执法人员，向政府宣誓效忠，就职于面对社区服务的警方机构，由警局或代理机构派遣到学校和以社区为工作单位的机构进行合作"（国家司法研究所，2000，p.1）。这个定义并不能界定全美国的所有驻校治安警员，但是它确实提供给我们关于驻校治安警员的一个常规理解。

第一个正式的驻校治安警员计划是在密歇根的弗林特展开的，

在 20 世纪 50 年代早期它作为将执法机构和学校整合的途径之一来为社区服务。弗林特计划的理念是在学生们和官员们之间建立更好的关系，帮助学生们成为更好的公民。这种塑造品性并在校园建立更安全环境的模式成为其他的几个驻校治安警员计划的模式，但还有一些则是采用的传统的执法途径（Burke，2001）。今天，密歇根的弗林特模式已经被广泛认可为驻校治安警员计划最好的模式。

驻校治安警员的概念在 20 世纪六七十年代广为流传，在 20 世纪 90 年代晚期和 21 世纪早期发生了一些惨痛的校园悲剧后，驻校治安警员的理念复苏。校园里设置警员的重要性被再次重申。在 2000 年，司法处拨出 6800 万美元作为专款在全国 289 个社区里雇用了 599 名驻校治安警员。联邦政府提供支持，以期通过学校来增强为社区服务的警力资源。构建警方、学生、父母和校方管理人员之间更好的工作关系可以推进该计划的实施（Girouard，2001）。

北卡罗来纳州的驻校治安警员从 1995 年的 243 名持续增长到 2009 年的 849 名。正如 2008~2009 年度驻校治安警员统计调查书所显示，在过去的 14 年里，北卡罗来纳州的驻校治安警员数量从 1995 年的 243 名增至 849 名，上升率超过 249%。这份统计调查书里值得注意的一点是，在北卡罗来纳州的 375 所中学里有 330 所学校设有驻校治安警员，这意味着这些学校不需要和其他学校分享驻校治安警员的工作时间。图 4－1 显示的是北卡罗来纳州从 1995 年到 2008 年间驻校治安警员计划的持续增长情况（2008~2009 年度北卡罗来纳州的驻校治安警员统计调查书）。该图显示出他们对于广泛开展驻校治安警员计划可以获益的持久信念。

州立法案经常界定和描绘在特定的州里驻校治安警员的作用。1998 年，肯塔基州在肯塔基修订章程第 158.441 条中将"驻校治安警员"定义为：

向政府宣誓效忠并经过特别训练后在校园里和年轻人一

起相处的执法人员。

驻校治安警员必须和当地执法代理机构和学校签订合同后方可被聘用。（肯塔基修订章程，1998）

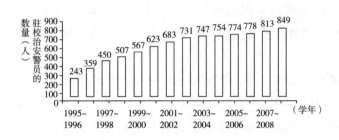

图 4 - 1　驻校治安警员数量增长

这个定义对肯塔基州驻校治安警员进行了基本说明，其中包括一些重要的因素和要求。要求之一就是驻校治安警员必须是宣誓效忠的执法人员。因此这就为驻校治安警员列出了界定条款，即必须是拥有执法权限的人员。

为了成为一名合格的维护和平的官员，驻校治安警员必须在肯塔基联盟内部的授权培训机构接受基本的警力训练。正如肯塔基州修章程第 15 章所明示，该培训由肯塔基州的执法局所指定的机构提供，该条款还细化了在肯塔基州成为拥有执业资格证的维护和平的官员所必须具备的常规任职资格和必须接受的基本的培训规则。

立法还声明驻校治安警员必须经过专业化训练，以便在学校和年轻人一起相处。鉴于专业化训练的类型和数量上的不确定性，驻校治安警员应具备的任职资格和接受的训练范围很宽泛。尽管法律条款没有制定或强制要求必须进行哪些特别训练，但可以参考很多培训项目以便驻校治安警员有效履行他们的职责。本章将深入探讨这些培训领域。

驻校治安警员的任务

1991年，全美驻校治安警员协会（NASRO）作为一个非营利性组织成立，旨在集体合作以确立驻校治安警员的任务和职责。新成立的全美驻校治安警员协会首先考虑的是建立三角模型，亦即驻校治安警员扮演的三种主要角色。这三种角色指的是执法人员、教师和顾问（Burke，2001）。驻校治安警员所扮演的主要角色在不同的区域不太一样，但在全国而言这三种角色仍是驻校治安警员的主要角色。

驻校治安警员扮演的角色已经超越了传统的"执行"活动者。尽管驻校治安警员确实拥有法律权利以执行逮捕，但他们也可以提前向教师和学生们提供专业的法律知识。通过积极的互动和学生建立指导关系是实施驻校治安警员计划的一个积极特征和结果。驻校治安警员成为学生和校方官员之间的联络人，帮助双方认识当下潮流和所关注的热点（Mulqueen，1999）。目前削减的开支预算对执法有消极影响，但许多部门仍然认为驻校治安警员计划很有价值，所以不能放弃（Black，2009）。驻校治安警员可以在局面变得暴力或进一步升级之前解决困境，这种能力实际上是无法用金钱来衡量的。

投资回报

和多数的投资一样，校方管理者们关心的是施行驻校治安警员项目可以得到多少回报。有时这种回报是难以衡量的，因为这无法用金钱来衡量。对于执行驻校治安警员计划的学校而言，他们寻求的是不同的回报，即提升校园安全文化和削减学区犯罪活动数量。所以适当运作的驻校治安警员计划所带来的回报远远不止金钱收益。

这些回报包括安全感的增长、专业人士指导下对学生品性的塑造、青少年和执法者之间关系的提升、管理者和其他执法机构工作量的减少（Finn，2006）。据芬恩（Finn）调查（2006），驻校治安警员计划的成立为代理机构和校区创造了多方收益。收益之一就是为主办方代理机构减少工作量。假设学校里已经安置驻校治安警员，并且在他们接到呼叫服务时正好是工作时间，他们可以处理学校里绝大多数治安问题。这可以说减轻了中介机构的一个沉重的负担，因为它免除了每天派巡逻队到学校进行巡视的工作量。

芬恩认为驻校治安警员计划带来的另一个好处就是可以提升学生心目中的执法人员的形象，而这又可以带来双方的信任感。由于学生和驻校治安警员每天积极地互动而建立的信任，可以培养学生们报告犯罪活动的积极性。通过学生们来了解犯罪活动的信息，学生们对犯罪活动进行报告的次数增多能进一步地阻止犯罪活动。

合理制订的驻校治安警员计划还可以在学生、教职员工、父母和团体之间建立更好的关系，这是一个积极的收益。这种关系的提升能够培养参与各方之间建立更高层次的信任感。在执法代理机构和社团之间建立积极的关系对于有效减少犯罪行为至关重要。最后，芬恩提出设想，驻校治安警员计划可以提升执法代理机构委托方的形象。执法代理机构的积极形象无疑是任何长官或领导都愿意看到的。

有效性

尽管很难衡量全美驻校治安警员项目的整体有效性，但可以找到已实施的对特定驻校治安警员计划进行分析的各项调查。其中一项研究是对19个代表普遍司法权的驻校治安警员计划有效性的调查。该调查发现驻校治安警员项目在校区多领域内对提升安全文化氛围起到势不可当的积极作用，这些学校对计划持大体肯定的态度（Finn and McDevitt, 2005）。

该研究也讨论了颇有建树的驻校治安警员计划的许多方面，并特别界定参与者们对校园安全感的持续感受、个人认同以及对驻校治安警员满意度之间的直接联系。一份 2005 年度的对于三个新施行的驻校治安警员计划的调查发现，在对驻校治安警员官员持肯定态度的学生里，有 92% 的学生觉得在学校里很安全（McDevitt and Panniello, 2005）。但是在对驻校治安警员的工作持否定态度的学生里，有 76% 的学生觉得在校园里很安全。因此我们可以从中发现学生对驻校治安警员的态度和提升学生们的校园安全感有直接关系。

在这份报告中，研究是通过调查、访谈和重点探讨成功的驻校治安警员项目中已鉴定的多个因素来进行的。在制订和持续实施驻校治安警员计划时要进一步界定需要考虑哪些领域。麦克德维特（McDevitt）和帕恩尼雷欧（Panniello）在研究中指出在执行驻校治安警员计划时，以下领域是需要考虑的重点：

- 选择一个项目模型；
- 界定特定的驻校治安警员功能和责任；
- 招录驻校治安警员；
- 培训和监管驻校治安警员；
- 和校方管理者及教师合作；
- 和学生及父母合作；
- 评估驻校治安警员项目。

研究同时也显示出在被调查的学校，执法程序会占用 10% 的工作时间，向学生、教职员工、管理者们提供建议会占用 30% 的工作时间，在教室里进行宣讲会占用 40% 的工作时间，其他的一些工作如撰写书面报告会占用 20% 的工作时间（Finn and McDevitt, 2005）。考虑到在学校环境里驻校治安警员的职能，这和全美驻校治安警员协会的三角模型是一致的。芬恩和麦克德维特认为尽管他们没有获得关于驻校治安警员计划有效性的实证材料，但鉴于所取得的积极效果，校园风气的整体提升是很明显的。吸烟和团伙犯罪数量的减少，家长们对于孩子们人身安全感的不断提升，这些都是明显的进步。

人们对于如何衡量驻校治安警员计划的成功有不同的看法。目前对于犯罪行为实际削减数量的实证统计数据很少，衡量成功主要是基于个人对项目的认知。假如实施驻校治安警员计划之后逮捕率上升，这是否意味着犯罪率也上升了，因此驻校治安警员计划是无效的？或者逮捕率上升是因为当时有执法人员在场？人们在界定项目的价值时会提出很多问题（Brown，2006）。当然，判断一个项目的成功或者失败不能仅仅依赖校内犯罪率的上升或者下降。

这个简短陈述解释了为什么不能完全依靠实证数据来做判断的重要性，年复一年发生的犯罪行为数量或遵纪守法行为数量或减少或上升，因此该陈述也解释了为什么判断驻校治安警员项目的有效性不能从泛泛的陈述中得来。

关注点

必须整体了解已确立的驻校治安警员项目，以关注驻校治安警员项目的热点问题。关注点之一就是驻校治安警员项目人员的挑选和培训过程。美国民权同盟上刊登的一篇文章讨论了对于在全国范围内开展驻校治安警员项目缺乏标准的担忧。文章没有讨论这个项目是否应该存在，反而设想如果存在，工作人员应该在保障安全环境的同时尊重学生们的权利以及全面营造校园好风气。为了确认驻校治安警员尊重学生们的权利，校方管理者、执法人员以及他们服务的团体要清楚理解驻校治安警员计划的目标，并在驻校治安警员们进驻校园之前接受正确的培训（Kim and Geronimo，2010）。金（Kim）和吉拉尼莫（Geronimo）进一步提出构想，因校方管理不善而导致的反抗行为以及引发的常见法律问题不应该受到执法部门的正式干预。这使得校方管理者们在处理非犯罪行为或琐碎事件时不需要受到执法人员的正式干预。校方管理者们不必在校园纪律管理的各个方面运用执法程序。

在和驻校治安警员的互动中可以采取一些有助于保护学生权利的基本措施。其中的一个措施就是通过协议，用规范语言记载学校和执法机构之间的交流，协议明确规定驻校治安警员只需有限介入对校园违纪事件的不当处理，除非局面或事件演变成犯罪行为。驻校治安警员的任务在于实施保障学生权利的法规，如关于自首行为的宪法第五修正案，比如涉及在校园进行访谈和询问的米兰达权利（Kim and Geronimo，2010）。

需更进一步指出的是，保障学生权利的第四条修正条例反对不合理的搜查和没收，该条例是制订安全计划和努力的基本内容。在改善驻校治安警员计划时，管理者和执法者应该商讨和理解工作人员不应该干预"所有的"校园纪律问题。负责处理违纪行为的工作人员不需介入处理不当的行为如逃课或在楼道闲逛，遇到这些行为就应该通知管理人员。针对学校管理人员搜查学生财物的现象，1995年的廷克诉德梅因市独立学区案就为管理人员制定必要而清晰的标准提供了一种相对灵活的依据。在这次判决中，法院认为学校只需"有理由怀疑"即可在没有搜查令时对学生财产进行搜查。在这种判决中，为了使搜查合法，可以基于口头证据进行合理质疑，限制搜查范围，避免过度干扰学生（Berger，2002）。

美国高级法院在廷克诉德梅因市独立学区案中声称学生在入校时不享有公民宪法权（Pickrell and Wheeler，2005）。驻校治安警员在和学生面谈或讯问时，保障学生的自首权利，允许学生享有米兰达规则中的权利，这些原则一贯都坚持得很好。米兰达规则保障个人有保持沉默的权利、聘请律师的权利，在法庭中他们的呈词会成为呈堂证供。在决定是否需要向学生们声明米兰达权利时，必须同时具备几个因素。第一，学生们必须被监护，不得自由离去。第二，询问过程必须是以讯问的方式，而不仅仅是了解个人信息，如姓名和出生日期（Pickrell and Wheeler，2005）。

尽管驻校治安警员在进行基本执法时都是在校，他们声称他们代表着学校，但这仍然会让人半信半疑。要警惕驻校治安警员会侵犯学生们的基本权利，最重要的是要确认涉及人员如学校管理人员和执法人员的行为合法。要做到这一点，就要对驻校治安警员的人选进行挑选和合理的培训。

有些人声称以标准立法来界定驻校治安警员模糊的工作职责将有助于在全国范围内展开驻校治安警员项目的实施。规范驻校治安警员的工作要求并实施规范培训，驻校治安警员项目中尚未得到解决并且无意间造成的困惑会对项目的实施造成负面影响。这些问题会对学区、驻校治安警员项目及执法机构造成诉讼威胁。通过各种方法，包括通过标准化立法来界定本国驻校治安警员的职责就可以消除这些争议。需更进一步指出的是，驻校治安警员不仅是执法人员，同时也是学校其他工作人员共同合作以及时解决校园危机的对象。通过扮演教师和顾问的角色，驻校治安警员成为校方管理者应对并预防违纪行为和犯罪行为的团队成员之一（Maranzano，2001）。

维护校园环境需要在安全和教育之间获得平衡。为了确保校园里的安全保护工作不成为过于繁重的负担，必须加强对设施的安全保障和相关方面的安全教育，以营造安全氛围（Kennedy，2002）。假如驻校治安警员工作人员扮演教育和顾问角色，是可以达到这种平衡的。通过和学生进行非执法行为的交流互动，驻校治安警员所扮演的角色远不止最初所设定的典型的警员形象。

挑选驻校治安警员

驻校治安警员项目的核心部分是挑选最佳人员以执行这一章

之前所讨论的那些任务。驻校治安警员的工作岗位分配不应该成为规定方式，驻校治安警员不是为那些不能在街上执勤的警员设置的岗位。尽管对于学校管理人员们而言，聘用那些不能在街上执勤的警察，听着像个好主意，但这种做法很快就会减少驻校治安警员项目的可信度，并导致必然失败。

　　实际上，挑选人员的过程在公布岗位之前就已经开启。这个过程中的第一步就是成立人选委员会，包括从学校管理人员和执法部门中挑选代表。在挑选人员的过程中，代表们享有平等的发言权，代表们在驻校治安警员项目任期内能够持续地努力合作。选择正确的人员在委员会中任职是至关重要的第一步。

　　处于合作关系的校方管理人员和执法人员必须决定他们的驻校治安警员将会扮演怎样的角色。更进一步地说，他们必须决定这些警员扮演角色具有怎样的特点。在他们确认哪些是最重要的因素之后，委员会必须制定他们在挑选过程中会用到的面试提问清单。这些面试问题必须基于驻校治安警员的既定功能来制定，并经过仔细设计和审查，以期从候选者的回答中获得信息。

　　由人选挑选委员会所设计的面试问题清单根据驻校治安警员已确定的职责和学校管理人员的需求而改变。但是有一些问题在任何面试过程中都会出现，这些问题是为以后的提问做铺垫的。以下是一个简短的提问清单，在面试过程中可以包括以下这些问题。

　　● 对你的职业和培训经历做一个回顾，包括任何你曾经接受过的特殊培训。

　　● 你为什么希望成为一名驻校治安警员？

　　● 为什么你认为你是这个职位的最佳候选人？

　　● 你对于驻校治安警员的定义是什么？

　　● 你认为驻校治安警员最重要的角色是什么？

●你认为你可以和赞助机构方及学校管理人员努力合作吗？

●你能否给我们提供一个例子说明你被派遣外出工作时是如何为了工作努力合作的？

●在非正常工作时间，你是否会接到电话传呼就积极回应呢？

正如之前所声明，完整的面试问题清单根据管理方的需求而改变。面试仅仅是整个考录过程中的一个部分。通过对感兴趣的求职者的工作表现、培训、脾性和面试情况的正确观察，学校管理人员和执法机构可以根据驻校治安警员的功能选择最合适的人选。

培　训

为了能够执行既定任务，驻校治安警员们必须具备或者通过培训获得对校方管理层和执法机构有帮助的技能。他们的基础培训阶段或者在街上执行公务时所获得的技能是日后获得所有其他专业化技能的基础。需要进一步指出的是，全美驻校治安警员协会这种全国性组织已经建立了一套标准化的基本培训体系。

全美驻校治安警员协会将驻校治安警员的培训项目设定为一个四十小时的教程，工作人员们可以获得以下领域的指导（全美驻校治安警员协会，2011）：

●学校相关政策的演变历史；

●驻校治安警员的功能和责任；

●积极的模式；

●公众演讲；

- 有关法律的教育；
- 课堂培训技巧和课程安排制定；
- 对于虐待儿童、问题家庭和特殊教育这些问题进行咨询；
- 校园安全管理流程；
- 危机事件管理；
- 犯罪阻止；
- 滥用药品；
- 学校法律。

基本课程大纲涵盖各种教育领域，包括驻校治安警员将要执行的各种任务。对驻校治安警员项目做基本介绍、公众演讲、课堂展示、积极的示范作用，加强对驻校治安警员执法功能的理解，这些内容都被包括在基本的培训教程中。全美驻校治安警员协会同时也为更进一步的驻校治安警员培训提供了 24 小时的宣讲教程。该课程基于基本课程而制定，主要是讨论校园环境中的身份鉴定问题，以及如何减轻危险形势。

当然，其他的州和当地的组织机构以及协会在学校安全知识领域做了大量指导。应该给所有的驻校治安警员和他们的管理者们提供职业提升的培训机会，提高受聘者们的工作能力。驻校治安警员需要接受培训的一些其他领域包括：

- 主动枪击应对；
- 社会化媒体；
- 情景意识；
- 通过环境设计阻止犯罪；
- 风险、脆弱性和危险评估；
- 高超面试技巧；
- 危机阻止技巧。

结 论

几乎没有实证数据可以证实或反驳驻校治安警员项目的有效性，对项目有效性的衡量主要是基于那些受到项目影响的人员对于安全状况的感知。但是这些有价值的资源如日渐安全的社区环境和不断得到改善的社区和执法人员之间的关系可以创建更安全的社区。

必须采取不同的方法以成功实施驻校治安警员项目，这些方法包括：

- 明确驻校治安警员的功能和责任；
- 慎重考察和挑选驻校治安警员；
- 在驻校治安警员和学校工作人员中建立不间断的合作关系；
- 对驻校治安警员进行持久培训；
- 校方管理人员对项目进行持续性评估，并支持执法。

驻校治安警员必须保持警觉，在他们扮演的不同的角色如执法人员、教师和顾问之间精心维持平衡感。正如之前所讨论的，学生们的基本权利不能因为学校里的驻校治安警员而被消除。期待驻校治安警员在交流互动中维护学生们的基本的、被保护的权利，而这些做法又会进一步改善驻校治安警员、学生以及校方管理者之间的关系，并提升他们的形象。

参考文献

Berger, R. (2002). Expansion of police power in public schools and the vanishing rights of students. *Social Justice*, 29 (1/2), 119 – 130.

Black, S. (2009). Security and the SRO. *American School Board Journal*,

196 (6), 3031. Accessed April 11, 2010. http: // www. ebscohost. com/academic/academic-serch0premier.

Brown, B. (2006). Understanding and assessing school police officers: A ceonceptual and methodological comment. *Journal of Criminal Justice*, 34 (6), 591 – 604. DOI: 10. 1016/j. jcrimjus. 2006. 09. 013.

Burke, S. (2001). The Advantages of a school resource officer. *Law & Order*, 49 (9), 73 – 75. Accessed April 18, 2010. Career and Technical Education (Document ID: 82188017).

Finn, P. (2006). School resource officer programs. *FBI Law Enforcement Bulletin*, 5 (8), 1 – 7.

Finn, P. , and McDevitt, J. (2005). National assessment of school resource officer programs final project report, document number 209273. Accessed April 13, 2008. http: //www. ncjrs. gov/pdffiles1/nij/grants/209273. pdf.

Girouard, C. (2001). School resource officer training program. U. S. Department of Justice, Office of Justice Programs, Office of Juvenile Justice and Delinquency Prevention, Washington, D. C.

Kennedy, M. (2001). Teachers with a badge. *American School & University*, 73 (6), 36. Accessed April 15, 2010. http: //www. ebscohost. com/academic/academic-search-premier.

Kennedy, M. (2002). Balancing security and learning. *American School & University*, 74 (6), SS8. Accessed April 16, 2010. http: //www. ebscohost. com/academic/academic-search-premier.

Kentucky revised Statutes. (1998). Accessed March 10, 2011. http: //www. lrc. ky. gov/ KRS/158-00/441. pdf.

Kim, C. Y. , and Geronimo, I. (2010). Policing in schools. *Education Digest*, 75 (5), 28-35.

Maranzano, C. (2001). The legal implications of school resource officers in public schools. *NASSP Bulletin*, 85 (621), 76. accessed April 26, 2012. http: //www. ebscohost. com/academic/academic-search-premier.

McDevitt, J. , and Panniello, J. (2005). National assessment of school resource officer programs: Survey of students in three large new SRO programs. Document number 209270. Accessed April 15, 2008. http：// www. worldcat. org/title/national-assessment-of-school-resource-office-programs-sur- vey-of-students-in-three-large-new-sro-programs-document-number-209270/oclc/ 42502748&referer = brief _ results.

Mulqueen, C. (1999). School resource officers more than security guards. *American School & University*, 71 (11), SS17.

National Association of School Resource Officers. (2011). Basic SRO. Ac cessed April 10, 2011. http：//www. nasro. org/mc/page. do? sitePageID = 114186&orgID = naasro.

National Center for Education Statistics. (2009). Indicators of school crime and safety. Accessed April 17, 2010. http：//nces. ed. gov/programs/crimeindica- tors/crimeindicators2009/key. asp.

National Institute of Justice. (2000). A National Assessment of school re- source officer programs. Accessed April 25, 2012. http：//www. ncjrs. gov/pdffiles 1/nij/s/000394. pdf.

North Carolina School Resource Officer Census 2008-2009. (2009). North Carolina Department of Juvenile Justice nd Delinquency prevention, Center for the Prevention of School Violence. Accessed March 3, 2012. http：//www. ncdjjdp. org/ cpsv/pdf _ files/SRO _ Census _ 08 _ 09. pdf.

Pickrell, T. , and Wheeler, T. , II. (2005). Schools and the po- lice. *American School Board Journal*, 192 (12), 18-21. Accessed April 14, 2010. http：//www. ebscohost. com/academic/academic-serch-premier.

Raymond, B. (2010). Assigning police officers to schools. Washington, D. C. ：Department of Justice, Office of Community Oriented Policing Services.

第五章 恃强凌弱行为

林恩·麦科伊·西曼黎 （Lynn McCoy-Simandle）

目 录

想象每天早上你醒来时都有一种强烈的恐惧感。想象你寻找任何理由要将头上蒙着的东西挪开并躺在床上。想象你慢慢地从床上起来并寻思着是否那些折磨你的人已经找到了新的途径使你的生活更加痛苦。现在，想象你已经十二岁了。这就是太多的学生在神圣的教育殿堂里为又一天的生活所做的准备。这样是不是很令人奇怪？学生们备受折磨，以至于对于美国政府职能体系内的三大分支机构几乎没有什么兴趣。

这一章并不是要对学校里对学生们的折磨进行综合的探讨，而是要努力勾勒出围绕着这种对学生的折磨而出现的显著性特征，并尽可能刺激读者的胃口更深地去了解这个话题。本话题讨论中设计的个案研究都是真实学生故事，只是出于保护的目的而改变了主人公的名字。个案研究具有双重目的：①阐明学生们所遭受的折磨是由哪些不同程度的行为构成的；②使读者们对于每一个故事都做出可能的回应。

这些恃强凌弱行为中的被害者们成为电视和报纸报道、专题、公益广告，甚至是脱口秀中的题材，早在这些恃强凌弱行为成为我们当下的关注热点时，我们已在那些令人印象最深刻的文学作品中找到了孩子们受迫害的例子。1838 年出版，由查尔斯·狄更斯创作的《雾都孤儿》，就是用英语创作的描写孩子们痛苦生活的第一部小说（Carpenter and Ferguson，2009）。威廉姆·戈尔丁在 1954 年创作的《蝇王》、S. E. 辛顿在 1967 年创作的《局外人》、朱迪·布鲁姆在 1974 年创作的《鲸脂》都是文学作品里关于欺凌对孩子们生活造成的影响的一些范例。人们对于恃强凌弱这个话题产生兴趣并不是一个新现象，只是出现恃强凌弱现象的领域已经发生了改变。

20 世纪 90 年代学校枪击案的发生，特别是在科伦拜发生的恐怖案件，使美国人比历史上其他任何时候都更加关注学校安全问题。在所有父母的心里，安全问题都是最重要的。通常不负责处理学生安全问题的机构组织对这个问题也进行审视。这些组织机构中的美国特工处寻求制定校园枪击案的资料档案，并发现校园枪击案中的一个共同线索就是超过三分之二的校园枪击案的对象都是长时间受欺凌的孩子（美国特工处，2002）。根据科伦拜校园黑枪事件，美国心理协会通过了一项决议，将阻止恃强凌弱和阻止暴力犯罪的活动融为一体，鼓励公众和私人基金机构支持对恃强凌弱行为进行研究，并且对恃强凌弱行为进行干涉（美国心理协会，2004）。全国校园心理师协会（全国校园心理师协会，2006）、美国医学协会、世界卫生组织和疾病控制中心都是一些全国性或世界性的组织机构，他们共同合作，为扫除美国校园里的恃强凌弱行为而努力。需更进一步指出的是，美国教育部已经提出警告，若再不重视恃强凌弱行为，他们将削减国家经费的投入（Ali，2010）。甚至就连美国总统也对这个问题给予高度重视，在2011 年 1 月份的白宫会议上将恃强凌弱行为定义为一种"传染病"。真实现状是，美国已经达成共识，认为校园里的恃强凌弱行为需要得到最大范围的关注。

了解恃强凌弱行为

恃强凌弱行为是一种对他人进行直接或者间接控制的行为，这种行为被欲望所驱使，会导致恐惧和忧虑。尽管对于恃强凌弱行为的定义在某种程度上有些不同，但是大多数的专家一致认为恃强凌弱行为每隔一段时间就会出现，它标志着权利的不平衡，会对受害者造成伤害（Farrington，1993；Olweus，1993；Smith et al.，1999；Mayo Clinic，2001；Limber，2002）。

尽管恃强凌弱行为可以通过很多的言行举止表现出来，包括袭击、猛挤、推搡、拿走别人的财物、中伤、嘲弄、排挤、驱逐、散布谣言、威胁、人种欺压、族群划分、宗教歧视、残疾歧视、性取向歧视、性别认同歧视、性骚扰，但这些行为可以被划分为三个主要的类型：身体上的，情感上的和社会上的，也可以被称为是关系攻击。身体上的被欺凌包括对个人的身体或者财物进行威胁，这是最直接的一种欺凌方式，也是最容易被观察到的。情感上的欺凌则是对于个人自尊的一种攻击，这可以直接或者间接地表现出来。社会性的欺凌，是最间接的一种欺凌类型，会有损于个人建立或者维持社会关系的能力（Olweus，1993；Simmons，2002；Wiseman，2002）。据报道，男性更有可能被同辈进行身体上的欺凌，女性则更有可能成为社会性攻击的对象（Harris et al.，2002；Nansel et al.，2001）。导致孩子和年轻人被同龄人欺凌的高风险因素包括不合群、害羞、焦虑、胖、存在发展型能力丧失，是男同性恋者、女同性恋者、变性人或者被发现是这些类型（Hooever et al.，1993；Nabuzka and Smith，1993；Herschberger and D'Augelli，1995；Olweus，1995；Marini et al.，2001；Rigby，2002；Janssen et al.，2004）。

案例 5.1

乔纳森（Jonathan）（此处对主人公真实姓名做了修改）是一名十年级的学生，他从来没有参加过学校的活动，他看起来似乎在学校没有朋友。学校工作人员对于他的个人信息所知甚少，大家都认为他是一个不受外界影响的人。在乔纳森自杀之后，管理人员发现他自从小学开始就一直在身体和精神上受到欺凌，但是他自从六年级开始就没有再向任何人报告过自己被别人欺负的事。

案例 5.2

丽贝卡（Rebecca）（此处对主人公真实姓名做了修改）记得自己在中学时曾经有 3 年的时间因为自己的体重问题而不断地受到困扰。她竭力想避免所有的体力活动，因为这最终只会导致别人对她的评论越来越多，以及来自她的同班同学的指指点点。于是她在体育课上的成绩不及格，并且越来越多地放弃和同龄人进行社交的机会。她离开中学时觉得自己很不讨人喜欢，而且还觉得很恼火、很孤单。

案例 5.3

洛丽（Lori）（此处对主人公真实姓名做了修改）正满怀兴奋进入第九个年级。她将会离开一个小型的艺术表演学校，和她四个最好的朋友一起进入一所规模很大的高中。但是在学校的第一个星期，她的朋友们似乎就有点变化。她发现在开学之前，德娜（Dena）参加过一次睡衣聚会，而她并没有被邀请。当她询问阿希里（Ashly）关于聚会的情况时，阿希里说："喔，德娜还以为自己告诉你了。她只是记错了。"洛丽竭力想接受这个解释，但是她开始发现她被排除在越来越多的活动之外。这些女孩们在学校里看起来对她也很酷，当她留信息让给她电话时，没有人回复她。最后，女孩们离开她，并且告诉她不再想成为她的朋友。她感到很崩溃，因为她和这四个人自从一年级开始就是朋友，她真的再没有别的朋友了。

案例 5.4

安吉（Angie）（此处隐去主人公真实姓名）勉强同意她的男朋友罗布（Rob）拍摄她的有性暗示意味的袒胸露肩照，她的男朋友允诺只会留着给自己看。在他们分手之后，她的朋友向她展示了脸谱网页，标题声称"坏安吉的袒胸露肩照"，上面贴了所有的照片。她报告自己收到了骚扰评论和邮件。她认为学校里的每个人都在嘲笑她。最终她不得不告诉父母这个网站。

案例 5.5

九岁的贾斯廷（Justin）（此处对主人公真实姓名做了修改）认为在一年级和二年级的男孩子里，常哭泣的男孩子会经常成为被欺负的对象。即使别人冲着他说刻薄的话，他也不会再哭泣了。但是，他也承认现在并没有任何人欺负他，对于那些在学校哭泣的男孩子们，他没有多少同情，而且称呼他们是"娘娘腔"。

案例 5.6

八岁的塞斯（Seth）（此处对主人公真实姓名做了修改）刚刚注册成为一名新生的几个星期之后就在学校的操场上被一群蜜蜂

所攻击，并且被叮了无数次。后来，当他在操场上看到蜜蜂时，他就会哭着跑向老师。其他的学生们因为他害怕蜜蜂而嘲笑他，并且称呼他是"小婴儿"。有一个学生对他特别地不友好，并且会鬼鬼祟祟地跟在他的身后，发出"嗡嗡嗡"的声音以激起他的回应。他开始找借口在休息的时候不出门，以避免持续地被取笑。他告诉自己的父母并声称老师们和校长憎恨他。

案例 5.7

珍妮弗（Jennifer）、贾森（Jason）和杰夫（Jeff）（此处对主人公真实姓名做了修改）认为中学在他们的生命中是特别令人痛苦的一段时光。在读 7 年级时，这三名学生都被一名同龄人认为是同性恋，而这名同龄人因为珍妮弗在橄榄球赛场上的出众表现，以及她没有表现出对男孩子们的兴趣而嘲笑她。同样也是这一名同龄人把贾森和杰夫当成了嘲弄对象，每次一有机会时就称呼他俩是"苦工"。这三名学生都没有意识到自己在被别人欺负。在学年的结束之时，珍妮弗询问自己的妈妈自己究竟是不是同性恋，并且她不知道同性恋是什么意思。贾森和一名顾问谈论自己被欺负的事情，并且请顾问不要把这些事告诉老师，而杰夫从未告诉任何人关于被嘲弄之事，因为担心其他的学生会同样嘲弄他。

案例 5.8

在新学年开端，史密斯（Smith）女士（此处对主人公真实姓名做了修改）被告知威尔（Will）这个 7 年级的学生总是被他的同班同学嘲笑和孤立。史密斯女士决心帮助威尔不被她班里的孩子们欺负，史密斯女士和威尔交谈并向他担保在他被欺负的任何时候，只要他来告诉她，她就会介入并保护他。在前四个月里，她和威尔走得很近，当威尔前来诉苦时，她就会从精神上来抚慰他并且采取措施阻止欺凌行为。但是，她开始注意到威尔的诉苦正变得越来越频繁。当她把注意力更多地集中到其他的学生时，她发现威尔将其他同学的笑声理解为是"嘲笑他"。当他进入教室时，如果桌子旁所有的座位都坐了人，他就会认为这是因为"他们不让我和他们坐在一起"。史密斯女士感到很沮丧，她对自己是不是正在帮助威尔感到怀疑。

大多数人脑海中的恃强凌弱者的形象是一个傲慢无礼的说话粗声大气之人，偕同一群簇拥者们随意地恐吓学生们。尽管确实存在这种类型的恃强凌弱行为，但更为常见的恃强凌弱行为则是在一个群体里发生，在这个群体里一个或者几个小孩被这个群体所排斥，成为群体内部被虐待的目标物。任何孩子都会遇到欺凌，并且时不时地就会遇到。心理学家迈克尔·汤普森（Thompson and Grace，2001）注意到容纳和排斥是群体凝聚的有力工具。群体排斥或者虐待别人是为了维持自己的身份，在我们和他们之间制造界限。大多数的孩子都承认最伤人的社交障碍就是被群体排斥，而这种社交障碍在美国的每个学校里的每间教室里每天都在发生。这种恃强凌弱行为的现象强迫我们拓展我们对于恃强凌弱行为以及构成恃强凌弱行为的言行举止方式的认识。

雷切尔·西蒙斯（Rachel Simmons）和罗莎琳·怀斯曼（Rosalind Wiseman）将他们的研究领域集中在女孩之间的恃强凌弱行为方面。"关系攻击"这个术语主要是被用来描述女孩间的一种对他者进行欺凌的行为——将女孩之间的关系当作一种隐秘的武器从感情上伤害他人。尽管女孩们常常被当成是"更温柔的"性别，但对女孩之间恃强凌弱行为的研究却驳斥了这个结论；女孩们对于侵犯行为的使用比男孩们更隐秘。玛丽·皮弗（Mary Pipher）是一名临床心理学家，在她的畅销书《拯救奥菲利亚》中，她使公众开始注意这种形式的侵扰（1994）。电影《贱女孩》（2004）和生命时光电视台的电影《怪女孩出门》（2005）的部分片段是分别基于怀斯曼和西蒙斯的作品所创作的，并且将"女孩间的欺凌"带入主流社会的视野中。尽管关系攻击不是一个新的社会问题，但是在很大程度上因为怀斯曼和西蒙斯的努力，这个问题被广泛认识。

网络欺凌是一种社会化欺凌现象，是指用各种不同形式的技术来控制被欺凌对象，并进一步将一个已经很复杂的问题更加复杂化（Smith et al.，2008）。许多学生在学校的走道上会毫不犹豫地骚扰他们的同龄人，在社会性网站上也会毫不犹豫地骚扰他们的同辈人。网络欺凌通过使用技术而达到一种较量上的对峙，这对于那些愤怒的想要外出寻仇的十几岁孩子显得很有诱惑力。在网络空间隐去真实姓名，这使得网络发帖者们有勇气写出有损人格的网络帖，而按下"发送"键则比在学校咖啡馆里进行面对面的言语论战的威胁性更小。通常，在现实环境里显得很胆怯的孩子在网络空间里会显得更无畏。

担心会被抓住和被惩罚的恐惧感同样也在减少。教育者们知道因特网的使用并没有被充分地监控，而网络空间是恃强凌弱行为的繁殖地（美国大学妇女教育基金会联盟，2001；Craig and Pepler，1997）。网络空间比学校的其他领域都更少被引导和构建，因而就助长了一种想法，即"没有人会知道那是我"。网络欺凌行为和那些在电话里不泄露自己的身份、伪装别人的声音传递一种恶意假信息进行欺骗的行为是同样的性质。来电显示技术的发明限制了某种欺骗行为，但是在过去的二十年里新技术的爆炸已经提供了多种虐待别人的方式。亚利桑那大学的副教授希瑞·鲍曼（Sheri Bauman）说：

> 技术的本质就是（通过网络欺凌行为）放大潜在的破坏性。有可能目击被欺凌对象蒙羞的观众数量是巨大的。这种恃强凌弱行为的出现不受时间和地点的控制，所以被欺凌对象想找一个安全的避难所是很难的（Paterson，2011，p. 1）。

对恃强凌弱行为的回应

对于恃强凌弱行为进行研究的趋势始于丹·奥维斯（Dan Olweus），他是挪威卑尔根大学的一名心理学教授，他从 20 世纪 70 年代就开创性地对校园里的恃强凌弱行为进行研究。他最初的研究成果清楚显示出欺凌/被害者问题在校园里非常普遍，1982 年发生的三名八岁到十岁的挪威男孩的自杀事件使全国民众开始关注学校里的恃强凌弱行为。奥维斯紧接其后进行了第一项系统的介入研究，在研究中他使用了自己所创造的研究工具，即奥维斯欺凌预防计划，他提出一个理念，即构建一个安全的校园环境以减少对孩子们的侵犯。在 1993 年，奥维斯这位现在已经被认为是研究恃强凌弱行为的排名在前的世界级专家写了一本书，名为《校园暴力：我们知道什么和我们能做什么》。他突破性地对干预介入进行研究的项目在提升全世界对于恃强凌弱行为的认识方面起到了重大的作用，他认为恃强凌弱行为是一种不断增长的社会问题，研究者、教育者、法律制定者、父母、学生和社会应该严肃对待这个问题。

尽管奥维斯的著作《学校的侵略：恶霸和替罪羊》于 1978 年在美国出版，美国却很晚才认识到校园里的恃强凌弱行为是一个重大的热点问题，直到 20 世纪 90 年代才开始了对恃强凌弱行为的最初的研究。在 2001 年，南莎琳（Nansel）、奥弗佩克（Over-peck）、皮拉（Pilla）、鲁安（Ruan）、西蒙斯（Simons）、莫顿（Morton）和施艾迪特（Scheidt）对全美第一次全国性的调查进行了报道，这次调查从全美六年级到十年级的学生挑选调查代表，并推测大约 30% 的学生时不时地或者频繁地被欺凌，成为攻击目标或者对他人实施欺凌，或者既被攻击同时又欺凌他人。在 2003 年，全美校园心理学家协会将恃强凌弱行为定义为我们社会中最常见的暴力形式（Cohn and Canter，2003）。

孩童时代的体验、与父母一起的日子、在学校的学习经历使得我们中的大多数人意识到恃强凌弱行为会对目标物造成相当的影响，而恃强凌弱的行为也成为被全国关注的焦点问题。长时间被欺凌和疾病之间的联系、滥用药品以及其他的心智上的健康问题都被很好地记录（Kaltiala-Heino et al.，1999；Nansel et al.，2001；Lyznicki et al.，2004；Gini and Pozzoli，2009；Duke et al.，2010）。研究将被欺凌和缺乏自尊、孤独感、高度的焦虑、压抑和自杀、侵犯、学习成绩不好等联系起来（Olweus，1993；Craig，1998；Kochenderfer and Ladd，1996；Bond et al.，2001；Baumeister et al.，2002；Ttofi and Farrington，2011）。

麦克纳（McKenna）等人将和欺凌有关的事项、家庭暴力如身体和精神上的健康状况等以书面报告的形式提交给疾病控制和预防中心。对马萨诸塞健康调查项目在 2009 年收集的数据进行多种分析，结果显示恃强凌弱的行为和家庭暴力有关联，比如说，曾经被家人伤害或者目击过暴力。欺凌他人 - 被他人欺凌，那些受到欺负同时又欺负别人的学生，相比那些被欺负者和受害者，则更有可能将暴力家庭的生活情况说出来。被欺负的影响并不随着孩童时代而结束，而会造成终身的影响。最近，埃里克·瑞福斯（Eric Rofes），这名洪堡特州立大学的助教回忆了多年以来被欺负的经历：

> 我对于恃强凌弱的事情知道很多。我知道这种事情有特殊的社会影响：他们为孩子们制定行为规范、规定孩子们的着装、限制孩子们能参加的活动。他们擅长侮辱别人，制造恐怖事件。他们摧毁了我整个的童年生活。直到今天，他们的印记深深刻在我的心里，如同掌掴一般（Rofes，1994，p.37）。

经常提醒教育者们要认识到教育的目的是提升课业成绩，但是，教育环境必须能够很好地滋养学生们的情感，以培养健康、适应性好、有创造力的成年人。在学术成就和良好的情感状态之间建立联系是很有意义的，因为大多数人有那样一种体验，即不能在极度的高压下集中精力或者创造成果。这一点同样适用于学生：假如他们在社交、情感和身体方面的状况不够好，他们就不能够完成他们在学校的学习，去集中精力听老师们讲课，或者在标准化测试中取得好成绩。莱西（Lacey）和康奈尔（Cornell）提交了在弗吉尼亚州正在进行的一份调查结果，它显示那些在学校里读 9 年级、据称受欺凌程度较高的学生，和学校对比组的学生相比，在对几何、地球科学和世界历史课程的标准化测试中，通过率要低 3% ~ 6%。

关于恃强凌弱行为的普遍性和影响的研究在持续增多，这些研究也显示出导致孩子之间欺凌行为的原因不止一个。一个孩子或者年轻人或许会因为个人的、家庭的、同龄人的、学校的或者社会的因素而导致出现恃强凌弱行为（Olweus et al. , 1999；Limber, 2002）。

干预研究

减少校园里的恃强凌弱行为引发了许多以学校为基础的项目的设计和实施。奥维斯欺凌预防项目被许多人认为是介入项目的最佳标准。奥维斯项目于 1983 年在挪威开始实施，1991 年的评估结果显示恃强凌弱行为呈大幅度的下降趋势（Smith et al. , 2004）。鲍德里（Baldry）和法灵特恩（Farrington）运用奥维斯项目在 11 个国家里进行的 16 个评估调查显示其中有 8 份评估很令人满意（50%），2 份出现复合型的结果（12.5%），4 份显示影响力不大或者只有微小的效应（25%），而还有 2 份评估结果则令人沮丧（12.5%）。

许多介入项目是部分基于丹·奥维斯（1997）的工作而展开的。奥维斯项目的基本原则就是在校园内采取广泛地介入调查的方法，建立基于照顾、尊敬和个人责任基础之上的价值体系，采取一种积极的方式以明确规范行为和结果，提升技能，增加成人监控和父母介入。他的项目里最重要的一点就是进行早期干预，亦即将特定的风险因素设为目标物，在教室里讲授正面的行为和进行逆向思维的技巧，通过学生和家长间的会面、磋商，家庭对孩子提供有效支持来对欺凌者和受害者进行人为干预。心理健康研究是奥维斯的项目里的重要部分。斯特恩·达维斯（Stan Davis）总结了奥维斯模型采取的阻止恃强凌弱行为的方式，项目是由不同级别的两个任务所组成，项目在一个安全的气氛活泼的校园环境里开展，校园里会出现不可避免的、可预料的侵犯事件，可以看到学生们的安全感逐步增强，学校会提供给学生们积极的反馈建议和正面的教导，教员们会花时间和学生们相处，特别是那些处于风险之中的学生们。达维斯的可视项目中的最高一项就是要求学校教员们帮助有侵犯性的年轻人改变他们的行为，为被欺凌者提供支持，鼓励旁观者阻止他们的同龄人受欺凌（Davis, 2007）。

正如奥维斯的模型所示，"得到尊敬的步骤"项目强调的是从特定的组成要素如从学校、班级和个人等层面入手，减少整个学校的恃强凌弱行为（Hirschstein and Frey, 2006）。研究结果显示出友谊会使孩子们免于被欺凌（Hodges et al., 1999; Thompson and O'Neill, 2001），这一点使项目具有双重性，即研究恃强凌弱行为和友谊。学生们学习各种各样的处理关系的技巧，包括交朋友和保持友谊的策略，和加入群体活动的步骤，"得到尊敬的步骤"项目同时也告诉孩子们应对恃强凌弱行为的技巧，以及将恃强凌弱的事件告诉大人们。因为学校社区是由欺凌者、受害者和旁观者组成的，"得到尊敬的步骤"项目强调学校社区的所有成员必须承担责任以减少恃强凌弱行为的发生。告诉孩子们要对恃强凌弱行为换位思考，当看到出现恃强凌弱事件时要进行特定的反应。应该对教员们进行培训，这可以提高成年人有效应对恃强凌弱事件的意识和能力，而这才是项目里的核心部分。全面的阻止策略在先前的研究中已经取得了科学性的支持（Olweus, 1991; Smith and Sharp, 1994），并且为"得到尊敬的步骤"项目的进一步发展做了铺垫。

"欺凌-证实-你的学校"是一个综合性的校园风气计划，设计这个计划是为了从欺凌者那儿剥夺权利，并将权利交到大多数有同情心的学生手中，创造安全的和有同情心的学校社区，在小学（Garrity et al. , 2000）和中学（Bonds and Stoker, 2000）里都可以看到正在实施类似项目。改变校园的风气，使用团队途径，而管理者们、教师们、采取支持态度的员工们、学生们和社区是项目的中心。这是一个综合性的项目，里面是五个同样重要的组成元素。为了帮助成年人们决定以怎样的特定行为方式在什么时间介入，盖瑞特（Garrity）等人制作了一份关于恃强凌弱行为的图表，该图表以严重程度为衡量指标（轻微、适中、严重），包括六个类别（身体侵犯、社会疏离、语言侵扰、恐吓、种族和民族歧视、性骚扰）。盖瑞特设计的这个珍贵的可视化的培训工具，可操作性地界定并细化了恃强凌弱行为，帮助教师和管理者理解构成恃强凌弱行为的范围。对非法的狂暴的行为进行的研究结论显示出，一些不够严重的行为通常会导致更加严重的行为（Elliott, 1994）。这个图表在应对初期的恃强凌弱行为并制定正确的回应上特别有帮助。

1996 年，斯特恩·达维斯在缅因州作为一名学校的顾问开始质疑学校如何对于恃强凌弱的行为做出回应。在他的作品《学校属于每个人：减少欺凌的实用策略》中，达维斯承认他将他当时的研究方法进行修改，因为他受到了丹·奥维斯的作品的影响（Davis, 2007）。他列举出了在创造几乎没有恃强凌弱行为的校园环境时的五个组成元素：

- 制定清晰的关于恃强凌弱行为的规则和程序；
- 在校园里培训成年人敏锐而持续性地对恃强凌弱行为做出回应；
- 对成年人进行培训，从而负责任地为学生们的行为提供持续的支持；

● 提升对学生的监管，特别是在一些欠缺管理组织的场所，如操场和咖啡馆；

● 提升父母们的意识，对问题进行干预。（Davis，2007）

预防措施和干预研究结果

实施项目对全校进行普遍管理，旨在促进了解恃强凌弱行为和减少恃强凌弱行为的发生率，这些措施是大多数学校为了反欺凌行为而付出的努力（Swearer et al.，2010）。一些研究者已经从研究阻止恃强凌弱行为的项目中获得重大的积极的成果（Olweus，1993；Olweus et al.，1999；Epstein et al.，2002；Frey et al.，2009）。但是其他研究没有提供明确的研究结论（Limber et al.，2004；Smith et al.，2004；Bauer et al.，2007；Vreeman and Carroll，2007；Merrell and Lsava，2008），这说明在对阻止恃强凌弱行为的措施的全面有效性进行探讨时，最后结论还有待进一步研究。

较之任何单独的研究所能提供的结论，研究者们将一些研究进行合并，提出强调通过元分析以获得共享化的研究设想，以期得出更强有力的结论。Glass（1976）将元分析定义为：为了整合研究成果而对很多的分析结果进行收集整理的数据分析。由史密斯（Smith）、施奈德（Schneider）、阿南艾都（Ananiadou）所做的一份元分析有 14 份调查的研究，旨在了解全校范围内反恃强凌弱行为的项目的有效性，结果显示在已经出版的研究中，86% 的研究成果显示实施反恃强凌弱行为的项目得不到任何的收益，甚至让问题更加恶化。在已经发表的研究中，只有14% 的研究项目认为在采取减少恃强凌弱行为措施方面取得的收效甚少。同样的，对于从 1980 年到 2004 年的 16 份研究的元分析包括了对超过 15000 名欧洲、加拿大和美国学生的研究数据，这些数据里只有 1/3 的研究变量具有积极的效果（Merrell et al.，2008）。

尽管研究结论积极地影响着人们对恃强凌弱行为的了解、态度和认知，分析结果却发现恃强凌弱行为的数量没有减少。而且，特弗（Ttofi）等人对 30 份研究进行评估，这其中有 13 份是基于奥维斯欺凌预防项目而制定的。研究者们界定了在反恃强凌弱行为的项目中包括的 20 个介入性元素，并确定了每一个元素的出现频率。毫不奇怪的是，研究者们发现项目中所包括的介入性元素数目越多，减少恃强凌弱行为的可能性就越大。特弗和法灵特恩做结论说最有效的项目是受到了奥维斯的启发，在"挪威，运作得特别好，在欧洲更广泛，在美国和加拿大则效果不大"（Ttofi and Farrington，2011，p. 42）。

鉴于反恃强凌弱行为的项目的有效性，目前有限的实证研究提出了以下问题：较之最初的项目设计，这个项目的实施情况如何？项目的可信度被界定为"在阻止措施中研发者所制定的组成要素之间的适合程度，和阻止措施在指定机构或者设定环境中的实际运作情况"（滥用药品预防中心，2001）。

> 项目基于证据而建立，并运用理论以构建组成元素，历经时间的考验而得以发展。这些项目组成元素会对项目的实施结论有所影响。精确度就是对项目组成元素的忠实实施。偏离这些项目元素，就会出现意料之外的结果（Mihalic，2001，p. 1）。

和那些不太忠实于基本设计理念的项目相比较，忠实于计划的最初理念并在项目的实施过程中认真工作的则可以得出积极的结果（Mihalic，2001）。

而且，在绝大部分的基于校园进行的干涉行动中，匿名报告可以用来衡量评估成果。斯威维尔等人建议采取更多的研究以确定是否"仅仅采用自我报告的方法就足够敏锐地观测出恃强凌弱行为在一段时间里发生的变化"（Swearer et al.，2010，p. 41）。尽管一些研究人员将观测手段（Craig and Pepler，1997；Low et al.，2010）和弗雷等人（2009）使用的自我报告的方法联系起来，但在观察过程中所需要的时间和雇用人员的花费则不利于大批量地使用观察的方法。

个人干预

基于把恃强凌弱行为当成系统化问题的设想，在全校范围内对此现象进行研究，因此干涉行动是针对整个校园群体而进行的。但是那些欺负别人和被欺负的学生需要的可能不仅仅是一般课程设置的关于提高孩子社交能力的活动。时常听到劝诫"停止恃强凌弱行为"的口号不是学校唯一的重要工作措施。除了告诉孩子们欺负别人是错误行为，告诉孩子们不能欺负别人已经成为另一个工作重点。干预行动应该强调潜在原因。恃强凌弱者和受害者们可能需要提升其他技能或者进一步了解他们应如何运用这些技能（Feinberg，2003）。

对暴力采取积极的反暴力措施是对那些恃强凌弱的学生进行干预的关键。改变一个喜欢欺人的孩子的行为方式需要在很长时间里使用多方面的、强化的、重点的方法，比如说，训练孩子们掌握和同龄人进行交往的新的能力，训练孩子们控制自己的脾气和冲动，多换位思考，重建认知能力以改变错误的思维（Feinberg，2003；Boyle，2005）。那些欺负别人的学生可能也会表现出一些更加严重的问题，比如情绪低沉、焦虑不安、在家里成为受害对象。和调查分析相关的干涉行动也应该被列出。那些欺负别人的孩子则不适合与欠缺自尊的孩子在一个群体里相处（Boyle，2005）。

在提供保护和支持之外，应该传授给被欺凌的孩子们一些技能和策略，帮助他们避免成为受害者。并不是试图去责怪那些欺负人的孩子，因为他们欺负人；而是要提供给被欺负者们一些方法，当没有成年人在身边对恃强凌弱行为进行干预时，他们可以进行自我保护。应该传授给学习者们在面对困窘、挑衅和感到被挑衅时，如何坚定而自信地正确回应（Boyle，2005）。社交能力训练，包括交友技能、发起谈话、参与，避免引发恃强凌弱行为，理解社交暗示，或者离开，这些技能都会对大多数的受害者有帮助。一些学生也需要对情绪低落和焦虑进行治疗（Boyle，2005）。《恶霸，哥们儿》的作者埃泽·卡尔曼（Izzy Kalman）希望教育者通过训练孩子们掌握处理欺凌行为的一些技能，从而教会孩子们不要成为受害者，而不仅仅是保护孩子们（Delisio，2007）。

临别赠言

很显然，在校园里出现的恃强凌弱行为已经受到整个国家的关注，而情况就是这样。我们的担忧已经被无数的研究所证实，但我们仍然在奋斗着，以期找到阻止和介入的措施，持续性地创造积极的成果。还有很多工作需要我们去努力，但保护孩子这个理由已经足够我们为之而继续努力。

练 习

1. 史密斯等人得出不一致的研究结论"在低成本、早期干预的主要阻止措施中体现了合理的投资回报率"（Smith et al.，2004，p.557）。假定无法改变恃强凌弱的行为，你会建议学校落实在学校范围内开展的反恃强凌弱行为计划中的哪些部分？

2. 对恃强凌弱行为采取阻止措施的项目有效性进行的测量方法，绝大部分是采取对学生使用匿名调查问卷的方式。在使用自我报告测量方法中哪些问题是不可避免的？

3. 考虑到恃强凌弱行为的恶劣程度从轻微到中等再到严重的区别，在纪律方面有哪些可以借鉴之处？

参考文献

Ali, R. (2010). Dear colleague letter. Accessed October 26, 2010. Http: //www2. ed. gov/print/about/offices/list/ocr/letters/colleague - 201010. html.

American Association of University Women Educational Foundation. (2001). *Hostile Hal-lways*: *Bullying, Teasing, and Sexual harassment in Schools*. AAUW Educational Foundation, Washington, D. C.

Americal Psychological Association. (2004). Resolution on bullying among children and youth. Adopted by the APA Council of Representatives in July 2004. Accessed June 11, 2012. http: //www. apa. org/about/policy/bullying. pdf.

Baldry, A. C. , and Farrington, D. P. (2007). Effectiveness of programs to prevent school bullying. *Victims and Offenders*, 2, 183 - 204.

Bauer, N. S. , lozano, P. , and Rivara, F. P. (2007). The effectiveness of the Olweus Bullying Prevention Program in public middle schools: A controlled trial. *Journal of Adolescent health*, 40, 266 - 274.

Baumeister, R. F. , Twenge, J. M. , and Nuss, C. (2002). Effects of social exclusion on cognitive processes: Anticipated aloneness reduces intelligent thought. *Journal of Personality and Social Psychology*, 83, 817 - 827.

Bond, L. , Carlin, J. B. , Thomas, L. , Rubin, K. , and Patton, G. (2001). Does bullying cause emotional problems? A prospective study of young teenagers. *British Medical Journal*, 323, 480 - 484.

Bonds, M. , and Stoker, S. (2000). *Bully-Proofing Your School*: *A Comprehensive Approach for Middle Schools*. Sopris West, Longmont, CO.

Boyle, D. J. (2005). youth bullying: Incidence, impact, and interventions. *Journal of the new Jersey Psychological Association*, 55 (3), 22 - 24.

Carpenter, D. , and Ferguson, C. (2009). *The Everything Parent's guide to Dealing with Bullies*: *From Playground Teasing to Cyber-bullying, All You Need to Ensure Your child's Safety and Happiness*. Avon Books, Avon, MA.

Center for Substance Abuse Prevention. (2001). *Finding the Balance*: *Program Fidelity and Adaptation in Substance Abuse Prevention*: *Executive Summary of a State-of-the-Art Review*. Substance Abuse and Mental Health Services Administration,

Center for Substance Abuse Prevention, Rockville, MD.

Cohn, A. , and Canter, A. (2003). Bullying: Facts for schools and parents. Accessed May 2, 2012. http: //www. nasponline. org/resources/factsheets/ bullying _ fs. aspx.

Craig, W. M. , and Pepler, D. J. (1997). Observations of bullying and victimization in the school yard. *Canadian Journal of School Psychology*, 12, 41 – 59.

Davis, S. (2007). *Schools where Everyone Belongs: Practical Strategies for Reducing Bullying*. Research Press, Champaign, IL.

Delisio, E. (2007). Ending bullying by teaching kids not to be victims. *Education world*. Accessed May 2, 2012. Http: //www. educationworld. com/a _ issues/chat/chat185. shtml.

Duke, N. N. , Pettingell, S. L. , McMorris, B. J. , and Borowsky, I. W. (2010). Adolescent viloence perpetration: Associations with multiple types of adverse childhood experiences. *Pediatrics*, 125 (4) e778 – e786. Accessed June 11, 2012. http: //pediatrics. aappublications. org/content/125/4/e778. full. pdf + html.

Elliott, D. (1994). Serious violent offenders: Onset, development course, and termination. *Criminology*, 32, 701 – 722.

Epstein, L. , Plog, A. E. , and Porter, W. (2002). Bully-proofing your school: Results of a four-year intervention, *Emotional and Behavior disorders in Youth*, 2 (3), 55 – 56, 73 – 78.

Farrington, D. (1993). Understanding and preventing bullying. In *Crime and Justice: A rev-iew of Research* (Vol. 17), edited by M. Tonry. University of Chicago Press, Chicago, IL.

Feinberg, T. (2003). Bullying prevention and intervention. *Principal Leadership Magazine*, 4, 1 – 4.

Frey, K. S. , Hirschstein, M. K. , Edstrom, L. V. , and Snell, J. L. (2009). Observed reductions in school bullying, nonbullying aggression and destructive bystander behavior: A longitudinal evaluation. *Journal of Education Psychology*, 101, 466 – 481.

Garrity, C. , Jens, K. , Porter, W. , Sager, N. , and Short-Camilli, C. (2000). *Bully Proofing Your School: A Comprehensive Approach for Elementary*

Schools . Sopris West, Longmont, CO.

Gini, G. , and Pozzoli, T. (2009). Association between bullying and psychosomatic roblems: A meta-analysis. *Pediatrics*, 123, 1059 – 1065.

Glass, G. V. (1976). Primary, secondary, and meta-analysis of research. *Educational Researcher*, 5, 3 – 8.

Harris, S. , Petris, G. , and Willoughby, W. (2002). Bullying among 9th graders: An exploratory study. *NASSP Bulletin*, 86, 3 – 14.

Hershberger, S. L. , and D' Augelli, A. R. (1995). The impact of victimization on the mental health and suicidality of lesbian, gay, and bisexual youths. *Developmental Psychology*, 31, 65 – 74.

Hirschstein, M. K. , and Frey, K. S. (2006). Promoting behavior and beliefs that reduce bullying: The "Steps to Respect" Program. In *The Handbook of School Violence and School Safety: From Research to Practice*, edited by S. R. Jimerson and M. J. Furlong. Erlbaum, Mahwah, NJ.

Hodges, E. V. E. , Boivin, M. , Vitaro, F. , and Bukowski, W. M. (1999). The power of friendship: Protection against an escalating cycle of peer victimization. *Developmental Psychology*, 35, 94 – 101.

Hoover, J. H. , Oliver, R. L. , and Thomson, K. A. (1993). Perceived Victimization by School Bullies: New Research and Future Direction. *Journal of Humanistic Education and Development*, 32, 94 – 101.

Janssen, I. , Craig, W. , Boyce, W. , and Pickett, W. (2004). Association between overweight and obesity with bullying behaviors in school-aged children. *Pediatrics*, 113 (5), 1187 – 1194.

Kaltiala-Heino, R. , Rimpela, M. , Marttunen, M. , Rimpela, A, and Rantanen, P. (1999). Bullying, depression, and suicidal ideation in Finnish Adolescents: School survey. *British Medical Journal*, 219, 348 – 351.

Kochenderfer, B. J. , and Ladd, G. W. (1996). Peer victimization: Cause or consequence of school maladjustment? *Child Development*, 67, 1305 – 1317.

Lacey, A. , and Cornell, D. (2011). The impact of bullying climate on schoolwide academic performance. Virginia youth Violence Project. Accessed June 11, 2012. http: //www. virginia. edu/uvatoday/pdf/impact _ of _ bullying _ 2011. pdf.

Limber, S. P. (2002). Addressing youth bullying behaviors. In *The Proceedings of the Educational Forum on Adolescent Health on Youth Bullying*. American Medical Association Chicago IL.

Limber, S. P. , nation, M. , tracy, A. J. , melton, G. B. , and Flerx, V. (2004). Implementation of the Olweus Bullying Prevention Programme in the southeastern United States. *Bullying in Schools: How Successful Can Intervention Be?* edited by P. K. Smith, D. Pepler, and K. Rigby, 55 – 79, Cambridge University Press, Cambridge, UK.

Low, S. , Frey, K. , and Brockman, C. (2010). Gossip on the playground: Changes associated with universal intervention, retaliation beliefs, and supportive friends. *School Psychology Review*, 39, 536 – 551.

Lyznicki, J. M. , McCaffree, M. A. , and Robinowitz, C. B. (2004). Childhood bullying: Implications for physicians. *American Family Physician*, 70, 1723 – 1730.

Marini, Z. , Fairbairn, L. , and Zuber, R. (2001). Peer harassment in individuals with developmental disabilities. Towards the development of a multidimensional bullying identification mode. *Developmental Disabilities Bulletin*, 29, 170 – 195.

McKenna, M. , Hawk, E. , Mullen, J. , and Hertz, M. (2011). Bullying among middle and high school students. *Morbidity and Mortality Weekly Report*, 60 (15), 465 – 471.

Merrell, K. W. , Gueldner, B. A. , Ross, S. W. , and Isava, D. M. (2008). How effective are school bullying intervention programs? A meta-analysis of intervention research. *School Psychology Quarterly*, 23 (1), 26 – 42.

Mihalic, S. (2001) The importance of implementation fidelity. *Blueprint News*, 2, 1, 1 – 2.

Nabuzka, O. , and Smith, P. K. (1993). Sociometric status and social behaviour of Children with and without learning difficulties. *Journal of Child Psychology and Psychiatry*, 34, 1435 – 1448.

Nansel, T. , Overpeck, M. , Pilla, R. , Ruan, W. , Simons-Morton, B. , and Scheidt, P. (2001). Bullying behaviors among US youth: Prevalence and association with psychosocial adjustment. *Journal of the American Medical Association*, 285 (16): 2094 – 2100.

National Association of School Pychologists. (2006). Position statement on school violence. Approved by the National Association of School Psychologists Delegate Assembly.

Olweus, D. (1978). *Aggression in the Schools: Bullies and Whipping Boys*, Hemisphere, Washington, D. C.

Olweus, D. (1991). Bully/victim problems among schoolchildren: Basic facts and effects of a school-based intervention program. In *The Development and treatment of Childhood Aggression*, edited by D. J. Pepler and K. H. Rubins, 11 – 48, Psychology Press, New York.

Olweus, D. (1993). *Bullying at School: What We Know and What We Can Do*. Blackwell, Oxford, UK.

Olweus, D. (1995). Bullying or peer abuse at school: Facts and Intervention. *Current Directions in Psychological Science*, 4, 196 – 200.

Olweus, D. , Limber, S. , and Mihalic, S. (1999). *The Bullying Prevention Program: Blueprints for Violence Prevention*. Center for the Study and Prevention of Violence, Boulder, CO.

Paterson, J. (2011). Bullies with byte. *Counseling Today*. Accessed March 3, 2012. http: //ct. counseling. org/2011/06/bullies-with-byte/.

Rigby, K. (2002). *New Perspectives on Bullying*. Jessica Kingsley, London.

Rofes, E. E. (1994). Making our schools safe for sissies. *High School Journal*, 77, 37 – 40.

Simmons, R. (2002). *Odd Girl Out: The Hidden Culture of Aggression in Girls*. Harcourt, Orlando, FL.

Simmons, R. (2004). *Odd Girl Speaks Out*. Harcourt, Orlando, FL.

Smith, J. , Schneider, B. , Smith, P. , and Ananiadou, K. (2004). The effectiveness of wholeschool antibullying programs: A synthesis of evaluation research. *School Psychology Review*, 33 (4), 547 – 560.

Smith, P. , Morita, Y. , Junger-Tas, J. , Olweus, D. , Catalano, R. , and Slee, P. , eds. (1999). *The nature of School Bullying: A Cross-National per-*

spective. Routledge, New York.

Smith, P. K. , and Sharp, S. (1994). *School Bullying: insight and Perspectives.* Routledge, London.

Smith, P. K. , Mahdavi. , J. , Cavralho, M. , Fisher, S. , Russell, S. , and Tippett, N. (2008). Cyberbullying: Its nature and impact in secondary school pupils. *Journal of Child Psychology and Psychiatry*, 49, 376 – 385.

Swearer, S. M. , Eseplage, D. L. , Vaillancourt, T. , and Hymel, S. (2010). What can be done about school bullying? Linking research to educational practice. *Educational Researcher*, 39, 38 – 47.

Thompson, M. , and Grace, C. (2001). *Best friends, Worst Enemies: Understanding the Social Lives of Children.* Ballantine Books, New York.

Thompson, M. , and O'Neill-Grace, C. (2001). *Best Friends, Worst Enemies: Understanding the Social Lives of Children.* Ballantine Books, New York.

Ttofi, M. M. , and Farrington, D. P. (2011). Effectiveness of school-based programs to reduce bullying: A systematic and meta-analytic review. *Journal of Experimental Criminology*, 7, 27 – 56.

Ttofi, M. M. , and Farrington, D. P. , and Baldry, A. C. (2008). *Effectiveness of Programmes to Reduce School Bullying*, Swedish Council of Crime Prevention, Information, and Pulications, Stockholm.

U. S. Secret Service. (2002). An interim report on the prevention of targeted violence in schools. Accessed May 2, 2012. http: //www. secretservice. gov/ntac/ssi _ final _ report. pdf.

Vreeman, R. C. , and Carroll, A. E. (2007). A systematic review of school-based interventions to prevent bullying. *Archives of Pediatrics & Adolescent Medicine*, 161, 78 – 88.

Wiseman, R. (2002). *Queen Bees & Wannabes: Helping Your Daughter Survuve Cliques, Gossip, Boyfriends, & Other Realities of Adolescence.* Crown Publishers, New York.

第六章　网络安全

迈克尔·兰德（Michael Land）

目　录

一名护工承认在他从事护理工作期间曾经奸污一名幼童，并且在网络上使用虚假的身份诱奸二十多名十几岁的女孩子。这名二十岁的恋童癖同时还建了一个个人收藏室，里面收集了他在网络聊天室里和社会上的网站里遇到的一百多名十几岁女孩子的性感姿势照片和光盘。

约翰·宾厄姆（John Bingham）

《电报》

学校的功能就是帮助学生学习。创造学习环境需要将全体教员、职员、学生、基础设施、材料都组织起来，并且不断增强安全感。校园安全领域里一个持续受到关注的领域就是网络安全。教育环境充斥着对于科学技术的应用。学生在教育氛围和个人环境里不断接受技术，这些技术本该被安全可靠地加以应用。越来越受到关注的一点是，学校应该在安全的网络环境里保证学生的作息时间，注意学生的安全问题，对学生负责。

为学校和学生提供安全的网络环境是一个宽泛的话题。为了创建安全的网络环境，教育环境里的很多领域都有待探索。从工资单到学生们的分数，学校通过技术管理系统来维持运作。他们会创建指导性的操作平台供教师在教室里使用，更有挑战性的是，就全体教员、职员和学生自己所掌握的技术而言，学校在创建安全的网络环境里起着重要的作用。网络安全涉及学校网络直至互联网上远端网络。

学生通过计算机和网络技术注册登录账户，获取信息以提高学业成绩。可以通过网络资源提升技能，帮助学生掌握教育内容并确保学生每天享用技术。事实上根本就不存在不使用技术的学校。

当今的学生一生都浸淫于技术之中。小学和中学教育训练学生基本的技术读写能力，以强化更高层次的思维能力，比如解决问题的能力、综合能力和信息分析能力。学校和教育者们将相当数量的技术加以整合，确保学生通过教育可以提升自我。许多教师接纳技术并成为使用技术的能手，他们运用技术进行教学和制定课程大纲，期待学生富有成效地使用技术。

若对学生熟练程度进行一次大规模检测，学生们将会以稳妥、安全和道德的方式来使用网络资源。维护网络安全是学生们必须掌握的生活技能之一。但在大多数情况下，学生们处在教室以外的网络环境里，极少被正规引导如何发表安全和合乎道德的言论。越来越常见的现象是，学校需要在教室内和教室外创造安全的网络环境（Gibbs，2010）。

很少有教育者把掌握安全、安保和伦理知识当成学习的一个部分。最近的一个研究显示只有15%的教育者会在授课中探讨仇恨性质的言论，只有18%的教育者会向学生传递如何应对不良画报、光盘和其他网络内容。只有26%的教育者告诉孩子们如何处理网络上出现的恃强凌弱行为。1/3的教授会讲授关于网络工作的风险性的知识，另外的1/3教师会告诉学生在网络上获取信息时应该注意网络安全。但只有6%的教师会告诉学生运用地理定位的安全知识，互联网使得移动设施服务具有风险性（全美网络安全联盟，2011）。

Web 2.0技术和智能手机的传播为网络安全提供了另一个有趣的衡量尺度。正如教职员工，学生也有能力通过他们手里掌握的或者口袋里揣着的一个强大的网络平台来使用数据、交流数据、处理数据。网络最初被刻画成是通过异步系统，收集（或者公布）信息并且可以交流的环境，而Web 2.0技术使网络成为一个瞬时的、可以合作的、互动的社区。通过使用移动电脑操作系统，智能手机为使用者们提供了通过Web 2.0技术的同步操作性能进行交流互动的能力。Web 2.0技术和智能手机共同为使用者提供先进的计算功能和交流功能，同时也提出挑战即如何在学校里维护网络安全环境。

在探讨网络安全环境问题时，本章的第一部分将会从三个方面对网络环境进行综述：互联网、利用电脑联网在家办公和智能手机，以及它们各自的用途、属性、重要性、价值，以及相应的风险。本章的第二部分主要是指通过采取措施来培养牢固的、安全的和合乎道德的网络使用方法以创建网络安全的环境。

　　本章的写作意图并不是为了在学校创建网络安全环境而提供技术指导。诸如防火墙、恶意编码和路径控制都需要得到系统网络管理员的关注，以便于正确安装保护系统。但是本章可以启发教育者，使他们了解构建校园安全环境的各种因素，帮助他们明确提出减少学校风险的方法和建议。将校园安全风险最小化的最佳途径就是使教育者意识到他们在这个过程中的角色。学校和教育者在孩子们生活中发挥着重要作用，网络安全必须成为教育内容之一。

互联网

　　互联网是全世界的公众型计算机网络。在 20 世纪 70 年代由国防部最初建立互联网，主要依据交换控制协议/互联网协议以链接计算机和网络。自从 20 世纪 90 年代早期开启超文本标记语言（HTML）技术以来，互联网就从基于文字进行交流的平台演化到使用具有图形信息的网页进行交流。HTML 技术加速了互联网建成公众可接触的网站的进程，HTML 技术通过经互联网联系的网络服务器来处理其他的媒体文档，而不仅仅是处理文本。

　　校园互联网应用经 HTML 技术的开启而迅速成长起来。到 1999 年，将近 100% 的美国公立学校可以进入互联网，比 4 年前增长了 35%。2005 年，94% 的公立学校教室里安装了网络使用设备，和 1994 年相比，增长了 3%（Wells and Lewis, 2006）。互联网的使用使其从一个提供信息的平台成为一个被大多数学生使用的参与性平台。

　　对于教育者而言，互联网已经成为一把双刃剑。互联网是一个巨大资源，充满无穷无尽的信息和资源。通过互联网收发邮件、聊天和浏览信息（为了教育研究和个人用途）是学生生活里很常见的现象。研究显示95％的十几岁孩子在家里会使用网络，82％的十几岁孩子会在家里广泛地使用网络（Rainie，2011）。对于学生们而言，尽管网络拥有许多的积极因素，但一些站点可能包含学生们所不应该接触到的数据。学生们轻易就可以找到一些包含色情信息、毒品信息和任何可以想象到的不正当的活动的网站。不仅如此，恋童癖们和罪犯们经常使用互联网寻找他们的猎物。互联网对于现代教育系统很有帮助，与此同时，对于学生们而言，互联网也包含很多的风险和危机，这是一把双刃剑。

电子邮件

学生、教职员工在教育环境里经常使用电子邮件发送和接收电子信息。学生可以通过电子邮件和教师、家庭成员以及同龄人保持联络。学生可以使用电子邮件交作业，和导师建立联系，接受在线时事通讯，在网络常见的不同步交流联络时获取信息。

电子邮件蕴含潜在风险是网络固有的特点。电子邮件依托于公众网络媒体，使用者可以和其他人用电子邮件任意进行交流。在网络上没有谁会绝对相信对方就是他们自己说的那样。需更进一步说明的是，电子邮件使用者可以通过未经同意即发出的讯息和其他使用者进行交流。这些未经过同意即发出的讯息，或者说垃圾邮件，可以随机地包含一些露骨的色情意味的材料、待售产品，或者牟利性的项目计划，又或者是在实施的某些恶意项目。

电子邮件的另一个需探讨的方面就是基于校园网络体系重大技术进展而使用的云基础电子邮件系统。云基础服务使得学生、教职员工可以在网络平台上运用应用程序，这些网络平台和公共设施或出租房屋相似，都是租或者借给学校使用的。云基础拓展了这些网络系统的使用，使得学生、教职员工不仅可以经常使用他们的电子邮件，还可以在有电脑和网络设施的任何时候使用个人文档和应用程序软件。比如说，运用应用程序进行任务操作并不需要在远处的电脑上安装软件，也并不需要与当地的局部网络进行链接。这些应用程序通过云基础进行运作，所产生的数据都储存在云基础上，在任何时候任何人都可以通过互联网服务和正确地使用证书以使用这些数据。

微软和谷歌为学校学生提供了免费的电子邮件服务，正如为使用者提供在线交流、使用应用程序和储存数据等服务。许多学校使用云基础网络，因为其为学校提供服务所需的费用很低，所需人力也很有限。基于云基础的电子邮件系统是有风险的，当互联网数据中心服务器正在运作并且全面接受学校信息技术部门的控制时，即使监控服务器很容易，但若想控制位于云基础系统的某处服务器也仍然会很难。因此，测量和分析主机的运作情况和安全及安保措施很重要。学生们必须理解并且知道如何对这些风险做出回应，这一点非常重要。

互联网研究

网络信息浏览可以向学生、教职员工提供在全世界范围内的计算机网络上获取信息的途径，常见途径就是使用浏览器，比如微软互联网浏览器、谷歌浏览器或者火狐浏览器。这些浏览器使得使用者们可以获得丰富的教育文化资源（文本、声音、图片和影像）。这也能帮助使用者们提升自我能力和理解评估信息，并且在访问网站时获取信息。

和互联网研究相关的风险与站点不正确或误导信息有关。在互联网上也能获取色情意味很明显的影像材料，和进入会包含仇恨、偏执、暴力、毒品、宗教狂热以及其他的不适合学生接触的信息的网络站点。通常而言，互联网对于孩子们买卖诸如酒精和烟草这些产品的行为并不加以限制。一些互联网站点欺骗性地以进行市场竞争和调查为理由从孩子们那儿收集个人信息，以便将产品出售给他们或者他们的父母。互联网是一个相对而言很广泛的界面，便于共享数据，不需经过任何形式的审查机制。

另一个猖獗的现象在于学生在使用互联网进行研究时会进行剽窃。在《教育周刊》上刊登的一份全国调查报告发现54%的学生承认自己在互联网进行剽窃，74%的学生承认在过去的校园生活中至少有一次"严重的"欺骗行为，还有47%的学生认为他们的老师有时不管束那些有欺骗行为的学生（Plagiarism Dot Org, n. d.）。从小学到中学再进入大学的学生会把剽窃当成是争议问题。根据《纽约时代周刊》所言，在互联网时代成长起来的学生对于剽窃别人的作业这种现象持极端放纵的态度（Gabreil, 2010）。

在线聊天

在线聊天是很多学生使用的常见交流工具。在线聊天是指在特定的社会网络界面上围绕一个主题，以打字的方式从其他人那里读取讯息。网络在线聊天有独特的吸引力，成为一种被广泛使用的交流方式。网络在线聊天很普及，使用者将文字同步输入到聊天界面，从而可以和世界上的人们进行交流。学生可以通过网络站点或社会网络或门户网络和其他人进行联系。

在线聊天有风险，因为它可以隐去真实姓名，进行实时交流。因为这些特点，聊天成为最活跃的在线活动，孩子们在线聊天时会遇到一些可能对他们造成伤害的人（Wolak, 2008）。入侵者们利用聊天室诱使学生们聊天并且会面。学生们可以在线提供个人档案，社会性的网络站点给聊天加了新的内容。在线档案使得搜寻不同群体变得简单和容易。寻觅猎物的捕食者会通过社会性的网络站点伪装成对孩子们很友善，通常会伪装成另一个孩子，或年龄稍大的十几岁青少年，通过表现得像一个理解并信任孩子们的朋友来获取信任。一旦在聊天室建立这种信任感，寻觅猎物的捕食者会将聊天转移到面对面的私人空间里。

网络聊天的负面影响就是恃强凌弱者会在网络上伤害别人。欺凌者们通常最初以好朋友的面孔出现，然后就接近学生们得到他们的电子邮件信箱，从而继续祸害行为。又或者欺凌行为会通过瞬时的讯息进行，或是在聊天室里进行。在社会性网络站点相关联的聊天界面会发生欺凌行为，这时欺凌者们会张贴出一些不真实的和有破坏性的信息（MacDonald，2008）。有时候聊天室会公布出一些色情方面的网络链接。学生们会点击这些色情网络链接，然后就进入一些不当的网站。但凡在线，聊天室里就会充满各种风险，这些风险和积极效应形成对比，而这也是很容易理解的。

社会媒体

Web 2.0 技术的兴起和众多知名社会媒体对学生造成很深的影响。Web 2.0 技术和宽带网络的使用改变了学生交流、处理和存贮数据的方式。尽管 Web 2.0 技术的广泛使用影响着各种人群使用者，但没有哪个群体如同学生群体受到这样大的影响。Web 2.0 技术的应用包括社会性网络站点、博客、维基百科、影像资料分享站点、服务器、网页应用软件和插件。对于使用者而言，这些常见的免费或费用低廉的工具，经历了从提供给机构使用到被免费使用的变迁。

Web 2.0 技术因为编程技术工具的改进如 Java 描述语言（AJAX）的非同步性技术而成为可能。AJAX 是一个内在关联的技术持续得到提升的网页工具，用来编制交互式网页程序。这种程序编排，结合宽带互联网的使用，将使用者们带入一个持续演化的交互式社会性网络的环境。这种充斥 AJAX 技术改进的互联网被简单地称为 Web 2.0。

Web 2.0 技术是对互联网技术的升级换代，提供了"交互式的"信息交流方式，这种技术的特征是：使用者们可以编写和发布信息、进行开放式的交流、去中心化、共享、具有重复使用信息的自由（Acar，2008；Subrahmanyam et al.，2008；Madge et al.，2009）。Web 2.0 技术"交互式的"运用体现在如分享照片和录像，使用网站应用软件平台如 Photobucket、Flicker 和 YouTube，以及在网络平台如 Wikipedia、TripAdvisor、UrbanSpoon 和社会性网络站点比如 Facebook 和 Twitter 上使用 Wikis 和 Blogs。

在线网络因 Web 2.0 技术而推广，由于该技术的交互式属性，用户日渐增多、访问路径和宽带技术的宣传也日渐增多（Acar，2008；Subrahmanyam et al.，2008；Madge et al.，2009）。今天的互联网拥有大批的在线社交网络。而现存的多种在线社交网络里，最盛行的就是 Facebook 和 Twitter。

在社交网站可以创建档案和朋友列表、公开朋友列表。使用者们可以在线创建个人网页和建个人档案。网络使用者通过个人档案建立了在线身份，和那些在网站也设有个人网页的其他个人建立友谊和关系。在线社会网络不完全是实时的，如在常见的聊天室里发送网络即时信息，所以交互并不总是瞬时性，即使大多数网络都有聊天室功能。

大多数的网络档案是通过对问题进行回答而制定的，这些问题要求使用者填写各种个人信息（Mazer et al.，2007；Mitrano，2008；Steinfeld et al.，2008）。个人信息包括使用者姓名或者其他的标志符，比如个人喜好、学校、地理位置、学生们目前的社交范围或者寻觅和其他人交往。档案还允许使用者们通过个人照片和录像来体现自我。学生还可以得到他们的朋友列表和成员团体，每个人都可以发表评论。个人的社会网络档案有很显著的网址，网址可以被标记或者链接，允许其他人使用和共享第三方的信息。

对于学生而言最盛行的在线社会网络是 Facebook，这是一个在线目录软件，通过社会网络使人们联络。网站 www. Facebook. com（Facebook）最初是在 2004 年由马克·扎克伯格（Mark Zucker-burg），一名哈佛大学的二年级学生设计并改善的。他受一个大学里的有关面部图像软件的纸质版本所启发。这个软件名录由个人的照片和姓名构成，大学管理人员在每个学年的开始时分发名录，旨在帮助学生们彼此互相了解。扎克伯格最初的设计意图是创建一个在线网站，帮助哈佛大学的同学们彼此了解，以便于找到室友（Shier，2005）。毋庸置疑，Facebook 网站在学生之间非常受欢迎，因为这个网站最初只是为了设计给学生们使用的。

自从 2004 年被创建以来，Facebook 的使用者数量已经从数百人发展到超过五百万人（Digital Buzz，2011）。Facebook 最初是为大学学生而设计，但是现在已经对年满 13 岁或者岁数更大的任何人开放。在 2006 年，Facebook 提高了注册要求，注册者必须有教育机构的信息。使用者们不得不使用带有教育后缀的电子邮件信箱（也就是以".edu"为后缀名的电子邮箱地址）。这项改善措施使得民众转向使用 Facebook，使 Facebook 成为绝大多数社交网络使用者选择的门户网站（Mazer et al.，2007，2009）。

作为 Web2.0 技术的一个方面，Facebook 为朋友们保持接触提供了一个工具，使得个人能够在网络上出现，还不需要自己创建网站。Facebook 使得上传照片和录像变得很容易，以至于每个人都能够创建多媒体档案（Mitrano，2008）。使用 Facebook 可以通过电子邮件、搜索姓名，或者根据名录表格上的变量，很容易就找到朋友。在 Facebook 上拥有公共档案，学生就可以被其他的 50 亿使用者找到。

每一个 Facebook 的档案都有一个"墙"，朋友们可以发表评论。因为这个学生的所有朋友都可以看到这面墙，在墙上发表评论其实就是一种公众交流。学生们可以在朋友们的墙上写信息，或者发送私人信息，这些信息会出现在他们的私人信箱里，这种私人信箱和电子邮件很相似。Facebook 可以作为工具来建立和维系关系，这个功能对于成年人而言格外的重要。近年来，使用在线网络信息已经超越了对于电子邮件的使用，而这是学生之间最主要的交流方式（Solis，2009）。

Facebook 使每一个使用者进行隐私设置。比如说，学生们可以制定隐私等级，这样就能避免让所有使用者都看到信息档案，这就是说，学生的档案只能被学生指定为朋友的人看到。学生可以调整隐私设置，允许其他的使用者或者同龄人看到部分或者全部的信息。使用者们也可以创建有限的档案，这使得他们隐藏档案的某个部分的信息。

学生们喜欢 Facebook 的另一个原因就是可以在使用者页面上打游戏。Facebook 程序指的是为 Facebook 档案所制定的程序。这些程序中最流行的部分包括交互式游戏，比如 Farm Town、Mafia Wars 以及其他的交互式多使用者程序。因为大多数的游戏使用者会积分或者攒财产，朋友们可以互相竞争或者和 Facebook 上的数百万的使用者们竞争。

许多的社会化网站要求使用者们至少年满 13 岁。这包括流行网站比如 Facebook 和 YouTube，所有这些网站都要求使用者在申请账号时确认自己年满 13 岁。除此之外，定位于成年人用户的，比如和烟草广告或者和性有关的网站会要求登录者们至少年满 18 岁或 21 岁。

在网络路径控制方面，年龄限制没有什么震慑力。一份最近的研究（Lenhart et al.，2011a）显示出许多在线的十几岁的青少年（44%）承认在年龄方面进行了欺骗，这样他们就可以进入网站。男孩们和女孩们都说他们比获得网站账号所登记的年龄更大。较年轻的从 12 岁到 13 岁的孩子比 17 岁的孩子更加有可能在年龄方面进行欺骗（49% versus 30%）。在社会网站上公开个人信息的十几岁的青少年比那些把个人信息私密化的青少年更容易隐瞒自己的年龄（62% versus 45%）（Lenhart et al.，2011a）。

在线社会网络的另一个问题和学生之间偶尔出现的残酷行为有关。使用在线社会网络的十几岁的青少年说他们的同龄人大多数会在在线社交网络上对人很友好（69%）。但是，这些青少年中的 88% 说他们曾经目击人们很刻薄或者很残酷地对待别人，15% 的青少年说他们曾经是网站上被刻薄或残酷对待的对象。在使用媒体的青少年中有 15% 曾经被残酷或者刻薄地对待，在这里没有采纳如年龄、性别、种族、社会经济地位或者其他的被测量的数据特征作为变量进行数据上的统计（Lenhart et al.，2011b）。

学校在提供网络安全的环境面临着挑战性，不仅因为互联网和社会网络天生的危险性，还因为学生们在教育环境中为了访问大量的技术资源会引进自己的个人技术。学生们越来越多地使用他们的个人技术，最著名的就是智能手机，以及社会网站的门户。

智能手机

学生进入高中就开始使用智能手机是寻常现象。对智能手机的使用频率已经超越了使用传统计算机访问互联网（Albanesius，2011；Weintraub，2011）。智能手机是一种手机电话，把网络计算机系统和移动电话结合到一起。智能手机涉及大量的技术和程序（Apps），智能手机和个人电脑在很多场合具备同样强大的功能。除了容纳很多听力和文本信息，智能手机还能充当录像/静态照相机、录音机、媒体播放器和移动电脑。它们把程序和浏览器进行整合，可以做很多事，从可视会议到全球定位系统导航、无线局域网和宽带因特网协议。

研究显示青少年比成年人更有可能拥有一个智能手机，并受到技术的困扰。48%的青少年拥有智能手机，与之相比较，只有27%的成年人拥有智能手机。在那些拥有智能手机的人士中，60%的青少年把他们自己描述成是"高度沉溺于"使用手机（Gilbert，2011）。

在网络生活和智能手机的使用中的一个争议性问题是关于定位工具的，比如 Facebook 的定位软件。一些服务成为很盛行的程序，特别是在社会网络环境中。程序允许使用者们通过移动电话登记进入场所（邻近地带商业区）。然后他们的位置信息就被送给朋友们，很多情况下还包括一份地图，显示他们确切的位置。

地理定位主要是用来作为商业的市场运作工具，为了解商店信息的程序使用者们提供打折或者免费的商品。但是存在一些很明显的和安全有关的需要考虑的问题。每一次有人公开登记进入一个地方，他们就是在明确地向全世界宣布他们那个时候在那个地方。分享位置会引来被追踪，以及其他的危险争议性问题，因为使用者通过互联网或者社会媒体站点正在播报他们的地理位置。

在了解智能手机和网络安全时，还应该考虑手机信息。从技术上来说，文本不是基于网络的技术。但是通过手机技术的运用，文本信息正变得广泛普及，如同一个时髦的年轻人。在 2004 年对十几岁的青少年所做的调查中，18% 的 12 岁的青少年拥有手机。2009 年，58% 的 12 岁青少年拥有手机，83% 的 17 岁青少年拥有手机，而在 2004 年只有 64% 的 17 岁青少年使用手机（Goldberg，2010）。

手机信息成为美国青少年喜欢的交流方式，每三个青少年中就有一人每天发送超过一百条手机信息（Goldberg，2010）。但是，如同其他的网络技术，手机为学生带来有利之处，也带来困扰。15%的使用手机的青少年说他们通过手机接到过色情照片或者接近裸体的照片。岁数更大的十几岁青少年更有可能发送和接收这些信息；8% 的 17 岁青少年的手机曾经接收到色情信息，30% 的 17 岁青少年曾用手机接收到全裸或接近裸体的照片。自己支付手机费的十几岁青少年们更有可能发送手机信息：17% 的支付手机有关费用的青少年通过手机发送性暗示意味很重的信息（Ngo，2009）。

沃尔德弗德（Woldford）（2011）认为色情短信和产生严重的精神困扰有关，以波士顿地区 2.3 万名学生为研究标本，发现"色情短信包括对于欺凌行为和强制行为的颠覆，那些牵涉其中的十几岁的孩子更有可能受到精神困扰，感到压抑或者企图自杀"（http：//www.webpronews.com/sexting-linked-to-depression-suicide-2011-11）。事实上，和没有收到色情短信的孩子们的数量相比，有色情短信的孩子们在数量上是前者的两倍，他们说自己从精神上感到压抑。13% 的色情短信使青少年在过去一年里曾经企图自杀，没有收到色情短信的孩子里只有 3% 曾经企图自杀。色情短信不仅让人困扰，它还是涉及孩子们安全问题的变量之一。

本节打算帮助学生们理解网络带来的积极因素和风险。提供一个技术安全的环境是一个很宽泛的话题，包括学生们生活中的很多方面。很显然，技术将会持续在教育环境和学生们的生活中扮演一个很重要的角色。但是教育者们应该理解在创建安全的网络环境时学校有可能扮演的角色。

提供安全的网络环境

这个章节的第二个部分探讨网络安全环境下教育者们所扮演的角色。维护网络安全取决于教育者们对于环境、风险、技术脆弱性的理解。对学生进行教育时，要传授网络安全理念，因为这个问题宽泛且复杂，而创建校园安全网络环境没有更合适的方法。这个方法可以发挥教育者们的专长，完善学生们在安保、安全和符合道德方面的措施。维护网络安全是学生们必须具备的生活技能。

本部分不是从网络管理人员的角度来探讨网络安全，而是使教育者们意识到需要采取哪些行动以维护学校网络安全。学校必须从政策和流程上提供身份认证、防火墙和计算机系统病毒防护程序。身份认证将会提供安全登录、允许个人访问他们需要的数据和程序。防火墙和访问控制设施将会限制使用者访问不需要的程序和数据。病毒保护程序将会保护使用者免于受到网络上的病毒和有害软件的危害。这三个领域中的每一项都是计算机专家们所探讨的问题。教育者们最好的做法就是告诉孩子们网络环境下有可能面临的风险，以及相应地如何成为安全有保障的符合道德伦理的网民。

网络安全面临的任务很令人气馁，因为孩子们的网络生活中有很多领域是教育者们无法控制的。学生们有技术并且会在导师控制之外频繁使用这些技术。他们使用技术进行同龄人之间的交流，他们往往是对事物缺乏了解、让人担忧、缺乏道德伦理的人士。因此关于网络安全保障问题、安全管理以及道德伦理的教学课程十分重要，能够为学生们提供制定好的网络建议。告诉孩子们成为好的网民将会帮助他们不会在将来成为网络犯罪的受害者。因为在所有的学习阶段，技术都是可以被传播的，从幼儿园课程直到高中，课程设置中都应该包括网络安全。

在教育中应该重点探讨基本的原则。访问适合年龄的网站就是一个例子。不到 13 岁的学生不应该拥有 Facebook 的账号。要向学生们强调在网络上应该进行安全操作。即使学校网络设有防火墙，并且使用过滤软件，还是会遭遇不当入侵。

网络安全的一个基本原则就是告诉学生在网络世界应该回避不了解的事物。学生们应该了解网络空间里的交流对象并不总是如他们自己说的那般。假如学生不知道谁在和他们说话，他们就不应该回应，而且应该让学校工作人员知道这件事。学生们应该了解的另一项基本原则就是他们可以访问网络，可以复制或者下载网络上的并不是由他们自己制造的网络资源，不论是声音的、影像的或者某个人的文字材料。可以使用这些资源，但这些资源仍然属于制造它们的物主，应该向物主们付费，在进行引用或者参考时也应该给予声明。学生们必须理解网民这个概念。不论从何种技术层面来看都应该教导孩子们成为好网民。假如学生们不能在生活中做某件事，那么他们也不应该在网络中做这件事，这是根本前提。

小学网络安全

向学生们介绍新技术，这其中也包括进行网络安全教育。在幼儿园时，学生们了解到应用这种技术可以提供访问新网站、学习新事物，并且和其他人在世界范围内广泛合作的能力。即使岁数很小，学生们也需要学习网络安全规则，比如不要透露个人信息等。他们需要了解信息的价值以及为什么要保护这些信息。学生们需要了解计算机和技术是不安全的，即使在他们最年幼的时候，也会有人利用网络环境中的他们。

这个年龄的学生甚至也会热衷于技术（Saçkes，2011）。教育者应该发掘这种热情并且把它运用到维护网络安全方面。提倡和网民们讨论网络生活的积极和消极效应。在网络世界里，每个人彼此相连，任何事物都可以被复制、粘贴和发送给数百万网民，重要的是学生们对于网络环境负有道德责任。

学生们永远不能因为年幼就不保护自己的个人隐私，而且还应该尊重他人隐私。学生们应该理解道德理念并创建积极的在线网络社区，他们应该认识到网络社区存在追踪、欺凌及其他的负面行为，网络社区充满了挑战。学生们需要理解他们的角色，比如说扮演好网民、创建更广阔的网络社区。听着很滑稽，但是必须遵守这个充满创造力的网络规则，正如正确处理使用网络资源的版权问题，处理这些问题永远都不算早。学生们应该树立从其他人那里学习创造性事物的道德理念，正如他们受到鼓励要发挥自己的创造力。

初中网络安全

当学生们进入初中，他们就更多地卷入网络生活中。学生们需要长久理解在线交流的重要性和正确的规矩礼仪。作为初中生，他们必须学会管理他们的在线信息以维护网络安全。学生们应该知道如何防范盗窃、保持自己的数据安全、免于受到恶意软件的侵蚀，同时保护他们自己的电子邮件。听起来很复杂，但这些都是初中生们每天都要面对的问题，他们需要知道如何处理这些问题。

成年人可能会考虑到学生们的在线技术活动，比如网络生活，对于他们而言这就是生活。技术一直都是他们生活中的一个部分，他们对于技术很狂热。教育者应该规范这种热情并且提倡学生们了解技术对于生活、社区和文化的冲击力。学生们应该了解网络生活积极和消极的方面、网民的概念。重要的是他们在使用、创建和分享信息的在线空间负有道德责任。网络安全是一种生活技能，学生们必须理解和能够应用。

学生们需要学会保护个人隐私，尊重他人的隐私。初中学生们应该探讨参与并且建设积极的在线社区的道德感。教育者应该探讨学生们的个人行为，包括积极的和消极的行为所造成的影响。初中学生需要了解他们在网络世界中的行为会对现实生活造成的影响。他们必须了解技术上的不足所造成的影响会远远超过他们在私人空间拥有的舒适感。学生们必须知道他们在网络上表现自己的方式会影响到他们的社交形象、自我存在感和名声。而且学生们在网络上对待他人的方式在现实世界也会有所表现。

鼓励初中生们在网络世界介绍他们积极的行为方式，创建和发表他们自己的写作作品、音乐作品、录像资料和艺术作品。他们还应该了解和版权及公共场合网络资源有关的热点问题。这包括网络资源知识以及如何运用这些知识。素材包括引用报纸上的文章进行学术研究、在同龄人的网站上散布受版权保护的音乐等。学生们需要知道哪些行为可以被接受和被拒绝（Conradson and Hernandez-Ramos，2004）。

高中网络安全

学生们在高中应该了解并珍惜和其他人在网络上进行在线交流的价值。他们应该识别不正确的联络并知道如何做出反应。他们了解为什么某些网络关系是有风险的，并且知道如何避免这些风险。学生们应该制定程序管理网络环境下的个人数据。

高中学生将会充分认识网民概念，并且考虑如何运用网络生活的权利创造好的事物。学生们要持续学习如何保护个人隐私，并且尊重他人的隐私。高中学生应该认识到在网络上发送信息可以影响他们进入大学或未来其他机会，这些信息也会影响其他人。

高中生们必须理解网络空间匿名权。他们必须认识到网络匿名发帖和公开发帖会使欺凌行为、憎恨性言论以及网络上的对骂状态进一步升级，知道当他们面临这些问题时应该如何处理。高中学生应该学会批判性思维，了解如何在网络上表达自己的观点，正如他们在实际生活中的行为。学生们必须考虑把怎样的档案、邮件、网络形象传递给其他人，并且审视这个形象是否就是他们想要展示的。高中学生应该学会在以互联网为基础的研究中引用和使用参考文献，知道复制受版权保护的音乐或录像是不合法的。必须使学生们认识到版权的价值和数据的授权使用问题，鼓励他们创建和使用新媒体。

使所有教育层面的学生成为网络好公民是一个教育目标。鼓励学生从事、参与并且授权学生讨论作为课程内容之一的网络安全问题是关键，计算机和网络技术提升了学生们的课业成绩。此外，小学和中学的责任就在于为学生提供作为教育过程的基本网络安全保障、安全、道德技能。学校必须教育学生合理运用政策，并且使学生了解这些政策会产生的影响。学校必须向学生们灌输网络行为的责任感。为了帮助学生学习，学校在未来会面临更多挑战。在学校构建网络安全文化的最佳时间是从你向学生们介绍技术的第一天开始的。

个案研究

你所在州的林肯学区最近因为一名学生的自杀事件而悲痛，这已经是该地区第三个人自杀。在全州范围内，每年平均有 15 到 20 个十几岁的青少年会自杀。这些例子中的绝大部分涉及那些在网络上被欺负过的初中生或者高中生。一些人被攻击是因为他们被认为是女同性恋、男同性恋、双性恋或者变性人。社区中的很多成员都向学区打电话以询问这个问题。学区领导人在这个问题上持不同的观点。一些人说学校应该探讨这个问题，另一些人说这样做就如同打开了潘多拉的魔盒。

- 讨论这个问题是学区的任务吗？
- 网络欺凌和欺凌有区别吗？
- 在探讨这个问题时，应该考虑哪些因素？

┌ + ┄ + ┄ + ┄ + ┄ ┐
  练 习
└ + ┄ + ┄ + ┄ + ┄ ┘

1. 阐释如下观点：对于教育而言，互联网是双刃剑。
2. 学生们应该在什么时候在学校接受关于网络安全的指导？为什么？
3. "做一个好的网民"指的是什么？
4. 为什么教育者要采取积极态度帮助学生成为"好网民"？

参考文献

Acar, A. (2008). Antecedents and consequences of online social networking behavior: The case of Facebook, *Journal of Website Promotion*, 3 (1/2), 62 – 83.

Albanesius, C. (2011). Smartphone shipments surpass OCs for first time: What's next? PCMag. com. Accessed March 4, 2012. http://www. pcmag. com/article2/0, 2817, 2379665, 00. asp.

Bingham, J. (2011). Nursery paedophile raped toddler and snared teenagers online. Telegraph. Accessed March 4, 2012. http://www. telegraph. co. uk/news/uknews/crime/8561998/Nursery-paedophile-raped-toddler-and-snared-teenagers-online. html.

Conradson, S. , and Hernandez-Ramos, P. (2004). Computers, the Internet, and cheating among secondary school students: Some implications for educators. *Practical Assessment*, *Research & Evaluation*, 9 (9), 9.

Digital Buzz. (2011). Facebook statistics: Stats and facts for 2011. Accessed July 15, 2011. http://www. digitalbuzzblog. com/Facebook – statistics-stats-facts – 2011.

Gilbert, D. (2011). Half of all teenagers own smartphones most addicted. Accessed March 4, 2012. http:// www. trustedreview. com/news/half-of-all-teenager-own-smartphones-most-addicted.

Gabreil, T. (2010). Plagiarism lines blur for students in digital age. *New York Times*. Accessed March 4, 2012. http://www. nytimes. com/2010/08/02/education/02cheat. html? ＿ r = 1&hp.

Gibbs, J. (2010). *Student Speech on the Internet: The Role of First Amendment Protections.* LFB Scholarly Publishing, El Paso, TX.

Goldberg, S. (2010). Many teens send 100 – plus texts a day, survey says. Accessed June 9, 2012. http: //articles. cnn. com/2010 – 04 – 20/tech/teens. text. messaging ＿ 1 ＿ text-messaging-cell-phones-teens? ＿ s = PM: TECH. CNN.

Lenhart, A. , Madden, M. , Smith, A. , Purcell, K. , Zickuhr, K. , and Rainie, L. (2011a). Social media and digital citizenship: What teens experience and how they behave on social network sites. Accessed March 4, 2012. http: //www. pewinternet. org/Reports/2011/Teens-and-social-media/Part – 2/Section – 3. aspx? src = prc-section.

Lenhart, A. , Madden, M. , Smith, A. , Purcell, K. , Zickuhr, K. , and Rainie, L. (2011b). Kindness and cruelty on social network sites: How American teens navigate the new world of "digital citizenship". Accessed March 4, 2012. http: //pewresearch, org/pubs/2128/social-media-teens-bullying-internet-privacy-email-cyberbullying-Facebook-myspace-twitter.

MacDonald, M. (2008) . Taking on the cyberbullies: Hidden behind online names and aliases, they taunt, even lay down death threats. Accessed March 4, 2012. http: //www. cyberbullying. ca/pdf/Taking ＿ on ＿ the ＿ cyberbullies. pdf.

Madge, C. , Meek, J. , Wellens. J. , and Hooley, T. (2009). Facebook, social integration and informal learning at university: It is more for socializing and talking to friends about work than for actually doing work. learning, *Media and Technology*, 34 (2), 141 – 155.

Mazer, J. , Murphy, R. , and Simonds, C. (2007). I'll see you on "Facebook": The effects of computer-mediated teacher self-disclosure on student motivation, affective learning, and classroom climate communication education. *Communication Education*, 56 (1), 1 – 17.

Mazer, J. , Murphy, R. , and Simonds, C. (2009). The Effects of teacher self-disclosure via Facebook on teacher credibility. *Learning, Media, & Technology*, 34 (2), 175 – 183.

Mitrano, T. (2008). Facebook 2. 0. *Education Review*, 43 (2), 72.

National Cyber Security Alliance. (2011). Press release: 2011 State of cyberethics, cyber-safety and cybersecurity cyrriculum in the U. S. survey. Accessed March 4, 2012. http: //www. microsoft. com/Presspass/press/2011/may11/05 - 04MSK12DigitalPR. mspx? rss _ fdn = Press% 20Releases.

Ngo, D. (2009). Study: 15 percent of teens have gotten "sext" messages. Accessed March 4, 2012. http: //news. cnet. com/8301 - 1023 _ 3 - 10415784 - 93. html.

Plagiarism Dot Org. (n. d.). Facts about plagiarism. Accessed July 15, 2011. http: //www. plagiarism. org/plag _ facts. html.

Rainie, L. , (2011). The new education ecology. Sloan Consortium Orlando. Accessed June 9, 2012. http: //www. slideshare. net/PewInternet/the-new-education-ecology.

Saçkes, M. , Trundle, K. , and Bell, R. (2011). Young chidren's computer skills development from kindergarten to third grade. *Computers & Education*, 57 (2), 1698 - 1704.

Shier, M. T. (2005). The way technology changes how we do what we do. *New Directions for Student Services*, 12 (1), 77 - 87.

Solis, B. (2009). Social networks now more popular than email; Facebook surpasses MySpace. Accessed July 15, 2011. http: //www. briansolis. com/2009/03/social-networks-now-more-popular-than.

Steinfield, C. , Ellison, N. , and Lampe, C. (2008). Social capital, self-esteem, and use of online social network sites: A longitudinal analysis. *Journal of Applied Developmental Psychology*, 29 (6), 434 - 445.

Subrahmanyam, K. , Reich, S. , Waechter, N. , and Espinoza, G. (2008). Online and offline social networks: Use of social networking sites by emerging adults. *Journal of Applied Developmetal Psychology*, 29 (6), 420 - 433.

Weintraub, S. , (2011). Industry first: Smartphones pass PCs in sales. *CNN Money*. Accessed March 4, 2012. http: //tecn. fortune. cnn. com/2011/02/07/idc-smartphone-shipment-numbers-passed-pc-in-q4 - 2010/.

Wells. J. , and Lewis, L. , (2006). Internet access in U. S. public schools and classrooms: 1994 - 2005 (NCES 2007 - 020). National Center for Education

Statistics, U. S. Department of Education, Washington, D. C.

Wolak, J., Finkelhor, D., Mitchell, K., and Ybarra, M. (2008). On-line "predators" and their victims: Myths, realities and implications for prevention and treatment. *American Psychologist*, 63, 111 – 128.

Wolford, J., (2011). Sexting linked to depression, suicide: You heard right, nudie pice are really bad news according to study. *WebProNews*. Accessed March 4, 2012. http: //www. webpronews. com/sexting-linked-to-depresion-suicide-2011 – 11.

第七章　信息安全

迈克尔·兰德（Michael Land）

目　录

阿拉斯加教育和早期发展署本周向学生们和家长们发出警报，声称一个容纳 8900 份学生个人信息的外置硬盘在部门总局被盗。阿拉斯加教育和早期发展署声称被盗的硬盘里除了装有学生们的考试成绩，还有其他的一些信息，包括那些参加考试的学生们的姓名、出生日期、学生证编号、学校和学区信息、性别、人种/种族划分、身体残疾状况和年级。

————贾森·兰德（Jason Lamb）

阿拉斯加 KTUU 电视台 2 频道

学校的任务在于帮助学生学习。为了创造学习环境，学校必须收集每个学生的大量信息，这些信息包括人口统计资料、教育和/或者健康数据。被收集的常见教育信息包括记载学生学习进展的管理报告，以及校方过去和现在的服务情况信息如特别教育、社会服务或者其他的一些补充支持。比如说，学校加入由联邦政府支持的校园营养计划，收集学生个人信息以确定学生是否符合免费或者降价的校园营养计划。现实情况就是学生在教育过程中必须提供大量的个人信息。

对于教师和学校行政工作人员而言，在制订教育计划和服务项目如个人教育方案时，将学生安排到合适的班级时，完善当地的、州立的和联邦机构的报告时，学生信息是重要资源。在遇到危急情况时必须把信息准备妥当供校方官员们查阅和对涉及生命安全的事件做出有效回应。学校必须保持信息的完整、可操作性和保密性。

每一个学生的教育信息都是由记录材料、档案、文件和教育机构所统计的和学生直接相关的其他信息所组成的。教育信息必须以各种不同的形式加以保存，如手写版、打印版、电子版和影像版及音像录制版。学校有义务维护学生和家长信息的完整性、可获取性、保密性。信息必须正确并可以被使用，以便于及时确定学生教育进展情况。在危急情况下，正确的可以被使用的校园信息是保障学生安全的重要因素。需更进一步指出的是，如果学校不能保证学生信息安全，将会承担法律后果（美国教育部，n. d. ）。

公立学校受联邦立法约束，联邦立法规定应该如何维护学生信息。对于学生而言，1974 年的《美国教育权和隐私权法案》制定特别条款以规范信息安全，通常被简写为 FERPA。FERPA 由联邦政府所颁布，旨在保护学生个人教育信息。FERPA 确保学生在信息方面拥有特别权利，并要求学校严格遵守指导方针。因此学校必须制订信息安全计划，这非常重要。

本章涉及三个主要写作目的。第一，本章可以作为一个指导，帮助学校获取信息并且衡量价值。风险评估是一个系统化的工具，可以帮助执行者们将信息当成是组织的资产，决定它的价值，并且了解危机和隐患，执行保护措施。第二，本章将会讨论立法要求以列出维护信息安全的所有方法。第三，本章将会探讨在寻求保护信息安全时所实施的政策和程序所应该遵循的基本原则。

保护信息安全

毫无疑问，学校必须严格保护所搜集到的教育信息。要维护信息的保密性和完整性，以稳当的、安全的和合乎道德的行为方式确保信息的可获取性和可使用性。维护信息的机密性需要对未授权人员封锁消息。信息的完整性意味着在没有人监控时不可以对数据进行修改。信息的可使用性意味着在需要时可以获取信息。人体检查和手续检查可以保障信息的安全稳妥，要确保只有具有特定需求的人员才可以获取信息，就信息的敏感性而言，还应该提升所有相关人员的道德认同。

所有学校必须制订计划保护信息安全。必须按照程序制订全面的信息安全计划和评定信息的价值、隐患和风险性。这个过程被称为风险评估或风险分析。风险评估是持续的动态的过程，因为风险管理是一个不间断的重复的过程。风险评估必须定时进行。一旦介绍新技术或者获取情报的过程发生变化时，学校的信息环境就会发生改变。这些改变代表了可能会出现的新的威胁和影响信息安全的隐患。因此必须再次衡量这些风险。学校必须时常在控制和反控制之间寻求平衡以监管威胁学生信息安全的风险。保护信息安全包括在产出率和成本控制政策之间维持平衡，以及在信息的保密性、完整性和可使用性之间维持平衡（国家教育数据中心，n. d.）。

信息风险评估是更为传统的风险评估的衍生形式，后者侧重于鉴定资产，关注对每项资产有可能造成损失的威胁和隐患。在执行信息风险评估时，第一步就是要鉴定信息资产，并且估算它们对于学校的价值。鉴定信息资产需要进行调查，并了解一些问题，比如：学校要维护哪一种类型的信息？它们对于组织的价值是什么？信息被储存在哪儿？它们是以电子版本形式存储，还是以硬盘拷贝的形式存储？

教育信息包括学校和其他教育者群体所收集的数据。由学校搜集的学生信息包括个人信息，比如学校生成的学生证号码、社会保障号码、图片、便于鉴定学生身份的个人体检描述清单。收集的其他信息可能包括和学生姓名地址有关的家庭信息、父母或者监护人、紧急联络方式、出生日期和地点、兄弟姐妹数目。

学校信息也包括教育信息，比如年纪、考试得分、专业、活动、关于学生在学校状况的正式信件和对于个人受教育项目的记录。关于就读学校、所修课程、出席会议、所受奖励和授予学位这些校方信息也同样被保存。

学校也会维护敏感信息。这些信息包括有关学生特殊需求的特别教育信息。对于学生错误行为的纪律记录，学校处理反面事件时采取的纠正性措施，都需要被很好保存。还应该包括学生们的医疗和健康这一类敏感信息。

教育者们不仅应该鉴定信息，还应该对这些信息进行价值估算。教育者们应该计算每一项信息资产的价值。需要进行教育信息的定量或者定性分析，以确定哪些信息是有价值的。应该考虑这样一些问题，诸如"我们如何在信息匮乏时，应对学校指定的主要任务"和"假如我们不能安全地维护这些信息，会存在哪些合法的衍生物"。

第二步就是对学校信息进行风险评估。对于教育者而言，对信息进行威胁评估是一项令人望而却步的任务。它需要评估学校保存的所有信息和这些信息有可能造成的潜在威胁。这些威胁可以表现得很明显，比如自然灾害；或表现得模糊不清，比如计算机病毒。在不同的媒体里存储的信息具有完全不同的特点并遇到相应的威胁。管理者助手的办公室档案柜带来的威胁与网络云基础存储的学生教育信息是完全不同的。

威胁评估应该关注每一项信息资产，然后决定它们的负债倾向。这些威胁可以包括学校内外偶然的和恶意的行为。鉴于这些威胁评估，每一种被关注的情形都必须被分别考量和评估。这些评估以特定威胁的具体事例为导向，在对其特点进行分析的过程中得以执行。信息安全环境与众不同，是以存储信息的媒介物为基础的。

会对电子化信息造成的威胁有病毒、错误软件、信息存储隐患、远程存取、移动设备、社会性网络和云计算，这些病毒和错误软件会彻底毁掉信息。大多数经常使用计算机的使用者都会成为会损害和破坏信息的病毒和错误软件的猎物。病毒软件是恶意代码，它们会导致计算机被感染，并通过网络或电子邮件目录清单，将病毒散布到其他相关联的计算机。错误的软件有可能是毁灭性的或具有破坏性的感染特点，但是并不具备自我散布的内在能力。尽管你在访问装有恶意软件的网站时可能会受到错误软件的感染，但这个恶意软件并不是真病毒，只有当它使用了你的联络清单或者网址清单进行自我宣传时才会成为病毒。错误软件或受到病毒感染的设备和网络将使学校信息变得毫无用处。（国家教育数据中心，n. d.）。

对于学校的电子化信息而言，隐患是一个存在的威胁。隐患是指应用程序或系统软件存在破绽。它使得使用者可以获取未经法律授权的信息和数据。隐患通常是因为病毒和恶意软件攻破了网络计算机系统。

对于信息安全而言，移动设备是另一个威胁。在 U 盘上存储和移动从学校搜集来的敏感信息后又弄丢这些信息会造成威胁。另一个很好的例子就是笔记本电脑。校方所拥有的笔记本电脑通常包括敏感信息。在盗窃案中丢失这类信息是影响信息完整的主要原因。当计算机信息超出校园网络保护范围时，它的威胁性就发生改变。装有校园信息的校方电脑超出学校的物管和物理安全保障范围时，会因为信息丢失和被盗取使用而受到额外威胁，必须在威胁评估中考虑到这一点。

在线社会网络对信息安全造成了额外的威胁。社会性网络站点诸如 Facebook 和 Twitter，会对校园信息造成直接或间接的严重威胁。社会性网络站点是孕育病毒、错误软件以及滋生对校园信息系统造成攻击的其他事物的温床。社会性网络站点使学校教职员工和学生有机会公布其他学生的敏感信息。

使用云基础资源的学校必须了解会受到的威胁。云基础基于互联网，它使学生、教职员工可以从租或者借给学校的网络平台上获取应用程序，如同教职员工们可以使用设施或者被安排住房。云基础扩展了对于系统的使用，所以学生和教职员工不仅可以长期使用电子邮件，还可以在任何安有计算机以及互联网设施的地方使用个人档案和应用程序软件。比如说，不需要在远程计算机上安装电子化信息，也不需要和当地的局域网链接。应用程序由云基础所控制，所产生的数据也存储在云基础资源上，任何时候任何人通过互联网设施和授权证书都可以获取这些信息。

教育者可能会无意识地对教育信息造成主要威胁。从绝望的郁闷的最近因为经费或者工作表现而被解雇的雇员，到无意识泄露敏感信息的漫不经心的雇员都有可能如此。想要完全消除正当的熟悉内情者的威胁是不可能的，但运用好的安全策略和程序就可以尽可能降低信息损失。粗心的未经培训的教育者们会无意识泄露关于学校和学生的敏感信息，即使这些信息没有危险性，这也不行。政策、程序、培训和技术措施在减少教育者们对于机构的威胁时发挥着重要作用。

对信息进行威胁评估是重大任务。它需要拥有知识和技能以探讨对学校所维护的那些信息所造成的威胁。一定要关注来自于自然灾害或计算机病毒的威胁。一旦面临这种威胁，学校就应该评估这种损失造成的信息隐患。

第三个步骤就是对校园信息进行隐患评估。进行隐患评估应该评估对信息资产有可能造成的威胁。隐患评估应该基于对信息威胁的定量和定性评估。评估数据会显示信息的机密性和完整性受到影响或者失去访问路径，所以应该实施信息安全措施（国家教育数据中心，n. d. ）。

设计图表或者模型可以帮助专家界定信息安全隐患（图7 – 1）。不论是定性分析还是定量分析，教育者们都可以衡量信息隐患威胁的严重程度（Elky，2006）。

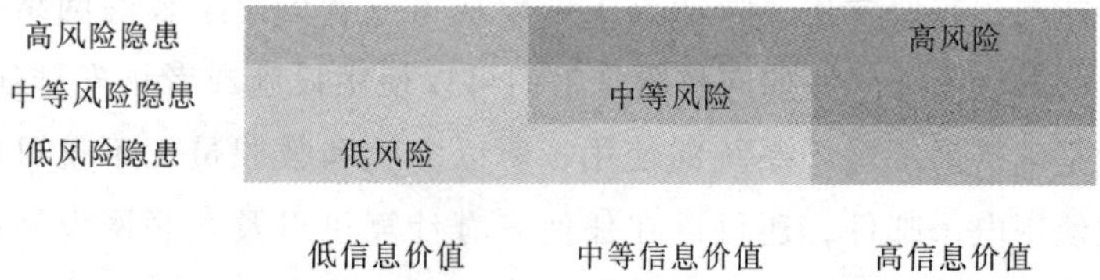

图7 –1　风险评估模型

比如说，应该界定每一项信息资产价值的高低程度。然后界定每一项信息隐患和威胁的严重程度。了解这些特点就可以根据数据做结论，确定是否应该实施保护措施。比如说，可以评估电脑信息在遭到电子波攻击被篡改后不可挽回的状态。在国内的某些地区，这种安全隐患的威胁程度相当高，因为这些信息具有很高价值。在这种情况下，用二十美元安装保护软件是值得的。但是花五百美元来安装保护软件是否值得？根据这个事例提供的数据，我们无法证明用更多的钱是合理的，这是因为价值体现要基于综合信息安全项目和学校预算之间的平衡。重点在于根据风险评估来拥有更多的信息，而不是根据假设来进行价值判断。

根据对信息价值以及威胁和隐患进行正确的风险评估和数据搜集，为教育者们提供界定、精选和正确实施安全措施的能力。这并非要求教育者们成为信息安全方面的专家，而是假定教育者们具备相关知识，知道什么时候做出相称的回应，在专家的帮助下及时完成任务。教育者们必须理解生产力、费用效力、信息资产的价值、威胁及隐患，以及如何采取相应保护措施（Elky，2006）。

对于教育者而言，实施校园计划和保护信息安全之间需要保持平衡。教育者们必须避免造成可识别的生产力损失。维护校园安全是基于教育者对环境、风险以及技术漏洞的了解。基于所面临的争议问题的广度、环境的复杂性，要在校园构建信息安全的环境，最有效的途径就是树立学生和教职员工牢固的、安全的、合乎道德理念的安全操作方式。学校必须根据政策和步骤在自己的计算机系统上安装验证程序、防火墙和防病毒保护程序。

身份认证可以提供安全的登录，限制使用者们仅仅获取他们需要的数据和应用软件。防火墙如同路径控制设置，会限制使用者接触有害的程序和数据。防病毒保护程序可以保护使用者免于受到网络病毒和恶意软件的侵扰。这三个领域的每一个都必须被计算机专家们加以探讨。对于教育者而言，他们的任务在于了解信息的价值和相关风险性以制定政策和程序，从而保护信息。对于很多教育实体而言，这意味着和服务提供商或者顾问合作，因为他们通常可以接近更高的层次（Elky，2006）。

保护校园信息安全非常重要，撇开法规对学校的束缚，学校应该承担由于对信息的不当处理而造成的状况，保护校园信息安全非常重要。在互动参与的问题上，联邦立法规定公立学校必须保护信息安全。学校必须明白应该服从哪些规定，如何遵守标准和管理要求。在这方面，迄今为止没有比 1974 年的《美国教育权和隐私权法案》所规定的教育信息安全保障措施更为全面的了。

FERPA

1974 年的《美国教育权和隐私权法案》通常被称为 FERPA，是保护学生教育信息隐私的联邦立法。就发布信息而言，学生享有特定的、应该被保护的权利，《美国教育权和隐私权法案》规定机构必须严格遵守这些条款。因此，教职员工在获取校园信息之前应该对美国教育权和隐私权法案的要求有所了解。

《美国教育权和隐私权法案》将教育信息分为两大类：姓名地址类信息、非姓名地址类信息。教育信息记录的每一个类别都得到不同的安全保护措施。对于教职员工而言，重要的是了解正在被讨论并即将被公布的教育信息种类（全国学院和雇员协会，2008）。

姓名地址类信息是学生教育记录里的一个部分。姓名地址类信息是指那种即使被公布也不会造成伤害或侵犯隐私权的信息。在《美国教育权和隐私权法案》的规定下，学校可能会在没有获得学生书面同意的情况下就公布这类信息，但是学生可以通过向学校递交正式请求以限制发布姓名地址类信息。姓名地址类信息包括（全国学院和雇员协会，2008）：

- 姓名
- 地址
- 电话号码和电子邮件地址

- 出生日期
- 所授予的学位
- 注册信息
- 主要研究领域

学校应该使学生和家长们意识到这种信息应该被学校归类到姓名地址类信息，而且也正因如此，这些信息有可能被第三方知道。学校应该向学生和教师大力强调他们能够阻止泄露姓名地址类信息（McCallister et al.，2010）。

非姓名地址类信息是指那些没有被划入姓名地址类信息的其他任何教育信息。非姓名地址类信息在没有获得学生或者父母或者监护人的同意时不应该被泄露给任何人，直到学生已经年满十八岁或加入二级机构。《美国教育权和隐私权法案》强调教职员工们必须因合法的工作所需才可以获取非姓名地址类信息（联邦登记局，2011）：

- 社会保障号码
- 学生身份号码
- 人种、种族和/或国籍
- 性别
- 成绩记录
- 年级

学生的明显识别信息，比如人种、性别、种族、年级和成绩记录，都是非姓名地址类信息，是受《美国教育权和隐私权法案》保护的教育记录。就学校所掌握的信息而言，学生们享有隐私权。学校必须确保在《美国教育权和隐私权法案》的保护下，学生们拥有隐私权。《美国教育权和隐私权法案》也赋予学生和家长（假如学生未满 18 岁）获取学校所保存的教育信息的权利。该法案也赋予学生限制公布教育信息、修改教育信息，以及当违反法律时提出申诉的权利（联邦登记局，2011）。

学生和家长有权了解所保存的教育记录的部分计划、内容和位置。他们也有权要求对学生教育记录里的信息进行保密，除非他们允许学校公布这种信息。因此，要理解在美国教育权和隐私权法案规定下教育信息是如何被界定的，这一点非常重要（全国学院和雇员协会，2008）。

在合法公开学生的非姓名地址类信息时需要预先得到书面同意。在很多场合，学校会以批复书面同意的形式来满足特殊的需求。若欲得到书面同意就必须提交以下材料（联邦登记局，2011）：

- 需公开的信息
- 公开信息的企图
- 需要公开信息的团体或阶层
- 日期
- 信息被公开的学生（或者父母或者监护人）的签名
- 教育信息保管员的签名

当直接把信息公布给同一组织里享有合法教育权益的学生们或者其他的学校官员时，并不需要预先得到书面同意。合法的教育权益可能包括登记或者过户、经济援助纠纷、得到地区授权组织的获取信息的要求（全国学院和雇员协会，2008）。

当学生的健康和安全受到威胁、处于审判进程或者被传唤时，或者因为受到暴力犯罪威胁，学校会进行纪律方面的问讯、记录最后的判决，受害者要求公布惩处时，相关机构不需提前获得书面同意就可以公布非姓名地址类信息。为了使机构能够在上述情况时公布非姓名地址类信息，美国教育权和隐私权法案要求机构每年公布将要遵守的政策和程序，以满足美国教育权和隐私权法案的需要（McCallister et al.，2010）。

议会颁布美国教育权和隐私权法案以保护学生的教育信息隐私权。隐私权是被授予学生的权利。机构可能会在没有得到学生的书面同意时就在学生的教育记录里公布姓名地址类信息。机构必须有学生的书面同意，才能公布学生教育记录里的信息（McCallister et al.，2010）。

机构通知学生，获得学生们的书面同意才可以公布教育信息，包括姓名地址类信息，这是一个很好的政策。机构应该给学生们充足的时间以便上交书面报告，从而避免学校公布姓名地址类信息。

其他规章制度因素

除了美国教育权和隐私权法案，学生信息还受到其他的机构或者群体的保护。农业部、健康和人类服务部，以及司法部都应该保护信息隐私权，保护学校学生信息。各州以及当地实体会要求采取保护措施，以便于稳妥地处理学生信息。学校医生和护士、心理学家和其他的专业人员应该遵守专业标准的职业道德，还应该制定约束措施以保护隐私（McCallister et al.，2010）。

比如说，美国健康和人类服务部会颁布保密限制条款来限制学生使用毒品和药物，并保护学生的医疗服务信息。一些州在保护学生权利、寻求适当的健康和心理治疗，包括性传播疾病方面有相关规定，如艾滋病检测和治疗、妊娠、心理健康咨询、艾滋病隐私保密、医疗信息、虐待儿童、专线联络途径、维护和销毁关于特定的州信息的规章条款（Privacy Rights Clearinghouse，2010）。

维护信息安全措施

整合学生的教育信息就是对过往记录、文档、文件，以及其他和学生直接有关且被学校所归档的信息的汇编。学生们的信息对于制订教育计划的在职教职员工而言是至关重要的资源。法律及道德都要求学校保护信息的完整性、可获取性和保密性。教育信息可以用各种形式进行保存，比如手写版、打印版、电子版、影像或者音像记录。学校有责任保护学生和家长信息的完整性、可获取性和保密性。信息必须正确、可以使用，以便于就学生的学习状态及时做出结论。假如学校没有维护学生们的信息安全，将会受到法律上的制裁（Privacy Rights Clearinghouse，2010）。

在保护学生安全、维护个人信息方面，学校负有道德责任。联邦立法进一步制约公立学校，并且颁布了关于学生信息安全的授权条款。因此重要的是学校必须有计划地实施信息安全保障措施。

本章最后一个部分探讨教育者们在提供保障信息安全的校园环境时所肩负的任务。信息安全保障措施会根据教育者对于环境、风险和技术隐患的理解而发生改变。本章假定绝大多数的学校信息都以电子版本保存。鉴于争议问题和环境的复杂性，要在学校创建信息安全环境，最有效的方法就是使用多模式途径。这种方法可以改进牢固、安全和合乎道德规范的措施。通过制定规章制度、在采取安保安全措施和处理信息时对参与者进行制约，学校可以维护信息安全。最常见的措施就是使用安保层来维护信息安全。在每一层都可以使用特定的工具。

制定安全保障措施需要获取大多数学校职员所没有的特定的技术信息。因此，学校需要专家安装和配置应用程序和设施。安保层包括防火墙和路由器。防火墙会阻止有害的应用程序和数据穿越学校的网络。有害的应用程序和数据是指任何已知的病毒软件或者可以接触到的社会性的网络站点。防火墙可以阻止进入有害的网络站点。假如你不需要从学校计算机资源获取 Facebook，就可以把它列为限制访问的网络站点。

必须在网络中保护路由器。路由器就如同火车站，在那儿可以传递所有的信息。路由器把信息传至所需处。路由器犹如防火墙，可以阻止信息被传播到网络，但是路由器的主要功能是在出现网络堵塞时指挥信息出入当地的局域网。从这个角度而言，防火墙或者路由器可以阻止有害的应用程序和数据，但是只有路由器和交换器可以显示网络上的数据。对于网络而言，路由器是重要的衔接物。

在信息安全保障系统中，网络控制是第三个主要的层。网络控制包括身份认证和控制共享档案。在进行身份认证时，需要使用者们提供姓名和密码以通过身份认证系统。这确保只有授权使用者才能进入网站和获取相关信息。在控制共享档案时，会为通过身份认证的使用者提供登录界面，以获取网络上的程序和信息。从这个角度而言，你只能提供给使用者们必要的权利以便于他们完成任务。就控制信息而言，你可以提供给使用者们阅读、书写和识别存储在网络上的每一项信息的权利。进行网络控制的关键在于设置一个良好的密码系统，并且只给使用者们所需求的路径。

关于安全软件的保护层包括检测和阻止病毒和恶意软件的系统。对于以电子版本存储的信息而言，恶意软件和病毒是最大的麻烦。要避免这些威胁造成损失，最好的措施就是安装正确的防病毒和防恶意软件的保护软件，并且及时更新在校园计算机上安装的所有软件。应该时常更新防病毒软件和防恶意软件的保护软件。通常只有在防病毒软件可以对新病毒进行定义或者隔离时，才能停止这个病毒软件。操作者发现系统中的隐患时，必须通过更新和加补丁对系统加以修复，因此要经常更新计算机的操作系统和应用软件。

信息安全的最后一个层面是关于监管已获取的信息。信息使用者必须了解这些信息对于校园和学生们的使用价值。要培训使用者和采取持续性的巩固措施，尊重和保护这些信息，确保信息的完整性、可获取性和保密性。每一个共享信息的使用者必须遵守可接受的使用规则，如违反，则应承担相关责任。管理者必须具备一种保护信息安全的责任感。在帮助学生学习时，学校将扮演更有挑战性的角色。现在是开始建立信息安全文化的最好时机。

本章的写作意图并不是想从网络管理者的角度来探讨信息安全，而是要使教育者意识到需要采取哪些措施以创建信息安全的校园环境。学校应该理解基本的保护措施，如进行可视化信息风险评估，并对信息隐患和威胁会造成的损失进行价值评估。就学生信息的使用和保存而言，学校应该了解联邦、州和当地的所有立法。最后，学校应该制定政策和程序，设置身份认证、防火墙和计算机系统的防病毒保护程序以制定安全保障系统。只有采取这些措施，学校才能正确地保护信息安全。

个案研究

305 名洛克威尔高级中学学生的敏感个人信息如姓名、社保号在星期一时被意外地发送给了 26 位家长。学校主管的办公室发布了这些学生的信息，这些学生都是高年级学生，他们的信息以邮件附件的方式发送给了 26 位收件人。约翰逊校长通知了这些学生以及个人信息被泄露的家长们。"我们非常认真地对待学生信息，我们为这个错误而深刻致歉，"约翰逊校长说，"我们正在从这起事件中做检讨，并且采取措施以阻止未来出现同样的事故。不应该发生这种事，我们为此而道歉。"在更进一步的调查中，校长了解到信息是作为邮件附件发送给一群体育生的家长的，教练偶然地把附件文档换成了学生数据文档。这是一个诚实的错误。

- 假如你是约翰逊校长，你会如何看待这个问题？
- 在探讨这个问题时，应该考虑什么因素？
- 约翰逊校长做了哪些事以确保这种事件不会再次发生？

练 习

1. 信息风险评估能够提供哪些数据？

2. 信息安全管理的分层途径是什么？界定这些组成部分或者层面。

3. 如果没有相关的联邦立法和州立法可供依据，学校应该如何应对信息安全事宜？

4. 《美国教育权和隐私权法案》把学生的信息划分为两个种类，是哪两种？每个种类的数据都有些什么特征？就信息安全而言，它们如何被区别和界定？

参考文献

Elky. S. （2006）. An introduction to information system risk management. Accessed November 115, 2011. http：//www. sans. org/reading_room/whitepapers/auditing/introduction-information-system-risk-management_1204.

Federal Register. （2001）. 34 CFR Part 99, Part V, Family Education Rights and Privacy, Final Rule, Office of Family Policy Compliance, Family Education Rights and Privacy Act. Washington, D. C.

lamb, J. , （2011）. Thousands of Alaska students' personal information accidentally released. Accessed November 15, 2011. http：//articles. ktuu. com/2011 – 03 – 04/hard-drive_28654519.

McCallister, E. , Grance, T. , and Scarfone, K. （2010）. Guide to protecting the confidentiality of personally identifiable information （PII）, NIST Special Publication 800 – 122. Accessed November 15, 2011. http：//csrc. nist. gov/publications/nistpubs/800 – 122/sp800 – 122. pdf.

National Association of Colleges and Employers. （2008）. FERPA primer：The basics and beyond. Accessed November 15, 2011. http：//www. naceweb. org/public/ferpa0808. htm.

National Center for Education Statistics. （ n. d. ）. Data security checklist. Accessed November15, 2011. http：//nces. ed. gov/programs/ptac/pdf/ptac-data-security-checklist. pdf.

Privacy Rights Clearinghouse. （2010）. Fact sheet 29：Privacy in education：Guide for parents and adult-age students. Accessed November 15, 2011. http：//

www. privacyrights. org/fs/fs29-education. htm#11.

U. S. Department of Education. (n. d.). Successful, safe, and healthy students. Accessed November 15, 2011. http: //www2. ed. gov/policy/elsec/leg/blueprint/successful-safe-healthy. pdf.

第八章　校园活动安全

罗纳德·多森（Ronald Dotson）

目　录

校园活动是必不可少的教育经历。组织校园活动必须对障碍物、路径控制、周边安全区的安全保障措施和资源整合有所了解。应该和校外机构进行合作以获取合适的资源。即使是处理小事件也应该制定预案和寻求合作。首先必须运用策略对所有资产进行整合，并将隐患造成的威胁最小化。美国国土安全局在全国范围内把基础设施保护策略定义为阻止威胁、减少隐患、将责任最小化（美国国土安全局，2006）。

校园活动主要应该考虑实体安全。菲尔波特（Philpott）为保护实体安全制定了一个模式。可以根据这个模式为校园活动规则制定预案。这些步骤即遏制、探测、延缓、回应、调查以及制定对策。

必须采取积极行动才能遏制危险。穿着识别度很高的工作制服、使用标志系统、对箱包进行屏蔽审查或者视频监控可以帮助遏制犯罪行为的发生。在保护工业设施采取的常见安全保障措施中，使用的策略有探测、延缓以及回应。但是正如菲尔波特所阐明的，校园活动中会涉及很多被邀人员。探测犯罪行为并不是最重要的，首先应该强调的是遏制犯罪行为（Philpott，2010）。

通常会安置可视化安保设备，可以使用摄影机探测更多的场地，进行集中化协调管理。进行危险物品安全检查也是探测方式之一。通过对设备和资产等实物采取安全保障措施、修建围墙、闭锁通道和对障碍物的系统化使用，可以延缓犯罪行为。对校园事件做出响应的人员不应该仅仅来自执法部门，紧急医疗服务人员、安全保障人员和受过训练的学校职员们都可以对事件做出响应，并进行合作，直到更有经验或职位更高的人员到来（Philpott，2010）。最重要的是，对遇到的任何问题都要制定对策、给出反馈意见，从安全保护措施涉及的各个层面获取反馈意见。

入口处

对校园活动采取安全保障措施并不是为了设计一个入口登记

处。当人群聚集和等待时，冲突和犯罪行为的概率也会上升。进行响应和控制危险的能力受到人群局限。控制人群需要利用巨大的资源，而结局却未必会对学校或社区的名声有利。需要为人群和交通设计入口处。设计入口处是为了将路线距离和等待时间尽量最小化，但同时也不能设计太多的入口处，以免为了覆盖监控面而分散资源。交通控制是重大问题，但是教育者并没有清楚地认识到这一点。必须和当地执法部门进行合作，以处理影响公众交通安全的紧急事件。制定紧急预案旨在避免学生、家长、社团成员或任何其他人造成伤亡。必须利用当地街道和交通控制设施来控制交通，以创造稳定的甚至是畅通无阻的、理想状态时不须要执法部门对其进行管制的交通路线。许多道路交通状况会因此而得到改善，但在学校活动中仍须对道路进行交通管制。教育者们应该联合当地执法者为制定校园事件紧急预案做出努力。学校人员需要接受交通管理培训，配置合适的服装和设备。除非必要，通常学校不愿去做这些事。所以需要落实的其实就是交通管理控制。

许多学校使用军官训练营的军校学生或者其他的学生组织以支援和帮助控制校园里的交通流量和停车处。这是为了帮助那些不熟悉校园场地的驾驶者，安排事故之后的停车场地以保证交通畅通，限制脚力车和机动车的出行。严密地监管和设定联络系统很重要。学生们必须接受培训以提高警惕和避免发生交通事故，配置合适的服装和设备，就如何使用设备问题而接受培训。为足球比赛和晚间的篮球比赛而设置的停车场地需要辨识度很高的着装和手电筒，有指挥手杖更好。通过双向无线电设备可以保证交流畅通。假如不能获得足够的无线电设备，那么让学生们在一个有无线电设备的协调者的带领下以近距离的小分队形式进行合作也可以取得很好的效果。学校职员应该进行移动值勤，负责用无线电设备进行交流并指挥全队人员的行动。当气温和湿度很高时，必须调整休息时间并供应饮用水。在遇到伤害事件或者伤亡时，所有的学生和职员应该知道如何提供援助。标注或者界定学校场地，设置基本援助点是非常重要的——不仅仅是为了学生和职员，而是为了所有的人。

在比赛开始之前，必须在入口处做准备，控制足球赛引起的交通堵塞。为那些持有通行证或者提前购买了票券的人员设置路线可以帮助缓解人群的拥挤状况。也可以按照字母顺序来划分购票通道，或者给被邀请的参加者们开通足够的通道。估算出席者的数目也是策略之一。过去举办类似活动时的路况是一个很好的衡量尺度，早期售出的票数和咨询电话的内容也可以提供线索。需要为特别嘉宾们设置入口处以外的特别通路。在入口援助处的附近应该为坐轮椅或行动不便的人士设置特别的停车场地。

可以让学生或者职员在入口处提供指路服务。重要的是要有技巧地在门禁处设置障碍物。

障碍物策略

障碍物指任何会使人移动，又或是影响人运动或者阻碍人到达某地的事物。障碍物的设置有三个层面：战略性的、战术性的和保护性的。战略性的障碍物是障碍物中的第一个层面。这种类型的障碍物会设置在道路上，指示更容易行走的路径，这种类型的障碍物会影响人们的行动。它通常指灌木林、陶瓷物品、人行道、柱形物或垃圾堆。它们看起来不存在威胁，也不会被认为是障碍物。战术性的障碍物是指那些不需要付出巨大努力就能跨越的障碍物。装饰性的墙、树篱、绳索障碍或者减速路脊都是很好的例子。它们被设置在阻止的方向以减缓或阻止前进。保护性的障碍物是指提供最后一层保护的障碍物。它们在某些场合可以被看成是战术性的，但是和需要保护的东西紧密相连，它们被设置在入口处的最后关卡，为目标物提供保护。公园的长条椅就是个好例子，这些长条椅呈螺旋状排列，设置在入口路径处以加强阻止那些不被允许的机动车撞进人群或者冲向道路的指示牌。有一些障碍物既是战术性的也是保护性的。

总的理念就是要建立外部的周边安全区和内部的周边安全区。有可能需要设置多个内部的周边安全区。联合使用外部的周边安全区和战略性障碍物是为了引导行人和机动车通行到中央地区。然后那些前来援助的学生或者其他人就会过来接管。战略性的障碍物也可以阻止交通工具无意中撞进不允许进入的地区。

一旦车辆停止，战略性障碍物就可以引导行人到达更安全的步行区域。这个理念是为了使步行者们处在光照更好的区域，并尽可能与交通工具隔离。步行者的十字路口或者转角处或者驾驶员的视野所及之处可能会因为建筑物的转角、标志物、植物或者其他的障碍物而受影响，应该设置十字路口岗哨或者执勤人员。设置实物隔离是个好方法。使用人行道、绳障、树篱和沟渠线以保护步行者们。理想的方式是使用隧道或者天桥帮助行人通行。

当学校在设计新的建筑物和场地时，应该考虑事件的类型和规模。在设计和建造阶段越是尽早设想或考虑到危险情形，以后添加设施的花费就越少，破坏性也就越小。可以在早期的建造阶段就设计好步行隧道、桥梁或者被围起来的步行通道。

朝向事件中心地带的周边安全边界会瓦解，需要增加战术性或者保护性的障碍物。工作人员应该增加使用技巧性障碍物，以引导步行人员到达入口处。还应使用技巧性障碍物控制道路路径，为场地上任何基本救援处和事件中心地带的紧急交通工具和人员提供出入口。带有闪光灯和警笛的紧急交通工具仍然有可能被人群和交通阻碍，特别是在空间受到限制时。

整合信息和人力资源

每个人都应该向中心或上一级管理者报告情况。将人员集中并编成小组可以提高办事的效率，减少对资源的使用。因为人手不够，执法人员不能成为首席代理人。相反他们应该和上一级领导合作或者和区域更大的服务中心合作，又或者是和更多的小组进行协调。然后他们可以对要求额外授权的被通报事件做出回应。

从上方向下俯视也是一个很好的策略。观察点之一就是屋顶之上或是更高楼层的窗户，那些地方也可以被用作联络的主要地点。设置在这些地方的人员可以观察、汇报或者直接有效地进行响应，因为他们可以看清全部局势。最好是把观察点设置在高处，这样就可以避免受到坠落物的威胁。在高处设置观察点可能还需要安装工作人员个人坠落防护系统。但是在稳固的场地设置剪式升降机保护来自机动车辆的侵扰是一个很好的策略。剪式升降机并不是空中缆车，它装有很好的下坠保护装置，安置在内置的护栏平台周围。在狂风暴雨大作之时，不建议使用剪式升降机，但不论怎么说，剪式升降机是学校里应该已经设置的或者说为了进行维修保养活动而租赁的工具。

将场地以及基本救援站点的结构和地图、中心联络站点、重要资产或者地理方位制成印刷物会很有帮助。在安全保障计划中的每一个人都应该配置这样的印制品。当事态有进展，而且对停车场地的需求减弱时，那些人员就可以被调去执行其他相关任务，并接近事发地或现场内部周边安全区。可以在停车场地和外围进行巡逻，或者由普通巡逻员和少数的工作人员加以监控。这并不是说外围地区可以被忽视或者被遗忘。蓄意破坏和大规模的机动车闯入将会对集会人员造成伤亡。

培　训

从私人公司雇用额外的安全保障人员很有必要，如果家长们的人数足够，也可以从家长中挑选志愿者执行这种任务。学生、雇员、志愿者都应该接受少量的培训来完成这种任务。这种培训是为了加大对计划的实施力度，降低对参与者造成的伤害程度，并且规避学校责任。

从安全管理的角度来看，所有的雇员、学生和志愿者都应该接受最低程度的培训。可以从安全角度运用工作风险分析来界定培训需求。基于工作风险分析基础，识别未发现的危险、发起求助、降低危险、使用必要的设备以降低危险，这些都是学校的任务。从安全保障的角度而言，不仅应该教导学生和志愿者成为很好的目击者，还应该让他们向上级汇报所有的事件经过。劝架或者阻止对犯罪财物的损毁并不是指派给他们的任务。相反，他们应该记录下关于涉及人员、时间和任何个人身份识别符（诸如姓名、牌照）、紧急逃生路线以及对于所邀请的权威人士的信息。应该告诉他们，如果他们采取行动，就有可能导致人身伤害。

学校职员和学生及志愿者略有不同。在制止紧急危机时，受过培训的学校职员们就会发现迹象并采取行动，特别是在另一个人的人身状况处于危险之际。但是那些没有受过这种培训的学校职员则应该避免这种任务，除非形势很严峻。必须告诉他们寻求合适的援助是他们的责任，假如他们介入就有可能导致人身伤害。很明显，接受培训的人员层次必须符合他们被指定的工作岗位。

许多州的下属部门都在事件发生地指定代理人或设置代理办事点。但是，几乎没有哪个执法机构有足够的人力物力来行使司法和处理学校事件。更为实际的做法是，他们可以在学校费用可以承担的范围内完成工作。身着制服的工作人员可以形成一种强烈的存在感，并且起到遏制作用。碰到大事件时，必须由工作人员和被认可的权威人士去执行逮捕、推进培训以了解安全保障措施和紧急响应机制的相关知识，以及使用武力。

风险评估模式

美国工业安全协会（ASIS）建立于 1955 年，该协会提供培训和证书，作为职业机构为安全保障专业人士们提供服务。为那些有兴趣在安全保障和活动筹划委员会就职的小职员提供导向服务，整合培训内容是一个很好的做法。美国工业安全协会创建了一种很实用的风险评估模式，并显示出这种安全保障计划和几乎是用同样的方式制定的危急事件响应机制一样，都是采用的很灵活的方式。

为风险评估而制定的美国工业安全协会模式在制定政策和安全保障层面做得很好。该模式因为以下步骤而显得很直观（美国工业安全协会，2003）：

- 界定资产
- 详细列举风险事件
- 确定风险事件的出现频率
- 确定事件造成的影响
- 确定选项以降低事故发生率
- 检查选项的可行性
- 成本/收益分析
- 做决定
- 再次评估

这个模式中的一些步骤有助于实施风险评估和安全保障计划。模式中的某些步骤是基于预料之中的事件，或者根据对机构和个人经验而言很特殊的风险而设定的。你必须追踪事件和结果，以便于完善制订安全保障计划和回应机制。建议采纳"9·11"事件紧急应对策略或模仿地区信息派送中心系统的机制。所有已知的或被汇报的事件都应该被记载在事件控制日志上，并且应该设定控制编号。所有的事件都应该有完整的迷你版本评估报告书，这有助于制订将来的计划。需要对很多事件进行全面调查。

为事件的安全保障措施设定行动目标或者确定需要优先考虑的事物是好的开端。要实现这个目标，就要界定需要保护的实物资产的价值。保护资产应该更多关注设施或者会带来更高收益的事件（Philpott，2010）。

根据任何一个危险类型制定策略预案，界定可使用的和需要的资产是很重要的。假如预案不能够有效减缓危机；或者说无法回应那些频繁出现的事件，又或者是虽然不频繁出现，却起到重要作用或导致重大的结果的事件，就必须转移所需资产。界定如何得到所需的资产是制定预案的内容之一。美国工业安全协会制定的步骤是基础的实施步骤，但是在制定预案和再次评估阶段，界定所需资产以持续改善是至关重要的。任何和安全或者安全保障有关的预案目标都是为了获得持续性的改善。

必须优先考虑获取所需资源。这需要对风险进行客观对比。国土安全部门应该制定准则，以设定持续出现险情的风险评估规则。鉴于此，在确定风险等级时，要考虑到三个方面的内容，这很重要。根据可能出现的结果，可以给每一项内容进行数值化打分。然后就有可能正式对它们进行等级评定。需要关注的是，当现存资源限制了获取所需资源时，必须对上述三方面的内容即行动目标、资产和资源进行评估。

个案研究

今年的足球队在州里的排名很靠前。这是两支强大的球队，因各自的运动项目而闻名。预期前来观赛的观众数目会增加。上级部门很关注在足球赛体育馆外围可能会发生的事件。去年春天在男子地区篮球联赛期间，很多的车都撞到了一起。因为此事，这两个学校的社团目睹大量对于校方的指责，指责在校园竟然会发生这样的事故。尽管当地警方做出了回应，并且进行了报道，来自对立面的言论却显示出对于校区和社团的鄙视。负责 ROTC 项目的新任长官要求使用学员受训生以协助维护安全保障事项和停车事宜。

● 你打算如何应对今年的这个局面？

● 在你的策略中必须包括哪些关键因素？

练 习

1. 根据个案研究，起草一份备忘录，以支持长官的建议，或者在备忘录上说明你为什么不支持他的建议。

2. 设计一节课，向 ROTC 学员受训生讲授如何在完成停车任务时，保持自身安全。你应该考虑说明将会如何指挥他们完成任务，如何协调监管，他们应该如何联络，如何提供帮助，以及他们会需要什么设施。

3. 鉴于去年在高中发生的事件，上级管理人员强制要求你为你所在的小学制订秋季狂欢节的安全保障计划。假如你找不到在这领域工作的前辈去咨询，列出三个其他的有可能的资源，以便员工们完成任务。

参考文献

American Society for Industrial Security. （2003）. *Generl Security Risk Assessment Guideline.* ASIS International, Alexandria, VA.

Philpott, D. （2010）. *School Security.* Government Training Inc. , Longboat Key, FL.

U. S. Department of Homeland Security. （2006）. *National Infrastructure Protection Plan.* Accessed March 4, 2012. http：//www. dhs. gov/nipp.

第九章 可拓展的学校安全保障方法

加里·D. 佛克米尔（Gary D. Folckemer）

目 录

为 K－12① 学校和大学校园制定安全保障措施有相似之处。这两个校园环境在为我们的公民提供教育时持有相同的目的，并且通常向公众开放。在本章，我将会回顾一种可以运用到 K－12 学校环境、维护学校安全保障的可拓展的方法，这种方法基于我在大学里担任警员时，处理紧急事件的经验而设计。

创建物理安全保障体系

公立学校系统是美国重大基础设施的一个部分。重大基础设施包括资产、系统和网络，不论从实体或虚拟角度而言，它们在美国发挥着重要作用，基础设施的失效或遭受破坏将会对安全保障、全国经济保障、公众健康或者安全，或其中任何几项都带来消极影响（美国国土安全局，2010）。学校环境是自由的堡垒，可以在学校里自由地思想、学习、发表言论，所有基于个人价值、信念以及感受的行动都会被鼓励和赞美。我们通过这些行为来影响社会和构建未来。在这个环境里，我们必须时刻警惕，要采取措施维护个人安全，保卫民众的生活、学习和工作，保护机构实体和信息资产安全，避免它们遭受损失和破坏。通过分析安全保障体系的组成要素可以揭示危险事物，采取全面或者部分的措施以最好地满足保护生命、财物和环境的需要。可以在各种不同的环境里探讨这些安全措施。

来自医院紧急救护部门

产生暴力行为还是阻止暴力行为，关键在于如何处置那些长久忍受苦难和受挫的人。经过很好的管理规划，医院紧急救护部门可以减小这种压力，并且降低风险。看不到病人，不能满足家人愿望，这种无能为力感导致暴力这种宣泄方式。病人们想知道自己的病情，希望得到各种服务、为康复出院做准备，希望得到

---

① 　K－12 指的是美国基础教育，从幼儿园到 12 年级（高中阶段）。——编者注

医护人员的关照、参与制定医疗方案，希望得到高质量的看护，病人们希望能够迅速得到所有这一切。

尽管解决问题的重点在于应对那些或醉酒或吸食毒品或出现精神困扰或来自流氓集团的病人，但还是有很多其他的潜在的暴力倾向来源。医院职工们在家庭出现问题时也可能会在医院出现问题。心情郁闷的工作人员或者前任员工都可能带来麻烦。安全保障部门必须为所有这些情况做好准备。

为了实行安全保障政策，最常见的措施有安装金属探头、安保摄影机，出动忠于职守的安保巡逻员。医院还可以为精神病人们和来自监狱的被囚禁者们提供牢固的隔离处所。一些医院不仅要求对紧急救护部门，还要求对医院里所有使用电子标记系统的部门都限制通道通行。在弗雷斯诺的社区医疗中心，安装金属探测器和摄影机、限制通道通行和配置好的安全保障岗哨可以大量降低在病人照料区里出现携带武器的现象。但是，研究结论没有显示出病人发起的进攻减少，这意味着在管理有暴力倾向的病人时，医院需要继续对员工们进行培训（Greene，2008）。

来自化工安全健康产业

对设施进行潜在危险评估非常重要。这里探讨的是设施里的特殊危险隐患，探讨在攻击中有可能造成的潜在结果。在安全保障方面是否存在什么明显的弱点？公众可以得到设施场所的相关信息吗？对这些问题做出回答将帮助确定是否存在安全保障隐患以及评估的必要性。

检查基础设备有利于了解每一项设施。这包括所有的公共设施、入口处/出口处、加工及生产设备、电话和数据线路、供水、电力系统备份、程序控制、存储危险物品的水槽及坑、防火报警系统和自动喷水灭火系统。在进行安全保障隐患评估时，将所有基础设施明细列出清单会很有帮助，常见的工作如预算分析、常规保养及维护，员工们的责任也应该明晰化。

安全保障系统可以包括雇员/学生识别程序、闯入者探测系统、摄影机、报警系统和入访者/合约商识别系统。很明显，就开放的路径而言，学校比工厂设施更容易遭到破坏，但只要清楚知道最容易受到攻击的物理场地区域并提供最合适的安全保障措施，仍然可以面对挑战和保护教育设施。在实验室出现任何恐怖活动时，最危险的目标物通常是那些会引起火灾、爆炸，或者释放有毒气体的危险物品。这些有可能引起火灾的目标物包括明显的对象，比如装在大罐或者桶中的可燃性液体、装在大圆桶或者大罐中的可燃性气体、体积较小的可燃爆炸性化学物品。

对响应机制进行任何评估首先应该对工作人员进行责任检查和培训。负责处理内部事务的工作人员必须接受一个或多个层面的培训，培训内容包括基本的危险意识、对相应设备的使用，以及响应设备的所在地和供需物被存储的地点。响应机制的其他重要环节包括演练、报警及自动监控设备的操作状态，和外界机构及合同商共同部署，以及负责处理部门内部的日常公事和紧急联络事宜。

需要给关键雇员们分配任务以监控工作人员，在不能进行评估或不适合进行评估时，应该预先在场所里放置供给品以备庇护之需。所有部门应该有出现最坏的情形的意识，即遭到恐怖分子或者蓄意破坏者袭击。很多时候必须承认最坏的情形是内部原因引起的，比如心情郁闷的职员、意见不一致的职员们或者罢工者，认识到这一点很重要。能够时常发现隐患并且接近这些区域的是职员们和学生们，因而仅仅制定紧急预案应对外部资源导致的破坏情形是不够的。常见的最坏的情形涉及火灾、爆炸或者有毒气体的释放。必须清楚了解这种灾难会带来的情形，这是阻止恶性事件出现的第一个步骤。

每一处设施都不同，要结合特定场所评估应对安全保障隐患的任何方案。小规模的化工企业和学术机构都应该做好准备工作，了解自身的隐患，并且了解需要规避的化学物品、生物制品、放射物品和核资源（Phifer，2007）。

来自我们的学校系统

学校的某些特点使得校园很容易受到有暴力倾向的学生的攻击。学校的规模、所在地、实际状况、差异性和政策等因素影响着暴力行为出现的数量、类型和严重程度。应该采取措施阻止暴力行为保护校园建筑物。物理环境会影响学生们的行为举止、态度以及动机。干净的、没有乱涂乱画的墙壁、被保护得很好的校园不太容易出现行为过激的学生。有很多保护环境的途径。在过道调整出入人员车辆的流动可以减小遇到有敌意学生的可能性；设定咖啡馆的入口处和出口处、错开午餐的开始和结束时间、把所需时间限制在一定范围之内、在交通堵塞的高峰期加强职员们的监管控制，这些措施有助于减少和学生之间负面的互动交流。

暴力行为常发生在隔离区域，如过道的尽头、操场上某个隐蔽的角落。学校教职员工们必须了解这些区域，并且禁止学生接近这些区域。限制接近这些区域的通道，或者完全关闭这些通道，这样在非教学时间里可以增加这些建筑和校园的安全度。采取措施提升校园风气和阻止小规模的破坏行为，能够避免暴力行为的全面爆发。

建议实施各种阻止措施和干预手段，比如创建以校园为基础的学生干预管理小分队，净化校园环境，改变教学策略，提供社会性的技能培训，培养对文化的敏锐触觉（Eisenbraun，2007）。当物理安全保障体系在校园里不起作用时，或许是因为居民们思虑不够成熟和行为莽撞，但我们仍然期待父母们能够提供帮助，并期待实施物理安全保障体系的社会能够提供帮助。

鉴于我们面临着来自不同环境的争议问题，要推进物理安全保障体系，首先就要广泛咨询，和该领域的管理人员合作。我们会和该区域的相关利益者们在他们的工作环境里会面，评估他们现在的设施和工作程序，我们也会为他们所考虑的事情提供建议。我们的建议将会包括以下的方面，以防范之前提到的风险和修补安全隐患。

关闭门窗

看上去似乎很简单很明显，工作环境应该安全牢固，这一点很重要。所有的门和窗户都应该上锁，居住者们在发生危险事件时就可以闭紧门窗。当这个区域发生危机时，除了保护居住者们的人身安全，很重要的一项就是要保护这个地区的安全牢固，即使这个地区没有开放或者没有工作人员在场。这个做法同样适用于限制活动、运作、存储和保护区域之外的围墙。

在所有区域配备电话

工作环境里的建筑物应该有可以使用的连线电话。这确保居住者们除了使用移动电话，还可以采取另一种交流方式。连线电话必须保持足够的电力以保证在停电时仍然可以使用。假如有人威胁你或者当你为安全而担忧时，你可以从支架上取下电话，将电话放到桌面，拨号911，然后保持电话被开通的状态。依据标准协议，紧急事件调度员将会尝试和电话另一头的人员进行交流。假如电话的另一头没有任何回复，调度员就会读取电话号码和电话拨出地点，并且派出警员前往出事现场处理事件。在办公室或者教室里，可以隐藏电话以避免被入侵者看到。将电话保持开通状态，使调度员听清楚在电话那一头正在发生的事情。警员可以在路上对正在发生的事情持续跟进。

同事间的督促

重要的是探讨教职员工们如何互相关照。关键在于加强安全意识。同事间应该互相通知有可能造成威胁或者伤害的人或事物。这包括使其他人知道会入侵工作场所的内部暴力争议问题。这也包括那些心情郁闷的、侵略性的、不稳定的和有相似的情况的人。应该探讨潜在的情形，这样工作环境里的人们就知道应该注意哪些事情，采取什么行动保护自己和他人，并且在事件发生时呼救。

安保培训

在某种程度上来说，所有人都可以被当作安全保障工作人员。

提供培训系列教程或者提供指导以帮助人们知道他们可以做些什么事来保护自身的安全。部分基本指导如下：

● 加强物理安全保障——不要让盗贼们破坏你的学校。对于盗贼们而言，他们被校园财物所吸引，所以你需要格外警惕和保护这些场所。

● 保障边界安全——创建一个安全牢固的物理边界，将盗贼们挡在门外，可以使用锁、自动上锁的门、窗锁、房间之间的可以被锁上的内部的门、安全牢固的窗帘或者百叶窗、报警系统。

● 对来访者进行监控——若来访者没有陪同者，则不许进入安全边界之内。对合约商进行审查，支持工作人员的工作。限制敏感区的访问，比如服务员的房间和存放人力资源档案的房间。应该鼓励职员们询问出现在安保地带的、没有陪同者的陌生人。

路径控制

至少，可以保存来访者签名的日志。这就要求所有的来访者记录他们的身份、联络信息以及会出现在各个区域的原因。这种日志可以作为来访记录对违法行为起遏制作用。这种需要签名的日志可以连同来访者的证章和陪同者的协议一起被放大。更为安全牢固的管理方法包括使用读者们的进入证章卡片和安装在安保地区的电子锁。可以在入口处使用金属探测器，由精干的职员们来操作这种设施。

报警系统

当校园里出现如下某些或所有情形时，可以考虑使用报警系统。当这个区域处于安全牢固状态时，当大门在工作时间被打开，警钟可以发出声响做出警示，门和窗户通过碰触感应可以连续几个小时监控其关闭情况。运动传感器或者玻璃被砸碎时会报警的传感器可以连续几个小时探测进入场所的人们。可以在固定场所或者手提式设备里设置紧急按键。按下按键可以向中心监控站比如接待处、报警监控机构和/或者警局发送求救信号。

摄影系统

可以安装摄影系统，并附上设备号码、类型和根据可以使用的预算所限制的配置定位。至少，在每一个入口和每一个出口都应该使用摄影机。在需要特别关注的区域也应该考虑使用摄影机，比如收银处或者存储化学物品的地点。摄影机必须按照路线安置在监控站点进行实时监测，而且在事故发生时，为了以后再回顾检阅，应该进行实时录像。

安保人员

应该考虑到安保人员。这里是指相关的安全保障工作人员、固定编制人员或者是签约人员，这些人着便服或制服、携带或不携带武器、被聘用以保护工作场所中的人员。可以和他们签订协议，要求这些安全保障人员在学校会出现麻烦、处于敏感活动期或采取干预行动时到场工作。

选择物理安保系统项目

正如之前所说，可以选择物理安保系统进行保护。制定这种清单的目的在于创建一套全面的可伸缩的系统，它根据每个学校的环境，比如不同的建筑物、部门或者是办公室而设置。建立这样的安保体系是为了考虑特定区域的需求，以及可以使用的预算。为了保护人员，避免因攻击而造成人身伤害和盗窃案造成的资产损失，或者是由于非法律目的而造成的破坏，需要探讨这些风险。正如我尽力所探讨的，在开放自由的环境下为学校提供物理安全保障很艰难。正因如此，安装一套可调节的设备、制定服务和备选应急预案似乎是最好的应对措施。在这种事上没有通用的方法。

阻止情境犯罪

情境犯罪阻止策略的关键要素如下：肯定会有一个受到刺激

的罪犯，肯定会有一份适当的报酬或者目标，并且肯定会缺乏正确的控制。情境犯罪阻止策略假定可以评估所有的要素，以确定实施某种情境或安置点的犯罪阻止措施和弥补管理隐患。

对于受到刺激的罪犯而言，可以启动控制装置或者采取缓解措施如拒绝对方进入敏感区域通道。我们可以向公众散发关于惩戒非法行为的警示类印刷物，我们可以起诉让人们忧虑的罪犯。针对一份适当的报酬或者目标，能够做到的控制方法或者有减缓作用的方法就是减少使用有可能是偷来的资产。我们可以公布盗贼不怎么感兴趣的资产，或者改变有可能受到伤害的人员的行动，这样他们就不会那么容易被害。我们也可以使盗贼们或者其他的罪犯们无法从可以使用的资产中获益。在没有更好的解决措施时，能够采取的控制方法可以是派遣安保工作人员保护资产并前往事发场所进行工作。我们可以安装或者更新安保系统，我们可以培训那些没有从事安保工作的职员，并培训其他那些愿意加入到避免损失的策略活动中的人员（McCrie，2007；Dun Lap，2011）。

通过环境设计阻止犯罪

通过环境设计阻止犯罪的理念在安保操作系统中非常重要且不断再现。美国司法部、社区导向警务服务办公室、威廉王子县、弗吉尼亚警署提出一些重要的通过环境设计阻止犯罪的指导方针。

通过环境设计阻止犯罪计划是解决问题的一个好办法，它会考虑到环境的条件，以及有哪些机会可以消除犯罪现象以及其他的非计划中的或者是不受欢迎的行为。通过环境设计阻止犯罪计划，企图减少或者消除这些机会，通过运用环境保护中的一些要素：① 控制道路；② 提供机会去观看并且被看到；③ 界定所有权并且鼓励辖地进行维修保养。

必须在入口登记处和行进路途中创建实物路障和可以感知到

的障碍。必须提供线索，说明谁来自于哪个地方，他们是什么时候到这儿的，当他们在这儿时他们被允许可以到哪儿去，他们应该做些什么，他们可以停留多久。假如使用者们/门卫们注意人们的活动，并且将不受欢迎的行为报告给适当的上一级领导们，他们也可以充当道路管理人员。

通过设计方案，提供机会促进双向了解是另一个很好的策略。这包括一些机会，比如了解周边情况和设施内部状况，了解停车区域和建筑物、从学校的一个区域看到另一个区域的可能性，看到停车场、走道和从建筑物内部的不同位置看到其他场所的机会。这些设计的元素需要得到观察者们、警局和办事人员的支持（他们实际上需要去照顾那些财物和处所，然后将异常的行为向上级报告），比如说，和对景观地点进行维修保养有关的一些元素。

可以进行设计以界定所有权，并且鼓励维护辖地。正如之前所提及，设计时应该提供线索，包括谁来自哪儿，和他们被允许做些什么事。使用和维护保养的规则和管理条例体现出来自于行政管理方面的支持，这对于各种设计应用的成功使用是非常重要的（Zahm，2007）。

通过环境设计阻止犯罪的策略随着时间的推移而不断演变。许多实际的技术已经被使用了几百年。在过去的几十年里，城市设计专家们，比如简·雅各布斯（Jane Jacobs）和奥斯卡·纽曼（Oscar Newman）探讨了在环境建设和犯罪行为之间的关系。

下面列出的通过环境设计阻止犯罪的策略中的每一项都提供了针对财务所有者、设计专业人士、研发者和改造者们设计的指导方针，以降低恐惧感和减少犯罪事件，并提高生活质量。这儿有四种相互重叠的通过环境设计阻止犯罪的策略。它们是自然障碍、自然通道控制、辖地监管和维修保养（Casteel and Peek-Asa，2000）。

自然障碍监控

采取安全保障措施的目的是为了封锁通往犯罪目标物的道路，

并且使犯罪人员认识到危险性。人们是在经过策略性设计的一些实物的引导下通过某个空间的，如街道、人行道、建筑物的入口处、风景布局和邻近的通途。在清楚地指示道路并阻止通往私人区域的道路方面，这些设计元素很有帮助。

自然路径控制

采取安全措施旨在禁止犯罪人员进入，以及使闯入者感知到存在危险。人们在街道、人行道、建筑物入口、景观以及附近入口设置等实体的导引下行进。在寻找路线和避免进入私人区域方面，这些设计元素是很有用的工具。

加强辖地监管

环境因素可以产生或者散布一种影响。鼓励使用者们培养对于辖地的一种监控感，同时阻止潜在的罪犯们，并且认识到这种控制。这个观念包括一些特色，如界定财物，运用庭院植物，设计人行道、大门、合适的标志物和"开放的"围墙，对私人和公共区域进行区分。可以用一个 6 英尺高的直立钢制管状围墙作为障碍物来构建界限。这种类型的围墙也可以制止在墙上乱涂乱画的现象，是一个值得使用的方法，也不会妨碍常规检测。假如要给大面积的区域围上围墙，就可以使用链节式的围墙，但是这种方法不是很可取，而且进行维修和清理乱涂乱画现象的费用会比较高，也正因如此，通常不建议使用木质栅栏来做围墙。在入口处和沿着围墙处应该安置标志物。应该有标语声明不许闲荡和随意践踏，违反者将会被起诉。所有的标志物和围墙应该被好好地维护并且迅速地得到修缮。

维修保养

最后，看管和维护可以保证对空间进行持续性使用。环境的恶化和观赏类植物的枯萎意味着使用者较少对处所进行关心和管理，也意味着对于混乱状态太过容忍了。观赏类植物和灯光可以充当对界限和所有权的额外标志物，正确的维修可以避免植物过度生长造成的能见度降低以及灯光被阻挡。不正确的维护，比如对灌木丛的过度修剪，就无法达到通过环境设计阻止犯罪的效果。和维修保养人员就设计的意图进行交流，有助于通过环境设计阻止犯罪。

停车场、小径和开放区域

停车场、小径和开放区域为工作人员的安全带来很多设计上的挑战，因为面积之大，而且有很多人会使用这些区域，有时候很难做到直接进行监控，而在很多天然环境布置方面需要直接被监控。经常，在安全原则和保持自然资源方面存在着冲突。在这些区域设计安全措施应该侧重于关注道路、停车场地和其他的一些活动密集的区域（威廉王子县警察局，2009）。

安全保障护卫队

安全保障运作策略的最后主要环节就是使用护卫队。可以考虑使用校内人员、签约人员或者混合型人员进行安全保障。可以考虑在需要维护安全稳定校园秩序的区域使用混合方式。

麦克里（McCrie）告诉我们，对于 20 世纪的绝大部分人而言，安全保障人员都是固定的内部人士，他们和其他的职员一样都拥有相同的目标和共同合作的关系。从 20 世纪开端，直到 20 世纪 50 年代盛极一时，安全保障护卫队的岗位一直是以合同签约的形式提供的。内部人员和签约人员有他们各自明显的优势和缺点，最重要的是在做决定时必须衡量所有的因素。

对于聘用签约人员的主要原因如下：聘用签约安全保障服务人员可以直接减少费用的损失。雇主们通常认为以合约制聘用一个外出工作的人员比聘用一个全职工作人员，所花的费用更低。对于管理工作而言，这样更加放松。合约签订公司负责录用并审核负责安全保障工作的雇员。安全保障服务必须是高效率的。安全保障服务公司为签约安保人员处理日常的琐事，这和那些内部员工的待遇很相似。可以提供犯罪记录审查。在某些州和地区，法律规定安保工作人员为了取证必须在刑事司法数据库中心进行审查，这可以避免他们在场外工作。因此，许多的服务供应商能够使雇主们确信所聘用的安保人员在司法部门经过了审核，没有重大犯罪记录。

录用和审核工作人员的工作被移交了。录用和审核新的安全保障人员的程序是服务人员的职责所在。培训工作也被移交了。安全保障人员要忠于职守，安全保障人员要接受专业知识培训，以满足学校的需求。另外，签约者们要提供额外的特别培训以满足工作需求。上级监管人员交代工作任务，安保工作人员通常都是由制定任务的人所监管。许多大规模使用的签约人员包括一个全职的站点管理人员，他负责处理日常的管理工作。要签订特定的保险契约。安保服务的提供者通常会控制全部的保险契约以防范潜在的诉讼。有专门的保护措施。安保服务的提供者们可以扮演资源管理者，正如所需要的，在安全保障事务处理中，安保服务公司可以分享他们的做法和资源，在程序和有限的政策制定上，扮演非正式的咨询顾问。

在人员规划上也很灵活机动。当有特别原因需要更多的人手时，比如会议、年会或者是意想不到的事件，服务合约商可以临时增加雇员。相似的一点是，假如雇员不能满足学校的需要，雇员应该被迅速地替换。雇员们之间合谋犯罪或者成为至交好友的可能性比较小。签约的安保人员是由他们提供服务的客户属下的独立机构雇用和管理的。假如安保工作人员是内部职员，这种独立管理的模式能避免共谋犯罪的情况出现。假如学校要求获得额外的安保人员以完成一些短期的任务，可以使用应对紧急事件的职员们，安全保障服务部门会根据需要提供额外的工作人员。与定期雇用附加人员相比，这种做法的负担会更轻。

机构需要考虑的建立和维持专属安保服务的要素如下。它可以帮助维护人员稳定。安保指挥员通常希望有较低的员工流失率。这有很多的原因，包括录用、培训和引导工作人员所需要的时间和费用。内部员工留在单位供职的时间会更长久。此事还涉及员工素质问题。许多雇主认为内部工作人员总体来看是更为优秀的员工，所以他们在机构内部可以获得更多的报酬和机会。雇主们愿意长期聘用这些雇员是因为，较之那些服务年限较短的职员，这些长期雇员更了解服务对象、工作流程和工作原则。更合乎逻辑的解释是，长期雇员具备的特点会使服务更值得信赖。

在控制人员方面也显得更灵活机动。在内部项目里，工作人员可以从一个工作地点转移到另一个工作地点。签约雇员们也有可能灵活地换班，从一个场所挪到另一个场所。但是，一些安保指挥员认为这种程序使固定职员更容易运作。对于雇主而言，这意味着更大的忠诚。许多内部项目的指挥员认为固定职员比签约员工更加忠诚。这个观点不能仅仅通过表象就被认可，还涉及服务的可依赖性。一个签约安保公司在最初一段时间会满足学校的需要，但一段时间过后就会显得很令人失望。

这也可以节省费用。通常而言，管理人员们希望以合约形式聘用安全保障警卫队和巡逻队，节省更多的费用。就直接成本而言，情况可能也是如此，比如在两种模式中按小时结付薪水。但是，通过在更高的层次阻止事故发生，内部安保工作人员所担负的更多的工作任务将会节省更多的费用。

将内部工作人员和签约人员联合起来，工作会更有影响力，更加有效率。许多的安保指挥员认为内部工作人员和签约人员具有互补的效果。因此，他们在工作中会同时聘用这两种工作人员。

安保工作人员有核心的工作任务。安保官员们对于他们的雇主们负有很多的义务，每一项都具有非常重要的意义。以下是他们的主要义务的一个描述：工作人员们应该制止一些不受欢迎的活动。安保工作人员的主要目的是阻止对人群、财物和环境造成的伤害。工作人员们应该推迟不受欢迎的活动。在飞机犯罪事件中，应该延迟班机起飞时间，将罪犯逮捕。官员们应该探测那些不受欢迎的活动。当事件发生或者不能适时展开行动时，安保官员们应该迅速探测到那些违法行为，减小或者避免造成损失的可能性。

官员们应该对不受欢迎的活动做出回应。安保人员受过培训，在执勤时有责任对已发现的犯罪行为或者呼叫服务做出应对。在这种情况下，应该要求他们采取行动以保护人群、财物、环境，使公众们感觉更加安全。官员们应该汇报活动。在发生事故时，来自一个独立的观察者所做的报告和安保官员做出的报告一样能为管理工作提供重要的信息。这种报告有可能改变内部工作进程，是保险申述的基础，或者是执行逮捕和起诉的一个有可能成立的证据。这些核心的权限对于正确实施措施以阻止情境犯罪方面是必不可少的。

混合型安保模式

在许多的情况中，实施混合型的安保措施会更合适。如果区域里利益相关者提出要求，那么未携带武器的签约安保人员在签约公司派出的现场管理人员的带领下，可以执行现场主要的安保任务。负责工作区域管理工作的学校系统的雇员，会被分派去负责监控整个签约安保项目。

在这个被提议的模式中非常重要的一项就是和校园安保部门建立进行迅速的值得信赖的交流以及紧密合作。要召集学校的安保部门以评价和协助管理校园安全、安全保障和风险事件、危险事件以及各种校园事件。在界定这种混合模式时会涉及的一些主要考虑将稍后在本章被讨论。

在很多的世界 500 强公司和小规模的商铺里同样存在一种转变。很多公司将战略重点投入到核心竞争以及和公司主要贸易有关的一些外包支持。在和人员有关的领域中，包括安全服务领域，特别流行将战略重点移到外包。为了执行安保措施，和服务提供者签订合约，可以保护雇员和资产，节省金钱，并且使学校将注意力和资源放到主要的竞争方面（Zalud, 2007）。这种金融全景的一个部分就是会传播风险性和责任。在外包安全保障服务方面，这是一个重要的原因。拥有内部项目的机构有责任为任何由工作人员们的行动或者不行动而导致的事件负责，正如他们的项目里的培训、操作，以及管理中所存在的缺陷（Zalud，2006）。签约的安全保障公司要负责使安全管理工作符合管理标准。一些人可能会认为在降低公司所面临的风险时，行业培训是关键的工具。事实当然是如此，但同样重要的是认识到反过来看也是对的。机构内部以及机构对外所进行的不当培训，都是增加风险的因素（Villines and Ritchey，2010）。

随着预算的大额削减、高层减员、精简编制、裁员、缺乏适当理由的大规模的临时解雇，每个人都感觉到一种压力，想要展示他们的价值，并且降低费用。尽管我们多年来被预算经费所制约，这个年代也少有不同，安保部门仍然几乎不会愿意全权委托去获取经费。终端用户们要求的不仅仅是"花更少的钱办更多的事"，而是"钱用得更少，事办得更多，效果更好"（McDargh，2009）。仔细地估算安保服务的价值，和提供这些服务所需的花费，要考虑到责任、规章制度的遵守和培训问题，这是一个巨大复杂的任务。对费用做基本分析是必要的，这可以明确界定我们如何用更多的钱办更多更好的事。

个案研究

索思高中位于城区。根据乱涂乱画现象和校园里日渐增多的暴力行为来看，团伙犯罪的现象有增加的趋势。学校建于 1950 年，自从初建以来就没有怎么维修过。海斯（Hayes）校长受到了来自教育董事会的压力，要求改善学校里出现的坏现象。

- 海斯校长的主要目标应该是什么？
- 可以使用哪些办法帮她达到目标？

练 习

1. 可以使用哪些元素建立物理安保系统？这些元素里，你熟悉的哪一个最适合安置在学校里？

2. 什么是"情境犯罪阻止"？

3. 通过环境设计阻止犯罪的四个元素是什么？你熟悉的哪个元素有助于为学校提供安全保障？为什么？

4. 在合约安保工作人员、固定安保工作人员和混合安保模式中，你会为学校的安保管理系统选择哪一种？为什么？

参考文献

Casteel, C., and Peek-Asa, C. (2000). Effectiveness of crime prevention through environmental design (CPTED) in reducing roberies. *American Journal of Preventive Medicine*, 18 (4S), 99 – 115.

Dunlap, E. S. (2011). *Lecture Notes from SSE 827: Issues in Security Management.* Eastern Kentucky University, Richmond, VA.

Eisenbraun, K. D. (2007). Violence in schoos: Prevalence, prediction, and prevention, *Aggression and Violent Behavior*, 12, 459 – 469.

Get Safe Online. (2011). Strengthen physical security: Dont let thieves ruin your business, Accessed June 28, 2011. http://www.getsafeonline.org/nqcontent.cfm? a_id = 1098.

Greene, J. (2008). Violence in the ED: No quick fies for pervasive threat. *Annals of Emergency Medicine*, 52 (1), 17 – 19.

McCrie, R. D. (2007). *Security Operations Management.* Elsevier, Amsterdam, the Netherlands.

McDargh, J. N. (2009). Making more for less better. *Security Technology Executive*, 19 (6), 30 – 31.

Phifer, R. W. (2007). Security vulnerability analysis for laboratories and small chemical facilities, *Journal of Chemical Health & Safety*, 12 – 14.

Prince William County Police Department. (2009). *CPTED Strategies: A Guide to Safe Environments.* Special Operations Bureau, Crime Prevention Unit, Prince William County Police Department, Manassas, VA.

U. S. Department of Homeland Security. (2010). Critical infrastructure. Accessed June 30, 2011. http://www. dhs. gov/files/programs/gc _ 1189168948944. shtm.

Villines, J. C., and Ritchey, D. (2010). Training: Asset or risk? *Security*, 47 (10), 44 – 48.

Zahm, D. (2007). *Using Crime Prevention through Environmental Design in Problem Solving.* U. S. Department of Justice and Office of Community Oriented Policing Services, Washington, D. C.

Zalud, B. (2006). Officers: In-house or outsource? Security, 43 (11), 58 – 60. Accessed June 9, 2012. http://search. proquest. com/docview/197815606? accountid = 10628.

Zalud, B. (2007). Security officers as a business strategies. *Security*, 44 (11), 79 – 83.

第十章　校园暴力和处境危险的学生们

凯莉·戈贝特（Kelly Gorbett）

目　录

　　1999 年 4 月 20 日，2 名高中学生走进他们就读的位于科罗拉多州利特尔顿小镇的高中，他们带着匕首和炸弹，计划杀死几百名的教师和同学。最终 12 名学生和 1 名教师死亡，2 名袭击者和几个其他的人员受伤。这一场被广泛关注的屠杀事件引起了美国民众的恐慌，使得学校工作人员、管理者们、研究人员和政策制定者们开始审视并采取积极措施改善危险预防和维护校园安全。科伦拜高中事件的悲剧导致美国在采取措施预防校园暴力犯罪的方面发生了重大变化。

　　但是校园暴力已经不仅仅是指哪一次事件。事实上，在这些骇人听闻的事件中，有一些学校已经经历了灾难，比如 1976 年加利福尼亚发生的乔奇拉校车绑架案，肯塔基州的帕迪大卡、俄勒冈州的斯普林菲尔德、加利福尼亚州的桑藤等地发生的学校枪击案件，此处列举的仅仅是其中几所。幸运的是，校园发生的严重暴力袭击案件数目还相当小。但是，鉴于这些事件的不可预料性和不确定性，学校必须做好应对准备。就在本文的写作期间，不断有关于学生阴谋进行暴力犯罪的报道出现，就如同 1999 年的科伦拜高中所发生的袭击事件那样（例如，2011 年 8 月，警方发现来自佛罗里达的坦帕的 17 岁学生在开学第一天就携带炸弹企图炸死他之前就读的高中的数百名学生和工作人员）。应该进一步说明的是，在学校发生的这个程度的暴力案件并不多见，其他的一些暴力现象和违纪行为涉及但是并不限于，骂人中伤、恃强凌弱行为、嘲弄和威胁（Furlong et al.，1997；Dwyer et al.，1998）。学校必须制定预案和关注处境危险的年轻人的行为举止，并且从各个层面提供干预策略，建立一个安全有效的校园环境。

　　在这一章里，作者将在文献梳理部分对校园暴力的主要调查结论进行全面回顾。在本章写作范围之外，本领域一些专家编写的教科书也广泛地探讨了这些争议问题，建议阅读这些教科书以获得更进一步的了解（Loeber and Farrington，1998；Brock et al.，2002；Shinn et al.，2002；Sprague and Walker，2005）。

校园安全

尽管感到一种压迫性的恐惧，担心会遭受到暴力袭击——诸如科伦拜高中之类的案件给父母、学校教职员工和学生们心理上造成可怕的压迫感——学校仍然是孩子们可以去的最安全的地方。根据美国司法统计局和国家教育统计中心（2000）的数据显示，孩子们离开学校以后比在学校里受到伤害的可能性会更大。最新的数据显示孩子们在学校里的死亡率要少于1%（美国教育部和美国司法署，1999）。自从20世纪早期以来，学校犯罪案件的总体比率稳定下降（Snyder and Sickmund，1999）。虽然暴力行为和破坏性行为出现的强度和频率在下降，但仍然存在，大量学生在学校正感受着不安全的氛围（疾病控制预防中心，2000）。公众关注对这些违法违纪行为采取纪律约束措施；很多学校重视审查过程，继续采取应对性、惩罚性的手段，而不是采取预防性的措施。

学校主要责任是为孩子们提供安全的环境。作为人，安全是我们最基本的毋庸置疑的要求之一。大多数的发展理论家（即Ericson、Maslow、Ainsworth、Bowlby）很早就开始强调构建安全感、安全保障感和信任感的重要性，这样才能在未来取得里程碑式的成就，并完成发展阶段的任务。对于学校里的孩子们而言同样如此。正如斯蒂芬斯（Stephens）所言：

> 孩子的教育质量会受到严重的影响，假如孩子不是在一个安全的、被欢迎的环境里学习。在一个充斥着恐惧和胆怯的环境里，教师们不能够教书，学生们不能够学习（Stephens，2002，p.49）。

因此，学生们的攻击和暴力行为不仅影响着自己的情感状态，还严重影响着学校环境里的每一个人（Batsche，1997）。这些行为会影响学习、影响所有学生受教育的时间（Martini-Scully et al.，2000）。当学生们感到安全和被支持时，也就意味着校园学习环境得到了改善。学校需要采取干预措施，保护那些处在暴力风险之中的学生。

风险因素

在孩子的一生中，早期成长阶段是非常重要的时期，孩子们在这个时期提升重要的阅读技能，学习社会法规，并且培养依恋感。在孩子的成长发展阶段，在家庭和学校营造积极的行为模式非常重要。事实上，绝大多数的纵向研究显示，年轻人在青春期的行为问题在早期孩童时代就已初现端倪（Kazdin，1987；Loeber and Farrington，1998）。比如说，卡帕尔迪·帕特森（Capaldi Patterson）的研究报告显示，在小学阶段表现出反叛行为的孩子以后更有可能少年犯罪。基于此，以及稍后在本章所探讨的种种现象，本研究领域的专家们强调进行早期干预的重要性，强调家庭、学校及社区共同合作的重要性，认为这是对处境危险的年轻人所采取的最佳干预措施。

很显然，目前存在很多障碍和局限，阻碍研究人员发现或者查明年轻人采取暴力行为的确切原因。导致处境危险的年轻人采取暴力行为的原因通常很复杂，会涉及多种因素。然而研究人员已经为处境危险的年轻人界定了一些风险要素。这些风险要素被金杰里（Kingery）和沃克（Walker）定义为"家庭、邻居和社会等层面的行为、态度和可以被测量的事件，在每个学生的生活中即将或者正在爆发的暴力或者攻击事件"（Kingery and Walker，2002，p.74）。正如这些作者所说，风险要素不一定就是暴力根源，但却揭示出一部分原因。研究人员已经达成一种共识，接触得越多，涉及的风险就越多，孩子有可能遇到暴力的危险就越大（Patterson et al.，1992；Loeber and Farrington，1998；Walker and

Sprague，1999）。沃克和斯普拉格（Sprague）也指出"风险要素在不同的层面施加影响，并且有时候会重合"（Walker and Sprague，1999，p. 68）。

纵向研究显示，在童年就表现出破坏倾向的孩子们，在以后的生活中也会出现负面行为。沃克和斯普拉格做了很有帮助的阐明，清晰指出处境危险的年轻人在生活早期会面临许多风险要素，这会导致不适应行为的发展（例如，没有为学校生活做好准备、缺乏解决问题的能力），出现短期负面行为，比如逃学和违纪，并最终导致破坏性的长期负面行为，比如暴力行为。沃克和斯普拉格在他们的作品中声称：

> 从这些风险要素、行为和表现，以及接触风险要素导致的现象来看，它们之间有强烈而清晰的关联。对于成长中的孩子们而言，接触风险要素而导致的短期消极后果将会（a）引发长期破坏行为和限制个人的发展进步，（b）最终会使个人、看护者、朋友和同事，从更大规模而言，使社会付出高额的代价（Walker and Sprague，1999，p. 68）。

2001 年，美国健康和公共服务署发布了美国公共卫生署长关于年轻人暴力行为的报告，该报告指出了对年轻人暴力行为起预警作用的风险要素（个人的和社会的）。一级风险要素包括：a. 是男性；b. 滥用药物；c. 侵犯；d. 智商低；e. 有反社会的父母；f. 贫穷；g. 有心理障碍比如多动症；h. 有脆弱的社会关系；i. 有反社会的行为、态度、信念；j. 电视节目里暴力画面的影响；k. 学业成绩不好；l. 有虐儿倾向的父母；m. 父母和孩子相处得不好；n. 家庭破碎。二级风险要素包括：a. 人身侵犯；b. 家庭冲突；c. 学习成绩不合格；d. 肢体冲突；e. 邻里犯罪；f. 是流氓集团成员；g. 有处境危险的行为方式；h. 父母监管不佳。

超越个人和社会等原因，霍金斯（Hawkins）等人描述了在几个环境下都起作用的风险要素，包括家庭、学校、邻居、社区和更大层面的社会。沃克和希恩（Shinn）制定了一份在不同的环境下都起作用的风险要素的综合清单，包括孩子的因素、家庭因素、学校环境、社会和文化因素。这两位作者指出接触越多，这些风险因素对个人产生的影响就越大（例如，由于家庭原因而产生的风险和由于社会原因而产生的风险相比较）。孩子会造成风险，包括以下一些因素，比如没有安全感、坏脾气、低智商、早产儿。家庭因素包括父母的原因，比如孩子的母亲是十几岁青少年、精神状态紊乱、滥用药物，家庭环境（例如，家庭暴力），以及父母照顾子女的风格（例如，抛弃子女、忽视子女的感受或者虐待子女）。来自学校的风险因素包括凌弱行为、离经叛道的同龄人群体、在学校遭受失败，而社会和文化因素显示出的风险包括缺乏辅助支持服务、社会经济方面的弱势、过多的媒体上暴力渲染的影响。

探讨这个问题，重要的是要明确年轻人在学校遇到的挫折和危险处境之间的关系。尤大里（Udry）的研究报告指出，那些说自己在学校课业上经常遇到困难的学生们会酗酒、吸烟、变得暴力、使用武器，并且企图自杀的可能性更大。另外，沃克和希恩（Walker and Shinn，2002）探讨了一些学校风险因素，它们和反社会行为和破坏行为有着直接的联系：a. 和老师的关系处理得不好；b. 未能接受学校教育或者未能和学校达成接受教育的协议；c. 被老师和同龄人排斥；d. 课业失败，尤其在阅读方面。研究同样显示出失学现象和青少年犯罪之间存在着明显的关系（Rumberger，1987；Kirsch et al.，1993；Costenbader and Markson，1998）。

其他的一些风险要素诸如不良家庭环境、贫穷并且被虐待等要素和学校里遭受失败打击有着间接的关系，正如沃克和斯普拉格所描述，这与处境危险的年轻人会经历的长期或短期过程是一致的。这些风险因素很可能从出生或小时候就一直存在，因此直到孩子们入校就读，学校几乎不能对这些因素施加什么影响。但是沃克和希恩认为学校的一个重要作用就是：

在学术、社会情感、教育辅导支持领域加强保护因素，以缓冲或者抵消风险要素造成的一些负面影响，特别是在学校调适和个人成就领域（Walker and Shinn，2002，p.9）。

保护因素预防或者减小了孩子们以后在生活中出现反社会犯罪行为的可能性。沃克和希恩列出了在不同环境里会出现的和反社会以及和犯罪行为有关的保护因素：

对孩子们起保护作用的因素包括社会技能、家庭观念、换位思考、解决问题的能力、性格随和、在学校取得的好成绩、好的处事应对风格。家庭因素包括孩子们、关爱孩子的父母、牢靠稳定的家庭、根深蒂固的家规和道德意识，而学校环境因素包括积极的学校风气、亲社会的同龄人群体和归属感。社会和文化因素包括获取支持服务的途径、社区网络、加入教会以及其他的社团。

最后，学校必须乐于检查现行的做法，并根据需要改变策略。专家一致认为需要改变策略支持帮助学校里的孩子们和年轻人，这么做永远都不会太迟（Loeber and Farrington，1998）。斯普拉格和沃克（Sprague and Walker，2005，p.60）指出学校在一些领域采取的措施会导致反社会的行为和潜在的暴力行为，包括：

- 无效的会导致学术不合格的教导；
- 前后不一致、惩罚性的课堂惯例和行为管理方法；
- 缺乏学习机会、缺乏符合社会规范的人际交往的机会和自我管理的技能；
- 规则制定不清晰，不了解预期的正确行为；
- 不能有效地纠正违反规则的行为，没有奖励遵守规则者；
- 不能根据个性进行教导，不支持并且不能包容个体差异（例如，种族和文化差异、性别、残疾）；
- 不能帮助学生远离危险处境，加入到教育过程中（例如，处于贫苦，种族/少数民族）；

- 在学校教职员工之间意见不一致，做法不连贯；
- 缺乏管理人员参与；没有领导人，得不到支持。

早期干预

关于早期干预措施的研究已广泛开展，人们日渐感受到为避免日后出现不利状况而进行早期干预的重要性。幸运的是，这些努力带来了一些政策和计划的调整，包括联邦政府和州政府在早期干预计划中的资金投入。事实上，关于授权和规范派遣学生的联邦立法已经发生改变，适用对象从够格接受特别教育的孩子们扩展到所有孩子。随着国际公法 99－457 的颁布、1997 年《残疾人教育法修正案》（IDEA）的颁布，现在的孩子们从一出生到 21 岁都有资格享受州政府和联邦政府的资金投入以接受特别教育和相关服务。法律也授权建立一套儿童筛选体系，包括对于早期干预和评估要求的描述和定义。实施情况就是，早期干预项目（比如"First Steps"）在各个州广泛开展，以帮助那些从一出生到 3 岁的出现发育迟缓和残疾现象的孩子在早期儿童时代接受特别教育（IDEA，Part B－619）。

扩展包括贫困儿童在内的学前教育计划需要出台很大的举措。比如说，最为广泛和系统的就是关于帮助贫困儿童的联邦计划（例如"启智计划""领先计划""第一条款"）。与 K－12 学校相联系的州立基金学前教育计划在很多州都得到了支持。

尽管这些举措指明了正确方向，显示出积极的做法，但还需要更进一步制订计划以支持早期干预行为，了解早期干预行为对于学业成绩和后期行为障碍的重要性。早期干预的积极效果在认知、语言、社会情感发展方面，以及学习方法，包括注意力方面得到了很好的显示（Greenwook at al.，2011）。贝尔菲尔德

（Belfield）的研究报告认为参加学前教育的人数变化和参加特殊教育的人数减少12%这一现象有关。齐格勒（Zigler）等人认为，早期的儿童教育不仅为专业学习提供了在学校就已训练好的阅读技能，还为孩子们日后学习社会规则及情感规则打下重要基础。

预防策略

最新研究关注在建立学校安全环境方面所应该采取的预防措施和早期干预行为。事实上，已经出台的计划比如《安全校园/健康学生倡议》，是由健康和公共服务署、教育部、司法部所资助的，以便于学区实施计划，从预防、早期干预、治疗层面来探讨社会的、行为的和心理健康方面的争议问题，从而和社区以及执法机构进行合作（美国教育部，1999；Thornton et al.，2000）。

如上所述，对于处境危险的年轻人来说，风险因素在非常年轻的时候就已经形成了，这些因素最终导致毁灭性的长期结局。因此，将学生从这条路上扭转过来的需求很早就出现了。鉴于年轻人在学校遭受的挫折和面临的危险处境有关，学校必须制订计划，提高学生们早期的读写能力，使他们形成可以取得成功的行为方式。沃克和希恩声称，"使学生们在学校遇到挫折的最大的两项风险指的是（a）显示出非常有挑战性的行为方式（例如，反社会的行为、攻击、对立－违拗、凌弱行为等）和（b）早期在学校遭受的挫折，特别是在学习阅读能力方面（Walker and Shinn，2002，p. 11）"。因此，我们必须将实施这些领域的早期干预和预防措施作为行动目标。

研究显示在阅读能力方面存在障碍的孩子面临较高的风险，在读小学时会出现行为障碍问题（McIntosh et al.，2006）。因此，要根据研究的主体部分采取措施以提高孩子们的早期读写能力，就孩子一旦入学就应该进行阅读训练的观点是否正确进行探讨。事实上，在早期教育中就应该对学生的阅读能力进行训练，并且这种阅读能力在正式的学校教育开始之前就已经在发展。对于阅读能力的研究关注的技能彼此不相关联，而这些技能是阅读的先决能力，而且这些研究没有探讨幼年时期读写能力对于提升阅读和写作能力所起的重要作用（Gunn et al.，1995）。近来，生成读写能力是一个很流行的话题，阅读和教育领域正探讨和研究这个话题。生成读写能力的研究涉及认知心理学和心理语言学方面的相关话题，并且认为"在年少的孩子们身上，阅读能力和写作能力同时发展并相互关联，这两种能力随经验而增长，使得口头语言能力和书面语言能力互动并得到提升"（Sulzby and Teale，1991，p. 729）。另外，蒂尔和萨尔兹比补充说明在培养生成读写能力的大框架下，孩子们早期在阅读能力和写作能力方面的努力尽管不是依照惯例而进行的，仍然被认为是培养阅读能力的正确开始。

学校不仅要改善和整合早期干预措施，培养学生的读写能力和帮助学生取得学术成就，学校还必须继续研究应对措施，探讨问题行为。传统的做法是学校会采取惩罚措施，比如通过学校纪律转介和停学。但不幸的是，这些措施不能产生长期的积极影响，只是在短期内将孩子从一个地方挪走以暂时休整（斯普拉格和沃克，2005）。在减少反社会行为的惩罚措施方面，几乎找不到可以获得长期效应的证据（Skiba et al.，1997；Irvin et al.，2004）。斯普拉格和沃克声称这些做法可能会长期损害孩子和成人之间的关系，以及对学校的依恋感，而这会加剧矛盾，而不是预防形势恶化。

维护学校纪律需要关注正面的行为方式，为学生们树立正确的行为规范。要解决学生们的行为问题，必须全校师生一起努力，与家庭以及社区资源进行合作。斯普拉格和沃克声称："如果只有惩罚措施，就不能在获得支持和付出努力方面获得平衡以恢复学校的运作，就会弱化学术成就，使处境危险的学生们总是走在反社会性的轨道上（Sprague and Walker，2005，p. 61）。"因此这些作者认为规范纪律方面的措施应该是："a. 帮助学生们树立责任感；b. 对于学术活动和学术成就给予高度认可；c. 告诉学生们在行为举止方面的正确做法；d. 关注在学校创建积极的校园环境和公民社会关系（Sprague and Walker，2005，p. 61）"。

研究侧重于改善预防措施的模式和框架体系，详细探讨在校园里发生的暴力行为。每个学校的应急预案都不同，为了探讨学校各自的需求和兴趣，弗朗（Furlong）等人阐释了校园暴力预防措施，认为至少应该探讨以下八个领域：安全保障、审查和评估攻击行为、构建关系和签订契约、各个学生的技能发展、制定非暴力校园规则、学校教育的过程和结构、学校规章制度和积极的支持、提升校园风气。

全面的三级策略

为了采取干预措施，需要以积极和包容的态度，而不是传统的惩罚手段和排斥态度来预防暴力犯罪行为和违纪行为（例如停职、开除），沃克等人修订了学校里运用的三层模式，以预防暴力和反社会行为。沃克和他的同事认为，要制订一个发展良好的、在学区范围内开展的计划，就要连贯地有效地改变行为方式，实施综合干预措施，致力于保护校园内部的全体成员，包括所有的学生和全体的教职员工，而不仅仅是个别的老师，从一个发展良好的学区层面来整合这些因素。他们认为采取干预措施需要每个人直接合作，根据学生行为和学业困扰的复杂性以及严重程度来制定正确的干预措施。这个三层模式包括第一层面预防措施、第二层面预防措施和第三层面预防措施。

第一层面预防措施是宽泛的，探讨的是整个校园，致力于满足75%~85%的学生群体的需求，比如全校范围内的行为管理体系。注意实施干预策略的目标是加强保护性要素，传授在学校取得成就所应该具备的符合社会传统的行为方式和技能。根据沃克和希恩的观点，尽管许多学校并没有充分实施主要层面的干预措施，这些预防措施仍有助于"学校在营造积极的校园风气时发挥最大潜能"（Walker and Shinn，2002，p. 16）。致力于达到这个层面效果的干预措施也可以帮助收集重要的行为方面的数据，以制定适用于全校范围的流程，在其他两个更密集的层面制定预防措施。这些数据也可以帮助界定这些处境危险的孩子在第二层面和第三层面获得更多的支持。

第二层面预防策略为那些没有对主要层面的预防措施做出响应的学生提供更加密集的学术和/或者行为支持。制定第二层面预防策略是为了满足被界定为处境危险的、占校园人口的10% ~ 15%的学生群体的需求。这个层面的预防措施更加密集和个性化，同样也会花费更多。第二层面预防策略的例子包括小组咨询、对社会性技能的教导以及将阅读作为目标的干预措施。

制定第三层面预防策略是为了保护那些处于最严峻的危险处境的学生，包含3% ~ 5%的学生群体的需求。通常而言，这些学生需要获得密集型的环绕式的服务，得到家人的帮助和保护（Walker et al.，1996）。从这个层面来说，密集型的服务，应该包括家庭、学校和社区之间的资源共享和合作。

结　论

在这一章里，作者在和学校暴力有关的文献里回顾了研究成果。总的来说，学校是孩子们最安全的地方；但是就暴力和破坏行为发生的程度而言，学校必须实施预防暴力行为的措施。必须制订计划以探讨处于危险处境的年轻人的行为举止，并且在所有的层面促进干预措施的执行，以帮助增大构建安全、有效的学校环境的可能性。学校不应该通过反应性的惩罚性的途径来探讨问题行为。相反，学校每一个工作岗位的职员必须挑战现行的做法，并且愿意进行改变。采取措施以维护安全正面的校园环境，使孩子们可以学习和成长，这是永远都不嫌晚的。

个案研究

弥迦（Micah）是一个 8 岁的一年级学生，就读于沃雷恩小学。因为他没有为入学做好准备，在接受教师指导方面存在接受困难，在听力方面有理解障碍，他每天在学校只是按部就班地学习。他的幼儿园老师形容他"友好，但是很安静"，并认为看上去似乎他还"不够成熟"。

在这个学年，他开始在学业方面远远落后，特别是在阅读方面。弥迦被推荐参加小组阅读项目以弥补自己在阅读方面的不足之处。他目前的一年级老师琼斯女士向校长要求召开一次学生帮助小组会（SAT），因为她很担心弥迦在学业上的情况，而且担心他不会坚持参加小组阅读项目。

在 SAT 会上，琼斯女士和学校教师们分享了自己曾经和弥迦的父母进行过的一次很艰难的接触，以探讨自己的担忧之处。她还希望告诉弥迦的父母关于一个在课余时间展开的可以参加的免费的阅读辅导项目。琼斯女士还分享了学生帮助小组会的教学成果，其中包括弥迦在艺术课上的绘画作品。她在学生帮助小组会上说："他确实显得对绘画很感兴趣，而且他很有天分。"最近学生帮助小组会对加入者们进行了审核，弥迦通过了听力理解和发音审查，但是没有通过视觉和语言方面的审查。

- 假如你是 SAT 的成员之一，你希望获得关于弥迦的其他什么信息？要包括家庭和学校环境。
- 从个案研究里所提供的信息来看，你认为什么现象是有可能存在的风险因素？什么现象会被认为是保护因素？
- 制订计划帮助弥迦提高学业成绩，要考虑到预防措施的哪三个方面因素？什么领域需要更进一步的探讨？弥迦在什么领域需要更进一步的帮助和支持？你会推荐什么项目或

者资源？

╭┈┈┈┈┈┈┈╮
┆ **练 习** ┆
╰┈┈┈┈┈┈┈╯

1. 回顾由斯普拉格和沃克 2005 年制定的 9 项有助于预防反社会行为和潜在暴力行为的学校传统措施，讨论在你的学校需要如何进行改善。

2. 在你的学校和社区里，可以通过哪些资源或者项目改善早期干预和预防措施，以帮助处于风险中的孩子们？你认为哪些资源和项目对你的学区和社区有帮助？

3. 考虑预防措施的三个层面——第一、第二和第三——你的学校是如何按照这种预防计划的模式在运作的？你在你的学校为每个层面的学生可以获得哪些项目和提供项目支持？你会考虑哪些方面的需要？

参考文献

Batsche, G. M. (1997). Bullying. In *Children's Needs II: Development, Problems, and Alternatives*, edited by G. G. Bear, K. M. Minke, and A. Thomas, 171–179. National Association of School Psychologists, Bethesda, MD.

Belfield, C. R. (2005). The cost savings to special education from preschooling in Pennsylvania. Pennsylvania Build Initiative, Pennsylvinia Department of Education, Harrisburg, PA. Accessed March 4, 2012. http://www.portal.state.pa.us/portal/server.pt? open=18&objID=381892&mode=2.

Brock, S. E., Lazarus, P. J., and Jimerson, S. R., eds. (2002). *Best Practices in School Crisis Prevention and Intervention*. NASP Publications, Bethesda, MD.

Capaldi, D. M., and Patterson, G. R. (1996). Can violent offenders be distinguished from frequent offenders?: Prediction from childhood to adolescence.

Journal of Research in Crime and Delinquency, 33, 206 – 231.

Caplan, G. (1964). *Principles of Preventive Psychiatry*. Basic Books, New York.

Caponigro, J. R. (2000). *The Crisis Counselor*. Contemporary Books, Chicago, IL.

Centers for Disease Control and Prevention. (2000). 19999 youth risk behavior surveillance system. Accessed May 4, 2012, www. cdc. gov/mmwr/preview/mmwrhtml/ss4905al. htm.

Constenbader, V. , and Markson, S. (1998). School suspension: A study with secondary school students. *Journal of School Psychology*, 36, 59 – 82.

Dwyer, K. , Osher, D. , and Wagner, C. (1998). *Early Warning, Timely Response: A Guide to Safe Schools*. U. S. Department of Education, Washington, D. C.

Furlong, M. , Morrison, G. , Chung, A. , Bates, M. , and Morrison, R. (1997). School Violence. In *Children's needs II: Development, Problems, and Alternatives*, edited by G. G. Bear, K. M. Minke, and A. Thomas, 245 – 256. National Association of School Psychologists, Bethesda, MD.

Furlong, M. J. , Pavelski, R. , and Saxton, J. (2002). The prevention of school violence. In *Best Practices in School crisis Prevention and Intervention*, edited by S. E. Brock, P. J. lazarus, and S. R. Jimerson. National Association of School Psychologists, Bethesda, MD.

Greenwood, C. R. , Bradfield, T. , Kaminske, R. , Linas, M. , Carta, J. J. , and Nylander, D. (2011). The response to intervention (RTI) approach in early childhood. *Focus on Exceptional Children*, 43 (9), 1 – 22.

Gunn, B. K. , Simmons, D. C. , and Kameenui, E. J. (1995). *Emergent Literacy: Synthesis of Research*, National Center to Improve the Tools of Educators, U. S. Office of Special Education Programs, Washington, D. C.

Hawkins, J. D. , Catlano, R. F. , and Miller, J. Y. (1992). Risk and protective factors for alcohol and other drug problems in adolescene and early adulthood: Implications for substance abuse prevention. *Psychological Bulletin*, 112 (1), 64 – 105.

Individuals with Disabilities Education Act Amendments. (1997). 20 U. S. C.

§ 1400 et seq.

Irvin, L. K. , Tobin, T. J. , Sprague, J. R. , and Vincent, C. G. （2004）. Validity of office discipline referrals measures as indices of school-wide behavioral status and effects of school-wide behavioral interventions. *Journal of positive behavior Interventions*, 6 （3）, 131 – 147.

Katz, A. R. （1987）. Checklist: 10 steps to complete crisis planning. *Public Relations Journal*, 43, 436 – 447.

Kazdin, A. （1987）. treatment of antisocial behavior in children: Current Status and future directions. *Psychological Bulletin*, 102, 187 – 203.

Kingery, P. M. , and Walker, H. M. （2002）. What we know about school safety. In *interventions for Academic and Behavior Problems II: Preventive and Reme- dial Approaches*, edited by M. Shinn, H. M. Walker, and G. Stoner, 71 – 88. NASP Publications, Bethesda, MD.

Kirsch, I. , Jungeblut, A. , Jenkins, L. , and Kolstad, A. （1993）. A- dult literacy in America: A first look at the results of the National Adult Literacy Survey. Rport prepared by Educational testing Service with the National center for Ed- ucation Statistics, U. S. Department of Education, Washington, D. C.

Loeber, R. , and Farrington, D. P. , eds. （1998）. *Serous and Violent Juven- ile Offenders: Risk Factors and Successful Interventions*. Sage, Thousand Oaks, CA.

Martini-Scully, D. , Bray, M. , and Kehle, T. （2000）. A packaged inter- vention to reduce disruptive behaviors in general education students. *Psychology in the schools*, 37, 149 – 156.

Mclntosh, K. , Horner, R. H. , Chard, D. , Boland, J. B. , and Good, R. H. （2006）. The use of reading and behavior screening measures to predict non- response to school-wide behavior support: A longitudinal analysis. *School psychology Review*, 35 （2）, 275 – 291.

Patterson, G. R. , Reid, J. B. , and Dishion, T. J. （1992）. *Antisocial Boys*. Castalia Press, Eugene, OR.

Rumberger, R. （1987）. High school dropouts: A review of issues and de- velopment. *Review of Educational research*, 57, 101 – 121.

Shinn, M. A. , Walker, H. M. , and Stoner, G. , eds. （2002）. *Interven-*

tions for Academic and Behavior Problems II: *Preventive and Remedial Approaches*. National Association of School Psychologists, Bethesda, MD.

Skiba, R. J. , Peterson, R. L. , and Williams, T. (1997). Office referrals and suspension: Disciplinary intervention in middle schools. *Eucation and Treatment of Children*, 20, 295 – 315.

Snyder, H. N. , and Sickmund, M. (1999). Juvenile offenders and victims: 1999 national report. Office of Juvenile Justice and Delinquency Preventi n, U. S. department of Justice, Washington, D. C.

Sprague, J. R. , and Walker, H. M. (2005). *Safe and Healthy Schools*: *Practical Prevention Strategies*. Gulford Press, New York.

Stephens, R. (2002). Promoting school safety. In *Best Practices in School Crisis Prevention and Intervention*, edited by S. E. Brock, P. J. lazarus, and S. R. Jimerson, 47 – 65. NASP Pblications, Bethessa, MD.

Sulzby, E. , and Teale, W. H. (1991). Emergent literacy. In *Handbook of Reading Research*, edited by R. Barr, M. L. , Kamil, P. B. Mosenthal, and P. D. Pearson, Vol. 2, 727 – 757. Longman, New York.

Teale, W. , and Sulzby, E. (1986). *Emergent Literacy*: *Writing & Reading*. Ablex, Norwood, NJ.

Thornton, T, N. , Craft. , C. , Dahlberg. L. L. , Lynch. B. S. , and Baer, K. (2000). *Best Practices of Youth Violence Prevention*: *A Sourcebook for Community Action*. Centers for Disease Control and Prevention, National Center for Injury Prevention and Control, Atlanta, GA.

Udry, J. (2000). The National Longitudinal Study of Adolescent Health: Research report. University of North Carolina, Chapel Hill, NC. Accessed March 4, 2012. www. cpc. unc. edu/projects/addhealth.

U. S. Department of Education and U. S. Department of Justice. (1999). 1999 annual report on school safety. Washington, D. C.

U. S. Department of Education, Health and Human Services. (1999). Safe Schools/Healthy Student Initiative. Acessed May 4, 2012. http://www. sshs. samhsa. gov/initiative/default. aspx.

U. S. Surgeon General (2001). Youth violence: A report of the surgeon general. U. S. Department of Health and Human Services, Substance Abuse and Mental Health Adinistration, Center for Mental Health Services, National Institute of Health, National Institute of Mental Health, Rockville, MD. Accessed March 4, 2012. http: //www. surgeongeneral. gov/library/youthviolence/report. html.

Walker, H. M. , Horner, R. H. , Sugai, G. , Bullis, M. , Sprague, J. R. , Bricker, D. , and Kaufman, M. J. (1996). Integrated approaches to preventing antisocial behavior patterns among school-age children and youth. *Journal of Emotional and Behavioral Disorders*, 4, 193 – 256.

Walker, H. M. , and Shinn, M. R. (2002). Structuring school-based interventions to achieve integrated primary, secondary and tertiary prevetion goals for safe and effective schools. In *Interventions for Academic and Behavior Problems II: Preventive and remedial Approaches*, edited by M. A. Shinn, H. M Walker, and G. Stoner. national Association of School Psychologists, Bethesda, MD.

Walker, H. M. , and Sprague, J. R. (1999). The path to school failure, delinguency, and violence: causal factors and potetial solutions. *Intervention in School and Clinic*, 3592, 67 – 73.

Zigler, E. , Gilliam, W. S. , and Jones, S. M. (2006). *A Vision for Universal Preschool Education.* Cambridge University Press, New York.

第十一章　校园心理健康

凯利·戈贝特（Kelly Gorbett）

目　录

　　美国公共卫生署署长对于心理健康所做的报告预测，年龄在9岁到17岁之间的美国孩子们中有11%存在着可诊断性的心理或者因为成瘾症导致的重大功能性损害（美国公共卫生署，1999）。这些数据分析以及那些被困扰的年轻人构成一个案例，那些在学校从事心理健康工作的人，以及为学校教职员们提供高级培训的人士展开了对这些年轻人的研究。另外，和社会机构及项目进行合作的学校获益颇多，比如对孩子们做的社区心理健康援助、环绕式服务和导师计划。

　　负责学校心理健康培训的专家为教师和教职员工们提供额外的帮助，以满足学生们的需要。学校的心理学工作者、顾问和学校社会工作人员都是在学校为学生提供心理健康指导的培训人员。家庭资源专家同样也在满足学生心理健康方面的需求，帮助将家庭和社区支持相关联，在为家庭提供额外的培训方面扮演着重要的角色。许多社区心理健康中心和项目现在都在学校里面配置工作人员，这些工作人员通常被称为心理健康治疗专家，他们的工作是帮助那些需要进行心理治疗的学生们。

　　在学校配置从事心理健康培训工作的专家很重要，教职员工们也需要经过培训对学生的心理健康需求做出回应，比如最基本的有关管理教室和维护纪律的措施、帮助问题少年纠正破坏行为、采取干预措施预防自杀行为。在任何时候，一个学生都有可能对老师吐露心声，告诉老师他想伤害自己，或者一个学生有可能被卷入和另一个学生的暴力言语或肢体冲突中，在专业辅导人员或助教面前威胁要实施暴力。教师和学校工作人员们必须接受培训以了解特定的程序和/或者制定预案以便于对这种类型的局面做出回应。

　　为了满足学生们不断增长的需求，建立学习氛围良好的环境，学校工作人员需要了解探讨处于最前沿的行为和心理健康争议问题的必要性。最近的文献研究发现，在学校里完成这样一个规模相当大的任务的最好途径就是制定一个全校范围内的危机预案。

全校范围内的危机预案应该依托制定良好的学区危机预案，并受益于三层框架式干预措施。由沃克和他的同事制定的（正如在第十章里所探讨的：校园暴力和处境危险的学生）这三个层面的结构，包括第一级预防措施、第二级预防措施和第三级预防措施，它提供了一个综合性的框架，以在整个校园环境内和全体人员之间实施干预措施为目标（Walker et al., 1996）。

在本章的其余部分将会回顾已探讨和应该被考虑的话题，制订完整的获得全校支持的计划，以满足学生们的心理健康需要。在本章话题之外，一些由本领域的专家所编写的教科书更加广泛地探讨了这些争议问题，建议阅读这些教科书以获得更多的了解（e. g., Brock et al., 2002, 2009; Shinn et al., 2002）。

全校危机预案和课堂支持措施

在全校范围内开展的危机预案是面向学校全体人员。危机预案应该在教学大纲中整合关于社会技能和生活技能的培训，探讨制定决策和解决冲突这种话题。采取这种类型的干预措施是为了营造积极的校园风气，培养情感健康的学生们。在研究中最受支持的预防犯罪行为的措施里，"第二步"（Moore and Beland, 1992）是最为广泛使用的计划。"第二步"包括一个预防暴力行为的大纲，它是为那些接受学前教育的 8 个年级的孩子设计的。制定该预案是为了教育孩子们学会换位思考、控制冲动、解决问题和管理自己的愤怒情绪。

学校工作人员应该将整个学校的活动和危机预案融为一体，以训练社会技能，培养良好的市民，并使学生具有良好的行为举止，帮助学生在学校获得自豪感。应该着重帮助孩子们训练自己的技能，帮助孩子们为自己的决定和行为负责。每个星期在教室里开展引导型活动可以在这些领域为孩子们提供更多的支持和教导。另外，许多学校让学生们采取同龄人换位思考的方式以帮助他们在处理冲突时感受到所有权和责任感，并且在同龄人之间遇到麻烦时找到最合理的解决办法。在研究中，应该关注反恃强凌弱行为预案，许多学校都处于反恃强凌弱行为的努力之中。

目标干预

应该制定主要干预措施，满足绝大多数学生的安全需要。需要坚持对那些处境危险的学生和/或存在心理健康问题的学生制定干预措施。在预防犯罪行为措施的第二层面，沃克和希恩给出了一些例子，比如传授面对小群体的社会技能教程、签订关于行为规范的契约、把学生派到别的班级实习。在第三层面，沃克和希恩把干预犯罪行为措施描述为协作型、环绕式、跨部门的合作。

学生支援团队

刘易斯（Lewis）、布罗克（Brock）和拉扎勒斯（Lazarus）强调了学校应该尽可能早的在第二层面和第三层面"做好准备去界定、参照和干预"需要被干预的学生的重要性。学生支援团队，通常也被称为学生协助团队，帮助探讨处境危险的学生们的个别要求。学生支援团队，包括教师们、特殊教育者们、调停者们、学校顾问们、机构支持者们、家庭和其他的相关学校工作人员。学生支援团队会考虑和孩子有关的所有因素，包括但是不仅仅限于健康状态信息和审查、出勤率、教育记录、行为和社会/情感功能、学业成绩和普遍的筛查效果。

德怀尔（Dwyer）将学生支援团队的责任界定为"评估学生们的学术和行为需求，和教师及家庭成员们制定有效的干预措施计划"（Dwyer，2002，p.174）。这个团队对于搜集所有相关的信息和制订完整、连贯的可执行的干预犯罪行为的计划很有帮助。

威胁评估

制订威胁评估计划是面对学校范围和学区范围所实施的常见方法，用来系统地评估那些问题学生所面临的危险处境。雷迪（Reddy）等人断言说威胁评估为学校人员提供了一个最有可能实现的方法，以对学校暴力进行系统性的风险评估。

威胁评估模式由美国特勤处制定。雷迪等人列出了进行威胁评估的三条指导性原则：①不存在特定的描述或者有目标型暴力犯罪的单独行凶者；②在构成威胁和施加威胁之间存在着明显的不同；③有目标型犯罪行为不是随意的或者无意识的。雷迪等人将威胁评估的途径界定为收集信息，对于特定的案例设置特定的问题，以便于"决定是否有证据可以指示通往暴力行为的活动"（Reddy et al.，2001，p.169）。他们也列出了一些在威胁评估中使用的关键问题的范例，所包括的问题侧重于：①使被评估者受到官方注意的行为动机；②就理念和意图进行交流；③在有目标型暴力犯罪的不同寻常的兴趣；④和攻击有关的行为和计划的证据；⑤心理状态；⑥认知成熟度层面或者规划以及实行攻击计划的组织；⑦最近的损失（包括地位的丧失）；⑧在交流和行为方面的一致性；⑨他人对于个体有可能造成伤害的潜在性的关注；⑩在个体生活和/或有可能增加或者减低攻击可能性的环境以及情势（Reddy et al.，2001，p.169）。

当"学生们进行特定行为，吸引了他人的注意和引发焦虑时，显示了会引发暴力行为的潜在性和采取干预措施的需求"（Lewis et al.，2002，p.256）时，要进行威胁评估。威胁评估的目标是区分学生在构成威胁还是施加威胁，换言之，事实上是在制订计划以伤害自己还是其他人时（Reddy et al.，2001；Lewis et al.，2002）。在任何时候构成直接的暴力威胁时，必须采用威胁评估程序以评估威胁。

在全校范围和全学区范围内制订计划要包括威胁评估程序、使用团队方式、团队应该吸纳的学校心理工作人员、学校顾问、学校心理健康治疗专家、管理人员、执法者和教师。在威胁评估过程中应该使用各种信息来源，比如来自目击者的报告、学生们的面谈、父母们的面谈、教师们的面谈和对于记录的回顾。在全校范围内的实施计划和全学区范围内实施的计划包括特定的协议，该协议通常涉及一份清晰的图表，可以帮助在威胁评估程序中的全体教职员工。在程序中保持记录非常重要。威胁评估团队也需要熟悉联邦立法，以便于在构成威胁时或者对于特定的、经过确认的个人造成威胁时通知第三方或者权威人士（参照 Tarasoff v. Regents of the University of Calfornia）。

自杀风险评估

当一个个体对另一个个体构成威胁时，要使用威胁评估程序。但是在构成自杀威胁时，通常会在学区里启用不同的应对程序。和威胁评估程序很相似的一点是，学区会为学校工作人员建立一个标准的、系统化的实验计划，以应对学生自杀威胁。

自杀预防措施强调的是所有学校工作人员应熟悉风险因素和突发事件的重要性（Kalafat and Lazarus，2002）。卡拉法特（Kalafat）和拉扎勒斯也强调保护措施因素，比如和可以帮助自己的成年人待在一起，和学校或者社团保持联络，这些都是预防自杀行为时采取的重要措施。可以在整个班级的课程设置里实施自杀预防措施的教学，还包括培训社会性技能和解决问题的能力。

当对学生自杀威胁做出回应时，标准的实验计划应该通过团队方式，利用团队资源，吸纳受过培训的心理健康专家和成员加入。为了保证安全，在构成自杀威胁时，学生们应该和学校工作人员保持联络。面谈主要是为了了解和评估学生攻击的动机和意图、制订和实施计划的组织机构、自杀前曾经想实现的愿望或者自杀前的行为、和自杀有关的行为（例如写留言、赠送个人物品）、最近所做的亏损投资，或者其他的一些在个人生活中有可能增加或者减少自杀可能性的因素、应对技巧和绝望感。信息的各种来源在评估自杀风险时也同样重要，包括与学生、父母和教师面谈，以及记录回顾。

评估处于自杀风险中的个人涉及"对于风险因素和警告标语的综合性分析"（Granello，2010）。葛瑞那洛欧（Granello）进一步声称了解风险因素和警告标语对于有效地评估自杀风险是极度重要的。根据葛瑞那洛欧的研究，在文献回顾中有超过 75 例被界定的自杀风险因素，比如冲动型人、处理问题的能力很弱、近来的损失和持续的压力。警告标语的范例包括撤离、放弃财物和制订计划。施瓦茨（Schwartz）和罗杰（Rogers）做出结论，认为个人显示出越多的需要警惕的迹象和危险信号，自杀的可能性就越大。

因为自杀风险评估的复杂性和涉入程度，受过培训的心理健康专家们应该引导这种类型的评估。和父母们保持联系、和心理健康资源保持接触是自杀风险评估的组成要素。需要更进一步认识到的是，自杀风险评估是一个正在进行的工作（Granello，2010）。因此，找到能继续提供支持的受过培训的心理健康专家对处在自杀风险中的学生们进行帮助是不可缺少的。

危机预案

最后要说的是，在任何学校范围内和在学区范围内开展的计划的一个重要部分就是制定危机预案。制定危机预案的第一个重要步骤就是组建危机响应团队。布罗克（Brock）等人认为组建一个强大的危机响应团队涉及界定功能、获取管理人员的支持、获取培训和促进学校教职员工们进步。危机干预领域的专家们在危机干预措施方面做出了大量的持续性的研究，收集了所有的文献材料，在危机情况出现之前就制定危机预案并培训救援团队（Pitcher and poland，1992；Brock et al.，2001）。斯蒂芬斯（Stephens）将一个良好的危机预案描述成是关注"危机预防计划、准备、管理和做决定"（Stephens，2000，p.60）。他进一步解释危机预案应该包括对危机进行界定、了解应对危机情况的团队对不同类型的危机会做出怎样的回应，然后提供一份详细的、逐步解决所有可能出现的危机形势的响应程序。

危机预案应该是前瞻性和预防性的。但是美国绝大部分学校在应对危机局面时仍然很被动。学校的教职员们同样会受到危机的影响，这就使得在预防危机时采取应对措施显得极度的困难。因此，研究强调学校要在制定危机预案和预防发生危机方面做出更多的努力（Pitcher and poland，1992；Brock et al.，2001）。

卡普兰（Caplan）界定了危机预案中三条常见的预防犯罪的措施：一级、二级和三级预防措施。根据卡普兰的观点，主要的预防措施"涉及在一段时期内，在有害环境中，在有可能导致疾病之先，降低人群中精神紊乱新发事件的比率"（Caplan，1964，p.26）。因此，卡普兰是在描述那些处于风险中的年轻人所遇到的风险因素，并且尽力创建积极的校园风气，培养情感健康的学生们。设计这些活动和干预措施是为了在危机真正爆发前就实施它们，让它们起作用。

二级预防措施，正如卡普兰所描述的，指的是那些经过设计的、可以降低出现精神紊乱病例的比率、"通过早期的诊断和治疗来缩减现存案例的发病期"的预防犯罪的措施（Caplan，1964，p.89）。这是对那些已经步入危机状态的人们的应急反应。这方面的例子包括个体和群体的危机响应干预措施。卡普兰所描述的三级预防措施指的是那些帮助受过创伤的人复原的设计，以便于尽可能快地尽最大可能地恢复他们的劳动能力（Caplan，1964，p.113）。从这个层面上来看，治疗专家们是从受过培训的心理健康工作人员中挑选出来的，以便于对这些学生们进行长期的治疗。

学校危机预防措施在最近几年得到了强化，通过全国心理学家协会（NASP）所发起的工作团队的合作努力，制定了新的模式和课程设置。PREPARE 课程设置是由教育者们和以学校为工作基地的心理健康专家们制定的，提供"如何最好的完成任务、由学校危机团队成员们所制定的培训"（Brock et al.，2009，p. viii）。PREPARE 这个缩略词是由首字母缩写组成，代表的是纵向和横向的干预措施，这些措施是（Brock et al.，2009，p. ix）：

- 预防精神创伤，并且为之做准备；
- 再次确认身体健康，并且感受到安保措施和安全状态；
- 评估精神创伤风险；
- 提供预防措施；
- 对心理需要做出响应；
- 检查危机预防措施和干预措施的有效性。

课程设置基于三个假设而制定：① 为危机有关的需求和孩子们有关的争议问题做准备是非常重要的；② 多部门团队充分使用专业技能；③ 学校拥有他们自己独特的结构和文化。全国心理学家协会提供培训工作室以讲授 PREPARE 课程并且引导学校制定他们自己的危机预案。

结　论

在这一章里，要对话题做全面的回顾，讨论需要考虑哪些话题，在制定学校范围内的整体危机预案时要对这些话题加以整合，以满足学生们在心理健康方面进行咨询和治疗的需求。为了最好地对孩子们的心理健康需要做出回应，学校工作人员必须考虑职工安置方面的重要问题，比如全体学校员工培训需求。一个在全校范围内开展的计划，应该依托学区危机预案，这对于帮助探讨学生们的行为和心理健康需求是至关重要的。应该制定干预措施，并且在一级、二级和三级层面来加以实施。在全校范围内实施危机预案应该考虑组建学生支援团队、威胁评估团队、危机响应团队，以便于通过他们的努力最为有效地满足进行心理健康咨询和医疗救治的学生们的需要。

个案研究

作为普雷特恩迪小学的新任校长，你一直在和学区人力资源工作人员、管理人员、学校行政人员、教师们就降低学生违纪和停学事件发生率而努力。你已经意识到普雷特恩迪小学有大量的处于风险之中的学生。但是，学校在努力满足学生们心理健康需求方面所做的努力失败了。你正在制定一个全面的、学校范围的危机预案，和学区危机预案进行整合，以努力满足普雷特恩迪小学学生们的心理健康方面的需求。

- 在制订全校范围内的计划时，你认为哪些步骤是重要的？
- 在你的学校，你认为在满足学生们的心理需求方面，谁是关键人物？
- 在你的学校范围内的计划里，你想涵盖哪些资源和干预措施？
- 你想为学校工作人员提供哪些培训？
- 你如何与社区资源和项目建立关系和合作？
- 你打算在项目里创建哪些团队？

练习

1. 考虑你的学校是如何满足学生们的健康需求的。考虑和讨论这些方面：

a. 工作人员的需要——在你的学校里，谁在为学生们的心理健康需求而工作？他们的特定任务和职责是什么？

b. 培训需求——为学校工作人员提供了哪些培训？在满足学生们的心理健康需求方面还应该进行哪些重要培训？在对处于风险之中的学生们做出回应时，工作人员有何感受？

c. 干预需求——你的学校已经提供了哪些干预措施以帮助满足学生们的健康需求？

2. 在你的学校和社区可以得到哪些资源和项目以满足学校孩子们的心理健康需求？你认为所在学区或者社团里的哪些资源和项目会有帮助？你想和社区资源或者项目建立合作关系吗？

3. 讨论你的学校在满足学生们的心理健康需求方面所制定的危机预案。计划是否涉及学生报告小组、危机应急小组和/或威胁评估小组？在你所在学校实施的预防策略中还有哪些因素也很重要？

参考文献

Brock, S. E., Lazarus, P. J., and Jimerson, S. R., eds. (2002). *Best Practices in School Crisis Prevention and Intervention.* NASP Publications, Bethesda, MD.

Brock, S. E., Nickerson, A. B., Reeves, M. A., Jimerson, S. R., Lieberman, R. A., and Feinberg, T. A. (2009). *School Crisis Prevention and Intervention*: The PREPaRE Model. NASP Publications, Bethesda, MD.

Brock, S. E., Sandoval. J., and Lewis, S. (2001). *Preparing for Crises in the Schools*: *A Manual for Building School Crisis Response Teams* (2nd ed.). Wiley & Sons, New York.

Caplan. G. (1964). *Principles of Preventive Psychiatry.* Basic Books, New York.

Dwyer, K. P. (2002). Tools for building safe, effective schools. In *Interven-*

tions for Academic and Behavior Problems Ⅱ ： *Preventive and Remedial Approaches*, edited by M. A. Shinn, H. M. Walker, and G. Stoner, 167 – 211. NASP Publications, Bethesda, MD.

Granello, D. H. （2010）. The process of suicide risk assessment: Twelve core principles. *Journal of Counseling and Development*, 88, 363 – 371.

Kalafat and Lazarus. （2002）. Suicide prevention in schools. In *Best Practices in School Crisis Prevention and Intervention*, edited by S. E. Brock, P. J. Lazarus, and S. R. Jimerson, 211 – 223. NASP Publications, Bethesda, MD.

Lewis, S. , Brock, S. E. , and Lazarus, P. J. （2002）. Identifying troubled youth. In *Best Practices in School Crisis Prevention an Intervention*, edited by S. E. Brock, P. J. Lazarus, and S. R. Jimerson, 249 – 271. NASP Publications, Bethesda, MD.

Moore, B. , and Beland, K. （1992）. *Evaluation of Second Step, Preschool-Kindergarten: A Violence Prevention Curriculum Kit.* Committee for Children, Seattle, WA.

Pitcher, G. , and Poland, S. （1992）. *Crisis Intervention in the Schools.* Guilford Press, New York.

Reddy, M. , Borum, R. , Berglund, J. , Vossekuil, B. , Fein, R. , and Modzeleski, W. （2001）. Evaluation risk for targeted violence in schools: Comparing risk assessment, threat assessment and other approaches. *Psychology in the Schools*, 38, 157 – 172.

Schwartz, R. C. , and Rogers, J. R. （2004）. Suicide assessment and evaluation strategies: A primer for counseling psychologists. *Counseling Psychology Quarterly*, 17, 89 – 97.

Shinn, M. A. , Walker, H. M. , and Stoner, G. , eds. （2002）. *Interventions for Academic and Behavior Problems II: Preventive and Remedial Approaches.* National Association of School Psychologists, Bethesda, MD.

Stephens, R. （2002）. Promoting school safety. In *Best Practices in School Crisis Prevention and Intervention*, edited by S. E. Brock, P. J. Lazarus, and S. R. Jimerson, 47 – 65. NASP Publications, Bethesda, MD.

U. S. Surgeon General. （1999）. Mental health: A report of the surgeon general. U. S. Department of Health and Human Services, Substance Abuse and Mental Health Administration, Center for Mental Health Services, National Institute of Mental Health, Rockville, MD. Accessed March 4, 2012. http: //137. 187. 25. 243/ library/mentalhealth/home. html.

Walker, H. M., Horner, R. H., Sugai, G., Bullis, M., Sprague, J. R., Bricker, D., and Kaufman, M. J. (1996). Integrated approaches to preventing antisocial behavior patterns among school-age children and youth. *Journal of Emotional and Behavioral Disorders*, 4, 193 – 256.

Walker, H. M., and Shinn, M. R. (2002). Structuring school-based interventions to achieve integrated primary, secondary and tertiary prevention goals for safe and effective schools. In *Interventions for Academic and Behavior Problems II*: *Preventive and Remedial Approaches*, edited by M. A. Shinn, H. M. Walker, ad G. Stoner. National Association of School Psychologists. Bethesda, MD.

第二部分

学校安全

第十二章　火灾危险

格雷格·戈贝特（Greg Gorbett）

目　录

本章从燃料、热量和氧气的角度介绍"火灾安全"的概念。本章提供关于学校财产遭受火灾的统计数据，阐明需对火灾安全采取防范措施。本章将在最后展开对于火灾安全情况的讨论，帮助学校官员在面对火灾造成的风险时做出正确的决定。

学校火灾隐患

据报道，市政消防部门在 2005 年到 2009 年期间每年会收到 6260 起关于学校财产火灾的警报（Events，2011）。为了进行数据统计，国家消防协会（NFPA）将教育财产分为三个部分：①日间护理中心；②幼儿园、小学、初中、高中和非成人教育型学校；③高校教室、教学楼和成人教育中心。这些火灾导致每年平均有 85 例市民在火灾中受伤的事件和超过 11.2 亿美元的直接财产损失。这些火灾事件中的绝大部分（72%）都是发生在幼儿园、小学、初中、高中或者非成人教育型学校。这种类型的火灾事件里有 80% 会出现人员受伤现象，85% 会出现财产损失现象。从统计数据中可以很明显地看出从学龄前到高中的校园里最容易受到火灾影响，也能从火灾安全防范条例中获得最大的收益。

审核从学龄前到高中的校园里教育财产在火灾中受损情形的相关数据能够帮助我们明确面临的最大威胁。研究揭示超过半数的火灾（51%）是蓄意所为（纵火犯）。引发火灾的其他因素是厨具设备（21%）、产生的热量（18%）和加热设备（10%）。引发火灾的第二大主要原因，同时也是导致最多人员伤亡（50%）的原因就是厨具设备。学校火灾主要的点火源是打火机（21%）。据发现在所有火灾中几乎有 1/3（31%）发生在浴室或者厕所。最常见的火灾燃料是固体物，包括垃圾、废物或者废料（25%）以及杂志、报纸或者其他的书写纸（11%）。这些火灾中的绝大部分发生在上午 10 点到下午 2 点之间。总的来说，从学龄前到高中的校园里的火灾主要是纵火犯蓄意而为，他们通常是在浴室或者厕所里使用打火机点燃固体物引发火灾。火灾通常在午餐时间发生。

燃烧三角形——消防奠基石

燃烧是一个迅速氧化的过程，这是一个化学反应过程，随着热量和光线的密度不断变化而变化（NFPA 921，2011）。最常用来阐释燃烧现象的理论就是燃烧三角形，燃烧三角形被当成是消防理论的奠基石。燃烧三角形由三个相等的边组成：① 燃料；② 热；③ 氧气。要点燃并且持续燃烧需要这三个元素共同作用。燃烧三角形的原理被广泛运用，即使小学生们也知道，博士生在撰写论文时也会运用这个原理。

在具体实施中，燃料是否能被点燃，燃烧是否继续，火何时有可能被扑灭，这三个因素构成了燃烧三角形。只有当这三种因素都存在而且达到正确的质变时，才会发生燃烧。也只有当这三个因素都存在，而且数量适当时才能继续燃烧。消防员和灭火器使用者使用燃烧三角形来解释如何通过简单地移除这个三角形中的一边来进行灭火。

构成燃烧三角形必须具备的三个因素是燃料、热量和氧气，这三个因素必须数量足够和处于适当的状态才能引起化学连锁反应。当燃烧三角形以四面体的形式呈现时，化学连锁反应是第四个因素。这种燃烧四面体学说由燃料、热量、氧气和不受抑制的连锁反应构成。换句话说，燃料必须处于适合的状态（例如气体状态），和适当浓度的氧气混合构成一种可以被点燃的混合物，在足够的温度或热量时，就可以被点燃，并且持续燃烧。本章将会明确燃烧三角形的三个方面，探讨和燃料、热量和氧气相关的学校里常见的危险。

介绍消防安全概念树

在建筑物内部发生火灾时，当最终目的或目标是为了从火灾中挽救生命时，使用消防安全概念树（图 12 – 1）来衡量火灾安全程度是最简单的途径。这是一个简单的决策框架，它勾勒出在完成主要目的时所要经过的途径。主要目的——挽救生命——可以通过阻止点燃或控制火灾组成因素来实现。

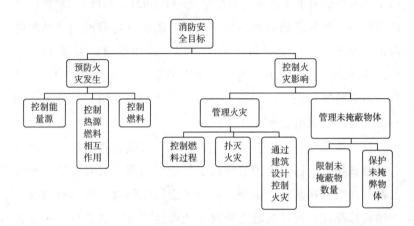

图 12 – 1　消防安全概念树

　　在理想状态里，火灾保护专家们总是会选择阻止点燃的途径，这种方法企图将热源和燃料完全隔离。在当今社会这几乎不可能实现，但是仍然应该尝试。相应地，采取消防安全措施时必须考虑到火灾安全概念树的基本构成要素，假设发生火灾时，建筑物和系统经过怎样的设计才能扑灭大火。控制火情分为控制火灾发生的其他方面和控制火情本身。

　　下文将集中讨论制定消防预案和控制火灾的常见话题。控制火灾可以从三个不同的方面来着手：积极的、消极的以及两者的结合。积极的消防措施包括采取某种行动如机械化、人力的或者电力的方式，启动设备保护系统。最常见的消防系统包括火灾探测系统、报警系统、自动喷水灭火系统。消防系统的主要部分是指自动喷水灭火系统和消防联动控制系统。消极的消防系统包括一些因素，它们不需要外在的激活以运行保护程序。由美国消防协会编写的《消防手册》（Cote，2003），这些因素可以分为三个部分：火灾蔓延的速度、密闭度或者隔离间、紧急出口。在本书第十三章和第十四章里将会详细讨论这些概念。

必须建立防范火灾的多层保护系统，这是势在必行的。假如只能选择其中一种消防系统，在火灾中很有可能出现伤亡事故。比如说，发生在西顿·霍尔大学宿舍的火灾造成 3 名人员死亡，超过 15 名学生受伤，这是因为学校当时只依赖一种消防保护措施。宿舍里没有安装自动喷水灭火系统，也没有设置适当的防烟隔间，但是它设有自动检测和报警系统，可以向居住者发出警告，通知他们转移到安全地带。但是，消防专家们没有考虑到当许多学生沉睡或者忽视报警系统而没有采取行动时的情形。宿舍楼里缺乏足够的备用消防装置，火从大厅迅速蔓延到居住区域，导致人员伤亡。如果宿舍楼设有适当的防烟隔间疏散通道，将会极大地降低火灾的扩散速度，消防部门就有更多的时间采取措施控制火势发展和救助学生。

燃　料

燃烧三角形的第一个要素就是燃料。燃料必须处于气体状态才能够被点燃和发生燃烧。燃料最初存在的三种常见状态是：固体、液体、气体。最初以固体或者液体状态存在的燃料必须首先被加热，释放出气体，然后才可以引发燃烧。因此，需要了解固体或者液体如何变成气体。首先会讨论气态燃料，因为点燃最终是在气态下进行，所有的燃料都是这样，不论燃料最初是以怎样的状态存在。

评估燃料有可能被点燃和引起燃烧的一个方法就是对材料安全数据单进行审核。建议对所有的设施，包括教育财产建立材料安全数据单。进行这种检测，明确不同原料的潜在危险性和正确的使用方法。这个部分将会介绍关于燃料的常见概念，重点探讨材料安全数据单提供的信息。本章各个部分将会简短地介绍可以采取的消防措施，以防止今后发生火灾。

气体燃料

当无序排列的原子碰撞时，呈现出的物质形态或者说容纳物质就是气态（Meyer，2005）。气态是最基本的物质形态，最易被引燃。在物质的所有形态里，气态是燃烧时最基本的状态，因此将会被首先探讨。当燃料处于气体状态时，才能发生燃烧，液体和固体物只有转化成气体状态时才有可能燃烧。

气体燃料和氧气必须以特定的百分比混合才能燃烧。绝大多数的燃烧是在空气里有氧时发生的，氧气浓度达到一定的百分比时可以出现燃烧反应，燃气在空气中进行燃烧所需燃气与空气的最小比率是燃烧下限。相反，燃气在空气中进行燃烧时所需燃气与空气的最大比率是燃烧上限。燃料不足时，混合物很难被点燃；空气不足时，燃烧物很难燃烧。

学校里最常见的两种燃气是丙烷和天然瓦斯。炊具和加热用具常使用这两种燃气。丙烷的燃烧上限和燃烧下限是指丙烷在空气中的比率分别为 2.1% 和 9.5%（Gorbett and Pharr，2011）。换言之，当空气中丙烷气体占 2.1% ~ 9.5% 时，就可以发生燃烧。超出这个比率范围，丙烷就不能被点燃。天然瓦斯主要是由甲烷构成，最常见的燃烧比率是 5% 和 15%。这些比率限制是指事发点的燃气在较大空间（比如房间）里必须达到这样的浓度。比如说，假设在足够大的空间里发生了丙烷泄漏，瓦斯浓度在比率范围之内，就会很容易被引爆，直至燃烧爆炸。学校里最常见的这两种燃气发生引燃或者燃烧爆炸所需的浓度比较低，注意这一点很重要。

气体密度，有时也被称为气体比重，能够说明气体在空气中是上浮还是下沉。干燥的空气被赋值为蒸汽密度 1。燃气更稠密（单位体积的蒸汽质量更大）时，燃气密度大于 1，这会改变空气成分，会下降并聚集在空气的低处。一个常见的关于燃气比空气比重大的的例子就是丙烷，丙烷的蒸汽密度是 1.5。假如丙烷已经泄漏至足量时，就会聚集在房间较低处。相反，气体稀薄时，蒸汽密度小于 1，就会在空气中上升。比如说甲烷或者说天然瓦斯，它的蒸汽密度是 0.553（Gorbett and Pharr，2011）。

气体易燃是因为它们已经处于会发生燃烧的适当状态，是否发生燃烧的唯一限制条件就是是否已经达到燃烧下限。这是使用燃气作为民用、商用和工业用途主要燃料的原因之一。

因为燃气易燃和被广泛使用，美国制定了使用燃气的一些安全注意事项。这些燃气无色无味，因此在发生泄漏时没有人会感觉到。鉴于其危险性和使用范围之广，联邦立法对于运输和传送燃气做了规定，即运输传送燃气之前必须添加气味难闻的着嗅剂。添加到燃气里的着嗅剂通常是甲基硫醇，这能够使燃气闻起来有鸡蛋腐烂的气味，假如发生燃气泄漏，就可以被及时发觉。在使用燃气的行业工作的雇员们必须了解这种危险性，以及如何与当地消防部门联络。

不论燃料最初处于怎样的物理状态，它们都有各自的着火点。因此，液体和固体必须达到最低限度的数量时才能被点燃。

液体燃料

较易引起燃烧，会产生蒸汽的液体被称为易燃液体。液体不会燃烧，而液体蒸发的蒸汽会燃烧。因为蒸汽会被点燃，在探讨液体可燃性和火焰传播现象时，必须探讨前文"气体"部分涉及过的燃烧极限和许多同样的守则。对液体高温加热时，从液体的表面不断冒出蒸汽。一旦蒸汽浓度达到燃烧极限时，就可以被点燃。蒸汽燃烧会导致液体持续被加热，持续释放蒸汽与燃烧。外源、大气或燃料表面的火焰都会散发热量。

当能量足够发生状态转化时，液体就会蒸发（转化成蒸汽）；一个例子就是水没有被盖着时，一段时间之后，水就会蒸发到空气中。在鉴别液体的不同类别时，主要考虑蒸发速率。有些液体在大气温度时就会蒸发，在常温下就会变得很危险。比如说，在较低的温度时，汽油仍然会发生能量转移比如说释放出蒸汽。

液体燃料的《材料安全数据单》里所涉及的一个物理概念就是比重。比重描述的是液体状态物质的重量和同体积的水的重量之比。比重小于 1 的液体密度比水的密度小、会浮在水面，而比重大于 1 的液体则会下沉。油和大多数可点燃液体的比重都小于 1，这意味着它们会浮在水面。液体比重和蒸汽密度的概念很相似。蒸汽密度的概念是关于液体中释放出的蒸汽，在材料安全数据单上也会列出信息。密度大于 1 的液体蒸汽会在空气中下沉。比如说，汽油密度为 3~4，汽油挥发的气体会聚集在房间里较低处。这就是把车库或者杂货间里的热水器安置在地面 18 英寸以上的原因之一，因为汽油溢出蒸发成气体时，蒸汽会聚集在地板附近，有可能被敞开的跳动的火焰所点燃。

测试液体的闪点可以明确液体物质的相对危险程度。液体的闪点是指在规定的试验条件下，使用某点火源造成液体汽化而着火的最低温度（Gorbett and Pharr，2011）。换言之，液体的闪点是指使液体能够蒸发出蒸汽，达到燃烧极限的最低温度。闪点用特定的实验室测试工具来界定，这种工具会在液体的表面产生瞬间的火焰。测试闪点有一些不同的测试工具，这些工具通常被分为两个类型：开口杯或者闭口杯。测试材料安全数据单列出的液体闪点温度是用开口杯或者闭口杯来进行测试。对同种液体使用的每一个测试方法有可能得出轻微不同的闪点数据。闪点的分类体系以 100 ℉ 为界限进行划分。闪点低于 100 ℉ 的那些液体被认为是易燃液体，而闪点高于 100 ℉ 的那些液体被认为是可燃液体。鉴于和空气常温最大值有关的相对危险，通常选择 100 ℉ 作为分界点。比如说，汽油是常用的易燃液体，据记录，其闪点是 -45 ℉，而煤油是常用的可燃液体，据记录，其闪点是 115 ℉。

学校里经常可以看到可点燃液体，既包括易燃液体，也包括可燃液体。易燃液体，比如经常可以在杂货间或者大楼服务部门区域看到的汽油（闪点为 -45 ℉）、在化学实验室或者清洁剂中会发现的丙酮（闪点为 1℉）。在杂货间里经常可以发现可燃液体，比如煤油、柴油或者油漆（闪点为 100℉~200℉），以及在厨房里的烹饪食用油（闪点为 200℉）。某种物质被列为可燃液体，这不意味着这种物质使用起来很安全。相对于易燃液体而言，它比较安全，但仍然有危险，这取决于如何使用它。本章稍后将会探讨可燃液体在哪些场合易被点燃。

高闪点液体（可燃液体）不易在常规大气状态下被点燃，尽管当周围环境的温度上升时，可燃液体和易燃液体会产生相似的反应。比如像柴油（燃油#2）的闪点为 120℉，盛夏时会在柏油路上弥散。外部加热会使燃料温度超过闪点；因此达到最小点火能量时，就会出现足够多的蒸汽以维持燃烧。

单质或复合成分可点燃液体的有关特征相对容易理解；但是，当可点燃液体是混合物时，其相关的特征就较难理解。最易蒸发的单质元素或者复合物的易燃性会持续；这是混合成分最危险的标志。对于实验室里的混合型化学物质而言，又或者是使用多功能清洁剂做清洁时，这是常见的危险。

在空气中以微粒状喷射出去的液体被称为喷雾剂。和液池相比，喷雾剂最易转化成蒸汽，因为它不需要进行大面积的加热以达到闪点。喷雾剂由很小的液体粒子组成，和液池相同，在喷射时不会造成能量损失。一旦喷雾剂微粒发生点燃现象，火苗跟着就会蔓延。喷雾剂并不总是以这种形式存在的，正如从密封罐或者喷头里喷射出来的喷雾剂。一个常见现象是，高压液体转换系统出现破损，这就为微小颗粒被释放出去提供了机会。因为这种现象，液压导管里的液体和其他的受压液体很容易就会被点燃。

对于液体燃料而言，阻止它们燃烧的第一步，就是明确它们位于建筑物的哪个地段。第二步，就是确定可以拿到这些物质的安全数据单据，而且这些数据是最新的。第三步，就是制定安全储存和使用液体燃料的政策。比如说，使用柴油或者汽油之后，要确认将用后的剩余的燃料搬出建筑物并且封存在适合堆放易燃液体的存储间。限制或者禁止学生接近这个地带。

固体燃料

固体有固定的形状和体积。对固体物质进行加热时，温度开始以一定的速度上升，上升速度取决于物质的性质和加热程度。在加热时，温度开始上升，能量聚集到足够大时就会引发分子键分解成低分子聚合物，释放出蒸汽。热能导致分子键断裂或者分解的过程被称为是热能分解。不同材质的固体物质被熔化、脱水、碳化、和/或者引燃时，有可能经过一个或者更多的改变。

绝大部分的固体物质会经过化学分解过程，如高温分解。高温分解指的是固体燃料在受热过程中的化学分解过程。当分子键开始分解时，假如固体物质以足够快的速度开始释放出气体，达到燃烧极限，小分子（低分子化合物）会以气体形式释放和点燃。大多数的固体物质将会经历这种高温分解的过程，但是，有一些则会首先熔化并且像液体一样气化。比如说，纤维素物质（例如，木头、纸张）和热变聚合物在被加热到一定温度时会经历高温分解的过程，会产生二氧化碳残留物（焦炭），而热塑性塑料（塑料瓶）受热会熔化，蒸汽和液体受热时的反应很相似。

当分析固体燃料的燃烧过程时，燃烧比表面积是一个需要被考虑的重要概念。当表面面积变大时，物体体积变小，燃料颗粒开始变得细小。对固体或者液体开始加热，这种物质就会变热。假如物质的体积很大，它会从表面散发较多热量。假如将该原料切去一块或者分为几份，那么燃烧比表面积就上升了。对原料进行同样的加热，因为体积变小，不会释放同样多的热量，因此，热量就会以更快的速度增加表面温度，而这会使得原料以更快的速度被点燃。

比如说，用圆木来做实验。你认为木头会被点燃吗？大多数情况下不太可能，因为由火焰发出的能量在大块木头表面散发，以至于温度不能上升到发生高温分解的情况。但是，当我们将圆木切块或者在圆木表面磨砂时，可以收集到刨花。假如我们对刨花进行同样的实验，你认为刨花会点燃吗？在这儿唯一改变了的就是表面质量的比率。有可能的是，刨花会发生点燃现象。对体积小的物体进行加热试验，因为面积不同，所以释放的热量不同。因为能量不能发散，木头温度上升，从而导致高温分解过程。

在试图从表面或者边缘点燃大块物体时，同样的规则也适用。比如说，在试图点燃一张纸时，从边缘点燃这张纸比从中央点燃更为容易。这张纸的材质从中央到边缘没有变化。唯一改变的只是可以从材质散发出去的能量。纸张的中央使得热源可以从各个方向散发热量，阻止温度快速上升。热从纸张的边缘进入并聚集，这就延缓了能量从表面散发。

在学校的每个木质店铺里几乎都可以发现燃烧比表面积的事例。在学校这些地方进行日常事务保养时必须非常严谨。学校应该制定政策，规范在这些场所的日常保养，这很重要。

在校园里，这种附有零散纸张的材料容易引起火灾，特别是当这些容易被引燃的材料挂在公告牌上，沿着墙壁悬挂在教室里时。在教室和沿着走廊墙壁处安放的装饰物已经成为学校里的主要安全问题（Burnside，2008），这个问题很重要，一些州已经颁布法规，明确规定不得大量覆盖走廊及教室的墙壁。马萨诸塞州通过了一项法律，禁止学校教室墙壁上装饰的悬挂物或者学生作品超过20%的墙表面积，而走廊的墙壁上装饰的悬挂物或者学生作品不得超过10%的墙表面积（Coan，2011）。这条法规是根据《国际建筑法规》制定的，制定这条法规是因为纸张很容易被点燃，并且火焰会迅速扩散（Burnside，2008）。而且，这种燃料会使火焰扩散的速度更快，加快热量释放的速度，并进一步增加生命安全的危险性。严格限制墙壁和天花板上悬挂的装饰物和学生作品的数量，是阻止火灾发生的措施之一。另外一个措施就是将学生作品和装饰物用合适的玻璃覆盖，比如长方形玻璃箱或者展示柜。采取这种做法需要注意的是不能使用树脂玻璃作为覆盖物，因为它很容易被点燃。

在学校里储存固体燃料是一个火灾隐患。纸质品、垃圾、装饰物、硬纸板箱、塑料箱、木质板和其他相似的物体如果堆放过多，在发生火灾时，它们会堵住自动喷水灭火系统。自动喷水灭火系统是基于特定区域里一定的货物量来设计的。假如区域内货物堆放过多，自动喷水灭火系统就不能处理区域里的引燃物，也就不能灭火。比如，储存货物的房间、门卫室、后台区域、多功能厅和空余的通常被用来堆放各种杂物的教室。为了避免出现这种现象，应该制定政策，明确规定当货物堆放在指定以外的区域时就应该扔掉。而且，闲置的木质板是主要火灾隐患。木质板是木质或者塑料材质的框架板材，在货运过程中可以运送大型物件或者大批量的物件。闲置的木质板是指被堆放的板材，不再被使用并且将被搬走或者扔掉。卸货装货的地点（码头区域）以及学校建筑物附近的放垃圾地点就是有可能堆放闲置木质板的地方。学校在这些地方堆放燃料的可能性最大，而自动喷水灭火系统不是为这种区域所设计的。不要在这些区域长时间积聚或堆放闲置木质板。本书将会在第十四章里更为详细地探讨自动喷水灭火系统。

热　量

热量就是在两个物体之间或者在同一物体的不同部位依靠温度差而进行能量传递（Gorbett and Pharr，2011）。能量总是从高温向低温的方向进行流动。测量温度是指对物体内部分子微粒间的平均动能进行测量，温度不应该和热量相混淆。

在分析火灾现象时，热传递是最重要的需要掌握的概念。火势发展的各个环节如点火、火情发展、探测、闪燃和灭火对热量传递起推动效果。能量以热量的形式进行传递，使燃料开始热分解（蒸发）。当传递的热能强度足够维持长时间的燃烧，就形成一种可以被点燃的混合物。受热是燃料和/或二级燃料产生火焰并被点燃的主要原因。从灭火的角度而言，当热量从燃料的表面散发时，产生的气态燃料会减少，火焰就会熄灭。热量的一些基本来源可以是电力的（电阻的、弧光的、有火花的）、化学反应、机械的（压缩的和摩擦的）、闪电的、很热的表面、敞开的火焰和太阳。

热能在不同的物体之间进行传递有三种不同的模式或者方法，即传导、对流和辐射。传导和对流需要媒介物（也就是固体、液体或者气体），而辐射则不需要媒介物。

传导指的是能量在活跃的分子之间传递，因为分子间存在着不同的密度，传导是固体物质之间最常见的现象。传导的一个例子就是接触到火的做饭用的金属器皿。对流指的是能量在流动物质（气体或者液体）里传递，煮沸的水和热气球就是例子。辐射指能量以电磁波的形式，不需要任何中间媒介，最好的例子就是太阳。

学校里第一大常见的着火源包括明火、热表面、化学物品、加热器和烹饪设备。有数据显示，明火是造成校园火灾的最大威胁。数据显示69%的火灾是纵火案件和使用热源所致。正如在火灾安全概念树这个部分所讨论的，移除着火源是阻止着火的主要途径。打火机是教育场所里的头号着火源，因此禁止在校园场地使用打火机是很合理的。禁止在校园场地使用明火也是很合理的，包括禁止使用火柴。

第二大常见的着火源是烹饪设备。烹饪明火是导致绝大部分市民受伤的原因。因此，学校要培训厨房员工学会有效消除火源的方法，这很重要。在本书第十三章里将会更加全面讨论灭火器和如何安全使用灭火器。就这个问题而言，每年组织灭火器使用培训是一个简单的解决途径。

冬季经常使用对流式和辐射式的便携加热器进行加热。在使用时常常因不小心而变成点火源。在可燃物品三英尺之内不应该放置加热器。加热器对校园宿舍造成的安全威胁比 K-12 教育设施里的其他设备引发的安全威胁更大。考虑到经济和环境问题，要采取降低成本的加热措施。期待使用更多的便携式热器来补充建筑物的加热系统。处理这个难题有两个方法：① 禁止堆放加热器；②提供加热器安全操作指南。

需要采取的防御措施很简单：禁止使用特定着火源，规范操作流程。禁止使用所有的着火源是不可行的，因此学校工作人员必须对建筑物内部货物的存放和燃料种类保持警惕。

氧 气

氧气在空气里占有 21% 的比率。氧气在空气里充当燃烧反应时的氧化剂。为了维护生命安全而制定消防预案时，企图排除氧气来熄灭或者抑制火灾的措施是不现实的，这是不可能做到的。因此企图在火灾中排除氧气或者阻止教育环境发生火灾是不现实的。我们必须控制燃烧三角形的这个要素，但是无法移除。

在个人遇到呼吸困难时，经常会使用医用氧提高氧气浓度。氧气瓶中的氧气不是燃料。但是，当附近的燃料正在燃烧时，氧气能提高燃烧的速度。这些区域的氧气会更容易发生点燃，燃烧得更充分。因此，在使用医用氧气瓶时，重要的是要加强控制点火源。强化认识和加强控制点火源，是阻止在这些场合里发生着火点燃现象的主要措施。

另外，假如学校里有手工展示厅或者设施服务区，很有可能在这些场合里会出现乙炔。把氧气瓶和乙炔瓶放在一起使用，会产生更高的温度进行切割和焊接。这些储气瓶在任何时候都必须锁好，如果缺乏正确的监督，就不能拿出来使用。

阻止纵火案

教育环境里大多数火灾都是蓄意所致。但是，本章的这个部分会提供一些建议，探讨如何阻止这些火灾。"纵火"是指"在纵火人知道不应该点火的时候却故意点火"，对蓄意纵火进行这样的界定是正确的（美国消防协会 921，2011，p. 140）。约翰·德哈恩（John DeHaan）博士解释在纵火犯罪案件中，构成纵火事实有三个基本的原则（2011，p. 508）：

- 财产正在燃烧。必须向法庭显示被破坏的实际程度。
- 燃烧从根本上来说是人为纵火造成的。
- 燃烧是由于纵火者蓄意作恶而导致，也就是说，带着明确的破坏财产的目的。

在分析纵火案件时，重要的是确定纵火犯使用的燃料以及用什么点火。研究显示纵火犯选择的首要燃料是纸张、废物和/或者垃圾，通常是用打火机或者现取火焰来点燃。纵火犯会在房间里引发最大规模的燃烧，或者在首次点燃时混合几种可燃物（DeHaan，2011）。

通常而言，纵火犯会试图在建筑物内部隔离处或隐秘处引发火灾（DeHaan，2011）。这就是为什么浴室和厕所是学校里面最有可能发生纵火案件的地方。普遍说来，汽油、煤油和其他的可以着火的液体（易燃的或者可燃的）很少被列为首先着火的材料（美国商业部，1978）。以下列举的是关于预防纵火案件的一些建议。

安全保障

安全保障通常不会被看成是大楼设计时考虑的一个方面或者消防预案的一个要素。但是，根据对过去文字记载的回顾，安全保障是保护/阻止发生纵火案件时最常提及的一种手段。事实上，昂德当（1979，p. 119）声称："要阻止起因不明的火灾纯属安全措施之一。"最常见和最有用的安全保障措施的特征如下所示（工业联合保险公司，1977）：

- 照亮外墙和入口；

- 建筑物刷成浅色；
- 安装由防盗自动报警器、火警器和自动拨号器组成的报警系统；
- 修剪或者移除灌木林以及标志物，避免挡住建筑物；
- 门是锁闭的或者被插上门闩；
- 窗户必须是锁闭状态或者用金属丝网加以保护；
- 限制通往房顶和通往上面楼层的通道；
- 修建篱笆保护财产；
- 确认可燃和易燃液体被严格控制在正确护卫和锁闭的区域；
- 在可燃物品存放区保持照明；
- 使用闭路电视监控系统。

数次提到的一个特殊安全保障控制措施就是对所有置于开放处所的洒水控制阀门加锁保护。曾经发生过多次这种案例，纵火犯们企图破坏自动喷水灭火系统，使火灾保护系统失效（NFPA 921，2011）。加锁保护所有的洒水阀门可以确保自动喷水灭火系统有水供应，在发生火灾时，自动喷水灭火系统会正常运作。

必须特别关注储藏所和垃圾区的设计。储藏所和垃圾区起火时极有可能导致火灾（DeHaan，2011）。储藏所和垃圾区是预防纵火案件最难管理的地区，因为那里集中堆放了易燃物品，而且进去很容易，作案后逃离现场也很容易（工业联合保险公司，1977）。特定的安保措施包括给整个储藏所修建周长至少为 50 英尺（15 米）的护栏篱笆，还包括沿着篱笆或者垃圾区安装灯光（工业联合保险公司，1977）。

在 1979 年，对防御空间理论进行了相关研究，探讨是否可以对高层大楼进行设计改造来遏制犯罪，特别是盗窃案件。该理论特别支持这种观点，认为对建筑物进行设计改造（例如，景观美化、修建人行道和围墙）可以减少犯罪。更进一步的研究结论显示修建低矮的灌木林和围墙可以减少犯罪行为。在这些设计理念被付诸实施之后，犯罪事件剧减了数个百分比。因此，作为建筑物整体设计部分之一的安全措施的实施有助于阻止犯罪活动。在研究期间，很多同样的设计理念在建筑中都得以体现。因此，从这些研究中可以看出，我们有理由认为纵火案是可以被规避的。

隔间通风舱

有关建筑设计火灾防范措施中最重要的一点就是把火灾控制在有限的空间，通常限制在起火的房间。防火分隔过程就是指将火和燃烧副产品（如烟雾、煤烟、麻醉气体）隔离在不同空间的过程（Janssens，2003）。通过提供有效的障碍物，包括在任何开口处设置障碍物和分隔建筑物的内部设计就可以实现。在纵火案件中，防火分隔过程更为重要，因为纵火犯们通常会使用大燃料包或者把几个较小的燃料包混合在一起进行点火（DeHaan，2011）。

障碍物（包括墙体、地板和顶棚组建）可以延缓或者阻止烟雾从一个地方飘向另一个地方（Fitzgerald，2004）。和防止建筑物起火的设计很相似，有效障碍物是指可以控制和阻止烟雾、热的气体，阻止火势弥漫至相邻分隔舱的保护装置（Watts，2003）。但是，必须提前设计这些障碍物，对建筑物内部进行分隔和设置在开口处（Watts，2003）。要根据建筑物的具体情况来分析障碍物效力和真实火灾中有可能需要采取的最佳应对措施。

在建筑设计中还可以添加一些常见的防范火灾的要素，有助于防止或者减缓在多个房间发生起火现象。所有的障碍物都应该是耐火型的组合体，包括所有的地板、墙体和顶棚组建（Janssens，2003）。还必须对建筑物的开口处以及分隔建筑物内部的设计采取保护措施并给予特别重视。还有一些保护设施有助于提供更多的有效的障碍物，包括：自动关闭式的防火卷帘门、电热锁、防渗透的膨胀型防火堵料、风门、阻止烟雾流通蔓延的密封加压防排烟系统。

在纵火案中出现的大部分火灾死亡现象都和释放出的麻醉性气体以及使人丧失行动能力的烟雾有关，而不是因为高温烧伤

（NFPA 921，2011）。因此，在有可能出现纵火案件的建筑物内部应该设计烟雾控制系统。可以通过"设置物理障碍，比如说带有自动关闭功能的防火卷帘门、限制烟雾流通的风门，以及施加特别的压力穿越障碍物，阻止烟雾蔓延至没有起火的区域"，从而达到限制烟雾的最佳效果（Jaeger，2003）。要想做到这一点，可以在建筑物内部使用 HVAC 系统，设计该系统就是为了适时提供密封加压以防火。

探测、报警、逃生方式

设置探测器和报警系统的主要目的是为了通知居民们迅速疏散。在任何建筑物内部，设置可运行的火灾探测和报警系统是至关重要的。自动探测器和报警系统在防范纵火案件中尤其重要。纵火犯们通常会在房间里点燃体积最大的燃料包，或者在第一次点燃时就使用多个燃料包，这会导致更具破坏性的火灾（DeHaan，2011）。而且在某些案件中，在使用可以着火的液体时，火苗蔓延的速度会更快，这会影响居民们安全疏散。

建筑结构中的每一个走廊和房间都应该配备一些探测设施。这些探测设施的配置和功能彼此相连，属于同一个报警系统，在必要时可以控制报警面板对整座建筑物示警。存放可燃物品的区域、存放可燃易燃液体的区域、卸货区以及隔离或者隐蔽的远程定位区应该配置探测系统。必须安装烟雾探测系统，并且定时探测浴室和厕所。在很有可能发生纵火案件的建筑物内部，当烟雾激活探测器或者建筑物报警器时应该自动致电消防部门或者监控部门。因此，探测系统不仅仅是对建筑物用户们进行示警的主要通报系统，也是手动抑制阶段的开始（Fitzergerald，2004）。

对火情进行探测和报警很重要，对明确可用的出口设施进行维修保养也同样重要。在数次纵火案中，纵火犯们堵塞或者阻碍出入口通道（NFPA 921，2011）。因此，每一座建筑结构体需要设置多个出口处。根据入住用户类型和拥有管辖权的主管部门的不同，建筑规章和施工标准可能已经要求设置其他的可选出口处。

可以使用烟雾密封加压防排烟系统提供无烟出口通道。

灭　火

对于维护生命安全而言，自动喷水灭火系统特别有效，因为该系统"会对火情进行报警，同时，对燃烧区域供水以灭火"（Hisley，2003）。通常而言，标准的洒水喷头比烟雾高温探测器探测到火情的时间要晚很多。因此，把探测/报警系统和抑制灭火系统结合使用是一种可以依赖的保护措施。

工业联合保险公司对 1977 年发生的损失总金额超过 10 万美元的纵火案件进行分析，指出"缺乏自动洒水喷头和关闭洒水控制防火阀门是造成火灾损失的主要原因"。这些防火阀门并不是被纵火犯们关闭的。研究进一步声称"在避免造成纵火案件损失方面，最重要的保护措施之一就是监管防火阀门"。甚至在那些配备了自动喷水灭火系统的建筑物里，假如物主不对消防系统进行定时维修保养和检测，纵火案件仍会具有毁灭性。因此，建筑物物主定时对消防系统进行检测，并严格地执行消防法规，就可以控制火灾。

除了自动喷水灭火系统，还应该在建筑结构体内安装灭火器。很显然，根据消防规范和标准，应该配备灭火器。无论如何，在有较高风险的地方配备多个灭火器的措施很有远见。应该对工作人员进行培训，使他们了解如何使用灭火器材，更重要的是要帮助他们了解火灾相关安全知识。

点火控制和燃料控制

点火控制"涉及界定所有会导致可燃物品着火的热源，以及隔离热源"（McDaniel，2003）。这是目前航空业使用的防范火灾发生的措施之一。在容易招致纵火案件的建筑物里应该禁止吸烟。而且，在这些建筑物里应该禁止使用打火机和火柴（McDaniel，2003）。

燃料控制是指控制燃料类型、燃料的安置以及可燃物品的燃料特征（Jaeger，2003）。在教育场所控制燃料的方法之一就是清除浴室的杂物间里的垃圾废弃物。学校可以采取的措施之一就是清除这些区域的浴室废弃物和纸巾。

执行规定

要求商业物主们遵守已经推出的严格的规章制度，可以减少纵火案件的发生数量。正确执行规定需要对建筑结构体进行更多的检测。根据司法部门的规定，就阻止火灾而言，有三个方面的检测途径（美国司法部，1980）：

- 立法强制配备火情自动探测系统、报警系统以及自动喷水灭火系统，有助于减少纵火案件有可能造成的损失；
- 建筑物没有达到消防标准，意味着该建筑物即将报废，因此有可能成为纵火案件的发生地；
- 对建筑物进行强制升级维修，如果已经完成升级维修，就减少会纵火造成的损失，业主需要在消防设备方面进行资产投资。

从这些建议中可以看到，早期纵火预警系统已经创建。该系统用来组织和开发需要的信息，以便于制定纵火案件消防策略和计划，保护特定财产（Icove，2002）。实际上这个计划是和检测方案联合运作的，检测员们会尝试了解哪些建筑结构即将不可被使用。这些检测员们会更加关注这些建筑物，进行更多的检测。

除了实施法规，早期提到的大多数保护措施都是根据为保护教育资产提前制定的规章制度而实施的。因此，不应该过度宣扬实施这些规范和标准的必要性。更好地执行规定，并制定更为严格的规章制度，有助于减少纵火案件，减少纵火案件会造成的损失。

结　论

燃烧三角形描述了火灾安全的基本原理。燃烧三角形是由热、氧气和燃料构成的。为了阻止着火或者控制着火之后的火势蔓延，学校工作人员需要排除燃烧三角形三个方面中的某一项。假如安置场所内存放有大量的燃料，需要采取措施阻止着火源和热发生接触。在有可能出现热和着火源的地点，控制燃料很重要。在教育场所里发生的绝大多数火灾都是在 K－12 学校里发生的，因为有人故意用打火机点燃了垃圾或者纸张。重要的是学校应该使用这些信息，加强阻止纵火案件，从着火反应式中移除燃料和/或者热源这一项，有效地维护消防安全。

个案研究

三名高中学生离开午餐室，前往手工课教室（比如摆放工具和器械）里进行偷窃。在偷窃之后，他们担心留下指纹，决定搜集尽可能多的燃料堆放在教室中间，实施蓄意纵火。这些学生在教室里堆放了纸张、垃圾和木头。因担心火势不够大，他们又来到走廊，打开门锁并且搬出纸张和书本。他们把这些燃料从走廊搬到教室，点燃并试图把火从教室引至大厅。他们用在手工教室里找到的水管工人的火把进行点燃。火灾导致手工教室里损失严重，但是火势蔓延到走廊之前就被控制了。

- 可以使用哪些干预手段阻止发生这起火灾？
- 对于教职员工们而言，在阻止这起火灾时，应该考虑哪些重要方面？

练习

明确上述案例中的可以被点燃的燃料、点火源和氧气来源。在你们学校容易进入的公共场所进行巡视。

1. 明确那些现存的容易被获取的固体燃料、液体燃料和气体燃料。

2. 为每一项物质制作材料安全数据单，界定密度、比重、闪点，以及其他的火灾危险燃料。

3. 明确存放了大量燃料的教室，以及那些在墙壁或者天花板上悬挂了装饰物和艺术品的教室。

4. 明确有可能成为点火源的热源。

下一步，对学校不易接近的区域进行巡视，根据上述四项进行评估。比较得出的结论。明确你的学校存在的最大问题和问题所在地。对于每一处问题所在地，明确最好的措施（移除燃料、热或者氧气），避免在不同的地方发生火灾。考虑如何维护这些处所的安全。

参考文献

Burnside. J. (2008). Determining fire hazards when educators decorate their classrooms in Clinton, Mississippi. Accessed December 1, 2011. http://www.usfa.fema.gov/pdf/efop/efo42524.pdf.

Coan, S. (2011). Explanation of 527 CMR 10.09 governing school work. The Commonwealth of Massachusetts Executive Office of Public Safety Department of Fire Services. Accessed May 4, 2012. http://www.mass.gov/eopss/docs/dfs/osfm/cmr/schoolwallregexp.pdf.

Cote, A., ed. (2003). *NFPA Fire Protection Handbook.* National Fire Protection Association, Quincy, MA.

DeHaan, J. (2011). *Kirk's Fire Investigation.* Brady/Prentice Hall, Upper Saddle River, NJ.

Evarts, B. (2011). *Structure Fires in Educational Properties.* National Fire Protection Association, Quincy, MA.

Factory Mutual System. (1977). *Arson.* FM Engineering and Research, Boston, MA.

Fitzgerald, R. (2004). *Building Fire Performance Analysis.* John Wiley & Sons, West Sussex, UK.

Gorbett, G., and Pharr, J. (2011). *Fire Dynamics.* Brady/Prentice Hall,

Upper Saddle River, NJ.

Hisley, B. (2003). Storage occupancies. In *NFPA Fire Protection Handbook*, edited by A. Cote. National Fire Protection Association, Quincy, MA.

Icove, D. (2002). *Incendiary Fire Analysis and Investigation.* National Fire Academy, united States Fire Administration and Federal Emergency Management Agency, Emmitsburg, MD.

Jaeger, T. (2003). Detention and correctional facilities. In *NFPA Fire Protection Handbook*, edited by A. Cote. National Fire Protcetion Association, Quincy, MA.

Janssens, M. (2003). basics of passive fire protection. In *NFPA Fire Protection Handbook*, edited by A. Cote. National Fire Protection Association, Quincy, MA.

McDaniel, D. (2003). Cultural resources. In *NFPA Fire Protection Handbook*, edited by A. Cote. National Fire Protection Association, Quincy, MA.

Meyer, E. (2010). *Chemistry of Hazardous Materials, 5th Edition*, Prentice Hall, Upper Saddle River, NJ.

National Fire Protection Association (NFPA) 921. (2011). *Guide for Fire and Explosion Investigation.* National Fire Protection Association, Quincy, MA.

Newman, O. (1993). Defensible-space modifications at Clason Point Gardens. In *Applications of Environment-Behavior Research: Case Studies and Analysis*, edited by Paul D. Cherulink. Cambridge University Press, Cambridge, UK.

Underdown, G. (1979). *Practical Fire Precautions* (2nd ed). Gower Press Handbook, Westmead, UK.

U. S. Department of Commerce. (1978). *Fire in the United States.* United States Fire Administration, National Fire Data Center, Washington, D. C.

U. S. Department of Justice. (1980). *Arson Prevention and Control.* National Institute of Law Enforcement and Criminal Justice. National Institute of Law Enforcement and Criminal Justice, Washington, D. C.

Watts, J. (2003). Fundamentals of fire-safe building design. In *NFPA Fire Protection Handbook*, edited by A. Cote. National Fire Protection Association Association, Quincy, MA.

第十三章　消防系统

威廉·D. 希克斯（William D. Hicks）

格雷格·戈贝特（Greg Gorbett）

目　录

1958 年 11 月 1 日是星期一，对于位于伊诺斯州的芝加哥的天使之后学校来说，这一天和其他任何一天一样。这座建筑大楼是在 1949 年《芝加哥建筑法规》颁布之前修建的，大楼里缺乏自动喷水灭火系统、防火门以及在颁布规定之后修建大楼必须考虑到的其他设施。校园里的报警系统由一个设置在现场的警钟以及一些密封加压灭火器组成，这些就是保护校园用户的所有消防设备。大约在下午 2：30，门卫注意到了烟雾，在能够联络到消防部门之前，火势已经沿着未采取保护措施的楼梯迅速蔓延至出口通道，把教学楼里的人困在了第二层。芝加哥消防部门全力以赴采取行动，一名经做了最好准备、配置最好的消防队员也还是赶不上火势蔓延的速度。在 11 月 2 日的凌晨，出现了最令芝加哥人担心的局面，87 个孩子和 3 名修女在火灾中丧生，还有 90 个孩子和 3 名修女受伤（Cowan，1996）。

在建造居住使用环境时，需要制定一些系统和措施以阻止火灾和采取保护措施。在系统中有两个基本的方面：无源系统和有源系统。没有受过训练的人士看不出这些系统，也无法识别这些系统对于消防所起到的作用。其他的系统一旦被启动就会作用明显，或者向处于危急事件中的用户们预警，或者开始灭火。阻止火灾很重要，这需要对居住群体进行消防知识培训，比如认真学习如何处理燃料、热和氧气来预防火灾。重要的是在学校里负责处理火灾事项和维护生命安全的人士都应该手持由国家消防保护协会制定的《消防手册》一书。这是关于建筑环境里防范火灾和维护生命安全的主要资料，书中的章节对于防范火灾和灭火方面的几乎每个话题都做了探讨。

保护建筑环境

在建筑物的设计阶段，对于防范火灾工作需要考虑很多因素。这些因素中有很多都是描述性的，这些因素源于预防火灾和保护生命安全，以及法律中的建筑规定。这些都是确定的，是不能改变的，只有当地的消防主管人员如消防队长或者其他制定建筑规定的人员才能修改。

首先，需要界定入住人员的类型。基于可适用的规定中制定的标准，入住人员可以根据活动类型、年龄和自身能力，以及有可能遇到的燃料进行界定。比如说，教学环境（K-12）中的孩子们的年龄应该是 5 岁到 18 岁、接受成年人监管（NFPA 101，2012）。在建筑物里会有大量的纸张和塑料制品，以及一些易燃性液体。其次，对于入住人口的建筑物标准及消防规定方面的要求进行审核，界定消防保护方面的特点（NFPA 1，2012）。这些特点包括无源和有源的消防系统。

在遵守设计要求进行建筑之前，首先要回顾并且通过建筑计划。另外，应该对计划进行审阅，了解所有无源和有源消防组件以及系统的安装情况，并确保安装正确。这里还需要对消防栓的安置位置和急救车辆出入通道进行评估。在建造期间，应该定期检修以确保正确安装了消防系统。一旦建筑物完工就应该进行最后的检查。在此期间要进行验收测试，要对所有的消防设施进行测试并严格检查，以确保这些设施正确地运作，并被正确地安装（Farr，2008）。

无源装置包括标准防火装配、防火门、阻止烟雾的障碍物、在地板和墙壁上开凿的用来灭火的洞。灭火装置都按照美国国家标准学会制定的标准经过了测试。灭火装置包括一些部件，这些部件在组装到一起之后，能够达到一定的耐火抗燃等级（NFPA 80，2010）。要遵守特定的测试协议，在测试时要使用经过特别设计的装备。

根据达沃迪（Davoodi）的研究，内墙需要具备相当的耐火抗燃等级，在建筑物中，它是运用最广泛的无源防火系统。防火墙或者防火隔墙并不是辅助性的结构组件，通常也不会延伸到天花板。比如说，当清水墙被正确设置之后，对接缝处用胶带或者泥浆进行密封，然后刷墙，从而使其达到一定的防火耐燃等级。以分钟或者小时来计算这种耐热等级，耐热时间通常能够支持 30 分钟到几个小时。除了防火耐热等级，内墙覆盖物必须符合火焰蔓延速率，这决定走廊或者楼梯使用什么材料或者粘贴物。火焰蔓延速率测量火焰在物质上蔓延得有多快，建筑者们必须严格遵守这些速率。

《全国消防规范》第 80 款界定了把防火门作为建筑物指定地点处的关闭手段，以分隔或者容纳起火源头处的火苗和烟雾，阻止扩散。它还可以保护出口处的通道，或者帮助逃生。防火门由一些组件构成，包括门把手、封条、闭门器组件、门框，有时候还有窗户，把这些组件结合到一起组成一整套装置。防火门框架必须和门的型号相配，因为配套使用能够构成经过测试的组件，适合火焰蔓延速率。在门和/或门框处应该贴标签以确定组件的耐火等级。框架由对火或者烟雾起阻挡左右的密封条组成，以阻挡燃烧时出现的烟雾等副产品蔓延至过道。同样重要的是防火门应该被安置在建筑结构内部，至少应该符合耐火率。

《全国消防规范》第 80 款要求防火门有自我关闭设置，通常要有磁性，可以保持门处于打开的状态，直到听到报警声。这种关门装置还能够在楼内使用者们通过大门之后自动关闭。这样设计很重要，这些门不应该被任何种类的门闩所堵住，这就不会违背当初设计这些门时的理念。弹簧锁装置能够使门和门框严实关闭。防火门还可以和窗户一起构成组件的一部分。这包括使用夹丝玻璃或者特别的耐热玻璃，必须由制造商进行安装。不允许对门进行改装，包括装饰、涂漆，或者在门、门框以及门的组件上钻孔。

火情探测

《全国消防规范》第 72 款（2010）、全国火灾报警信号代码系统，探讨了进行火情探测所运用的许多不同技术。很大程度上是根据燃料的类型、介质条件以及固定举办的活动来选择采用哪种技术。比如说，在吸烟区不适合使用烟雾探测技术。同样重要的、需要了解的是一些类型的测试在所有的探测器上都进行过。这种测试根据建造商对产品的建议而进行。在对系统进行最初的安装之后进行测试，以确定系统正常运作。在对系统进行大的改变或者维修之后，或者对系统进行调整之后，又或者是在入住人员的分布格局改变之后，都要进行验收测试。

还需要使用探测器进行年度功能测试，这只是检测探测器的功能而不是敏感度。通过使用喷雾器或者烟雾来测试烟雾探测器，使用热风枪（和电吹风很相似）来测试热探测器，或者用火柴来测试火焰探测器。重要的是知道一些探测器不能自己复位重置，所以对这种类型的探测器有一个清楚的了解对于一次成功的测试是至关重要的。

制造商或者当地消防规定要求对使用了一定年限的探测器样本进行敏感度测试。通常在实验室里完成这个测试，在制造商那里对于探测器的运作状态进行真实的测试。总是根据制造商的测试要求，只起用经过培训的人士进行这种测试。在这些要求里还可以看到对于建筑物内部探测器的安装必须间距适中，确保探测器可以探测到建筑物内部各处。

烟雾和热探测技术是教育环境里探测火灾时最常使用的方法。烟雾探测器使用光电或者电离技术，我们稍后将会探讨这两种技术。首先，有烟雾探测器和烟雾报警系统。烟雾探测器是和火情报警系统有关的，是为了激活火灾报警系统。当探测器激活时，探测器就会向火灾报警面板发送起始信号。在住所处设置得最多的就是烟雾报警系统，它可以进行烟雾探测和发出可以被听到的报警音。

光电烟雾探测器技术基于以下两种设计，这两种设计均使用发光二极管器件（LED），被称为发光器件和受光器件。第一种设计把发光器件和受光器件加以整合，它们彼此一致。在正常情况下，受光器件接收到发光器件发出的一定光量，产生小的电流。当烟雾蔓延至室内，烟雾会阻碍发光器件发出的光量，从而阻碍光电流以及发出报警信号。第二种设计也运用同样的方法，但是受光器件接收不到发光器件发出的光，也不产生电流。当烟雾进入房间时，光线漫射到受光器件产生电流，实现烟雾信号转变为电信号的功能。探测器使用少量的放射材料在两电离室之间产生电流，构成一个电路。当烟雾接触到探测器，就会阻碍电流，激活报警（Dungan，2008）。

热探测器运用到很多不同的方法，最常见的恒温探测器是根据特定的、固定的激活温度值而设计（Dungan，2008）。恒温探测器具有自动重置功能或者自毁功能，一旦开始启动，整个系统就被替代。

灭火器

在美国几乎所有的建筑物和消防规定里都要求使用灭火器，《全国消防规范》第 10 款 "便携式灭火器标准"（2010）提供了应该遵守的普遍标准。在工作地点必须遵守《职业安全和健康管理规定》第 1910.157 款的内容。灭火器是一种工具，可以有限地进行灭火操作，是对于小型火灾进行防御的第一道防线。灭火器根据几种操作设计而制作，是针对这五种类型的火灾中的一种或者多种燃料而设计的。应该根据建筑物内的燃料、最有可能出现的火灾场景以及入住人员的能力来挑选灭火器。灭火器必须被安置于固定于墙体的撑架上的灭火器橱柜中。

设计灭火器是为了在所说的 "初期的" 火势阶段就遏止火焰扩散。火势初期的火苗不到 10 英寸高，而且没有从最初的燃料物品中蔓延开，如废纸篓（OSHA，1910.157）。在使用灭火器之前，建筑物内的用户们应该协助在着火地点旁边的任何人士，他们因为靠近着火点而身处危险之中，或者无法离开着火区域。而后作为消防程序的一部分，报警器应该会发出警示声以通知住户们和消防部门。只有完成这些步骤之后，建筑物内的人士才应该尝试使用灭火器来灭火。尽管需要做出紧急反应，离开建筑物永远是最好的选择，因为财产损失比不上人身伤害或者死亡造成的损失。

根据《全国消防规范》第 10 款，灭火器有三种基本的操作设计。它们是贮压式灭火器、贮气式灭火器和驱动灭火器。这里是指把灭火器的化学药剂喷射或喷洒出来的方式。压力存储罐中是固体状态的化学药剂 。为了在需要的时候把化学药剂喷出灭火器，灭火器里还添加了加压氮气，以满足制造商的要求。在灭火器的标签上有信息。贮气式灭火器使用的是贴了标签的贮气罐，以喷施干粉状的化学药剂。药剂被存储在大的圆筒中，和排出的气体相分离。在这种灭火器里，贮气筒被打孔，通过一个平面释放出压力，这就是对化学药剂进行加压。驱动灭火器是采用气体状态的化学药剂来灭火，把化学药剂以液体状态存储在灭火器中，比如二氧化碳。这些化学药剂在贮气罐中受到压力，一旦被释放，就会在压力作用下变成气体状态，从灭火器中喷射出去。

《全国消防规范》第 10 款根据燃料和由第三方测评的火的类型对灭火器进行了划分。它还制定了最长覆盖距离，指的是用户在各个班级安置灭火器所能够覆盖的消防距离。这包括在书桌和其他障碍物之间的真实距离。《全国消防规范》的"消防手册"这一章就灭火器的使用和维修保养做了相关讨论。

A 级灭火器为 A 级燃料所设计，比如木头、纸张和大多数的塑料。在测试时，它们被定为 A 级。1A 级指的是灭火器的抑制能力相当于 11/4 加仑的水。在三种不同场合发生的火情对 A 级灭火器进行了测试，使用木质的槽、垂直定向的木头墙体、水平放置的细刨花（和木花很相似）。A 级灭火器在使用时的最长覆盖距离是 75 英尺，这意味着使用者必须在任何方向的 75 英尺之内找到灭火器。A 级灭火器使用的化学药剂包括水、能够加强灭火能力的化学药品水溶剂，以及对于扑灭各种类型的火都有效的化学药剂。

B 级灭火器适用于扑灭 B 级燃料引发的火灾，比如庚烷液体和气体。B 级是根据在特定的平方尺寸里使用庚烷的测试情况而设定的。B 级灭火器的最常覆盖距离是 30 英尺或者 50 英尺，根据当地消防规定和灭火器的尺寸而设定。在存储了大量易燃液体的区域里，应该让使用者们很容易就能够拿到灭火器，但是不能为了让使用者能够在危急事件时拿到灭火器而把灭火器直接放置在危险地附近。B 级化学药剂由水和泡沫构成，这种经过特别设计的化学药剂能够消除由液体引发的火灾，以及多功能化学药剂。在消除由液体燃料而引发的火灾时，不要使用水，这样做只会加剧火势蔓延，使得场面更加难以控制。

C 级不是指某种具体燃料，而是指电子元件或者电控部件的一部分如同燃料一般会导致火灾。C 级火代表的是触电死亡；所以大多数的水基剂化学药剂在这里都不合适。假如有可能引发火灾，可以采取断电的方式来灭火。变压器、电容器和其他的电子元件在断电之后会存储电力，并会造成电击。C 级灭火器的测试是经过 10 万伏特的电导率。一旦断开，某些电控部件可能相当于 A 级和 B 级灭火器燃料。没有真正的 C 级灭火器，相反，具有多种用途的灭火器可以适用于 ABC 各种火灾；因为它们可以应对火灾里的所有危险。因此 C 级灭火器的覆盖距离是基于建筑物里 A 级或者 B 级燃料会导致的绝大多数危险而设计的。

看起来似乎违背常识，但是金属可以引起消防领域某些最具挑战性的火灾。可以支持燃烧的金属被称为 D 级燃料。很少有灭火器能够消除 D 级燃料导致的火灾的灭火器。相反，需要用储存在桶里的化学药剂来保护在钻孔时会导致的金属刨花、碎片、锉屑以及带状物。这些化学药剂仅仅是用镁来做的测试，所以在使用前需要咨询制造商的建议，了解化学药剂在火灾中和遇到别的金属燃料时相互作用的情况。覆盖行程是 75 英尺，但是有少数的设施会带来这种大面积的危险。因此，化学药剂通常都是放置得离燃料很近，离工作地点很近。在金属燃料引起的火灾中要使用 D

级化学药剂。不要使用水来扑灭可燃金属造成的火灾，因为会导致严重反应，引起熔化物扩散并且释放易燃气体，那么就只会使局势更加恶化。在紧急事件中，也可以直接用干沙或者土灭火。

灭火器中的最后一种就是 K 级灭火器。这里涉及在烹饪时使用的一些媒介物，比如说油脂、脂肪和其他的在烹饪时会使用或者产生的物质。K 级化学药剂可以是干的化学药剂或者是水溶剂，而保护这些区域的最初的方法就是在餐厅的煎锅和烤架周边安装固定的系统。这些化学药剂受到碱性材料的抑制，这种皂化过程是在化学药剂和炊事媒介物之间产生一层硬壳覆盖在燃料表面，从而阻止燃料和氧气接触，然后就达到了预防火灾的目的。要贮备灭火器以清除任何还没被抑制的火灾。K 级灭火器的覆盖距离是30 英尺，所以它们必须放置得和危险物很近。

《全国消防规范》第 10 款规定了灭火器的使用的三个主要的方面，亦即检查、测试和维修保养。首先，每隔 30 天就应该进行手工检查。这包括确认这些灭火器是密封加压的、灭火器没有被使用并且放在该放之处、现在没有使用灭火器。应该确认灭火器没有被堵塞或者遗失，灭火器放在了正确的位置。这些信息应该被记在标签上，直接粘贴在灭火器上，这应该包括检查员的姓名缩写，以及每一次检测的日期。在各个分开的文档中应该用文字进行记录和保存，可以用灭火器的库存清单的形式加以记载。而且，每年必须进行室外机械化检查以评估弯曲或者损坏的组件、铁锈处以及凹陷处。假如要将灭火器取出来进行使用，必须在相应的位置进行等级评定记录。

每一个灭火器都需要接受内部检查，并根据灭火器的类型和内置药剂进行流体静力学测试。在进行流体静力学测试的时候可以进行内部检测，这包括把它拆卸，正如所描述的，对内部的受损锈处、化学药剂的结晶沉积物进行检测。可以核实这些情况，通过放置一个塑料做的项圈，比贮气罐的罐颈处稍大，在灭火器被重新组装和拆卸之前套在灭火器上。可以在灭火器上标注使用说明的另一边用粘纸记录这些检测情况，尽管不能完全依靠这些文字记录来了解情况。

流体静力学测试包括对贮气罐进行压力测试，以确认结构整体性没有因为金属疲劳而受损、生锈，或者有其他的损伤。这个测试应该由专门提供灭火器服务的有名望的公司来进行。流体静力学测试的数据根据容器类型和化学药剂的类型而改变。大多数的具有多种功能的固态化学药剂的灭火器每 12 年进行一次液压测试。"国家消防保护协会关于灭火器的检测、测试和维修保养的标准"（《全国消防规范》第 10 款）涵盖了对于灭火器维修保养的要求。

在使用灭火器之前应该探讨一些事项。第一，对使用说明进行了解，并且还要确认对于遇到的燃料而言，选择这种灭火器是正确的。第二，检查灭火器的仪表是否在运作，防拆标签是否被拆过。对于没有仪表的灭火器，有防拆标签也可以。第三，要确定出口处是否通畅，不能让蔓延的火堵住出口处。第四，使用 PASS 方法以运作灭火器，PASS 代表的意思是拉、瞄准、挤压和扫除。靠近至 8 英寸到 10 英尺或者说直到你遇到任何的热或者烟雾。紧紧拽住把手处，将灭火器的喷嘴对准火焰的基部。只是盯着火苗肯定什么事都做不成，只能徒劳无功地把灭火器里的药剂用光。挤压灭火器的把手处来扑灭火焰，缓慢地靠近起火处，直到足够的近，确保你要喷射的化学药剂喷到了燃料上。假如你被热和烟雾包围，尽快离开那一带，带着灭火器离开（Conroy，2008）。

基于水压传动技术的高压细水雾灭火系统

大多数的现代学校都要求安装基于水压传动技术的高压细水雾灭火系统，以扑灭有可能出现的火灾。《全国消防规范》第 13 款"安装自动喷水灭火系统的标准"提供了安装基于水压传动技术的高压细水雾灭火系统的用户指南。在美国这是该类型的唯一标准，下面所有的信息都来自这份文件。火灾消防的洒水喷头在起火期间感应到释放的热能，并被自动激活。喷洒出的水能够限制火势蔓延的速度，以及产生的烟雾量，有助于维护居住人群的生命安全。

自动喷水灭火系统最容易被看到的组成部分就是洒水装置的莲蓬头。洒水莲蓬头由探测器组成，看起来像是一个圆盘，有突出的齿状物。探测器由两个架臂支撑，底端接口处是缠线状的基座，螺旋绕进自动喷水灭火系统的软管。为了防止水流喷射，安装了一个孔盖，就如同瓶子的木塞，根据热激活释放机制原理，提前安置好孔盖。有两种热激活释放机制。第一种是易碎玻璃球，看起来像一个装满了彩色液体的小玻璃球，安置在洒水喷头的中央。液体的颜色暗示着洒水喷头的活化温度。当被加热时，液体开始改变状态，变成气体物质，膨胀的气体会导致压力上升，并最终冲破玻璃器的完整结构，把玻璃球打碎，并且释放出空口的孔盖。这样水就可以冲出喷头，喷到着火地段。第二种释放装置叫作熔线。熔线由形状合适的金属部件组成，由焊接剂焊接，就如同用胶水把组件和孔盖粘着。焊接机有特定的熔点，一旦达到了熔点，金属组件就会分离，释放出孔盖，使水喷出来。给熔线做记号有规定的颜色，但是很少这么做。相反，高温会使组件烧坏并和洒水器主体粘在一块。

洒水喷头永远不应该用在别的方面，而应该按照所设计的去使用。不要让别人在洒水喷头上悬挂或者粘贴任何东西、涂漆或者覆盖，即使这样看起来不会有什么影响。这样的一时疏忽会妨碍洒水设施的工作，即使洒水设施正在进行工作。结果就是发生火灾却无从察觉。而且，永远不要因为任何事在洒水喷头上涂漆或者覆盖，因为这样做会阻碍洒水喷头工作。受到损害的洒水喷头需要被替换，以便于自动喷水灭火系统正常工作。必须保持在洒水喷头周边 18 英寸处没有阻碍物。堆放的材料不能比洒水喷头高。

在学校里发现的绝大多数系统都是湿的管道系统，这意味着系统里的所有管道任何时候都是有水的。从外面来看，总水管在水源处对水流施加压力，以每分钟的加仑数来计算。作为管道系统的一个部分，总水管必须装配有防回流阀门，这可以阻止自动喷水灭火系统里的不卫生的水回到饮用水供给系统中。提前安装主要的控制阀门，以便于系统开和关。这个连接装置必须是电子化控制的或者安放在露天位置，且处于锁闭状态。

接下来的一个部件就是竖板，或者说是在总水管和把水送往建筑物的管道之间的垂直设施。这通常安置在靠近马路或者公园停车场的外墙。这样消防部门就可以通过水泵接合器接入，在隔水板阀门之上，水泵接合器和竖板彼此内部相连。当地主管部门使用这种装置把水压进自动喷水灭火系统以进行灭火。在竖板的中间是水控制阀门，或者说是系统的中枢，起着把水引导至水管的功能，被称为系统整理。这一些更小的管道引导着水流通过管道，以激活且测试报警器和系统的电子监控系统的运作，并启动下水道的系统排水功能。

阀门安装有两个仪表，可以引导对于系统可靠性来说很重要的压力。较低的仪表是供给仪表，可以引导水压。当系统里的水压因为用水的不同情况而波动时，仪表也会波动。在现行系统中较上的阀门指示压力，应该放置得比低阀门低。

水流探测设施也会进行修整，以适应阀门或者竖板，有三种经常被使用到的类型。第一种类型就是压力传感器，它使用隔膜组件，在没有水流的状况时就没有水，所以就感应不到下坠力。一旦水流动，水进入管道给组件施加压力，完成回路，为建筑物的火情报警系统发送信号。第二种类型的监控器就是水流开关，被称为是桨叶静脉探测器。它由一个浆状物、突出并穿过墙体的竖板和一个电子开关相连。当开始有水流运动时，浆状物就被推向前方，相应的就完成了一次电子开关总成。第三种类型是水动机报警铃。这是由水操作机械钟构成的，当有水流时，钟会响。这只为当地进行预警，尽管钟声很响，但只有那些足够近的人才能听到，并且知道即将发生危险。

自动喷水灭火系统有一些必须被坚持的测试要求，包括《全国消防规范》第25款"基于水压传动技术的高压细水雾灭火系统的检测、测试和维修保养的标准"。这个测试对于确认系统的可靠性是至关重要的。测试应该由博学并且接受过适当培训的人来进行。没有受过训练的人在场，就不可以运行这套系统的任何一个部件。这也是为了避免出现假报警或者因为疏忽而造成系统的不运作。一个自动喷水灭火系统由三个主要的测试点组成，亦即总排水、报警测试修正和检测员测试。

总排水系统是为了确认水供应的可靠性的。想象自动喷水灭火系统是一个带有喷嘴的花园软管。一旦你用完，你就会关掉阀门，但是在软管里面还是会存在水压，直到水压被释放出去。自动喷水灭火系统也是一个被关闭的系统，这意味着假如有人要关掉阀门水供应系统，或者管道破裂并且有水渗漏进入地面，压力就会进入系统，供应阀门就会持续显示出受压状态，即使事实上只有少量的水，喷头也会显示出正在运作的状态。通过操作总排水系统，你可以确认水管里有维持系统运作所需要的水。

报警测试修整程序使得水流可以进入报警器，相应地就会激活建筑物报警系统。这样就可以对水流监控器进行测试，以向报警面板发出信号（面板将会在本书第十四章里被探讨）。检测员测试连接使得洒水喷头被激活。竖板的远端是阀门，控制着小排量的管道，通往排水处或者外界。在管道的终端是洒水喷头，而激活设施、架臂和变流装置都移除。这就刺激了和建筑物里的洒水器同样尺寸的开口处，使得系统可以进行充分的测试而不需要在建筑物里使水流动。

在餐厅里的煎锅和炊具最应该受到厨房油烟机系统的保护。《全国消防规范》第17款"干粉化学物品灭火系统标准"和第17款A项"湿化学物品灭火系统标准"是根据系统使用的化学药剂种类而制定的。琼斯（Jones）解释了这些系统和它们的使用要求，把它们和自动喷水灭火系统进行对比，从源头铺设的管道顶端经过设计以后在火灾发生时会喷洒出化学药剂，可以满足相当覆盖面积的使用需求。厨房消防系统使用干粉化学物品灭火或者湿化学剂系统灭火，设计这两种灭火系统是为了消除涉及煎锅、平顶烧烤架和其他的炊具设施引发的起火现象。这些系统通过链节或者手动开关来进行激活。厨房灭火装置包括储存化学药剂的容器，以及和化学药剂储存在一起的，或者由化学药剂排放出的气体。更先进的厨房灭火装置还可能会包括一个热探测器以及链节。拆卸的喷头应该用制造商提供的覆盖物遮盖。每年一度的检测应该根据制造商的建议，由受过培训的人员进行操作。

结　论

火灾保护措施是学校建筑环境整个安全系统中不可缺少的部分。必须控制火灾，对消防措施进行修订，否则火灾造成的损失会是高昂的，造成上涨的受伤和死亡率。制造商的建议和当地消防法规制定的检查、测试、维修保养计划和服务将会帮助确认这些系统在发生火灾时能够正确的运作。必须保存和这些活动有关的文字材料，记录这些活动，遵守现行的执行标准。必须定期进行可视化检测，以核查有可能给系统带来不利影响的本章曾经探讨过的任何情况，在有问题时向工作人员进行咨询。

个案研究

在本年度里最热的时候，你发现一个防火门——通常都是通过自我关闭设施自动锁门——被一个木栓给撑开了，所以这个门就失去了它的功能和设计的目的。

- 解释向学校报告该问题时应该经过哪些步骤，比如应该和谁接触，如何解决这个问题。

● 提供一份书面备忘录，解释违规行为，以及有可能出现的情况，以及解决这个问题的其他途径。

$$\boxed{\text{练 习}}$$

对你们学校的建筑物进行火灾预防审计，界定要遵守的规则。

1. 在走道里的防火门的耐火率是什么？

2. 除了自动开门功能，还有什么别的途径可以打开防火门吗？

3. 灭火器是否还在，在记录检测情况的标签上是否记载了最近的检测情况？

4. 洒水喷头是否被堵塞？

5. 洒水喷头是否悬挂或被布帘覆盖？

参考文献

Conroy, T. （2008）. *Fire Protection Handbook* （20th ed. ）. Chapter 17. 5: Fire extinguisher use and maintenance. National Fire Protection Association, Quincy, MA.

Courtney. （2008）.

Cowan, D. （1996）. *To Sleep with the Angels*: *The Story of a Fire*. Elephant Paperbacks, Chicago, IL.

Davoodi, H. （2008）. *Fire Protection Handbook* （20th ed. ）. Chapter 18. 1: Confining fires in buildings. National Fire Protection Association, Quincy, MA.

Dungan, K. （2008）. *Fire Protection Handbook* （20th ed. ）. Chapter 14. 2: Automatic fire detectors. National Fire Protection Association, Quincy, MA.

Farr, R. （2008）. *Fire Protection Handbook* （20th ed. ）. Chapter 1. 5: Fire Prevention and code enforcement. National Fire Protection Association, Quincy, MA.

Isman, K. （2008）. *Fire Protection Handbook* （20 th ed. ）. Chapter 16. 2 : Automatic sprinklers. National Fire Protection Association, Quincy, MA.

Jones, M. (2009). *Fire protection Systems*. Delmar Cengage Learning, Clifton Park, NY. National Fire Protection Association. (2010). NFPA 10: Standard for Portable Fire Extinguishers (2010 ed). National Fire Protection Association, Quincy, MA.

National Fire Protection Association. (2010). NFPA 13: *Standard for the Installation of Sprinkler Systems* (2010 ed.). National Fire Protection Association, Quincy, MA.

National Fire Protection Association. (2010). NFPA 72: *National Fire Alarm and Signaling Code* (2010 ed.). National Fire Protection Association, Quincy, MA.

National Fire Protection Association. (2010). NFPA 25: *Standard for the Inspection, Testing, and Maintenance of Water-Based Protection Systems* (2011 ed.). National Fire Protection Association, Quincy, MA.

National Fire Protection Association. (2010). NFPA 80: *Standard for Fire Doors and Other Opening Protecives* (2010 ed.). National Fire Protection Association, Quincy, MA.

National Fire Protection Association. (2012). NFPA 1: *Fire Prevention Code* (2012 *ed.*). National Fire Protection Association, Quincy, MA.

National Fire Protection Association. (2012). NFPA 101: *Life Safety Code* (2012 ed.). National Fire Protection Association, Quincy, MA.

第十四章　生命安全

威廉・D. 希克斯（William D. Hicks）

格雷格・戈贝特（Greg Gorbett）

目　录

1942 年 11 月 28 日，一千多人群集涌入当时的国家元老的夜总会，位于马萨诸塞州的波士顿的椰子园。该夜总会是以南海的主题进行装修的，饰有易燃的制型纸和塑料墙壁，以及天花板上的悬挂物。在后间里发生了火情，浓烟和过热的气体迅速吞没了整个夜总会。夜总会的主要入口是一个旋转门，它被拥挤的人群堵住了。而侧门被门闩锁上了，防止窃贼和偷偷溜进来的人，而向内开的门则被堆得高高的尸体堵住而紧紧地关闭着。在那天晚上的一千多名人员中，死亡 492 人，这个数字比火灾消防队长所列出的该建筑物的最多容纳人员还要多出 32 人（Esposito，2005）。

把时间推到 2003 年的 2 月 20 号，在罗得岛的沃里克的夜总会。此时在这个过度拥挤的俱乐部里正在举办由大白鲨这个风靡于 20 世纪 80 年代的摇滚乐队出演的音乐会。在现场，当地电视台节目摄制人员正在进行关于夜总会安全问题的访谈，访谈内容是关于三天前的 2 月 17 日在芝加哥的 E2 夜总会拥挤的人群而引发（源于辣椒喷雾器，而不是火灾）21 人死亡的事故。在事故现场，楼梯的底层只有两个门充当出口处，其他的门都被堵住了。这时，辣椒喷雾器喷出的泡沫引发火灾，在 5 分钟之内，100 个人死了，230 个人受伤，132 个人逃离现场而没有受伤。工作人员们最初为了保护舞台的后台区域堵塞了后门。主出口处成为一个主要的问题，这一次它被故意设计成抑制烟雾点，以便于控制夜总会里进出的烟雾，而这一次又过于被控制。在现场录像中，可以看到将近 50 个人如同被堆叠的木头一个压着一个被烧死。而剩下的人们甚至从来都没有靠近门口，就被快速蔓延的烟雾、热量和火焰所致死（Grosshandler et al.，2005）。

就生命安全和出口处的重要性而言，我们不断地以生命为代价来获得同样的教训。为了在紧急情况时，在建筑物里安全地疏散人群，必须拥有足够数量的出口，这些出口必须是可以免费通过，并且指示清晰，装有向内开的门。"生命安全"这个术语涉及建筑物周遭环境里的许多安全设施，但是主要是指对于校园里居住者们在火灾或者其他危急时刻的通告及疏散。在造成最大损失的生命安全事故中的主要原因是生命安全系统的故障。在历史上，我们已经看到过因为出口大门设置的数量不合适、出口通道不正确的设置和维修、没有对那些负责进行疏散的人员进行培训、耽搁了对人群的疏散而导致的生命安全的最大损失。但是在夜总会里发生的火灾向我们指出我们并没有吸取我们的教训。

报警和通知

报警系统面板负责建筑物的检测系统和通报系统的主要运作。在《全国消防规范》第 72 项，即"全国火灾报警和信号规定"中列出了对于报警系统的监测、调试和维护的运作要求。该条款将监测系统和灭火系统，以及指示人员向何处疏散的重要的通告系统结合起来。该条款也对所有设施进行监督管理，以及对系统设施的故障进行监控。在接受发起信号时，报警系统面板激活建筑物里设置的闪光观测器、警报器、扬声器。这种装置能够为居住者提供最初阶段的通报，帮助阻止在火灾中造成受伤和死亡。除了局部报警，面板还将向监控中心发出报警，监控中心也将会相应地向当地的消防部门发出火情通报。

主要的火情报警面板将会安装在区域中央，可以是在办公室或者是安置主要电力面板的壁橱里。面板由一些处理机构成，应该由经过培训的、拥有资格证的人员来控制。面板也包括一个备份电池，备份电池通常被安置在面板里。备份电池系统遵循 24 小时/5 分钟协议，意思是说备用电池必须提供至少能够支持 24 个小时的备用电力，而且能够维持所有的通知设施运作 5 分钟（Moore，2008）。

火情报警面板在主要入口处安装有远程显示器，称为发音面板。这些发音面板显示出报警系统的状态，并且会在受监控的项目被干预，或者和探测器失去联络时发出通知（但不是火警预报）。这些信号和故障信号与监督情形密切相关。发音面板还可以监控所指定的很多其他的形势。面板上设立了很多的功能按钮。在报警或者发出其他的信号时，重要的是不能按任何的功能键，因为这会导致记忆键复位，从而失去面板发出的信号的原因和定位信息。不应该忽视面板发出的任何信号，应该通知技术员调查这个信号问题。

火灾和建筑规定可以参照《全国消防规范》第72项，即"国家火灾报警和信号规定"，和《全国消防规范》第70项，即"国家电力规定"，就安装、监测、调试和火灾报警面板及其组件的维修保养制定要求。报警面板经过了特别的年度测试，但是每次在测试启动装置时，都应该检查报警面板的正常功能运作情况。

手动压力开关

手动报警按钮是通知系统的一个部分，可以在《全国消防规范》第72项中找到所有的要求。这一些都是手动激活启动的设置，在推动时会发出可听和可视的通知信号。手动按钮运用到的技术很简单：通常它们会涉及一个双位开关，或者是一个开放电路中的瞬时开关。当上推或者下推激活把手时，就会相应的改变开关的位置，从而关闭了电路和报警面板的信号，以激活系统通知装置。

目前有几种报警设置正在被使用。第一种就是简单地往下推动枢纽或者滑动把手来操作开关。另一种就是双动式自动报警器。第一个动作通常是针对覆盖层，或者是对设备主体内部进行控制，或者是放置在外部的按钮。砸碎－玻璃报警按钮安置在设定好的玻璃板之后，必须砸碎玻璃板才能碰到按钮。另一个方法就是使用一个连杆断裂，这安装在激活组件的支撑之下，连杆搭在按钮处，要用特别大的力气弄断连杆，才能移动按钮把手（Jones，2009）。

通 知

很显然，通知入住者是一个需要考虑的重要问题。假如他们永远得不到疏散信号，他们就没有逃生的机会。信号以可听和可视的形式进行通知，但是也包括触觉、嗓音或者文本信息，以及对听力损坏者使用振动设备。在确定通知途径时有一些需要考虑之处。首先就是入住者的种类和状况，比如他们是睡眠状态还是清醒的，是成年人还是孩子，某种程度上是不是残疾。其次，考虑到外界条件（噪声等级），还有一些需要注意的事项，其他的一些声音通常会掩盖住报警的声音。最后，必须确定是否所有入住者都接到了报警，负责处理报警和启动疏散的人是否接到了报警。

可听式通知装置由发声设备组成，比如喇叭、汽笛、蜂鸣器和钟。最新的设计是一个短时的三声连报模式，这个模式被广泛运用到火警信号的设计中。这是由一系列的三个间隔同样时间的声音而构成。可听化设备被安置在入住地点的各处，以确保全面覆盖。可听设备固定在墙上或者天花板上。针对火灾而制定的相关建筑规定设定了可听设备置于地板和天花板之间的最小空间数值和最低高度数值。这是为了确保可以听到设备发出的声音，设备不会被大批人群所阻碍（如果设备安置过低）、被毁、过快被天花板那儿的烟雾和热气堵塞（如果设备安置过高）。可听设备应该可以被看到、被检测到，以确保没有被任何物体挡住。可以就类型、检测频率、测试和维修保养等方面的问题咨询了解相关的正确的建筑或者消防规定，以及建筑商们的建议（Schifiliti，2008）。

也可以进行声音压力测试以确保达到推荐的最低等级的分贝。大多数的制造商、火灾和生命安全法规，以及研究把75分贝当成是最低音量等级，这个音值被公共可听通知系统采纳。假如有任何门禁在通知设备和人群之间构成障碍就必须警惕。门会极大程度地降低分贝值，降低设备运作的效率。有大批人群的区域，或者外界噪音高于75分贝的区域都需要采取应对措施，以确保设备会发出正确的报警声。

以提前录制的人声通知的触摸形式进行报警通告的方式正变得更为盛行。这些通告必须是智能的，必须为居民们提供清楚的指示。触摸式预设通报信息的方式也越来越受欢迎，因为它可以用很多种语言在很多设备上进行使用。

可视化通知指的是使用闪光灯、旋转灯或者频闪闪光灯警告入住人群进行疏散。建筑物消防规定对于可听式设备的安置地点和使用空间进行了硬性规定，以确保入住人员能够看到设备上显示的通知信息。还应该保持同样的警惕以避免因为装饰或者其他原因而阻塞这些设施。

可视化检测应该作为建筑物安全评估的一个定期进行的项目。可以就类型、检测频率、测试和维修保养等方面的问题咨询了解相关的正确的建筑或者消防规定，以及建筑商们的建议。现代屏闪闪光灯应该每秒钟闪两次，用坎德拉作为制造商已经设计好的亮度级标准。可以使用流明计以衡量亮度级（NFPA 72，2010）。必须可以看到在建筑物的所有安置点设置的视频设备，以确保获取有效的通告信息。

出口和疏散

每一座建筑物从拥有主管权的人士或者社区内负责火灾和生命安全检测的人士，比如消防队长和防火处处长那里得到准用证。一旦准备好，任何有可能影响到消防和生命安全的最轻微的变化都必须得到拥有管辖权的权威人士的立即认可。在这个认可的过程中可以对很多事项进行评估。其中之一就是入住人员负荷量，指的是教室、就餐室和礼堂里可以安全容纳的人数（Farr and Sawyer，2008）。

对于人类在火灾中行为的研究关注的是人类如何在紧急事件中做出反应。通过进行此类研究和很多事故调查，可以揭示很多值得研究的现象。第一个现象就是人们试图从他们进入建筑物的通道离开。这就是为什么主要入口处经过设计能够处理50%的整体入住人员负荷量。这些主要出口处在任何时候都不能被改动或堵塞。而且，出口通道的门总是应该在逃生通道那儿保持畅通，防止在大门打开之前，人群到达逃生路口形成堆积（Byran，2008）。第二个被关注的现象就是在建筑物出口处的交通枢纽点的设计。在站台夜总会的录像上可以看到这悲惨的一幕，站台夜总会在通道出口处设定了身份证检查点以控制主要入口处。因为很多从这里进入的人希望从这里离开，在疏散时就出现了相反的情况，因为出口处的宽度受限而导致人员伤亡。第三个现象就是没有对安全保障人员和其他的雇员们进行培训以帮助他们在设施内部正确疏散逃生。

在鉴定居住量时，首先要考虑的就是入住人口的类型。这是根据在指定建筑物或者房间将会发生的活动进行分类的。《全国消防规范》第 101 款（即"生命安全法规"，2012）规定了教育场所的空间占有率是每 20 平方英尺 1 个人。根据在指定城市所运用的火灾和建筑法规，界定每个人所占的平方英尺数就可以界定建筑物的居住荷载量。座椅的类型、餐桌的摆放、座椅是固定的还是可移动的，或者说缺乏座椅这些情况都可以确定荷载量，以及即将要发生的活动。然后就用这个地区的总平方英尺数除以这个数字，就得出了可以安全使用房间的最多人数。

可以用相似的方法评估入住人口需要的出口数目，这也可以在《全国消防规范》第 101 款（2012）中找到。居住荷载量乘以0.2 就可以确定需要的出口处，乘以 0.3 就可以确定楼梯的宽度。要知道门最少是 36 英寸宽，以容纳那些使用轮椅或者拐杖的入住人员。比如说，居住载荷量少于 50 人的房间里，设置一个出口门就足够了，可以向里或者向出口通道处打开。当房间里的人数超过 50 人时，就需要提供两个出口处。这些出口处必须彼此相隔很远，出口处的门可以向外打开，或者是行进的方向。

出口通道系统有三种。它们是：

● 出口通道，或者是建筑物内部的路径；

● 出口处和环绕出口处逃生的区域；

● 出口处放开后通往或者说进入或者穿越公共区域。

在入住人员安全逃生的过程中，每一种出口都很重要。在设计时，我们希望使这些出口处不要被堵塞，但是入住人员却做了很多影响出口通道系统畅通的事情，以至于在发生紧急情况时不能安全逃生。

出口通道是指建筑物内部的通路，入住人口必须从通路到达安全地带，通道不能放置会造成堵塞的突出物。饮水器、门、显示器以及小橱不应该影响到通道的宽度，因为通道的容纳量对于安全疏散是很重要的。另一个重要的情况就是没有提供两个出口的死胡同。在《全国消防规范》第 101 款中有严格的限制规定，没有安装洒水喷头的教育空间占有率为 20 英尺/人，建筑物安装洒水喷头的教育空间占有率是 50 英尺/人（NFPA101，2012）。

对于在过道或者楼梯可以设置的装饰物类型应该有严格的限制。需要特别注意的是，轻量级可燃物的放置比如说纸张、塑料和其他很容易就着火的沿着墙体和天花板堆放的物质必须被仔细地加以控制，因为它们提供了一个简单的火焰蔓延路径，很容易就会超过正在前往门厅的入住人员的奔跑速度，散布烟雾火势，这就会堵住逃生的道路。相关的火灾和建筑法规（NFPA 1，2012；NFPA101，2012）提供了在出口通道或者楼梯的任何墙面覆盖物之上火焰传播的速率，以便于永久或是临时阻止这种灾难。这些出口处通道不应该引导入住用户通过高风险区域，比如厨房或者机器房。相反，它应该尽可能地去往最安全的地带或者道路。

在建筑物的设计阶段，防火门有时候似乎没有理由的设置在门厅的中间，但是在生命安全里它们扮演着至关重要的角色。首要的是，这些"水平安全出口"通常都是和火灾报警系统联系在一起的，在发出警报声时，它们会摆动着关闭。这就把大厅的一端和另一端隔开，从而限制或者阻止了建筑物内部火焰和烟雾的蔓延速度。在入口处或者楼梯处会看到这种类型的门，它设计了自我关闭的门扶手以帮助关闭。设计这些门也是为了使楼梯处没有烟雾火苗，因为空气流通的问题，这些门总是会被打开。这个问题很严重，因为入住人员会影响在最初设计防火门时所采取的安全措施效应。一旦发生火灾，门就会被打开，烟雾和热就会散布到楼梯，逃生的入住用户们就会接触到非常危险的燃烧副产品（Lathrop，2008）。

沿着逃生通道，必须使用出口处的标记物以说明最近出口处（门）的逃生方向。必须注意避免把这些标记物弄模糊，这些标记物必须在出口处的各个方向都可以清楚地看到。每个标记物都可以被照亮，在断电时有备用电力。这就要求根据制造商们的建议，对建筑消防和生命安全法规进行定期测试。每一个出口处的标记物都设置了测试按钮以利于对功能进行监测。有时候要沿着墙壁在地板上设置额外的标记物，以防烟雾从天花板上把被照亮的标记物弄模糊。

楼梯是出口通道的一个部分，同时也是那些不能逃生的居民的避难区域。门和墙面上的涂料可以耐火一个或者两个小时，这就为逃生通道中入住用户免于受到烟雾和火的侵害提供了保护。楼梯由竖板、踏板、平台以及标准的扶手组成。竖板是楼梯的垂直部分，必须被关闭。踏板是供我们站立或者踏住的。踏板和竖板的高度和深度不应该有偏差，设施比率应该为 3/16。设置平台是为了避免楼梯奔跑，以提供一些安全因素，比如避免有人坠落或者提供一个地方以观光或者休息（Lathrop，2008）。在大多数的规定里，楼梯的最小宽度是 44 英寸，随着入住人员负荷量的增加，楼梯的需要宽度也在增加。根据建筑物消防和保护生命安全法规的规定，扶手的最高处护栏必须至少有 34 英寸，并且高度不超过 42 英寸，最高处的护栏应该有 11/4 ~ 21/2 英寸宽，以方便人们抓扶。应该提供中等宽度的护栏，以防在地板和扶手处之间分离，避免人从上通过时，从下面的踏板摔下来，或者更糟糕的，摔到地板下面。绝对禁止在楼梯处存储物品，因为这将会在出口处增加燃烧的燃料或者堵塞出口处，阻碍个人逃生道路（NFPA 101，2012）。

一旦入住用户到达真正的能够通往安全的大门，他们就到达了出口处。出口处的大门由具有耐火性的材料构成，从而隔开建筑物。出口处的大门应该是可以自动关闭的，安装了被称为门把手的设施。门把手指的是开门机制，设计开门机制是为了可以从出口处的方向打开大门。这样门就可以在遇到危险的时候被打开。门把手由条状物或者组件构成，条状物和组件构成了大门的宽度，当惊慌的用户们到达大门时，靠在大门上就可以推动门闩并打开大门。出口处的大门是可以自我关闭的，建筑物里都是人时，大门是不会上锁。出口处大门附近的区域不能存储物品或者堆放碎片，包括不能有冰和雪，以维持安全的通道路径。

作为出口通道系统的一个部分，应该提供紧急照明灯。紧急照明灯由电池供应电力的灯组成，在断电的时候可以照亮通道路径。这也包括为出口处的标记物提供照明。出口处的照明应该包括低压灯泡，在主要电力供电中断时以供使用。这需要进行测试，中断110伏特的电力供应，使电池供应电力。紧急照明灯组件包括一个功能测试件，以确认系统运行。绝大多数的制造商和当地的火灾和建筑法规要求对照明功能进行每个月三十秒钟的测试，每年进行三十分钟的照明功能寿命测试。通过操作或者移除断路器或者熔点，就可以很好地进行这三十分钟的测试（NFPA 101，2012）。

最后的部件——出口场地——指的是在出口终点处和公共场所之间的出口通道中的部分。这段路程必须直接指向建筑物外部的阶梯，或者必须提供一条直接的通道到达阶梯，必须引导入住居民们通往公共场所通道。公共场所的通道可以选择人行道、大街或者设置在开放地带，并且应该通往公共区域。

不论通道是什么形式，必须遵守为了对出口通道进行维修保养而规定的各种要求，比如照明、宽度和可进入。正如之前所提及的，物主/入住者必须清除道路上的雪、冰、碎片和任何种类的物品。如果出口通道通往大街，物主还应该确保入住人员接受警报。应该和当地消防部门制订计划，避免在这些区域和消防部门附近造成人群堵塞（Lathrop，2008）。

疏散通道

学校有责任提前制订疏散计划以应对火灾。计划必须以书面形式制订，根据计划安排的针对教职员工的培训必须定期举行。在紧急事件中和当地消防部门进行交流互动是至关重要的。当地或者州立法将会记录间隔多久进行演习和什么时候举行演习。《全国消防规范》第 101 款（2012）规定当建筑物对入住人员开放时，应该至少每个月举行一次消防演习。应该根据计划，在不同的日期和时间举行消防演习，使用建筑物的火灾报警系统。在演习之前要确认通知消防部门和负责报警监测的部门。

在这个过程中最重要的两点就是保持有秩序的疏散，以及在疏散之前和学生们到达户外安全地带之后清点人数。教职员工们和学生们通过培训和练习可以做到这两点。教师和助手们必须在进行实地训练之前接受培训，了解要采取的行动和上级指定的出口通道。这应该包括检查厕所和学生们有可能待的其他地方。在一年的课程中应该经常进行练习，以培养学生们和员工们正确的应对反应（Szachnowicz，2008）。

首先，应该弃置个人物品，因为排队时个人物品会带来大量无法控制的情形，在疏散时还会造成绊倒的危险。人们应该在门口排队，由一名工作人员检查门的受热情况，并且观察烟雾。应该实行问责制检查，应该让学生们尽快知道。带上门禁钥匙和重启钥匙，因为你总是需要把身后的门关上，以阻止建筑物里的火势蔓延。按照预先定的路线离开建筑物。在每一处应该指定一个以上的出口处，以免遇到烟雾和火。记住，火灾中绝大部分的死亡都是因为当事人吸入了烟雾。燃烧时释放出的烟雾是致命的。假如你遇到了烟雾或者起火，请转身。假如你被包围，请躲在关闭的门后，拨打119，或者在窗户外悬挂一条毯子，并且发出求救信号。

一旦从建筑物出来，就前往预先确定的集合场所。这个地方应该远离消防地，而且应该远离交通堵塞处或者其他危险地（Sza-chnowicz，2008）。一旦离开建筑物到达安全地带，教职员工应该立即清点所有学生人数。教职员工们应该每天统计学生们的出勤率，以及不在现场的学生名单。负责人应该和每一名教职员工进行核实以确认他们清点了每一个人。同样重要的是清点每名员工的下落、了解他们的生活状态。

结　论

永远不能想当然地随意对待生命安全。我们屡次发现因为不当的逃生通道、缺乏对员工们进行培训、缺乏应对紧急事故的计划，造成生命安全的损失。我们必须警惕，要维护生命安全，做好准备，应对有可能发生的火灾事故。至少每年应该回顾所有的计划，把演习和培训作为教育入住人员在教育空间里持续进行的正常工作。你正在保护的财产是不可替代的。

个案研究

约翰最近成为索斯小学的校长。在他上任的第一天，他由工作人员陪同巡视学校以对教室和设施有更全面的了解。在巡视校园时，他注意到两个出口处大门用链条和挂锁锁上了。当询问负责维修保养的管理人关于挂锁的事时，他被告知这是出于对学校财物失窃的担忧所致。

- 用链条锁门的现象显示出怎样的安全问题？
- 约翰应该如何探讨这种情形？

练 习

拿到一份你的火灾疏散计划书，根据你的计划对于安全出口系统进行评审，评估是否符合本章里所讨论的这些组成部分。

1. 出口通道是否通畅、没有那些额外添加物造成的危险，如装修、存储货物、通道被堵塞或者门被堵住？
2. 门把手是否运作正常，是否所有的门都在出口方向打开？
3. 是否所有出口处的大门都被上锁，逃生通道都被堵住？
4. 逃生出口标记是不是在门厅和楼梯的任何方位都能清楚地看到？
5. 可听和可视通告系统是不是被覆盖、堵塞、损坏或者遗失？
6. 是不是从出口处通往公共场所的道路沿途没有建筑物，而且没有发生任何堵塞或者危险情况？

参考文献

Bryan, J. (2008). Human behavior and Fire. In *Fire Protection Handbook* (20th ed.). National Fire Protection Association. Quincy. MA.

Cholin, J. (2008). Inspection. testing and maintenance of fire alarm systems. In *Fire Protection Handbook* (20th ed.). National Fire Protection Association. Quincy. MA.

Esposito, J. (2005). *Fire in the Grove*. Decapo. Cambridge, MA.

Faar, R., and Sawyer, S.. (2008). Fire prevention and code enforcement. In *Fire Protection Hanclbook* (20th ed.). National Fire Protection Association. Quincy. MA.

Grosshandler, W. L., Bryner, N. P., Madrzykowski. D. N., and Kuntz. K.

(2005) *Report of the Technical Investigation of the Station Nightclub Fire* (NIST NCSTAR2). National Institute of Standards and Technology, Gaithersburg. MD.

Jones, M. (2009). *Fire Protection Systems*. Delmar Cengage Learning, Clifton Park. NY.

Lathrop, J. (2008). Concepts of egress design. In Fire Protection Handbook (20th ed.). National Fire Protection Association, Quincy. MA.

Moore, W. (2008). Fire alarm systems. In *Fire Protection Handbook* (20th ed.). National Fire Protection Association, Quincy. MA.

National Fire Protection. (2010). NFPA 72: *National Fire Alarm and Signaling Code*. National Fire Protection Association. Quincy. MA.

National Fire Protection Association. (2012). NFPA 1: *Fire Prevention Code* (2012 ed.). National Fire Protection Association, Quincy. MA.

National Fire Protection Association. (2012). NFPA 101: *Life Safety Code* (2012 ed.). National Fire Protection Association, Quincy. MA.

Schifiliti, R. (2008). Notification appliances. In *Fire Protection Handbook* (20th ed.). National Fire Protection Association, Quincy. MA.

Szachnowiciz, A. (2008). Educational occupancies. In *Fire Protection Handbook* (20th ed.) National Fire Protection Association. Quincy. MA.

第十五章　高空作业

罗纳德·多森（Ronald Dotson）

目　录

学校和任何其他行业一样经常会有从事高空作业的工作人员。这些工作人员包括教师们。对于教师而言，造成伤亡事故的一个主要原因就是从不同的高度掉下来（Isaacs，2010）。在危机分析中对于工作的其他任务的忽视通常会导致出现这种情况。教师们布置教室，学校甚至要求教师们将教室布置得很吸引人以适于课堂教学。这个过程会需要进行一些高空作业，当身边没有合适的梯凳或者梯子时，为了完成任务就会使用桌子和椅子。在工厂里，高空坠落是造成死亡事故的主要原因（美国劳动数字统计局，2010）。重要的是了解，因为坠楼的高度不同，坠落不一定就会造成死亡。我们经常会忽视那些在发生坠落事故时，会激化或者增加伤亡风险的物体。坠落防护预案主要有四个核心任务：识别危机、正确消除危机、培训员工和制定救援预案。

实施有效项目的首要方面就是确定项目的主要领头人，根据他们的能力指定相应的职务。每一个项目都设有管理人员、具备资格证的人员、有能力的人员、授权使用者和援救人员。可以让一个人来执行几项不同的任务。

每一个项目都有管理人员。这里的安全经理可能就是管理人员。他将会执行三项至关重要的任务：

- 制定、评估和不断地改善项目；
- 创造，并且在需要时对项目做前景规划；
- 为完成项目的四个核心任务制定工作流程。（美国国家标准协会，2007）

通过有效的调查和对项目进行效力评估可以不断地改善项目。这一点也和前景规划有关。很多机构只是在讨论通过防坠落设置来消除坠落风险性，当项目操作比较复杂，在工人离地面四英尺或者更多时，就使用挽具状背带。在实施高级项目时首先需运用不同的技巧或者采取措施将消除危险作为行动目标。持续改善也意味着为同一场所发生的所有事故制定的追踪指标必须是有效的。就任务分工而言，那些传统的不至于造成高空作业危险的任务分工仍然需要进行检查，以避免出现坠落现象。比如说，教师们面临怎样的情形时会出现坠落？教师当然不是我们将要讨论的工人中的第一种。我们会讨论修屋顶的工人、修架构的工人、油漆工和砖瓦工，把这些工人作为我们要首先讨论的目标群体。许多的任务或者工作岗位都被认为和坠落事故无关。我们必须知道坠落事故并不仅仅是指不同高度的位置之间或者是从四英尺高的高空坠落。死亡事故和被刺事故经常会在同样高度的高空坠落事故中同时发生。要完成这四种核心任务的正确途径就是使和项目有关的各方面的工作人员彼此联络以及参与到项目中。

坠落防护设备的使用者就是授权得到防坠落安保设备的人员。授权使用者必须能够识别危险和其他的警报。他们的任务在于识别危险、报告危险，然后相应地认真地正确地使用预先设置好的坠落防护系统。在这个层面上，安全经理人必须努力培养这种观念，因为遵守安全保障法规措施是行为动机。这不仅是指授权人员要报告危机并采取行动，还意味着他们应该进行工作危机分析，对于任何规划，以及任何时候被忽略的会面临的危机进行分析。相关报告的内容以及对于所遭遇到的危机进行报告的各种努力都可以用来界定项目的成熟度。换言之，这讨论的是关于文化的问题。应该在执行一份新的任务或者项目之前就进行关于高空坠落危险性的调查报告。出于对教师们和职员们的安全保障考虑，各个学校至少应该每年进行一次高空坠落危险性的调查。因为教师们和员工们在执行某些任务时需要进行高空作业。

有资格的人员指的是那些经过培训并且有工作经验、可以识别和消除高空坠落危机的工作人员。使校园里的授权人员经过培训成为有资格证的人员是工作目标之一。这样做将会提高关于高空坠落危险性调查报告的质量。有资格的人员要执行四项附加的任务：

- 指导设计、挑选、安装和/或监测高空坠落防护系统；

- 协助调查研究；

- 提供培训；

- 加入救援活动并且帮助制定救援预案。（美国国家标准协会，2007）

有资格证的合格人员所指的远不是授权使用人员。有资格证的合格人员的受训体验和经验使得他们可以获得工作空间的持续提升。只有受过训练、有证件证明他们的工作经验的雇员才可以被认为是"有资格证的合格人员"。

有能力的人员指的是受过培训的有经验的工作人员，他们拥有已确立的机构所赋予的权威，他们可以要求终止工作，直到形势得到改观。有能力的人员构成了最高层次工作岗位的工作人员，按职位等级排序，岗位设置是由使用者、合格人员、能干人士构成的。从高空坠落防护措施的角度而言，能干人士也要执行附加的任务。这些任务包括：

- 进行危险调查报告，尤其要在制定项目时进行早期风险评估；

- 正式界定危机；

- 在站点停止工作或者限制工作范围；

- 监管设备的挑选和使用；

- 核实对于安全保障措施的遵守程度和工人的培训水平；

- 调查；

- 对系统和组成部件进行监测；

- 移走受损的设备；

- 指导救援活动。（美国国家标准协会，2007）

救援活动很重要，但是经常被忽略。即使是制造高空坠落防护设备的工人们有时也会疏于列清作为坠落防护措施之一的个人救援物品。能干人士必须是救援活动的监管者。在拥有很多学校的教育环境里，安全专家们通常不会即刻到场。这意味着在现场附近并指导救援活动的那个人必须能够胜任执行救援活动。救援者们也有不同程度的能力。根据机构的组成结构，这些职位可以由一个人来承担。

有两种不同层次的救援者：能胜任工作的人员和授权人员。授权救援人员可以是学校的第一援助应急队的成员之一。他们可以执行下面的救援任务：

- 根据他们的培训层次执行主要的救援任务；
- 对预先制订的计划进行核实；
- 检查救援设施。

能胜任工作的救援人员：

- 制定工作流程；
- 核实是否进行了足够的培训；
- 核实货物存储是否妥当，并保养设施；
- 评估工作流程和设施状态。（美国国家标准协会，2007）

为了完成项目任务，安全经理人必须将从每个站点搜集到的信息进行汇编，并且明确地完成以下工作：

- 在运作前以及运作时观测站点；
- 对站点出现的特定的危机进行报告；
- 制订计划以组织有资格的合格人员和能干人士；
- 培训或者核实培训情况以适应站点的工作要求；

- 和有资格的合格人员以及能干人士制订救援计划；
- 进行模拟救援演练，即使只是桌面练习。（美国国家标准协会，2007）

对于安全经理人而言，整个工作站点的这些典型任务可以构成一个工作指南，指导能干的指挥人员就某个特定的工作或者项目进行高空坠落危险性调查。对于有坠落危险性的每份工作而言，能干的人士可以使用他的知识和经验，根据面临的威胁进行短期的培训，制订消除威胁的计划，然后为救援活动制订计划。

坠落防护系统

坠落防护系统包括五个方面。它们是：

- 消除坠落危险；
- 被动的控制；
- 坠落限位器；
- 坠落防护装置；
- 管理控制。

消除坠落危险是最好的选择。有时候会难以实现或者不具备实际可操作性。坠落是一个变化过程。要解决这个难题会很困难，因为在很多时候我们会发现缺乏培训和应对经验，或者说是组织机构的经济状况无力承担。比如说，我们可以每次用起重机升起几整套的支架，减少反复操作的次数，但却无法一次安装一整套支架。当然，公司必须使用起重机和操作员或者是利用资源进行操作。另一个例子就是在地面装货。

被动控制是另一个可靠的方法。工人们遇到危机情况时将会被隔离。比如说使用警戒队。

坠落限位器系统包括自回拉绳系统、定位系统和限位器。安装了限位器，只要在工人们无法接近铅板边缘时，他们就可以使用固定的系链/拴绳。必须警惕的是，体重超过 310 磅的工人是不在限位器范围之内的。限位器只适用于低斜面的表面。定位系统必须限制工人的坠落高度或者运动空间在两英尺之内，而且只能在垂直的表面上使用。在可能的情况下，定位系统可以和其他的系统分开，但是却不适用于体重超过 310 磅的工人（美国国家标准协会，2007）。

使用坠落防护系统是安全专家们通常采取的第一解决途径。但是，坠落防护意味着消除危机的目标并不是消除坠落的危险性，而是救援在较低层面的受伤人员。坠落防护装置并不是第一选择。在坠落防护系统中，坠落防护装置排在第四位。在高空坠落事件中，在采取阻止坠落措施时，从高空坠落到被营救的这段时间里会出现悬吊创伤，在营救活动中，工人们会出现伤亡。此外，很多人并不了解坠落的距离。在很多时候，当坠落高度不足时，6 英尺的具有震荡吸收能力的拉绳起不到任何作用。换句话来说，工人们仍然会碰到较低的地面。

最后是管理控制，比如说可以使用导线员进行语音报警的热线系统。这种方法被认为效率最低，因为它要依靠人正确地遵守规章制度才能有效，而工人们可能没有配备正确的设备或者没有提前做好准备以应对从边缘处坠落的危险。

救　援

让我们回顾在坠落事故救援预案中对于坠落保护而言很明确的几点。将被困人员从悬挂的背带上和拉绳上解救下来的救援时间应该限制在 4 分钟以内。美国国家标准协会将 6 分钟列为是发生坠落事件时做出反应所需要的时间。但是，你应该注意到悬吊创伤在发生危险时的第 1 分 30 秒就开始出现了。而 4 分钟被认为很重要是因为大多数人在这个时候就表现出创伤的迹象。坠落事故救援预案应该强调以下几点：

- 召唤救援人员、同伴和先遣救援人员的方法；
- 可以获得的救援方法；
- 可以得到救援人员和培训；
- 可以获取的设备类型和安置地点；
- 模拟演练。（美国国家标准协会，2007）

在基本安全作业标准中可能已经制定了信号的形式，信号形式不应该变化太大。使用的方法和可获取的设备，与人员培训的水平和工作环境相关联。重要的是定期进行模拟演练或者组织培训，在特定的场所进行桌面训练。

一些简单的要点对于救援工作会有帮助。第一点就是，不论使用哪种类型的防坠落设施，在设置回拉绳时，应该制订救援坠落工人的行动计划。绳索抛射器是一些被系的绳，当连接装置沿着水平方向的救生绳滑动时，就可以帮助工人们快速把坠落工人们拉向他们。第二点就是讨论所有的挽具背带可适用的救援步骤。这些救援设施花费不多，和挽具以及下坠的工人相系，在坠落被阻止时，如果工人仍然很清醒，就能够展开救援步骤。踏板悬挂在脚边，工人可以踏在踏板上，缓解腿部的压力并降低位置。这些做法会阻止出现被悬挂在半空中的情况。

坠落防护预案

就雇员们的保护措施而言，当出现坠落时，能干的人士必须考虑到危险中所面临的坠落高度和可以获取的营救途径。问题的重点并不仅仅是对于雇员们采取坠落防护措施，而且要采取实际行动以阻止雇员们坠落到低处。个人坠落防止设置系统有几个部分：挽具、拉绳、连接装置、救生绳、锚点和营救设施比如陷凹踏板和绳索抛射器。这一些设施是为了阻止坠落，并且阻止雇员们撞到较低处。

一个常见的错误就是给雇员们配置 6 英尺的震荡吸收索。因为自由坠落的最大距离是 6 英尺，所以拉绳的长度应该不足 6 英尺 [29CFR 1926.502（d）（16）（iii）]。用来阻止坠落的任何拉绳都可以吸收坠落时释放的能量。因此，拉绳可以利用坠落的力量将突然坠落并停止运作的雇员们所佩戴的减震装置拉出以激活，减少震荡力。拉绳的震动吸收部分最长可以拉伸 3 英尺，对于一个震动吸收装置的 6 英尺长的拉绳而言，这个总长度就是 9 英尺。雇员们的平均身高是 6 英尺，建议在计算坠落的总距离时把 3 英尺的额外空间也包括进去。从锚的角度来看，6 英尺的拉绳适用于 12 英尺的危险高度。出现较低高度的危险则需要将拉绳绑在救生绳上或者是工人们头顶的锚点上，又或者是在远离铅板的边缘，在工人们将会撞到较低处时进行阻止坠落。还存在着其他的一些备用拉绳。一个策略就是使用自我拉回坠落限制器或允许工人们移动拉绳系统，但是当突然感觉到坠落中的急拉时，拉绳会锁定，从而控制坠落距离在 2 英尺以内。

当工人们工作没有配置平台式升降机时，最适宜的安全应对策略应该是消除坠落危机。平台式升降机就是指装有防护栏杆系统的吊篮，但是因为吊杆的危险性，以及篮子在穿越恶劣地带时将工人们弹射出去的结构，出于保护的目的，不能依赖于栏杆系统。应对策略就是把工人们放在篮子里，消除坠落危机，这需要自我拉回设置或者是固定的拉绳。

学校的雇员们也经常会使用剪式升降机。剪式升降机和平台式升降机的区别很大。剪式升降机是一个被护栏围绕的篮子，通过中心的重力支撑起整个框架。这种设计就不需要使用弹弓效应，护栏自身就能够满足职业安全健康管理署（OSHA）的要求。如果制造商们允许，也会用到坠落防护措施。剪式升降机在被设计之时，并没有考虑到要承受阻止坠落的力量。

梯子安全

对于绝大多数的工作环境而言，梯子是至关重要的工具。学区制定了维修保养活动，以对保管监护事宜以及正确操作进行指导。教师们可以获得安全梯，以及接受培训，正确使用安全梯。教室装潢以及存放物品需要使用梯凳或者叉梯。这可以阻止工人们为了完成任务而采取走捷径的方式，比如攀爬桌、椅、书架或伸手去拿那些不在触手可及范围之内的物品。根据梯子安全协会的统计，大约有16万的人每年因为坠落而伤亡。在这16万人中，300人会死亡。梯子的挑选和使用有5个步骤，要制定正确的规划就必须考虑到安全梯的挑选、检测、安装、使用和正确的维修保养方法等方面的问题（美国梯子协会，2011）。

挑 选

进行正确挑选的第一步就是要了解梯子的类型。有3种基本类型的梯子：叉梯、单梯和伸缩梯。叉梯是指那种可以折叠的独立的梯子。它们可以被设置成不同的高度，顶端有踏板，而不是靠踏杆来维持平衡。叉梯两边的梯梁可以安装踏板以及维持梯板的向下锁定的撑杆，叉梯的顶帽不是为了让人站立在其上，从后面突出的平台是为了放置工具和涂料，后部的梯梁也不是为了攀爬。在侧面的梯梁的底部，即梯子和地面接触的部分就是防滑条或梯脚。所有的梯子都有防滑条或梯脚。

伸缩梯由两个单独的梯子组成，这样它们就可以连接以延伸到需要的高度，伸缩梯有一个位于基部的梯子，保持和地面接触，另一个扩展的梯子是为了向上延伸到需要的高度。扩展的部分设有踏杆锁，可以保持梯子向上延伸。扩展部分的梯子也可以和基部的梯子通过绳索和滑轮装置相连。单梯装有梯脚、侧梯梁、踏杆，并不是自我支撑的。单梯只是伸缩梯的基座部分。在摆放时，伸缩梯和单梯都应和地面呈 75°，或者是倚靠在 4 英尺高、1 英尺宽的墙角来摆放 ［29CFR 1926.1053（b）（5）（i）］。

要正确地选择梯子，就要理解工作环境有可能带来的危机，以及克服这种困难的途径。要考虑由地面、顶面、工作高度、伸出手能达到的距离以及承载量这些因素构成的危险。比如说，梯子的梯脚部分的防滑齿轮脚板阻止软地面造成梯子滑倒。在窗户或者不平的表面使用梯子时，可以在梯子的后部使用撑杆来稳定上基部。

天气也是环境的构成因素之一。起风时梯子可能会晃动，或者横梁会变滑。摆放梯子的通道附近或许是门，或者是供电箱、电线。梯子通常用 3 种基本的材料制造：木头、玻璃纤维和铝。在一个有可能通电、出现危险的环境里使用梯子时，必须使用绝缘梯。

在挑选梯子时另一个需要考虑的要点就是额定负载。安全梯可以安全承载的重量经常被忽视。承重量指的是工人、工具、附件，或者是其他的在任何时候会存放又或者安装在梯子上的物体的重量。安全梯在边栏上清晰易懂的标签列出了承重量。这些承重量就是：

- 类型 Ⅲ：承载 200 磅的重量；
- 类型 Ⅱ：承载 225 磅的重量；
- 类型 Ⅰ 或者重型安全梯：承载 250 磅的重量；
- 类型 IA 或者特重型安全梯：承载 300 磅的重量；
- 特殊类型 IAA 安全梯：承载 375 磅的重量。（美国梯子协会，2011）

检　测

在投入使用之前和用过之后，要对安全梯的各个部件进行检测。从梯脚开始检测，并且向上检查踏杆、侧梁、撑杆（叉梯）、踏杆锁定装置（伸缩梯）、运动部件、绳索（伸缩梯）和顶梁，以及检查遗失的标签。任何具有可修复性损坏的梯子都可以贴上标签以进行维修，并且从现场工作区域搬走。那些带有结构性损伤并且不能被修好的梯子应该废弃。不建议把有缺陷的产品送给雇员们拿回家里使用。这种做法会被认为是玩忽职守，将会被起诉。

　　一些机构每个月会轮换使用不同的安全电梯，以保养和维护使用安全电梯。在工作之外的时间由安全人员进行检测，如果有需要可以进行维修。电梯在每天使用前、使用期间和使用之后必须再次进行检修，尽管这些检修会增加电梯在每天的使用时间。在使用中，如果出现任何无法使用的情况，必须立刻采取正确的行动。

安　装

　　就人体工程学关注的争议性问题来看，安装过程包括一些关键性的危机状况。搬运梯应该是一端升一端降，这样的设计可以由一个工人来操作电梯并防止受损，梯脚应该倚靠在建筑物的表面、抵住墙端的撑杆或者其他的物体表面（而不是叉梯或铰接式梯）。然后使用者就会升起电梯的顶端，在踩踏和提起时，就会使梯子处于直立状态。一旦将电梯倚靠在建筑物的表面或者被其他的顶部支撑，梯的底部应该和地面呈75°角。这个现象可以用4∶1的比例来解释，或者用工作高度必须在4英尺的规定来解释，或者用梯子底部到所倚靠的墙体的距离来解释，梯的底部应该距离墙体垂直面1英尺。工人们设置正确的角度安置梯子时的一个快速诀窍就是用脚趾抵住梯的底部，在直立状态时，伸出的手掌可以抓住肩膀处最近的梯子踏杆（美国梯子协会，2011）。

　　顶层和底部的支撑是至关重要的。软地面可能会有泥面。有时候把自制的防滑支撑物或者2×4的模板固定在角落处一个3/4英寸的夹板上让梯脚抵住。在很多场合，可以在软地面使用防滑齿轮以防止滑倒。在其他的时候，特别是在梯子的顶端松开时，可以由一个人抓住梯子。

梯子的顶部在任何表面都应该可以延伸3英尺以上，这样的设置可以使攀梯者踏上梯级［29CFR1926.1053（b）（5）（i）］。梯子的顶端应该固定或者被绑住，以阻止其移动。梯子第一次被使用，其顶端没有被绑住或者固定时，可以由一个人提前抓住梯子。

避免在门附近使用梯子，除非门被上锁、堵住或者有护卫或者贴了标记。另外，梯子基座附近的区域应该被堵住或者用锥形体或者其他的警告设施做记号，特别是当安装设备在角落附近时。

重要的是工人们使用梯子攀爬时必须清除踏杆上的赘物。万一发生碰撞时，要挡住角落处，使爬梯者安全地通过。

最后，重要的是要知道梯子的长度并不就是工作的高度。这是两个不同的事。常见的做法就是工人们不能站在直梯或者伸缩梯的最上面3个横梁上，也不能站在叉梯的最上面的横梁或者最高处的踏板上。因此，梯子的工作高度不是其长度。比如说，伸缩梯在基座的梯子部分和扩展的梯子部分有一个重合。对于不到48英尺的梯子，重合部分是3英尺，对于48英尺到60英尺的梯子，重合部分是6英尺。这意味着60英尺的伸缩梯的重合部分是6英尺，梯子的工作高度是54英尺。因为一个人不可能站在梯子最上面的三个踏杆上，这就意味着站立时的高度大约是51英尺（美国梯子协会，2011）。工人站立时能碰到的距离加上51英尺或者站立高度将会决定在梯子上作业时有可能面临的工作高度。太低或者太高的梯子都不安全。梯子的工作高度通常都是用标签贴在边栏上的。比如说，60英尺的伸缩梯的工作高度大概是9英尺6英寸。

当地面不平时，必须使用梯子和水平测量器。水平测量器固定在边栏上，靠近梯脚，每一边都可以延伸，梯子就可以和地面保持接触。

正确使用

很多安全专家会把大把时间投入到制定使用规则。这一点很重要，因为很多的伤亡就是因为没有遵守使用规则。最常见的安全规章事故是由伸手去取物和失去平衡导致的。工人们伸手取物不应该超过常规距离，而且他的臀部应该是在梯子的两边的侧梁之间，另外，当工人们还在梯子上时，不应该跳跃或者拖动梯子。

另一个常见的使用原则就是 OSHA 授权法则，指在梯子上攀上爬下时应该面对梯子，保持 3 点接触面［29CFR1926. 103（6）（20－22）］。也就是说，指在攀爬梯子时，需要保持手脚呈三点接触面或者 2 脚 1 手接触到梯子。工人们常见的一个不安全的行为就是在梯子上攀爬时手里还拿个工具。工具应该通过向上拉的绳索传递过去，用工具袋绑好，或者当工人们在梯子站好以后再递给他们。对于三点接触有一个常见的误解就是，在使用梯子进行作业时，要强制三点接触。工人们必须能够用 2 只手进行作业。一个方法就是将腰胫部或者臀部和腿靠在梯子上，以此来维持身体平衡。工人们在梯子上向前倾的重量和靠在梯子上的重量的转换，以及身体其他的接触点，这些都能够帮助工人们维持平衡。

在梯子上使用带电的工具和上锁的工具有很大的危险。不仅仅工具会坠下，砸到梯子上的工人们，还会连着它们一起坠下，当工具还处于工作状态时，危险就更大。梯子上只能使用那些没有绳索的工具，比如锯子和钻头。正在运转的带电操作的锯子或者钻头可能会一同坠落并且砸到坠落的工人。需要注意的重要一点就是必须控制梯子下面的区域，只有在工人们确认要通过入口处并且停止工作时，才能允许他们进入入口处，工人们在梯子上面工作时，不能出现有人在下面用手抓梯子的情况。

关于梯子使用的一些常见错误操作也是受伤的原因。以同样的方式将叉梯像一个独立的或者伸缩的梯子那样倚靠在墙壁上或者撑杆上，是违背了 OSHA 的操作规范的。梯子也可以很容易地就沿着表面向下滑，工人们就会坠落。决不能以任何方式将梯子绑在一起以增加长度。还有一个常见的违反安全规定的现象就在平台式升降机、剪式升降机、车厢或者其他的上升的表面或者设施的顶上使用梯子。更为有效的做法就是为项目进行正确的计划和挑选正确尺寸的梯子。

过去的经验显示，在得不到最好的设备时，人们往往会走捷径。人类的行为就是选择最快的方式来完成任务。梯子造价很高，在学区的每所学校制定目录清单，确定领取梯子的地点，这样做可以避免维护人员采取危险的操作方式，维护人员可以去商店购买合适的梯子或者去拿适合在梯子上使用的电动工具。使用不带电线的工具。把购买不带电线的工具作为购买规则可以避免更大的伤害。

存储和保养

存储梯子也是避免发生伤害事件的策略之一。可以悬挂或束缚梯子，以阻止梯子被翻转。有些机构把梯子锁起来，给曾经接受过培训、知道如何正确使用工具的工作人员一把钥匙。这能够确保只有合格的工作人员才能够拿取梯子。教师们也可以拿到梯子和梯凳。他们要装饰教室、存储货物和安全地放回货物，不对他们进行培训，他们就会受伤。他们不可能等到维修保养的工作人员或者看管员到场来帮他们做这些事情。

用完梯子之后，要注意给梯子做清理和润滑。必须润滑保养梯子的零部件，必须清洁踏杆和侧梁，清除灰尘污垢以及会影响梯子使用的物质（美国梯子协会，2011）。

使用完木质梯子之后，不能在梯子上涂抹不透明的物质以掩盖破裂处，不能遮挡工厂标签。但是，可以对梯子进行保养。合适的保养，会延长铝制的和有机玻璃制的梯子的使用时间。

培训资源

可以在美国梯子安全协会的网站上（www. laddersafety. org）找到关于梯子安全使用的培训信息。该协会在 1948 年成立，是为了向公众们宣传梯子安全使用规则、梯子的制作标准。该协会代表的是其成员、梯子以及梯子零件制造商的利益（美国梯子协会，2011）。美国梯子安全协会目前会向学校雇员们提供梯子安全使用指南的培训教程。

结　论

高空作业是一个特定的领域，需要被全面探讨。本章里所谈到的项目类型是根据 OSHA 的规定、美国国家标准协会制定的要求、一般安全条例。应该根据培训水平和岗位，在工作场所选拔能干人士来完成任务，以营造安全生产的工作氛围。在梯子上工作经常会出现坠落现象。在学校里，梯子是常见的工具，维修保养工人、场地看管人员、保管员以及装饰教室的教师都会使用。应该给从事教育服务行业的雇员们提供工具、设备、培训和政策方面的系统指导，从而将坠落的风险最小化。

个案研究

最近，就职于一所小学的一位有经验的教师，因为在与工作有关的高空坠落事件中导致残疾。这位教师爬到书桌上装饰教室的天花板，为了在学年开始时使自己的教室很美观。这位教师穿着礼服鞋，书桌翻倒。在她坠落到地面的过程中，她的后背和脖子撞到了另一张书桌。当时没有人看到这件事。几分钟之后教师的助手发现了她。

关于这件事情，你和管理人员以及维修保养人员曾经有过交流，你发现学校里的老师们都拿不到梯子，维修保养管理人员觉得教师们不应该使用，一名校长助理同意维修保养管理人员的看法。学校里的一名教师指出他们必须装饰教室，并且去取那些在他们头上够不到的物品。

● 教师坠落的根源是什么？

● 你如何探讨这个问题？

练 习

1. 列出不同的选项，对正方和反方的观点做出回应，作为校长，你会如何阻止未来发生这样的坠落事件？就制定全学区范围的措施而言，你会向中心办公室提什么意见？

2. 制订一份学校关于梯子安全使用的计划草案，供学校的教职员工们讨论。

参考文献

American Ladder Institute. （2011）. *Online Ladder Safety Training.* Accessed March I0. , 2012. http：//www. laddersafecytraing. org.

American National Standards Institute（ANSI）. （2007）. Z 359. 2 – 2007 *Comprehensive Managed Fall Protection Programs.*

Isaacs，J. （2010）. School liability issues. 2010 Kentucky School Board Association Annual Meeting，Louisville. KY.

U. S. Bureau of Labor Statistics. (2010）. Fatal injuries news release. Accessed May 2. , 2012. http：//www. bls. gov/newsrelease/cfoi. 101 . html.

U. S. Department of Labor. （1996）. Stairways and ladders. Subpart X. Title 29 Code of Federal Regulations. Partm1926. 1053. Occupational Safety and HeaIth Administration，U. S. Department of Labor. Washington，D. C.

第十六章　人体工程学

保罗·英格利希（Paul English）

目　录

　　"ergonomics"（人体工程学）这个词由希腊词语演变而来，"ergon"的意思是工作，"nomo"的意思是法律。实际上人体工程学是研究人类与工作环境如何交流互动的学科。当我们在每天的日常生活中考虑着如何完成日常琐事时，我们每天是在无意识地用人体工程学方面的原理在改善我们的生活状态。简单的一些动作比如说移近电脑键盘，又或者是把工作位置调至较高的工作台，都是为了让自己觉得更加舒服。在某个时候，我们有意识地做出决定以改变我们所处的环境，为了得到更好的回报，在最近几年里，人体工程学已经被看成关于人类自身因素的研究学科。

　　许多专家同意对人体工程学进行现代的分析研究，该研究的兴起和第二次世界大战直接相关。从1941年到1946年，超过1.6亿人入伍，为美国而战（Leland and Oboroceanu）。在这段时间里，军队接受大批志愿者加入武装部队，具有严重的影响健康问题的人士，比如说患心脏病或有肺结核历史的人士则例外，这1.6亿男人，平均身高是68.1英寸，平均体重是150.5英镑（Karpino，1958）。

　　在那个时候，所有军工厂都很清楚这一点，他们要设计适合作战部队中大部分的军人的武器和交通工具。政府认为根据大多数人的情况设计武器和工具时，特别是为那些5英尺7英寸的人设计时，就不需要在工具和培训中顾及太多的变化，因此就能够创造一个适合的系统。尽管这样做，在理论上听起来不错，但在战场上情况就不是这样。假如一个士兵的身高比平均身高要高出3～4英寸，被指派去驾驶原本被设计成由较矮的人来驾驶的坦克，这样的经历将会使得此人的作战体验更为难忘。

　　而今天传来了好消息，武装军队和很多其他的机构组织一样，意识到在工作场所的各个领域根据人体工程学进行操作的收益和功用。不仅能够为企业提供具有竞争力的优势，同时还能为企业和其他实体提供更加符合社会和道德的行动规范，让它们做对雇员有好处的事。不会有人在跑来工作的时候说，我今天想受伤。不幸的是许多机构组织看到了工作场所即将发生的危险，但是却疏于去界定这些会对人体造成伤害的压力来源。人体工程学伤害事件通常不会立即就显示出受伤害的迹象和症状，但是随着时间的推移和身体受到的压力的积聚，人体工程学伤害或者说是累积创伤（CTD）就会对雇员们造成严重伤害，甚至使他们残疾。

累积创伤的迹象和症状

工作地点的很多不同影响都会导致累积创伤，造成很多不同种类的伤害事件。我们鼓励探索并且需要通过更深层次的途径，以应对人体工程学的争议问题。人体工程学通常被划分为三个类别：

- 力量：需要施加多少力量以完成这项工作任务。
- 频率：需要间隔多长时间，才能完成这项任务。
- 姿势：工人们完成工作时是采取怎样的姿势。

如果在力量、频率和姿势这些领域中的一个或多个因素不适合雇员们完成这项工作，就会导致累积创伤。累积创伤有很多不同的表现，并且在很多的已知类别中得到展现：

- 腕管综合征：正中神经在手腕部的腕管内受压，特别是腕部过度受压，症状包括在腕部、拇指或者其他手指的发热感、刺痛感、瘙痒感。许多患者声称，因过度使用或者扭曲，夜间入睡时手指感觉麻木。病情严重时，整个手都没有力气了。
- 桡骨茎突狭窄性腱鞘炎：桡骨茎突处肌腱隆起肿胀，伸拇指受限。
- 上髁炎：手肘外侧的肌腱发炎，有时候被称为是网球肘，很多网球选手因为在打网球时过度向下拉伸手腕及前臂而导致这种病状。
- 腱鞘囊肿：腕背出现囊肿，内含浓稠黏液（关节液）。

通常因为过度和重复性使用腕部以及手部而造成。

●腱炎：肌肉或肌腱因过度运动而肿胀。这种症状常出现在肩部、腕部、手部和肘部等身体疼痛部位。

●腱鞘炎：因为重复性动作和身体姿势不对，而造成腕部和手指的肌腱疼痛、发炎，出现胸腔综合征。

●胸廓出口综合征：做上肢超过头部的动作时感到困难。患肢手部尺侧感觉异常，有手部功能障碍。

●扳机指：掌指腱鞘反复屈伸，患指进行机械性摩擦如使用电锯或从事其他工作，在这种情况下，肌腱发炎、肿胀并失去灵活感。可能的原因是使用的工具过大或者过小。

尽管这绝不是对于累积创伤问题的迹象、症状和表现形式的一个明确的争端，但是它向我们展示了一个画面，关于过度压力、频率和姿势如何导致在工作场所的伤亡事件，关键在于在伤害事件发生之前就规避不当的工作规划和工作地点，依据人体工程学设计新的工作地点和工作任务。

人体工程学方面的争议问题和 OSHA5

职业安全健康管理署（OSHA）制定了非强制性指导原则，帮助不同的工厂，界定在工作场所里常见的一些不同的工程学问题。OSHA 的任务是通过制定和实施标准，提供培训、教育和帮助，为男女工人们确保安全和健康的工作环境（OSHA，1989）。在雇主违反安全健康标准时，OSHA 可以惩罚他们缴纳罚金。人体工程学规章制度在克林顿任期结束之时已经出台。当克林顿离开他的办公室时，第一项被废除的法规就是由布什政府颁布的关于人体工程学的条款，它被认为罚金过高，以至于雇主们无法遵守。这个章程被认为是大政府的章程，会对小型企业造成伤害。

因为没有实施的标准，OSHA 转而依据《职业安全健康法案》

中的一般义务条款。法案的5（a）（1）部分声称：

（a）每一个雇主：

（1）必须为他的雇工们提供一个免于受到已经界定的有可能导致死亡以及严重身体伤害的危险事件的工作环境。

（2）必须遵守在这个法案之下所颁布的职业安全和健康标准，

（b）每一个雇员必须遵守职业安全和健康标准以及所有的法律规章制度和命令，以及适用于他自己的行动和行为。

在缺乏关于安全争议内容的特定规章条款时，OSHA可以运用一般义务条款来界定工作场所发生的安全风险问题。在宾夕法尼亚唐宁非凡农庄有限公司，OSHA调查安全和健康违规案件时就运用了一般义务条款的权限。OSHA指控该地没有正确地记录工作场J所发生的伤害事件。很多没有被正确记录的受伤害事件都是和人体工程学有关的问题。公司已经发现但是没有维修，在调查中，随后被曝光的文档显示出工厂里的医疗人员和职业安全专家们都面临人体工程安全现象，但是管理人员却没有采取措施规避这些危险现象。OSHA认为"非凡农庄"没有将雇工们规避已知的风险。正如OSHA声称：

这里要求雇员们提举重达100磅的糖、68磅的奶油、165磅的卷筒、38磅的罐装饼干。在快速不间断的流水线作业中，工人们要重复做这些动作，比如说用一只手取下背带，用另一只手往里装烘好的饼干。

这个案件后来成为臭名昭著的唐宁案件。该案件向企业显示，对于工伤记录的保管是一件很重要的事。OSHA建议的罚款金额是140万美元，很多年以后这个罚金只不过是规定罚金的很小的一部分。这个案件同时还使很多的公司意识到在工作地点不能鉴定和识别人体工程学问题将会导致重大的罚款。这不仅需要在工作场所养成好的商业意识，鉴定造成人体受到伤害的压力源，还需要在《职业安全健康法案》的指导下，在工作地点消除任何初现端倪的危机。

如何界定人体工程学问题

在学校里最简单的识别是否存在任何人体工程学问题的途径就是了解过去的数据。"OSHA300 记录保存日志"在调查报告中记载的事故和保险损失能够帮助你了解是否存在问题。了解这些数据，并且提出关键性问题，将会帮助你制订特别的工作计划或者任务，或者鉴别会导致人体受到伤害的危机现象。这些问题包括：

- 哪些工作和任务最容易带来职业性扭伤或者拉伤的伤害事件？
- 什么工作任务和职位会带来无法上班或者严重的伤害事件？
- 哪些工作或者任务出现需要接受外科手术的伤害事件的频率较高？这些伤害事件会引发的最高赔偿金额，以及医疗费和工人的申诉等相关事宜。
- 什么样的工作任务和岗位会带来最高利润的营业额，为什么？研究已经显示利润额和人体工程学设计不良的任务有直接关系。

对雇员们的调查和报告

和所有报告自己出现累积创伤症状的员工面谈以得到更多的信息。在安全计划中把人体工程学包括进来是为了在任何人受伤害之前来鉴定诊断，为人身安全提前做好应对准备。任何报告有迹象和症状的雇员都应该得到重视，要检查导致他们不适感的身体部位。需要更多详细的信息以鉴定特别需要实施的管理。在这一点上制定一份症状报告可以了解数据并审阅。

基本的 CDT 症状调查

（1）你最近在做什么工作？

（2）每星期工作几次？每天工作几个小时？

（3）在过去的一年里，你曾经完成什么工作需要两周时间？

（4）在过去一年里，你曾经疼痛或者不舒服吗？是？否？如果是，你感觉身体哪个部位不舒服？脖子、肩膀、肘/前臂、手、腕部、手指、上背、下背、大腿/膝盖、小腿、足踝/脚

（5）什么词能描述你的感觉？痛、烧灼感、抽筋、伤害、褪色、肿、僵硬、刺痛、虚弱、其他的

（6）你第一次注意到这个情况是什么时间？

（7）每次发作多长时间？

（8）去年这种疼痛/不舒适感出现了几次？

（9）你认为是什么导致的？

（10）前面 7 天里你出现过这种情况吗？

（11）把这种感觉用 1 – 10 来评级，1 是没问题，10 是不能忍受，你评几级？感觉最坏的时候能评几级？

（12）你是否曾经吃药治疗这种情况？有？没有？如果没有，为什么？

（13）如果是，你在哪里接受治疗的？

（14）你是否因为这种不适感而没去上班？

（15）你认为什么能缓解这种不适感？

这些问题都很客观，可以问这些问题以了解雇员们的感受，正如同了解在工作场所正在发生什么事。一旦从雇员们那儿获取这些数据，我们就可以测试工作环境，以制定可以加强安全的解决措施，降低人体工程学压力源，假如这些确实存在。在鉴定人体工程学方面的争议性问题时，雇员们的回答是很重要的。

在学校里组建安全委员会，或者做好预备工作的安全小分队也

是很有效的途径，这些做法可以帮助鉴别在工作场所出现的人体工程学问题。对于一个安全队伍或委员会来说，假如这样的安排已经准备就绪，那么就需要花时间来培训这些人，以便于鉴定这种人体工程学问题。教职员工们将会倾向于和一个在安全委员会或者安全提高小组里的同事聊天，而不是和学校里的安全管理人员聊天。在鉴定人体工程学方面的问题时，了解他们的信息是重要的。

可以通过网络得到一些贴士以便于鉴定工作地点出现的人体工程学的问题。美国国家职业安全和健康研究所（NIOSH）协助OSHA界定在工作地点、安全和健康方面出现的新问题，以创造一个更加安全的工作环境。NIOSH的建立基于1970年颁布的《职业健康法案》，同时也是疾病控制和预防中心的一个组成部分，该中心位于健康和公共服务署。

> NIOSH的任务是在职业安全和健康领域获得新的知识，并且将这种知识应用到实践，为工人们创造更好的环境。为了完成这个任务，NIOSH进行了科学研究，制定了行动指南，以及提供权威建议，散布信息，并且对工作地点的健康危险评估给出回应。NIOSH提供全国和世界性的领导，以阻止和工作相关的疾病、受伤害和残疾事件，以及死亡，通过搜集信息进行科学研究，将获得的信息投入产品制造和服务业之中，包括提供科学信息和产品、培训教程光碟、为营造安全健康的工作环境而提供建议（疾病控制和预防中心，2011）。

NIOSH在人体工程学危机方面完成了很多的研究，就如何界定工作场所里有可能出现的人体工程学问题进行了很多的研究。常见人体工程学风险分析清单（表16-1）只是一个工具，可以帮助界定在工作地点出现的人体工程学的危机问题。在界定工作环境里出现的人体工程学压力源时，必须认真地考虑，对这些问题中的任何一个给出肯定回答意味着更深一步的调查。对于这一份清单上的每一个特定领域，NIOSH 还制定了额外的清单，关于这些额外问题的清单可以在 NIOSH 第 97—117 号出版物上看到。

表 16 - 1 人体工程学风险分析清单

问题	是	否	评论
人工搬运			
需要使用载体、工具或者零件吗？			
需要放低工具、载体或者零件吗？			
需要越过头顶去拿工具、载体或者零件吗？			
需要弯腰去拿工具、载体或者零件吗？			
需要扭着身体去拿工具、载体或者零件吗？			
身体能量需求			
工具和零件的重量超过 10 磅吗？			
取物距离超过 20 英寸吗？			
需要弯腰、驼背或者蹲着进行主要工作任务吗？			
把载物举高或者放低是主要工作任务吗？			
步行或者扛物是主要工作任务吗？			
背着载物爬梯是主要工作任务吗？			
推拉载物是主要的工作任务吗？			
去取头顶的物品是主要工作任务吗？			
以上的任务是否需要在一分钟之内完成五个或者更多的工作循环？			
工人们是否抱怨休息时间不够，疲劳津贴不够？			
骨骼肌肉系统的其他需求			
需要重复地频繁地手动作业吗？			
工作姿势需要频繁地低头，弯肩膀、手肘、手腕或者手指关节吗？			
坐着工作时，取物距离超过 15 英寸吗？			
工人不能改变工作位置吗？			
工作时需要做出有力的、快速的或者突然的动作吗？			
工作时需要打击或者突然发力吗？			
需要捏夹手指吗？			
工作需要收缩四肢肌肉吗？			

问题	是	否	评论
计算机工作站			
操作员每天使用计算机超过四个小时吗？			
那些在计算计工作站工作的员工有怨言吗？			
椅子或者书桌不能调节吗？			
显示器、硬盘或者文档不能调吗？			
光亮刺眼吗？屏幕阅读困难吗？			
室温过高或者过低吗？			
有震动或者噪声吗？			
环境			
温度过高或者过低吗？			
工人们的手暴露在 70℉ 之下吗？			
工作场所照明不好吗？			
光线刺眼吗？			
有过度的噪声影响打搅或者导致听力丧失吗？			
上肢或者全身震动吗？			
空气循环温度过高或者过低吗？			
一般工作场所			
走道不平、滑或者被堵塞了吗？			
日常家政管理不到位吗？			
为了执行任务，是否曾进行不正确的清除或者进入不该进入的区域？			
梯子散架了吗？或是缺乏扶手？			
有合脚的鞋子穿吗？			
工具			
工具太大还是太小？			
扶手的形状会导致操作员在使用的时候弯腰吗？			
工具很难拿到吗？			
工具的重量超过 9 磅吗？			
工具过度震动吗？			
工具会导致操作员反应强烈吗？			
工具过热或者过冷吗？			
手套			
戴上手套工作时需要用力？			

续表

问题	是	否	评论
手套是否提供正确的保护？			
在工作场所戴手套取工具上的尖锐物时有危险吗？			
管理			
工人对工作流程管理不到位吗？			
工作劳动重复性高、很单调吗？			
工作实行问责制，对于错误很难容忍或者不容忍吗？			
工作时间和休息时间没有很好地被管理吗？			

资料来源：国家职业安全和健康协会（1997）。《工具分类5A：常见人体工程学风险清单》。该问卷制定于2011年12月11日。网址http://www.ergo2.amisco.org/eptbtr5a.html.

人体工程学风险评估量化工具

在表16-2中，OSHA为影碟播放终端工作站（VDT）的工作人员制定了评估任务风险的标准。这个清单来自现在已经撤销的2000年制定的OSHA人体工程学安全标准。尽管现在这个标准已经不起作用，不再被OSHA执行，它仍然能帮助雇主们很好地了解如何设计计算机工作站。这个风险工具在学校里对教职员工们和学生们可以起到特别的帮助。教职员工们会从他们经过人体工程学设计的书桌和工作空间中收益，在那儿他们要消耗大量的时间，运用计算机来进行工作。而学生们只能够在实验室和教室中的计算机工作空间受益。

表16-2 人体工程学评估标本

工作状况	是	否
在VDT工作时，设计和安排工作场所，以便于员工：		
A. 可以抬起头部和脖子（不是弯着/后仰）		
B. 头部/脖子和身体主干向前（不是斜倚/后仰）		
C. 身体主干直立（不是前倾/后仰）		
D. 肩膀和上臂可以靠近身体（不是向外延伸）		
E. 上臂和肘可以伸直和地板平行（不是向上/下指）		
F. 前臂、腕部和手可以伸直，和地板平行（不是向上/下指）		

工作状况	是	否
G. 腕部和手指可以伸直（不是向上／下弯曲，或者斜靠向小指）		
H. 大腿和地板平行，小腿可以和地板垂直		
I. 足部可以平放在地板，或者靠在牢实的脚踏上		
J. 在 VDY 工作站工作时可以根据情况稍作调整，以短暂休息或者恢复休养		
坐姿		
1. 靠背可以支撑住雇员的后背下部（腰椎区）		
2. 座位的宽度和深度可以容纳特定的雇员（座椅底板太大／小）		
3. 前面的座位不会压迫到雇员的膝盖或者小腿（座椅底板不是太长）		
4. 座位有靠枕，圆形／靠枕的枕面是平缓的（没有锋利突出物）		
5. 在雇员完成 VDT 任务时，扶手支撑住两边前臂，不会影响行动		
键盘／输出装置：设计键盘／输出装置是为了完成 VDT 任务，以便于：		
6. 键盘／输入装置平台很稳定，足够大以支撑住键盘和输入装置		
7. 输入装置（鼠标或者轨迹球）正位于键盘包边，这样不用伸手去够就能够进行操作		
8. 输入装置很容易激活使用，并且形状／大小正好可以使用（不是太小／大）		
9. 腕部和手不靠在锋利或硬的边缘		
监控器：设计监控器是为了完成 VDT 任务，以便于：		
10. 屏幕上端对着眼部或者在眼部之下，雇员不用弯腰就能阅读		
11. 戴双聚焦眼镜／三聚焦眼镜的雇员不需把头或脖子向后仰就能够阅读		
12. 监控器的距离使雇员不用歪头或者不用把身体前倾后倾，就能看屏幕		
13. 监控器的位置正对着雇员，雇员不用把头或者脖子扭着		
14. 屏幕不耀眼（即避免受到从窗户、灯反射的光的影响），雇员不至于采取不舒适的姿势进行阅读		
工作区域：设计工作地点是为了完成 VDT 任务，以便于：		
15. 在椅子、VDT 工作室的桌和键盘台之间有足够的空间放腿（腿没有被挤着）		
16. VDT 桌下有足够的空间放大腿和脚，这样雇员就可以靠近键盘／输出设备		
配件		
17. 如果有可能，文件夹足够牢实足够大，应容纳正在使用的文件		

续表

工作状况	是	否
18. 如果有可能，文件夹和监控器屏幕一样占用同样的高度和距离，这样雇员工作时头部不用移动		
19. 如果有可能，腕部靠在鼠标垫上，鼠标垫的外形不应该有尖锐物，是方形边缘		
20. 在使用键盘/输入设备时，如果有可能，休息腕部，使雇员的前臂、腰部、手部和地面笔直平行		
21. 打电话时，假如雇员同时还在做别的事，可以抬起头（不是低着头）放松肩膀（不是向上提）		
常规事项		
22. 工作地点和设备必须可以调节，这样雇员就可以以安全的姿势进行工作，并且在执行 VDT 任务的时候，可以偶尔变换姿势		
23. VDT 工作地点、设备和附件处于可以提供服务和运作的状态		

说明：在（A~J），所有关于"工作姿势"的题目都应该回答"是"，在（1~23）中，回答"否"不超过两项，测试得分即为通过。

资料来源：Bernard. T. E.（2009）。人体工程学家的分析工具。制定于 2011 年 12 月 1 日。

网址 http：//www. personal. health. usf. edu/thernard/ergotools/index. html.

华盛顿州劳动和产业部

通过建立由州政府所管理的职业安全健康项目，州政府有权利保护工人们免于工作环境出现的风险危机。这些项目必须满足或者超越由联邦 OSHA 制定的标准，华盛顿州政府建立的项目就是关于由州政府运作的职业安全健康项目的一个范例。他们制定了人体工程学方面的工具，包括：

- 吊装计算机：用来帮助鉴定一个人可以提举多重的重物，这个提举在什么高度会成为风险。
- 风险地带清单：帮助观察员们鉴定不良的身体姿势，和用力过度、频率过多的工作任务，每个步骤都有小图片，以帮助观察者们界定风险问题。

●警惕地带清单：帮助鉴定在危险地带清单中没有被包括进来的可能的危险。每一步都会运用一些图片以帮助观察者们鉴定问题。

这一些用来界定在工作地点的工程学争议性问题的量化工具很有帮助。因为每个人可以了解应该做什么和如何去运用这些工具。在进行观测时，应该根据如何鉴定人体工程学问题来培训雇员们。由华盛顿州 OSHA 项目所提供的工具，是一个很好的例子，它用图片帮助提醒观察员们在了解力量、频率以及身体姿势这些因素时应该了解什么。

半量化评估工具

在试图对工作任务进行量化分析时，许多人似乎认为人体工程学太令人困惑。有一些半量化工具可以使用，这些工具的使用界面很容易操作。

上肢快速评估（RULA）和整个身体快速评估（REBA）

上肢快速评估和整个肢体快速评估是由林恩·麦卡塔姆尼（Lynn McAtamney）博士和伊·奈杰尔·科利特（E. Nigel Corlett）教授所制定的方法，这两位都是英格兰诺丁汉大学的人体工程学家。快速上肢评估是以人体姿势为研究目标的方法，用来评价和工作相关的上肢紊乱造成的风险。整个身体快速评估是以身体姿势以研究目标的方法，用来评价和工作有关的整个身体紊乱导致的风险。两种评估方法都对工人们的身体姿势造成的风险提供了快速而系统的评估。在风险评估之前或者之后进行分析以阐释风险评估对于降低伤害的风险起到了作用。对于观察员和那些不了解工程学原理的人们来说，这两个评估工具都很容易被理解。

RULA 工具的评分标准需要考虑使用简单的、单数位工具的评分系统，以及工作任务行为层面的严峻性。工作任务行为层面的严峻性程度越高，就越要采取更多的行动以降低危险。可以使用这种评分系统来界定特殊的任务。在面临的很多任务之中，可以界定会使雇员们处于危险的工作任务。举例说，在雇员们执行的 6 个不同任务中，第 5 个任务被评为 3 分，那么这个任务的行动等级就是 2 级；最后一项任务得分为 6 分，那么这个任务的行动等级就被提高到 3 级，就可能受到的工作伤害而言，这个分数说明雇员们处于一个较高的危险工作类别。就 REBA 所显示的 1 - 157 的分值而言，1 意味着不需要采取行动，而 15 意味着受伤害的风险等级特别高，必须马上采取行动。（表 16 - 3）

表 16 - 3　RULA 评分

行动等级	RULA 评分	阐　　释
1	1 - 2	工作人员以最佳工作姿势，毫无受伤危险地工作
2	3 - 4	工作人员的工作姿势有一定风险，现在这个姿势是因为身体某个部分的姿势不舒适，需查明原因并更正
3	5 - 6	工作人员的动作姿势会带来身体伤害，需要查明原因并更正以避免伤害
4	7 +	工作人员的动作姿势会立刻带来伤害，要查明原因并立刻更正以阻止伤害

互益手动材料处理单

美国利宝互助保险公司已经进行了一些研究以确定正确提重物和挑重物的最佳方式。对于政策执行者来说，需要降低因体力活弄伤背部而造成的索赔，制定单独的表格以界定推拉、扛、提升、放低重物这些有关人体工程学伤害的任务。

罗杰斯肌肉疲劳分析

由罗杰斯博士倡导的肌肉疲劳分析是评价肌肉疲劳程度的方式，即评估在 5 分钟里从事不同的工作时，肌肉累积造成的疲劳量。这就是说快速疲劳的肌肉更容易受伤和发炎。考虑到这一点，假如把疲劳感最小化，就可以降低正处于活跃状态的肌肉受到的伤害和导致的疾病。就那些需要工作一个小时或者更多时间、上作姿势不顺、频繁地用力过度的工作任务而言，这种关于工作分析的方法最适合评价在工作中肌肉的疲劳累积风险性。根据疲劳风险性的分析，可以提前制订改善计划以改变工作状态。

美国国家职业安全和健康研究所（NIOSH）设计的提举公式

NIOSH 设计了一个提举公式，帮助界定人体工程学的稳定任务问题，这个工具涉及承载货物的重量、提举的距离、到地板的距离以及提举的频繁次数（疾病防止和控制中心，1994）。

谨慎对待人体工程学评估工具和解决方法

这绝不仅仅是关于人体工程学风险评估工具的一个完整清单，应该根据你的任务，评估使用哪种工具比其他的工具更加有效。任何一个进行评估的人、为界定工程危机而正在观察的人必须保持警惕。这些工具可以帮助界定在工程设计上不佳的工作任务。设计和使用这些评估并不能提供规避风险的途径，设计这些工具是为了把需要的数据和信息提供给你，以决定如何改变一个不安全的环境或者不安全的行为。

应该做好准备以纠正这些问题。你认识到存在着一个可识别的危险是一回事，证实这个风险完全存在则是完全不同的一回事。学校管理人员必须做好准备，并且给予支持纠正这一些工具没有涉及的一些问题。最后，学校需要做的就是界定风险，学校永远不会希望认识到危险却不采取行动去更正。正如之前所声明的，OSHA 有义务强制那些在危险的工作环境中没有保护雇员的雇主们实施这些规章。一旦评估完成，这些危机就可以得到界定。

有些问题不需要深层次的分析，这种现象被叫作"分析麻痹"。快速决策的行动可以开启一个人体工程学项目，这可以简单得就如同从顶层架子上把一个可移动的重物搬到一个较低的架子上，为了更容易移动。

有些问题则比其他的问题更为复杂。不要害怕去寻求帮助。风险管理或者保险公司通常会聘请一些安全专家，他们会在工程研究和解决方案方面提供帮助。

根据人体工程学寻求解决途径和采纳标准的安全方式解决问题是相似的效果，都要考虑到外形和尺寸的因素。不要在完成任务的方式上打折扣。可以调整方式和改变进程，以创建一个更加安全的工作环境。

在新设施的成本规划和计划方面应该考虑到人体工程学设计和雇员们，这是降低风险并且在进程中规避风险的机会。

尽管关于人体工程学的研究已经发展了 70 年，它仍然是一个新兴的领域。界定好的人体工程学项目的关键在于在发生人身伤害事件之前就界定人体工程学的压力源。需要使用很多体力完成这种用难度很高的身体姿势完成的任务，而日渐上升的频率将会导致人体工程学伤害事件。必须鼓励教职员工尽可能快地报告和人体工程学相关的伤害事件的迹象和症状。

个案研究

斯泰西（Stacy）担任校长的行政管理助手，她已经在这个岗位上工作了超过十五年。她的工作任务包括管理档案和接听电话。有一天她来到学校时右手上了夹板，因为手腕很疼。她说她的右手不能动，这种感觉使她整晚上都睡不着。她没有接受任何治疗。她上互联网研究并了解了关于身体状况的一些情况之后，就在当地的药店给手腕买了一副夹板。

- 根据斯泰西所做的工作，她有可能受到了怎样的伤害？
- 为了界定人体工程学方面的问题，你打算使用什么人体工程学方面的评估工具？
- 哪一个人体工程学的评估工具在这种情形下最起作用？为什么？

练 习

1. 使雇员们参与其中有助于改善人体工程学安全项目吗？如果是，如何改善？

2. 评论人体工程学评估工具应该在什么时间使用，哪些是需要被鉴定的注意事项？

3. OSHA 如何界定人体工程学伤害是否是你的工作场所里"可以被识别的危险"？

4. 人体工程学评估工具 RULA 和 REBA 之间的区别是什么？二级工作站的最好的工具是什么？

5. 为什么训练雇员们界定工作地点的人体工程学争议性问题是最重要的？

参考文献

Bernard, T. E. (2009). Analysis tools for ergonomists. Accessed December 1. 2011. http：// www. personal. health. usf. edu/tbernard/ergotools/index. html.

Centers for Disease Prevention and Control. (1994). Applications Manual for the Revised NIOSH Lifting Equation. National Institute for Occupational Safety and Health, Atlanta, GA.

Centers for Disease Control and Prevention. (2011). The National Institute for Occupational Safety and Health (NIOSH). Accessed December 4, 2011. http：// www. cdc. gov/niosh/about. html.

Cornell University. (2011). Cornell University Ergonomics Web. Accessed December 5. 2011. http：//ergo. human. cornell. edu/cutools . html.

Dul, J., and Weerdmeester, B. (2008). *Ergonomics for Beginners*. CRC Press, Boca Raton, FL.

Karpinos, B. D. (1958). Weight-height standards based on World War II experience. *Journal of the American Statistical Association*, 53, 415.

Leland, A. , and Oboroceanu, M. -J. -J. (2010). *American War and Military Operations Casualties*: *Lists and Statistics*. Congressional Research Service, Washington D. C.

National Institute for Occupational Safety and Health. (1997). Tool tray 5A: General ergo-nomic risk assessment checklist. Accessed December 11, 2011. http://www. cdc. gov/niosh/docs/97 - 117/eptbtr5a. html.

Occupational Safety and Health Administration. (1989). About OS-HA. Accessed December3, 2011. http://www. osha. gov/about. html.

Secretary of Labor v. Pepperidge Farm, *Inc.* , OSHRC Docket No. 89 - 0265 (Occupational Safety and Health Review Commission September 20, 1996).

第十七章　危机联络

E. 斯科特·邓拉普（E. Scott Dunlap）

目　录

在校园环境中，存在着很多的风险，会对教职员工和学生们造成伤害。这些风险包括坠落、累积创伤和自然灾害。美国职业安全健康管理署（OSHA）已经制定了一项规章制度，通常被认为是风险交流的标准。但是该标准只关注在工作场所对于危险性化学物品的使用。OSHA 讨论的是雇员们和雇主们对工作中使用的各种化学物品的风险性进行交流时会出现的常规需求。这些化学物品可以包括由维修保养人员、后勤人员、承包商、来访者和教师们所使用的物品。危险性化学物品可以被确定并且被包括在学校危机联络项目的范围之内。本章将会探讨危险联络标准的主要构成成分，以适用于在校园里对危险化学物品的使用。需要充分阅读这些规章制度，以确定有可能被运用到的所有问题、细节和例外情况。

目　的

本规章以一个详细的声明为开端，探讨制定本规章的目的：

1910. 1200（a）（1）

本章的目的是为了评估所有被制造和进口的化学物品的危险性，将风险性的信息传递给雇主们和雇员们。通过实施综合风险交流项目来传递信息，这包括对容器贴标签以及其他形式的警告、使用材料安全数据单和对雇员们进行培训。

1910. 1200（a）（2）

制定职业安全和健康标准是为了对化学物品可能造成的危险进行全面的评估、了解面临的危险和正确的保护职员的措施、了解州政府内部组织机构和该州所属其他地区关于职业安全健康的信息。评价化学物品的潜在危险，就危险和雇员们正确的保护措施交流信息，可能包括但并不仅限于以下条款：为工作场所制定并完善风险交流项目书，比如现存的

271

危险化学品清单，给工作场所装有化学物品的容器贴标签，给即将装船运往其他工作地点的装有化学物品的容器贴标签。准备并散发材料安全数据单给雇员们以及下一层雇主们。根据化学物品的风险和保护措施制订相应的雇员培训计划，根据本书第18章中关于化学物品的风险和保护措施的内容，制定对雇员进行培训的项目并加以实施。没有进行行政区域或者政治区域划分的州可以根据联邦政府制定的相关要求，通过任何法庭或者机构，采取或者实施经联邦政府认可的州计划。

这个关于目的的声明探讨的是对学校所有有帮助的关键性问题。第一个问题就是对风险的界定。尽管制造者们有责任界定特殊化学物品的风险，但必须意识到被使用的这些化学物品中所存在的风险。第二个问题就是交流，一旦界定风险，必须建立交流途径。通过这种途径，雇主和雇员们之间可以交流信息。这种交流途径通过培训、给容器贴标签、使用材料安全数据单进行。第三个问题就是雇主们要保持实施并完善风险交流项目书。

范围和应用

OSHA 的规章制度的存在并不意味着它适用于每一个雇主，关键在于它要明确规章制度的适用范围和运用以确保它适用于特定的环境。风险交流标准是独特的，不同于其他的规章制度，它有特定的关注目标，包括制造者、进口商、雇主以及学校。风险交流标准的范围和应用部分被涵盖在 29CFR 1910.1200（b）之中。主要的信息如下：

1910.12.（b）（1）

这个部分要求化学物品的制造商或者进口商在制造或者

进口这些化学物品时必须评价它们的危险性。所有的雇主必须以制订风险交流计划、贴标签、发出其他形式的警告、制定材料安全数据单、发布信息以及组织培训的形式，向他们的雇员们提供危险化学物品的相关信息。另外，这个部分要求分发者把这些需要的信息传递给雇主。（那一些不生产或者不进口化学物品的雇主仅仅需要注意这些规则，建立一个工作环境项目相关的部分，并且和他们的工人们了解这些信息。这个部分的附录 E 是对这些雇主的一个总体指南，帮助他们在这个规则下决定他们必须遵守的规章制度。）

1910. 12. （b）（2）

这个部分适用于在工作场所的现存的任何一种化学物品。当雇员们处于可以预见的紧急事件中和正常使用的情况下会接触到化学物品。

这个部分继续探讨在一些独特的环境下的一些特殊问题和应用。在这儿包括的一些信息意味着规章制度给学校和类似学校这样的雇主制定了活动范围，比如说保持实施计划书，并且使用材料安全数据单。

定 义

为了更加充分地界定这些规章制度的实用性，重要的是回顾 OSHA 如何界定某一些从属于这些标准的词汇。在 29CFR1910. 1200（c）中可以找到一些定义。问题之一就是要确定 OSHA 所指的"危险的化学物品"是什么。有三个定义阐释了这个问题：

"危险的化学物品"指的是任何一种会带来物理上的风险或者是健康方面的危险的化学物品。

"健康危险"指的是一种化学物品，有数据很明确地证实、符合至少一种实验结果和已经建立的科学规则、会对所接触的员工们造成急性或者慢性的危害。"健康危险"化学药品包括致癌的、有毒的、有生殖毒素、刺激性的、腐蚀的、感光的、有肝毒素的、有肾毒素的、有神经毒素的、影响造血功能的、破坏黏膜的化学物品。附录 A 提供了更进一步的解释和本章所涵盖的健康危险所涉及的范围。附录 B 提供了用来确定化学物品是否危险的标准。

"物理危险"指的是一种化学物品，经科学验证是可燃性液体、被压缩气体，有爆炸性、易燃性的有机过氧化物、氧化物，不稳定（反应性的）的或者是耐水的。

在界定物质时可以尝试更多的词，比如对"标签"进行定义："标签"指的是任何书面的、打印的，或者数字图形材料，或者是贴在危险化学物品容器上的材料。这个定义意味着标签包括印刷者们进行专业印制的所有印刷品。因为"任何"这个单词，它也可以包括当地印刷的标签，可以适用于危险化学物品为了使用而分装的二级容器，比如喷雾罐。

危险指示

必须进行评价以界定是否一种化学物品正如 OSHA 所界定的具有物理性危险或者健康危险。责任分工如下所示：

1910.1200（d）（1）

化学物品制造商和进口商必须对他们工作场所生产的化学物品或者由他们进口的化学物品进行评估，以确定这些化学物品是否危险。不需要雇主们对这些化学物品进行评价，除非他们选择不信赖由化学制造商或者进口商为了满足要求对这些化学物品所做出的鉴定。

这一条从规章制度得来的信息意味着化学物品制造商和进口商对评价测试负主要责任。学校的任务在于了解提供的信息，并且确认在工作地点使用的所有化学物品，如果被认为是危险的，就应该属于危险交流项目的范围内。

联络项目书

雇主们必须为制定书面版本的危险联络项目负责任。该项目讨论的是适用于特定工作场所的标准的信息。本文的独立章节里将会包括如何创建一份书面版本的项目的信息。书面版本的项目必须讨论由规章制度所勾勒的一些争论性问题：

1910.1200（e）（1）

雇主们在每一个工作场所必须制定、实施、保存一份书面版本的联络项目。在这个部分的段落（f）、（g）和（h）中，该项目至少应该描述如何界定这些标准、其他形式的警告、材料安全数据单、雇工信息和将会进行的培训，这也包括如下所示：

1910.1200（e）（1）（i）

一份危险化学用品的清单，依据适当的材料安全数据单（该单是在工作场所为所有工作区域或者个别区域而制定）进行界定；

1910.1200（e）（2）

雇主将会使用这些方法通知雇员们从事非常规性工作的危险（比如说，清理反应堆槽）和处理工作区域内没有贴标签的试管中的化学物品时会遇到的危险。

本规章制度特别强调了项目书必须探讨学校将如何管理容器的标签、材料安全数据单和培训事项。这些项目将会在制订计划书的进程中加以探讨。这些进程将会特别讨论以下事项，比如如何贴标签、在哪里存放材料安全数据单、在雇员们的培训课程里如何了解信息。在项目书中提供的信息将会帮助教职员工们理解在学校里应该采取哪些任务。项目书还应该探讨每一个人所分派到的任务，对于项目的描述还应该包括如何执行程序以确保不仅描述了活动，还描述了必须加入活动中的每个人所应该承担的特定任务。比如说，必须存在这样的一个过程，描述出一种新的化学物品是如何被介绍到学校里的，这样才能正确涵盖交流项目。除了这个过程，还必须强调对于责任的描述，比如说谁应该负责了解新的化学物品的材料安全数据单，以及认可或者否决在学校里使用这种材料安全数据单。

项目书还应该包括雇员们的信息和培训。在培训项目书可以描述不同的培训应该包括哪些信息，培训应该以怎样的间隔时间进行，在学校体系的不同层面，谁应该来接受培训。

标签以及其他形式的警告

根据规章，化学物品的制造商或者进口商必须负责确认给每一种危险化学制品正确地贴上了标签。化学物品的标签所涵盖的信息必须包括以下内容：

1910. 1200 （f）（1）（ i ）

对于危险化学物品的鉴定；

1910. 1200 （f）（1）（ ii ）

正确的危险警告；

1910. 1200 （f）（1）（ iii ）

化学物品制造商、进口商以及其他责任方的姓名和地址。

制造商们提供的标签上最清晰的项目就是关于危险化学物品

的鉴定，因为这仅仅是在容器上表明物质的名称。"正确的危险警告"通常标注在容器正面的标签上，并且使用这样的词语，比如：

- 可燃性
- 易燃性
- 爆炸性
- 腐蚀性
- 致癌性

这些词语指的是化学物品所具有的主要物理性，通常都是用小字体印制的，并且是在化学品容器的两边或者是背面出现这些词语。

标签还包括化学物品制造商、进口商以及其他责任方的联络信息，这样化学物品的使用者就可以和有关人士进行联络，假如他们有关于危险性化学物品的其他问题。这就提供了关于化学物品的使用，以及接触这些化学用品方面的一个前瞻性和应对性的策略。

材料安全数据单

学校必须为每一种危险化学物品保存材料安全数据单重要信息，以供教职员工们的使用。材料安全数据单是对于危险化学品的信息简介，可以向读者们提供关于化学品的重要信息。材料安全数据单必须包括以下信息：

1910.1200（g）（2）（i）
标签上所鉴定的信息，以及，贸易保密条款之外的本部分的段落（i）中所提供的信息：
1910.1200（g）（2）（i）（A）

假如危险化学物质只是一种物质，它的化学名和常用名：

1910.1200 （g）（2）（i）（B）

假如危险化学物品是混合物，已经作为一个整体接受过了解其危险性的测试，构成它的危险性的成分的化学名和常用名（们）、混合物本身的化学名和常用名（们）；

1910.1200 （g）（2）（i）（C）

假如危险化学物品是一种混合物，没有作为一个整体接受过测试：

1910.1200 （g）（2）（i）（C）（1）

被鉴定为会危害到健康的、含量超过 1% 或者更多的所有化学物品的化学名和常用名，除了在本部分的 （d） 被鉴定为致癌物、含量超过 0.1% 或者更多的化学物品；

1910.1200 （g）（2）（i）（C）（2）

被鉴定为有害健康的所有成分的化学名和常用名，在混合物中的含量少于 1%（致癌物的含量为 0.1%），假如有证据显示成分是从化学物品中释放出来的，已经超过了 OSHA 或者美国政府工业卫生学家协会所允许的含量，或者对雇员造成健康威胁；

1910.1200 （g）（2）（i）（C）（3）

在混合物中经鉴定会造成物理危害的所有成分的化学名和常见名；

1910.1200 （g）（2）（ii）

危险化学物品的物理特性和化学特性（比如气压、燃点）；

1910.1200 （g）（2）（iii）

危险化学物品的物理性危险，包括导致火灾、爆炸和引起其他反应的可能性；

1910.1200 （g）（2）（iv）

危险化学物品对健康造成的危害，包括接触时的迹象和症状，和通常被认为因为接触这种化学物品而出现的任何医学上的病症；

1910.1200（g）（2）（v）

进入的主要途径；

1910.1200（g）（2）（vi）

OSHA允许的接触量，美国政府工业卫生学家协会（ACGIH）所允许的含量，其他任何使用限量，化学物品制造商、进口商或者准备材料数据单的雇主所建议的使用限量，在可以看到时；

1910.1200（g）（2）（vii）

该化学物质是否被列在美国毒理学规划处致癌物质年度报告（最新版本）规定中，或者被国际癌症论文研究机构发现有可能致癌（最新版本），或者由OSHA所规定的：

1910.1200（g）（2）（viii）

任何常见的安全问题，化学物品制造商、进口商或者准备材料安全数据单的雇主们制定的注意事项，包括正确的卫生操作步骤、受污染设备在修理和维修保养时要采纳的保护性措施，和清理溢出物以及泄漏物时的操作程序；

1910.1200（g）（2）（ix）

化学物品制造商、进口商或者准备材料安全数据单的雇主们所制定的常见操作步骤，比如正确的工程控制、操作步骤，或者保护性设备：

1910.1200（g）（2）（x）

紧急情况和紧急救助步骤；

1910.1200（g）（2）（xi）

准备材料安全数据单的日期或者最后一次改动的日期；

1910.1200（g）（2）（xii）

化学物品制造商、进口商、雇主或者其他准备或者发放材料安全数据单的责任方，可以提供危险化学物品的其他信息和实施紧急救援行动的人士的正确的姓名、地址和电话号码。

关于材料安全数据单的使用的一个独特的挑战就是，尽管需要上述信息来制作材料安全数据单，但是却没有必须使用的统一的格式。这使得材料安全数据单从外观来看各不相同。来自同一个制造商的所有的材料安全数据单从外观上是统一的格式，但是不同的制造商给出的格式却不相同。必须努力创建一个全球统一协调系统，在这个方面达到格式的统一（Williams，2009）。在缺乏全球化协调系统时，OSHA 要求建立直接的机构。

OSHA 引用最多的违规现象就是危险联络。原因之一就是对危险化学物品进行持续更新很困难，在使用大量危险化学物品的地方使用材料安全数据单很困难。一个策略就是探讨这种风险以限制危险化学物品的数量。通过界定更为稳妥的可选的化学物品，替换危险的化学物品，就可以达到这个目的。另一个策略就是限制正在使用的危险化学物品的种类。比如说，评价危险化学物品时，可以先说明有三种不同的危险化学物品因为同样的目的而正在被使用。其中的两种可以从被允许使用的名单中删除，只剩下一种以处理在危险联络项目遇到的情况。

雇员信息和培训

雇主们负责向雇员们提供信息和培训。雇主们必须"提供给雇员们有效的信息，并使他们最初接到任务时就在工作地点接受危险化学物品的培训，不论在任何时候，雇员们之前是否接受相关培训，在进入工作领域时都会面临新的物理或者健康方面的危险"。从这一点来看，制度规定以下内容必须被包括在信息和培训中：

1910. 1200（h）（2）

雇员们应该被通知："信息如下："

1910. 1200（h）（2）（ⅰ）

操作要求；

1910. 1200（h）（2）（ⅱ）

在有危险物品的工作场所进行的任何操作；

1910. 1200（h）（2）（ⅲ）

风险交流项目书的实施地点和可获取性，包括危险化学物品的要求列表，以及这个部分要求提供的材料安全数据单。

1910. 1200（h）（3）

"培训。"雇员培训至少应该包括：

1910. 1200（h）（3）（ⅰ）

在工作地点可以用来探测危险化学物品的存在和释放的方法和观察手段（比如雇主执行的监控、持续性的监控设施、危险化学物品在释放时的外观和气味等）；

1910. 1200（h）（3）（ⅱ）

工作场所的危险化学物品的物理危险和健康危险；

1910. 1200（h）（3）（ⅲ）

雇员们可以采取措施以保护自身免于受到伤害，雇主们应该采取的特定工作程序以保护雇员们避免接触到危险化学物品，比如正确的操作、紧急事件处理流程和使用的个人保护性设备；

1910. 1200（h）（3）（ⅳ）

雇主指定的危险联络项目的细节，包括对标贴体系和材料安全数据单的说明、雇员们如何获得和使用正确的危险信息。

尽管这些规章制度意味着在最初接到任务时就必须进行培训

和提供信息，但在介绍新的危险时，最好的做法就是把年度的再更新培训和非常规的任务培训结合到一起。可以使用年度更新培训，简单地回顾在风险交流项目中的空间方面，和危险化学物品有关的风险，雇员们可以得到的信息（书面项目、材料安全数据单、容器标签）和雇员们的保护措施。当危险化学物质没有被频繁使用时，可以整合非常规性任务和活动。可以回顾化学物品独特的危险，必须遵守正确的步骤，必须佩戴个人保护性设备，比如安全眼镜、护目镜或者手套。

总的来说，设计 OSHA 的危险联络标准是为了界定存在于某些化学物质中的危险。必须在危险联络项目书中整合这些信息：

- 在学校使用的列有危险化学物品的清单；
- 为已经列出的危险化学物品使用安全数据单；
- 使用传递危险信息的容器标签；
- 雇员培训。

个案研究

约翰是一名东郡学校的新任维修保养管理人。这个县的学校系统由 15 所不同的学校所组成。约翰是一名维修保养技术员和管家，负责对校园的所有的建筑物和场地进行维修保养。最近他进行了一次审计，了解每一所学校里化学物品的情况，很让他惊讶的是，全县使用了 315 种危险化学物品。在 315 种危险化学物品中，他发现实际上是 125 种，这意味着正在购买的多种危险化学物品是一个目的。他还发现没有危险联络项目显示和工作场所使用危险化学物品有直接关系。

●约翰应该如何探讨在县学校里如此数量庞大的危险化学物品被使用的问题？

●他应该如何在学校系统里实施危险交流项目？

$$练　习$$

根据下面的问题，设定一个单独的学校环境，并请你做出相应的回答。

1. OSHA 的风险交流标准是什么目的？

2. 什么会对健康造成危险？

3. 什么是物理危险？

4. 在危险界定程序中，学校扮演什么角色？

5. 在联络项目书中必须包括什么信息？

6. 在化学物品的标签上必须包括什么信息？

7. 什么是材料安全数据单？

8. 必须向雇员提供什么信息和培训？

参考文献

Occupational Safety and Health Administration. （1996）. Hazard communication. Accessed November 17, 2011. http：//www. osha. gov/pls/oshaweb/owadisp. show _ document? p _ table = STANDARDS & p _ id = 10099.

Williams, S. （2009）. Web-based technology：A competitive advantage for global MSDS management. *Professional Safety*. 54 （8）, 20 – 27.

第十八章　环境危险

保罗·英格利希（Paul English）

E. 斯科特·邓拉普（E. Scott Dunlap）

目　录

工作环境会对教师和行政工作人员的安全和健康造成不利影响。很多现象比如空气质量差、接触危险物质会对雇员构成不安全的环境。要明确这些危险并采取相应措施缓解危险，就必须在建筑物和维修保养人员之间建立一种紧密联系。本章将会探讨在教育机构中常见的一些环境风险因素。

石　棉

石棉是一种会产生纤维矿物粉尘、有很强的拉力、具有耐热性、可以用来编织的化学产品。因为这些特性，石棉纤维被广泛用于制造业比如制造屋顶面板、天花板和铺地瓷砖、纸制品和水泥制品、纺织品、涂料，以及摩擦制品比如汽车离合器、刹车和传动部件。《有毒物品控制法》把石棉分成不同的种类：温石棉（蛇纹石）、青石棉（钠闪石）、铁石棉（镁闪石/铁闪石）、直闪石、透闪石和阳起石（环境保护机构，2011）。

因为石棉具有这些特性，在建筑业中它被广泛用于制作耐热绝缘材料。石棉有纤维性，可以被织进其他的材料中以提高其强度。根据美国职业安全健康管理署（OSHA）以及环境保护署（EPA）的界定，可以在很多不同的材料中找到含石棉的材料（ACM）。在1989年，环境保护署把这些不同的材料界定为有可能含石棉制品：

- 建筑材料
  - 水泥波纹板
  - 水泥平板
  - 水泥管
  - 水泥瓦
  - 瓦漆
  - 铺地用砖

- 管道覆盖材料
- 油毛毡
- 涂料
- 乙烯基／石棉地砖
- 汽车自动组件
  - 自动变速器组件
  - 离合器压杆
  - 盘式刹车片
  - 鼓式刹车片
  - 刹车片
- 石棉服饰
- 商业和工业石棉摩擦产品
- 薄片和搅拌器垫圈（除了特种工业）
- 商业波纹特种纸
- 建筑麻丝板
- 卷筒纸板

（环境保护署，2011）

可以利用石棉的特性制造大量令人惊叹的牢固的耐热材料。使用石棉制造汽车刹车片是汽车行业的常规做法，因为石棉的耐热性能适合于制造刹车片，而且石棉拉力强，刹车片使用持续时间更长。在1972年，OSHA开始把石棉广泛运用于普通工业制造上（美国劳动署，1995）。

OSHA作为新的职业安全执法机构具有导向作用，一些生产含石棉材料的产品的生产厂家在它的干预下停止了生产。显而易见，更换含石棉材料的刹车片比更换含石棉质地的瓷砖或者石棉隔热管道要容易很多。在20世纪80年代中期，公众强烈反对和抗议只是因为在建筑材料使用了石棉就把公立学校和机构定义为处于风险之中的设施的标准。膝反射计划以维护公众健康利益为名把所有建筑设施中的石棉全部移除。

许多专家认为并非所有的石棉制品都是危险的。一些由硬丙烯酸酯橡胶材料制成的产品比如乙烯塑料地板，通常不会对健康造成危险。一些纤维材质结构疏松的含石棉材料，比如喷射绝缘隔音材料或者耐火材料，或称为易碎品，会构成最大的危险。易碎品这个词指的是易散易碎的建筑物中的石棉制品，石棉纤维会释放到空气中（Lang，1984）。在一些建筑物和校园建设中，石棉都被当成一种建筑材料，他们遇到的问题就是含石棉材料不会松不会散，不是纤维状的材料。以移除建筑物中的石棉制品为目的的全国性的运动和公众恐慌导致很多大楼开始停止使用含石棉的建筑材料，虽然含石棉的建筑材料对健康不构成任何威胁。但是，一旦含石棉制品受到质疑，被移除并减少使用之后，接下来纤维质材料就被认为对健康构成威胁。

经常和含石棉制品接触的人得肺癌的可能性很大。一些特殊疾病是直接和接触石棉有关的。接触石棉会造成三种主要的健康威胁，包括：

● 石棉沉滞症：这是一种严重的、不断进化的、长期的非肺炎性肺部疾病。这是因为吸入了石棉，导致肺部组织不适，肺组织纤维化。这种纤维化的肺组织使得氧气很难进入血液。症状包括呼吸短促、吸气时肺部有炸裂声。对于石棉沉滞症没有有效的治疗方法。

● 肺癌：肺癌导致死亡最常见的原因就是接触到石棉。在矿业、碾磨业以及石棉制造业，和普通人相比，使用石棉及其制品的人员更有可能得肺癌。肺癌最常见的症状是咳嗽和呼吸变化。其他症状包括呼吸短促、胸口持续疼痛、嗓子嘶哑，贫血。

● 胸膜间皮瘤：这是一种罕见的癌症形式，存在于肺部、胸部、腹部和心脏的薄膜上。这些病几乎都和接触石棉有关。

接触石棉多年之后就会出现这种病症。这就是为什么要努力阻止学校孩子们接触石棉（环境保护署，2011）。

含石棉制品如此危险的原因就在于石棉纤维的实际尺寸和形状。假如你用高倍望远镜观察石棉纤维，你会发现石棉纤维形状和鱼钩前端的挂钩很相似。石棉纤维很小，足够通过身体的所有自然防御并进入肺壁。吸入足够的石棉纤维就会使这种石棉纤维在体内积聚并杀死健康的细胞，导致肺部疾病。

大多数和含石棉制品有关的疾病都属于累积性的疾病。这意味着这种病最初不会在体内很快地表现，而是在经过很长一段时间之后。很多过去的专业疾病案例使得 OSHA 整理出一份医疗记录标准以探讨在记录中是如何治疗员工们的。因为这个原因所有接触石棉的工人的记录必须由雇主们保管 30 年。对任何接触石棉而导致职业病的人员进行测试的记录在工作期间内必须被保管，再加上 30 年时间。这意味着假如工人在 2012 年开始从事接触石棉制品的工作，20 年之后在 2032 年退休，这段时间的记录就必须被保管到 2062 年。

正如之前所说，不是所有的石棉制品都会产生立刻的危险性，但是在确定材料里是否包含有石棉时必须非常仔细。一旦涉及含石棉制品，风险就会突然上升。假如你怀疑学校里有石棉制品，你要采取措施避免接触到石棉制品：

● 假如正在计划新建大楼或者修缮，对涉及的地区积极进行石棉方面的调查。1980 年之后修建建筑物时使用含有石棉制品作为建筑材料的情况即使有也不多见。在 1970 年之前修建的大楼必须接受审查。

● 假如发现任何材料布满灰尘、摔坏了或者出现其他的问题，你不能在安全方面犯错误，要避免再接触它。让全体教职员工远离它，尽可能隔离那个区域。OSHA 为有可能接触到石棉制品的建筑物和设施的物主们制定的危险品应对措施包括以下几个方面。

● 对 1980 年之前修建的建筑物而言，保暖系统、隔热系统、可以喷涂和刮除的表面材料通常都是由含石棉的制品制造的，除非对这些材料经过适当的分析之后发现它们的石棉含量不超过 1%。

● 要对有可能接触石棉制品的员工进行培训，安全地处理石棉制品。

● 把 1980 年之前安装的沥青和乙烯地板材料当成石棉制品，除非经过正确分析，发现石棉含量不超过 1%。

● 假如认为石棉制品已经污染了某地，向雇主们通报员工们的日常事务管理以及石棉制品的所在方位。

● 雇主们应该为所有有可能接触到石棉制品的员工提供培训和信息。帮助员工们认识石棉的培训内容应该包括：

● 什么地方出现的制品有可能是含石棉的，石棉制品有可能出现在什么地方；

● 石棉制品对健康的影响；

● 石棉制品影响到人体健康的症状；

● 对于石棉制品释放出的纤维应该如何处理。（美国劳工署，1995）

假如已经确定建筑物或者设施内使用了石棉制品，假如已经决定要移除这些石棉制品，那么就需要进行多种不同的工程管理和调控。正因如此，清除石棉制品的任务工作量巨大而代价昂贵。使人群远离危险的石棉纤维，隔离危险区域以避免接触石棉。必须由经验丰富的专家对存在问题的材料进行石棉含量测试并清除石棉制品。

铅

铅是自然产生的元素，可以在元素周期表中看到。铅被认为是第一批发现的重金属之一，并被广泛使用，很多人认为罗马帝国的衰落和铅有关。铅被发现用来制造罗马城市的输水管道。用这些未经保护和隔离的铅管输送饮用水，毒害了许多的居民。对于古代的文字材料进行回顾会发现罗马贵族们用铅制的容器制作葡萄酒进行加热，以获得更甜的酒味。使葡萄酒变得更甜的原因是因为醋酸盐从铅制容器中散发出来进入葡萄酒。加拿大科学家杰尔姆·欧·恩瑞阿古（Jerome O. Nriagu）博士发现他们中有 2/3 的人，包括克劳狄、卡里古拉、尼禄"偏爱被铅污染的食品口味，身患痛风，或者有其他的慢性中毒症状"（Wilford，1983）。

把时间快速推进到今天，OSHA 和 EPA 对于铅制品的使用进行了极为严格的规范，以保护雇员和环境。消费者产品安全委员会游说国会禁止进口没有达到美国关于铅制品使用安全标准的某些产品，以保护消费者们。许多从中国进口的产品，在制造过程中使用铅作为主要原料，这导致美国对某些孩子的玩具立即禁止进口，还包括越野车和本田制造的小型摩托车（Motorcycle.com，2009）。新的禁令的实施是为了保护 12 岁以下的孩子免于受到铅制品的危害。

孩子们比成年人更加容易受到铅制品的毒害。铅会对孩子们造成更大的危险是因为：

- 婴儿和年幼的孩子经常把手放进嘴里，把其他的物品放进他们的嘴里。这些物品会使铅进入他们的身体。
- 孩子们正在成长的身体会吸收更多的铅。
- 孩子们的大脑和神经系统对于铅造成的伤害更为敏感。

假如没有在早期发现，孩子们身体里更多的铅会导致：

- 大脑和神经的伤害；
- 行为和学习障碍，比如极度活跃；

- 成长缓慢；

- 听力障碍；

- 头痛。（环境保护署，2011）

正如同石棉，铅的使用量在20世纪70年代之后就被缩减，因为EPA界定1978年之前建造的建筑物和设施是有风险的。大部分的铅存在于涂料之中。以铅为基础的涂料比其他的涂料更持久耐用，颜色存留的时间也更久。铅和石棉具有相同的特质，以铅为基础的涂料并不是危险品，也不是易碎品，但是很显然存在一些风险。

在2011年的9月份，EPA对于接触铅制品制定了新的注意事项。对1978年之前的建筑物、设施或者重建物进行翻新，将会导致在建筑过程使用含铅的涂料。理解不安全接触的关键在于确定工作场所是否存在着含铅物质（LCM）。可以进行一些不同的测试以确定是否含铅。假如确定存在含铅物质，在清除这些含铅物质之前，就必须了解一些注意事项：

- 在消除危险物之前使用另外的设施：假如学校或者教室正在清除铅制的涂料，在翻新期间需要鉴定是否可以使用设施。浴室和餐厅设施应该从翻新区隔离。

- 宠物和动物：生物实验室、班级宠物和导盲犬应该尽可能避免接触污染区。和小孩子们很相似，宠物和动物们也很容易有危险。

- 家具和穿戴品：如果有可能，应该移走这些东西。在翻新期间应该警惕避免产生过多的灰尘。建议移走家具，而不是用塑料覆盖在家具上。

- 加热系统、通风系统、空调：在翻新和重建期间应该关闭这些系统。如果铅制涂料上的灰尘在空气中流通，这些系统在开机状态会带来更大的危险。假如设施或者建筑物位于气候极端的地区或当时天气异常，管理人员们进行清除工作就会较难。

应该在项目中使用这些不同的革新方法，以限制出现过多的灰尘。电力工具，比如磨砂机、研磨机、气动打钉枪，应该配备空气微粒高效过滤器（HEPA）以吸走从这些操作中产生的灰尘。（环境保护署，2011）

含铅物质不仅存在于画品中，也存在于陶瓷制品里。正如之前所说，在古罗马时代使用铅管铺设管道，整个管道都是用铅铺设的。在很多古建筑和较老的美国学院里，建造时使用的管道都是镀锌钢管制造的。但是，还有一些用来连接管道的嵌缝材料含有铅制品，西雅图公立学区即是如此（Buchanan，2006）。

因为学区里的水供应来自于西雅图，这个学区没有被要求进行铅测试。根据对几所不同的学校的应用水进行测试的结果显示，铅含量很高，需要采取行动改变现状。总共花费了三百万美元，学区对管辖内的所有学校都进行了测试，更换了旧的管道，为那些正在进行翻新改建的学校运来了瓶装水以供饮用。更进一步的调查显示 11 所学校的管道严重生锈，这些生锈的管道必须重新铺设。在铅工业的发现和消除措施使学校董事会采纳了更为严格的饮用水标准，远非 EPA 规定的饮用水中可以接受的含铅量为 10 ~ 20PPB（Buchanan，2006）。

铅和石棉很相似，它存在于美国古老的建筑物和设施中。如果不去碰触，这些材料就不会对人体造成危害，它们显示出极少甚至没有对健康造成危害。一旦进行设施翻新或者碰触这些材料，它们会影响动物、学生和雇员的健康，造成环境污染。对这些争议性问题进行成功管理的关键在于要搞清楚需要寻找什么材料、在哪里找到这些材料。正确的计划、采取保护措施或者清除有毒物品将会消除有可能遇到的麻烦。

建筑综合征

"建筑综合征"（SBS）这个术语用来描述建筑人员受到了健康的威胁，感到不舒适，而这些症状都是在建造建筑物的这段时间出现的，但是无法界定特定的疾病或者原因。这种诉苦可能是来自于某个特定的房间或者地带，或者可能来自于建筑物内部各处。与之相比，"建筑有关的疾病"指的是在鉴定各种症状时，病因可以直接归因于建筑物内部被污染的空气。1984 年的一份世界健康组织协会报告认为将近 30% 的新建筑物和改造建筑物使入住者们觉得不舒适是因为室内空气污染。这种情况是暂时的，但是一些建筑物存在着长期的困扰。如果建筑物不按照最初的设计或者规定的操作来建造，就会时不时地出现问题。有的时候，室内空气问题是不良建筑物设计或者入住者的行动导致的。（环境保护署，2010）

SBS 已经成为环境健康和安全领域的一个非常有争议性的问题。因为需要确定根源是什么，已经制定了行动指南帮助界定并且消除有可能的原因。因为不能发现治病根源，而不同的人在不同的环境下有不同的症状，SBS 已经成为工作场所里一个重大问题。根据 EPA，声称自己有建筑综合征的人士出现的症状包括头痛、眼部不适、鼻部不适、肌肉抽筋、精神上不能集中注意力。有一个观点认为随着建筑技术的不断提高，新起的建筑群和大型重修工作可以使建筑物显得充满活力。在这样的观点指导下，创建了和过去的建筑风格相比，结构更加紧凑而封闭的新式建筑物，被称为是"封闭建筑物综合征"（加州州立大学员工联盟，2009）。EPA 提出了在 SBS 案例中一些有贡献性的因素。这些可能的原因包括：

● 通风设备不好（加热系统、空气流通系统和空调）：建筑物内部恶劣的通风设备会是导致 SBS 的主要原因。在 1989 年，美国加热器冷冻技术和空调工程师组织（ASHRAE）为办公室空间的空气循环指定的标准是 5～15 立方英尺/分钟。这就为提高所有建筑物内部的空气质量做出了努力。

●化学污染（室内）：含有挥发性有机化合物的化学品被认为是有可能导致 SBS 的原因之一。黏着物、地毯以及清洁型化学药品都有可能导致 SBS。任何一种燃烧或者可以燃烧的物质都会释放出一定数量的挥发性有机化合物。这种设备可以包括局部供热装置、热风器、煤气炉和木头炉子。

●化学污染（室外）：把新鲜空气吸入建筑物内部的空气通风口时，也有可能把污染物吸进建筑物。在建筑物完成修建之后的外部加工会增加对建筑物内部空气质量的危害。放置在建筑物外部的危险废弃物会释放出挥发性有机化合物，并弥漫至建筑物内部。

●生物污染：随着大叶性肺炎和庞蒂亚克病的发现，霉菌和细菌得到了国际关注。在增湿器和导管里发现的滞水，正如水对建筑物绝缘体、天花板砖和地毯等造成的损害一样，会导致细菌和霉菌的增长（环境保护署，2010）。

因为对于 SBS 的病因没有明确的答案，所有和 SBS 有关的有可能的风险根源都必须进行调查。一些可能的根源是明显的，比如在办公室或者教室里发现霉菌。其他原因可能更加难以界定，比如正在被使用的，或者没有被正确使用的新的清洁化学药剂。因为和环境污染有关，因此早期探测是采取阻止措施的关键。因为任何有可能影响室内空气质量的原因，比如建筑物、设施以及地面，都应该被定期检测。紧急事故比如说自然原因或者人为原因而导致水泛滥会迫使管理人员确认所有水分被消除，以降低生物生长的可能性，比如霉菌。和雇员们进行清楚而持续的交流有助于把 SBS 导致的危害降到最小。

血液病原体

尽管最初被设计用来探讨护理相关行业的热点问题，OSHA 的血液病原体标准（29 CFR 1910.1030）却在很多工作场所都产生了深远的影响。校园环境就是被影响的区域之一。设计血液病原体标准是为了保护因为工作而在工作场所接触血液或者体液的员工们。健康护理行业是关注点，因为这种行业的工作人员在工作中需要和普通医生、护士、牙医、军医，以及其他的工作人员的血液和体液进行接触。在这些工作中接触到血液会带来很大的风险：

血液病原体是人类血液内的传染性的微生物，会导致人类疾病。这些血液病原体包括甲肝（HBV）、乙肝（HCV）和人体免疫缺陷病毒（HIV）等。针刺和其他的尖锐物导致的人身伤害有可能使工人们接触到血液病原体。在很多行业里的工作人员，包括紧急救援工作人员、在企业里负责日常家政类事务处理的工作人员、护士以及其他的健康护理工作人员，都可能会接触到血液病原体（OSHA，n. d. ）

接触到血液病原体会影响学校系统内的各种员工群体。OSHA（2011）把"职业接触"定义为"毫无疑问的预料到会接触到皮肤、眼睛、黏膜，或者因为工作的原因而导致父母曾经接触到血液或者其他的传染性物质"。"或者因为工作的原因而导致"指的是"职业的"接触。对学校系统进行评估可以发现如下一些群体工作人员适用于这个规章制度：

- 护士
- 第一响应人员
- 监护人
- 教师们

对学校系统内所有职位进行评估，以界定哪些人有可能因为工作职责而接触有害物质。这种评估有可能显示出那些通常不会被认为会接触到有害物质的人也在所列名单之中。护士和第一响应人员可能很容易就会被界定，因为他们在处理各种事故时很显然会接触到血液和体液。但是，其他的工作人员也有可能遇到。必须照顾受伤孩子们的教师们有可能接触到血液。监护人有可能在清洁过程中遇到呕吐的患病孩子。

在 OSHA 规章（2011）中列出的一个原则就是使用"普遍警惕"。这指的是永远假定血液或者体液被血液病原体所感染。一名员工将永远不会因为药学记录就知道谁受到或者没有受到 AIDS 或者肝炎病毒的感染，所以在工作中会接触到血液或者体液的学校员工应该永远假定接触到的物质是受到感染的，因此要按照标准中的预防事项来采取相应的正确措施，比如使用个人保护性设备以阻止和这些物质发生直接接触。

OSHA 规章制度（2011）描绘出员工们必须接受的培训，这些员工因为工作原因而接触到血液病原体。培训必须发生在：

- *最初指定任务时；*
- *每年；*
- *任何时候出现变化时。*

规章制度继续探讨在培训中必须设计的特定的话题。

学校管理人员需要深入地探讨和血液病原体相关的 OSHA 规章制度，以获得全面的了解，知道在血液病原体项目中需要做什么，而不仅仅是现在所说的这一些，还要包括一些值得关注的问题，比如制订控制接触有害物质的计划、制作容器标签、管理废弃物。

个案研究

萨利（Sally）是西部小学的一名拥有三十年教龄的老师。最近她开始提及她有呼吸困难，觉得自己接触到了学校建筑物里什么不好的物质。西部小学建于 1965 年，曾经在 1980 年被重修，就在萨利被聘用后不久。学校的风险管理系统很新，找不到 2000 年之前的安全项目记录。

- 哪些环境方面的问题有可能影响到萨利？
- 在建筑物重修时应该采取哪些安全方面的预防措施？

练习

1. 石棉是在什么时间段被运用到建筑材料之中的？

2. 学校什么材料会含石棉？

3. 因为会接触到石棉，学校里的哪些物理环境应该被改建升级？

4. 在学校环境建设中使用铅会带来怎样的争议？

5. 学校里有可能存在的铅应该如何被调查和消除？

6. 什么是"建筑病综合征"？

7. 你如何处理一名声称自己接触到学校里不明物质的教员或者行政人员的报告？

8. 学校系统里的哪些工作人员有可能接触到血液病原体？

参考文献

Buchanan, B. (2006). The high. *American School Board Journal*, 193, 22 – 25.

California State University Employees Union. (2009). Health and safety sick building syndrome SBS. Accessed May 15, 2012. http：//www. csun. edu/csueu/pdf//KYR/KYR-5 _ Sick _ Building _ Syndrome. pdf? link = 496&tabicl = 493.

Environmental Protection Agency. (2010). Indoor air facts no. 4 (revised) sick building syndrome.

Accessed March 10. 2012. http：//www. epa. gov/iaq/pubs/sbs. html.

Environmentall Protection Agency. （2011）. Asbestos. Accessed March 10, 2012. htltp：//www. epa. gov/asbestos/pubs/help. html.

Lang, R. D. （1984）. Asbestos in schools. low marks for government action. *Columbia Law School Journal of Environmental Law*, 26, 14 – 20.

Motorcycle. com. （2009）. Lead toy ban could affect bikes. ATVs. Accessed December 28, 2011. http：//www. motorcycle. com/news/lead-toy-bani-could-affect-bikes-atvs-87908. html.

Occupational Safety and Health Administration. （2011）. Bloodborne pathogens. Accessed December 29, 2011. http：//www. osha. gov/pls/oshaweb/owadisp. show _ document? p _ table = STANDARDS&p _ id = 1005 I .

Occupational Safety and Health Administration. （n. d. ）. Bloodborne pathogens and needle stick prevention. Accessed December 29. 2011. http：//www. osha. gov/SLTC/bloodbornepathogens/index. htmI .

U. S. Department of Labor. （1995）. Occupational Safety and Health Administration. Accessed June 10, 2012. http ：//www. osha. gov/publications/osha3095. html.

Wilford, J. N. （1983, March 17）. Roman Empire's fall is linked with gout and lead poisoning. New York Times. Accessed December 12. 2011. hitp：//www. nytimes/1983/03/17/us/roman-empire-s-fall-is-linkcd-with-gout-and-lead-poisoning. html.

第十九章　操场安全

罗纳德·多森（Ronald Dotson）

目　录

一名七岁的二年级学生课间休息时在一个装满玩具的儿童游戏室玩耍。游戏室的两个分区之间是一个由链条组成的坡式走道，设计这个走道是为了帮助孩子们学习掌握平衡和缓解风险的技能。这个孩子从一个踏步上掉下来，缠到链条里面。孩子掉下来时摔伤了手腕。

在校区里面和操场设备制造厂那里经常会看到这种现象。在这起官司里，控方声称学校未能对学生进行正确的监管，没有训练孩子们学会如何应对面临的风险，比如在链条走道行走的能力，而设备制造商们因为设计上的疏忽导致链条走道不符合消费者产品安全委员会对于设计儿童玩具所提供的建议。

遇到这种情况，学区可能会提出起诉，要求赔偿的金额远远超过直接伤害成本。和这起事故相似的某些人身伤害事件可能会索赔约 6000 美元的直接伤害成本，或者索赔急救室费用、专家门诊费以及随后复诊时可能需要治疗而产生的更多费用。起诉方或许会获得超过直接伤害成本数倍的赔偿金。

这个案例和 2001 年的纽约案件相似。在那个例子里，预审法庭对学区和操场设备制造商进行即决审判，基本判定免除他们的责任。但是，上诉法庭颠覆了这个判决。纽约上诉法庭维持了上诉法庭的判决。学区因为没有向学生提供关于在操场上玩耍时有可能面临的危险信息而被惩罚。法庭声称"学区有义务如同谨慎的父母一般照料他们的学生"。法庭做判决时参照了两例案件："劳斯对纽约市教育委员会，16N. Y. 2d 364"和"玛克雷对帕尔迈拉马其顿中部学区，130 A. D. 2d 937"。操场设施制造商被免于责任，因为法庭认为操场设施的安全标准是自行设定的，除了消费品安全委员会的推荐标准（730 N. Y. S. 2d 132），还存在很多的标准。

只关注孩子们在操场上的安全问题是在回避应该使孩子们免于受到伤害这个重大问题，而维护孩子们在操场上的人身安全是很显然的安全目标，但并非每个人都这样认为。要了解这个问题，我们必须了解操场的概念，明确在操场上发生的伤害事件究竟是不是很难避免，探讨目前在防止发生伤害事件时采取的应对策略。

界定操场

可以把操场简单地定义为经过"特定设计"供孩子们玩耍的区域。听起来简单，但真实含义比听起来更为复杂。"特定设计"这个术语意味着操场区域内的场所和设备在安排和设计时要考虑到心理和身体因素。操场首先在德国出现，操场的意义不仅仅是作为一个释放能量的场所，也是一种教室，设计操场是为了让孩子们可以适当地玩耍。当然，在安全和玩耍之间必须保持平衡。埃伦·桑德赛特博士（Dr. Ellen Sandseter）是挪威慕德皇后大学心理学专业的教授，她认为操场活动有助于培养成年以后健康的心理发展。

操场上发生的人身伤害

每年大约有 20 万个孩子因为在操场上受伤被送往社区医院或者紧急治疗中心接受医学专家们的治疗（美国消费品安全委员会，2010）。绝大多数 5～14 岁的孩子都是在学校操场上受伤的（全球儿童安全，2010）。尽管在操场上玩耍时发生伤害事件的次数相对而言比较少，但操场伤害事件的比率仍然占据学校伤害事件的 30%～70%（Posner，2000）。6%～7% 的孩子在读小学时都会在操场上受伤。在操场上发生的伤害事件里，程度严重的受伤事件占 45%，比如截肢、内伤、脑震荡、骨折，也会出现死亡。1990～2000 年，据报道有 147 起死亡事件是在操场上发生的。在这些死亡事件中，大约有 70% 是在家用游乐场的操场上发生的，主要是因为孩子从秋千上掉下来时被钳住或者孩子的衣服被绕住（全球儿童安全网络，2010）。

美国消费者联盟，这个致力于维护公共利益的研究组织曾经报道，女童在操场上玩耍时更容易受到伤害。需要更进一步说明的是，关于伤害类型趋势的研究显示出，年幼的孩子，特别是5岁以下的孩子，更容易受到面部伤害，而5~14岁的孩子更容易在手和手臂受伤（全球儿童安全，2010）。

亚利桑那州卫生服务部开始研究和追踪调查该州发生的操场伤害事件，这次调查从最初就包括对于学校操场发生的伤害事件的调查。他们的研究结论和全球儿童安全网络组织调查的其他国家的受伤情况一致，正如一些州独立进行的调查如1992年实施的宾夕法尼亚PTA操场伤害预防项目所显示的情况一样。这些调查揭示出一些值得关注的事件发展趋势：

● 发生操场伤害事件的学龄儿童里有2.5%接受的不是急救医疗服务；

● 5年级、6年级和7年级学生发生伤害事件次数最多；

● 4年级的孩子在操场上玩耍时，因为活动设施而受到伤害的事故总量是其他年级孩子们受伤事故总量的四倍之多，而5年级、6年级、7年级的孩子受伤往往因为粗野的动作导致；

● 30%的受伤事件发生在头部；

● 1%的操场受伤事件需要住院治疗。

宾夕法尼亚PTA项目还指出了一些重要的趋势，包括：

● 50%的伤害事件和攀爬设备有关，而16%的伤害事件和秋千有关，11%的伤害事件和滑梯有关；

● 66%的伤害事件是从设施上掉下来时发生的，16%的伤害事件是因为撞倒机器，而7%的伤害事件是因为碰撞到移动设备。

宾夕法尼亚还对照标准对 35 所小学的操场进行了审计。这些小学里的绝大多数都没有采用专门根据坠落事件而设计的可以缓解坠落冲击力的操场表面材料，44％的小学安装的设备会把孩子们的头部给卡住，34％的小学安装的操场设备不符合消费品安全委员会的推荐（Posner，2000）。

有理由相信孩子们在玩耍时会发生伤害事件。但从道德的层面来讲，一起伤害事件，特别是一起可以被合理规避的伤害事件，即使一次已让人无力承受。领导力意味着责任。学校对于学生们、来访者们、教员或者职员出现的伤害事件担有责任。在肯塔基州，免予起诉的原则保护学区和雇员个人免于被起诉。在其他州比如加利福尼亚，立法机关批准依法免予起诉。在肯塔基案例中，瓦勒萨·德克对蒂娜（S. W. 3d 2011 WL 2935667），肯塔基上诉法庭代表该州东部做出判决，认为在操场上玩耍的小学生的监护人不应该起诉教师瓦勒萨·德克。蒂娜的班级需要进行一次特别测试，事发时学生们正在操场上稍作休息。当学生们在诺特县伊玛琳学校的操场上玩耍时，一名学生掉下来，手臂骨折。根据免予起诉的原则，校区被免于起诉。诺布尔斯（Nobles）起诉教师瓦勒萨·德克没有很好地看护她的学生。只有当公职人员在进行自由行为或者基于信念并且在职权范围之内执行任务时才会享受免于起诉。法庭对这个案件上做出判决，尽管这个休息时间不属于三年级学生课堂时间安排计划，但是教师安排这样的额外休息时间是很合理的。因此，免予起诉的原则适用于该教师。

加利福尼亚州是要求学校操场铺设满足美国测试和材料协会（ASTM）标准的十五个州之一。加利福尼亚州认为由学校承担责任是另一种形式的侵权。这意味着父母必须证明学校有义务负责他们的孩子在操场上的安全却没有履行这个义务，学校因为没有履行义务导致学生受到伤害，而学校的行动或者不作为是造成这种伤害的主要原因。这也适用于教师个人和学校管理人员（Tierney，2011）。

因此，学区对于操场伤害事件所担负的责任并不像最初想象的那么严重。学生监护人很难在这起诉讼案中获胜。但是学区应该考虑承担和诉讼案件有关的费用，可以用经费支付。从很多方面来看，把钱用来阻止发生操场伤害事件比用来支付诉讼案件更划算。学校参保的保险公司不仅要支付正当防卫成本，还要支付学生伤害案件费用，当损失不断上升时，所需的保险费用也会从那一刻开始增加，通常不会减少保险费。在处理一些罕见的案例时，保险公司会逐年退钱，直至对下一份续保合同进行评估。学校可以对发生的伤害事件有目标地投入资金。较之对已经发生的事件做出赔付，提前投入时间和金钱阻止发生伤害事件会更值得，这种钱是不能节省的。

满足 ASTM 的要求并不能保证一定能减少操场伤害事件的发生率。伦敦米得塞克斯大学教授戴维·鲍尔（David Ball）博士认为，养成良好的行为习惯很重要。他引用了一份关于使用更软的操场地面之后的操场伤害事件的研究。在更软的操场地面投入使用之后，发生骨折事件的比率也在上升。对此，他认为，当人们认为环境更安全的时候，人们就会冒更多的风险（Tierney，2011）。

埃伦·桑德赛特博士是挪威慕德皇后大学的心理学教授，她认为操场伤害事件是人类行为发展必不可少的组成部分。她用哲学的观点加以阐释，她认为在被控制的环境里，能够采取冒险行为征服恐惧感的人在今后也会更加情感丰富。缺乏冒险挑战会使人感到恐惧和焦虑，将来也不会取得什么成就。心理学家帮助成年人克服恐惧感的技巧之一就是让他们越来越多地接触危险并战胜危险。限制孩子们的情感发展所需付出的代价将会在生活中得以体现，尤其是对危及生命的伤害事件进行全面考虑时，需要更进一步指出的是，她引用了一个研究，较之那些在 9 岁前没有体验过坠落创伤感的孩子，在 9 岁前曾经历坠落的孩子们在成年之后不易患恐高症（Sandseter and Kennair，2011）。

从道德层面来看，尽管需要被探讨的问题很棘手，但在对伤害事件数据和历史事件进行明确调查后发现，法庭上关于责任赔偿的态度和心理发展研究的结论是相反的。

使操场活动更为安全的策略

和操场设备标准有关的最常用的策略是由美国测试和材料协会（ASTM）制定的。迄今为止，已经有 15 个州实施立法，要求学校和公共组织在安装操场设备时必须符合 ASTM 制定的标准。据北卡罗来纳州报道，自采纳法律标准以来，操场伤害事件比率下降了 20%（全球儿童安全，2010）。

加利福尼亚州实施了一个综合性的项目。加利福尼亚州针对操场安全制定了一个三层式的系统，由实施标准、检测、教育倡议组成。所有的学校操场必须由受过培训的操场检测工作人员进行检测，以满足 ASTM 的标准（Tierney，2011）。ASTM 标准关注的是设备和操场表面的覆盖物的布局和设计、安装设备的种类以及维修保养、操场坠落缓解所使用的表面材料、安全区域、审计形式、对于有可能构成危险的情况的测试。美国消费者联盟（CFA）为操场建设制定的标准与 ASTM 制定的标准是一致的，但是也考虑到了孩子们的成长发展（Posner，2000）。

根据 ASTM 和 CFA 的标准建造新操场或者对现有操场进行改善是一个重点。就操场管理而言，性价比最高的措施就是在建造操场伊始就正确设计操场表面。当志愿者和社区支持者参与其中时，可以指定一名负责人对这个项目进行监督审查。另一个重点就是考虑对操场表面材料进行维修保养的费用和操作要求。比如说，社区赞助人会捐赠"安全覆盖"的建造材料，使用橡皮条代替木制材料。但是，需要考虑今后能否持续收到捐赠的替换材料，需要考虑的另一个问题就是购买用工业材料制作的工厂设备，而不是根据设计蓝图用木头或者精致木料来制作设备。考虑到孩子们会接触到经过制作的木料中的化学物质，因而处理木料的成本肯定会比使用工业塑料花费更多的成本。

必须由可以胜任的人士经常进行检测。可以胜任的人士指的是那些受过培训、有经验识别和降低风险、有权限调整或者命令停止设施运作直到维修好的那些工作人员（29CFR 1926.32f）。这些工作人员应该很熟悉标准，并且目前负责处理操场管理相关事项。一个好的建议就是指定一个并非经常从事和操场有关的工作或者总是在操场四周工作的工作人员，自以为对情况很熟悉的态度有时候会使人们忽视很多重大问题，在使用之前进行日常检测是一个好的做法。经常进行日常检测有助于帮助人们界定刚刚出现的设备问题和其他的危险物，比如说蜜蜂、蛇甚或是路人经过时留下的物品。曾经在操场上发现过枪支和注射器。

制定政策规定孩子们到一定年龄才能在操场上玩耍或在操场上接受测试。制定该政策就有助于根据实际年龄来处理各种问题。研究趋势显示 4 年级以上的孩子们游戏的内容各不相同。有的操场设备是为一定年龄的孩子设计的，不适用于其他年龄的孩子。这是个好办法，可以限制操场上的监控人员需要监测的孩子数量。对于阻止伤害事件而言，实行监控是一个好办法。实行监控的一个补充办法就是对操场进行分区管理。根据年龄划分区域、设定安全地带或界定移动设备四周的缓冲地带，特别是秋千四周的地带，这可以帮助孩子们在游戏时不受打搅，当孩子们数量过多、游戏项目过多、监控人员无法控制操场时，就要限制孩子们的数量和游戏类型。

把伤害事件的数据作为衡量标准观察坠落事件的风险性时不难发现，在所采纳的缓解伤害措施中，使用具有吸收冲击力的操场设备材料排名靠前。使用安全覆盖材料、木条，甚至是小卵石这些材料可以缓解坠落对于孩子造成的冲击力。安全专家们使用这些材料作为防止人身伤害的措施和阻止事故发生的策略。

采取阻止事故发生策略的历史可以追溯至 1915～1930 年的安全管理的“调查年代”。教育和培训被认为是防止事故发生的关键（Bird et al.，2003）。但在严密监管相关区域时，很容易忽视操场安全，对监管工作人员和学生进行适当培训，可以围绕操场活动的常见危险和预期行为来进行培训。诸如《操场上的安全问题和安全操场》等书涵盖了危险方面的问题，并且阐明了年轻读者们的预期行为。把训练和主动阅读作为对孩子的辅助策略，通过教育手段使孩子们做这个年龄该做的事。这些标准侧重于策划比如设计和布局，所以采取倡导教育的措施会有帮助。在操场进行监控必须理解设计标准、受伤趋势和行为模式。

在安全和心理发展之间保持平衡是我们实施操场安全管理的目标。了解操场的设置、伤害事件发展趋势、设计标准以及行为目的意味着可以对伤害进行管理，采取防止伤害或者阻止事故发生的管理策略。来自于英格兰伯明翰的儿童游戏和娱乐协会的彼得·赫塞尔廷（Peter Heseltine）引用了四项关于操场的主要因素即布局设计、设备设计、维修保养、行为方式（Heseltine，1993）。这个标准是根据威廉哈顿博士的能量转移理论设计的，设计这个标准是为了探讨防止伤害发生的策略。这个理论强调防止能量转移或者限制人体和环境中的物质或不良状况接触（Byrd et al.，2003）。

操场经历

桑德塞特博士界定了冒险活动的六种类别：探讨高度、体验高速、使用危险工具、靠近危险的物质、狂野打闹的游戏、独自乱逛（Tierney，2011）。桑德塞特博士从心理发展的角度来进行研究，使用系统安全分析的蝴蝶结方法对操场事故进行分析或许会揭示冒险游戏的其他类别，或有助于避免孩子们出现操场伤亡现象的管理实践。

蝴蝶结方法是界定潜在事故和有可能导致重大事故状况的系统方法，重大事故会引发二级事故或导致继发事故及出现不适状况。蝴蝶结方法运用推理和归纳以阐明在何处要采取对策来阻止未来出现的伤害事件程度加剧，这个模式假定事故和不适状况共同作用导致伤亡事件，以桑德塞特博士的冒险游戏为例探讨会发现坠落高度和不当的操场材料会导致坠落事件的伤害程度比预料的更为严重。

任何人在观察幼童时会发现孩子们渴望靠近成为朋友，他们会在不当时间彼此聚集到一起。比如说，一个幼童尝试靠近他的朋友，而他的朋友又后退着在靠近门，这时门打开了，孩子的手指被夹在门缝。援引此例，有人会认为孩子渴望靠近朋友或者亲密接触，地点是在门的附处。孩子把手放在门的裂缝处想得到支持，门开了，开门和紧接着的关门导致事故发生。这一些行为导致发生重大事件，手指被夹在门缝。了解这些情况之后，就可以制定对策，控制行为和地点，阻止发生重大事故，并阻止出现任何继发状况和继发事故。

操场上的行为方式还包括渴望和朋友们接触。孩子们喜欢和朋友们在一起玩。钟声或口哨声意味着休息时间的结束，这时会出现受伤事件。当一个孩子跸倒时，他会掉下来或撞倒另一个孩子，引发坠落危险，跟在后面或挤在一起的孩子们也同样会遇到坠落危险。孩子们渴望在一起玩的另一个例子就是他们聚集在滑板、秋千、攀岩墙、旋转木马或其他设备附近，然后出现伤害事件。

可以根据对操场事件的观察和调查提供操场监控培训的建议，可以通过吹哨子的方式指示休息结束，最合适的做法是用哨子声发布指令停止所有活动和等待更进一步的指示。把操场上某个区域的孩子们聚到一起也会显示休息时间结束。报警时的恐慌效应就足够显示危机出现，安全专家们根据经验会对报警做出反应。还可以发布教育信息，探讨如何阻止可能导致伤亡事故的个人行动和状况。

学校工作人员可能不会充分调查或者及时调查操场上发生的伤亡或其他事故。多次令人不快的碰撞会导致孩子们在操场上哭喊和引发恐惧，学校工作人员可能会对这种场景很麻木，认为这些不会导致严重的伤害事件。他们甚至认为这些不是伤害事件，除非这些伤害可以被看到、需要得到校医治疗或者呼叫急救。尽管这些场合没有出现严重伤害事件，但仍需被调查。要调查出现这些场面的根源，即使只是进行粗略简短的评估也有助于减少以后会出现的危险状况和事故。

在 ASTM 中要探讨设计标准，但对操场活动进行观察会对伤害管理有所帮助。操场设备的吊舱有踏板，一定年龄的孩子们可以使用这种设备。当成年人需要靠近受伤的孩子时，一些设备会妨碍成年人采取营救行为。在一个事例中，一个孩子在即将着陆、离地面大约 4 英尺的时候跌倒了，鼻子流血。着陆的护栏部分很牢固，孩子无法从里面挣脱出来。这意味着孩子从设备的滑板滑出了。假如伤害事件导致脑震荡，情况会更危险，会导致二级伤害或情况的恶化。换言之，一个正常的成年人很难爬上滑板或者穿过隧道去救这个孩子。一个简单的办法就是移除护栏或者在着陆处不要设置受到限制的出口处，这样就可以救出这个受伤的孩子。

及时进行调查可以发现保护学校和操场监控的信息，这样做可以指明准备工作的不足之处。应该培训操场监控员进行紧急救援回应，这样可以避免仅仅指路让孩子前往校医院，而无法在受伤现场检查孩子的脖子受伤情况、是否有脑震荡或者其他的情况。操场上只有一名监控员或者这名监控员负责照看的孩子们的数目超过 25 个时，需要拨打电话或者报警呼叫救援。监控员必须装备齐全、受过训练，知道如何处理体液。任何有可能接触体液的人员在执行工作时都应该遵守职业安全健康管理规定。阻止二次接触体液的措施包括使用路障或者胶带限制通往设施的路径，以及使用清洁供应品来清除设备上溅到的血液和配置个人保护设备。

操场管理项目是由会议设备、操场标准、对设备和操场进行维修保养的标准、调查事件、检测和教育提议所组成的。你的保险公司可能会提供关于操场实施标准进行审计的指导建议，以及从经过认证的操场检测员那里得到审计服务，应该坚持每天进行检测。学校监护人或者维修保养工人们可能是最适合完成这种任务的人，这些人可能最熟悉学校和操场的物理情况，需要快速检测锋利的边缘、坏掉的设备、遗失的设备或者前一天藏在操场的物品，使用紧急救援设备会有帮助。

对受伤情况进行调查、追踪或者评估小事件，采取这些措施都有助于制定对策、制止有可能出现伤害的行为、调整不安全的条件、保护员工和学校、指出学生们和工作人员们会涉及的教育方针和话题。观测操场的行为也是一种调查类型。桑德赛特博士认为研究有潜在伤害性的行为，界定在行为者、事件、伤害以及事故诱因之间的趋势会揭示发展趋势。把这些放到一起来考虑有助于把操场建设成和教室相同的、性价比很高的教育环境。

个案研究

两个星期以前，一名三岁的学龄前儿童在操场上受伤。受伤事件发生在下午大约两点钟的时候。这个孩子从一个滑梯的踏板上跳（到滑梯的另一头）。孩子的锁骨受伤，并且脑震荡。操场监控员那时只照看着 10 个孩子，可是被另一个孩子分散了注意力，所以没有注意到这一幕。一个孩子说那个男孩跳下了踏板，那个男孩也告诉校医他跳下了踏板。踏板是由一个知名制造商制造的，符合为学龄孩子们制定的 ASTM 标准，但是不适用于蹒跚学步的幼儿。

●学校是否应该为上述事故负责？如果是，那么：

A. 监控员没有接受过紧急救护的培训，他只是帮助这个男孩站起来，领着他走到教学楼里的校医那儿去，这会造成什么样的情况？这种行为对问责会有影响吗？

B. 假如没有完成及时的调查，起诉成立，这会如何影响这起官司？

● 你是否认为学校没有给蹒跚学步的孩子们提供设备，所以学校应该承担责任？为什么？

● 从上述情况来看，你会对你们小学操场进行怎样的改造？

● 你会如何维护你们小学学校的操场安全？

练 习

1. 本章列出的应对伤害的什么策略和你学校的操场有关？

2. 什么机构为操场设备的建造制定了标准？

3. 为了保护孩子避免坠落，应该使用什么样的表面材料？

4. 聚集的人群会如何造成受伤事件的出现？

参考文献

Bird, F., Germain, G., and Clark, D. (2003). *Practical Loss Control Leadership* (3rd ed.). Det Norske Veritas, Duluth, GA.

Heseltine, P. (1993). Accidents on children's playgrounds. *Children's Eevironments Quarterly*, 2 (4), 38 – 42. Accessed May 1, 2012. http：//www. colorado. edu/journals/cye/2 _ 4/AccidentsOnChildrensPlaygrounds _ Heseltine _ CEQ2 _ 4. pdf.

Knowlton, M. (2009). *Safety at the Playground*. Crabtree Publishing Company, New York.

Pancella, P. (2005). *Playground Safety*. Heinemann Library, Chicago.

Posner, M. (2000). *Preventing School Injuries：A Comprehensive Guide for School Administrators, Teachers, and Staff*. Rutgers University Press, New Brunswick. NJ.

Safe Kids Worldwide. (2010). Playground safety. Accessed April 30, 2012. http：//safekids. org/our-work/reseearch/fact-sheets/playground-safety-fact-sheet . html.

Sandseter, E. B. H. , and Kennair, L. E. 0. (2011). Children's risky play From an Evolutionary perspective: The anti-phobic effects of thrilling experiences. *Evolutionary Psychology*, 9, 257 - 284.

Tierney, J. (2011). Can a playground be too safe? *New York Times*. Accessed May 1, 2012. http: //www. nytimes. com/2011/07/ 19/sciencc/ 19tierny. html.

U. S. Consumer Product Safety Commission. (2010). *Public Playground Safety Handbook* (Publication No. 325). U. S. Consumer Product Safety Commission, Bethesda, MD.

U. S. Department of Labor. (1996). Title 29 Code of Federal Regulations, Part 1926. 32. Definitions. Occupational Safety and Health Administration, U. S. Department of Labor, Washington, D. C.

第二十章　交通安全

特里·克兰（Terry Kline）

目　录

美国交通部门认定校车是接送学生往返最安全的交通工具。比起孩子们自己驾车或者搭乘朋友们的车而言，学生们坐校车到学校的存活概率是前者的 50 倍。大多数父母没有认识到孩子们坐校车比由父母驾车送往学校更安全。从环境和经济方面来看，很难找到一个理由来采用其他的交通方式接送孩子。

全国学生运输协会声称黄色的校车是最安全、最经济适用、最有效和最环保的每天接送我们的孩子们往返学校的交通工具。学校运输安全项目由以下几个部分组成：

- 挑选、培训、委任司机；
- 挑选路线；
- 安全驾驶争议性问题；
- 定期维修；
- 校区和工作人员责任。

挑选、培训、授权驾驶员

鼓励全国学生运输协会吸纳所有学校的校车司机和参加者接受相关的正确培训，以运输所有学生，特别是身体残疾和有特殊需求的学生们。根据美国国家公路交通安全管理局（NHTSA）发行的《国家公路安全计划学生运输安全统一准则》，每周应制订计划以符合校车和校包租车运营的用人规定。为挑选工作人员而制定的《美国国家公路交通安全管理局学生运输指南》第 17 条包括：

- 各州必须制订计划以挑选、培训负责运送孩子上学的监管人员，确保这些工作人员了解工作职责和高水平地完成任务。

● 每名驾驶校车或者运送学生的校包租车的工作人员，至少应该：

——拥有驾驶这种交通工具的有效州司机驾照。运载人数超过 16 人（包括驾驶员）的交通工具的所有驾驶员必须根据 1992 年 4 月 1 日颁布的《联邦汽车运输安全规定》（FH-WA）中的"商业司机驾照标准"（49 CFR 第 383 款）拥有有效的商业司机驾照；

——符合由负责学生运输、帮助学生避免误用或滥用药品和/或酒精的州机构所制定的关于身体、精神和道德以及其他方面的要求；

——是合格的驾驶员，根据 FHWA（49 CFR 第 391 款），驾驶员或者雇主需遵守这些规定。（美国交通部，2006）

根据严格的挑选、培训和委任驾驶员要求，可以获取各种资源，帮助新任学校管理人员制定标准。国家安全委员会和杰·杰·凯勒联营公司为各地学校的车队管理计划制定标准，全国学生运输协会（NAPT）、美国汽车协会、校车信息中心、全国小学生运输服务协会为当地和州小学生运输组织提供特别的服务。

挑选驾驶员

由杰·杰·凯勒联营公司和国家安全委员会制订的车队安全计划声称，就整体项目有效性而言，挑选具有安全驾驶意识的司机这种事并不像大多数学校担心的那么难办，也不会多花些时间。重点在于对申请和面试环节进行审查。目的在于尽可能剔除潜在的会犯错误的申请人员，因为机构对于人员聘用和认为哪些人不适合这个岗位有绝对的决定权。

管理人员需要了解应该挑选什么类型的驾驶员。管理人员需要知道法律对于这个职位的要求，驾驶校车规避风险的技巧、能力、性格和行为方式。在这四个基本方面中的任何一个方面很擅长的人都能成为一名优秀的校车司机候选人，至关重要的是挑选出品性良好、技术熟练的候选人和司机合作。

了解申请人信息是挑选环节的第一步，申请人最重要的信息是驾驶员的安全工作和表现记录。对申请人的背景信息进行查证有助于了解申请人过去的冒险行为和工作表现。管理人员会查看显示驾驶员冒险行为或违规记录的红旗，了解驾驶员在驾驶机动车方面的工作情况。管理人员必须确定申请人员是否需要拥有商业驾照（CDL），或者说能够接受训练以获得 CDL 驾照从事巴士运营。

凯勒联营公司指出申请书的书写必须清晰明了，因为需要查证包含的信息。申请书内容模糊不清会误导阅读者们，使他们感到困惑。负责驾驶员招聘的工作人员不应该对任何信息都想当然，应该核实每一项信息。文字材料应该清晰易懂，其他的文字材料比如日志、维修保养需求、纪律报告也应如此（驾驶员筛查和定位，2006）。

递交给国家安全委员会的材料应该完整，对申请材料进行审核时应该确认申请书里没有未填的明显空白处，关于违规记录这个敏感问题的信息必须真实。申请人员应该使用一些指示词比如"NA"确认他们看到这个问题，并且没有需要再添加的违规记录信息（国家安全委员会，2010）。

材料应易懂、正确、完整，还应该在材料里用小红旗的符号来标注记录工作状态：

- 就业差距；
- 频繁换岗；
- 频繁改变居住地；
- 之前的上级没有注册公司；
- 辞去前一份工作的原因不明。

尽管审核一份岗位申请书的红旗记录情况只需要 10～15 分钟

的时间，但验证需要时间，因为核查背景信息和信用情况通常都是由学校以外的机构来进行的。如果在申请材料中没有不符合条件的情况，下一步就是组织面试。

根据凯勒联营公司的观点，候选人面试过程的问题在于大多数负责招聘的机构没有或几乎没有接受过关于如何组织面试的培训。学区可能会因法律规定对负责面试的人员进行培训，以组织校车司机和其他车队司机的招聘面试。总的来说，面试官必须经过培训，对已经回答和没有回答的问题进行评估。不完整的回答，或者说模糊、不确定的回答或许暗示回答者正在试图隐藏或者显示问题所在。在车队管理项目中，常见的面试原则包括：

- 营造正确的环境；
- 标准的开场白；
- 有关私人情况的问题合法；
- 提问和工作表现有关；
- 提问和录用有关。

在面试时可以遵照常见的面试原则，但还可以采取一些特定的问询方式取得令人满意的效果。特定的面试技巧通常是和工作要求有关的申请说明，包括阐明或者记录：

- 列出就业差距；
- 换工作的经历；
- 重复调换工作岗位的历史；
- 对反对意见的不正确表述；
- 有迹象显示对情感或身体造成伤害。

通过提问可以使面试主考人员更有效地得到信息，候选人也可以表达自己的工作需求。假如面试主考人员的视线接触到候选人、倾听他们的表述、做笔记并且明确提问，这场面试就有效地支配了时间和精力。常见的提问过程应该包括：

- 询问开放式的问题；
- 仔细聆听，不打断回答；
- 提问时要客观，并以任务为导向；
- 做记录时获得允许；
- 面试时的行为和工作有关；
- 留出时间给申请者们提问。

在确定当地学区的车队驾驶员时，最重要的环节就是进行筛查。当驾驶员和学生、父母、教师以及社团共处时，驾驶员的言行代表着学校的立场。挑选工作状态稳定的驾驶员比矫正习惯于在驾车时从事危险操作的驾驶员更容易。

培训驾驶员

校车司机培训是校车运输系统中最重要的组成部分之一。

校车司机培训中一个至关重要的环节就是认识到驾驶时会出现的危险，以及正确地调整驾驶姿势，确保校车乘坐者们的安全。制定项目和进行报道就是为了给校车乘坐者们和备用司机们提供一份应该了解的、有潜在危险性的地点/情况的清单。应该对校车司机们进行正确的培训，应对这些潜在危险状况。另外，应该培训校车司机们处理突发的危险状况或者临时状况。在校车驾驶员和路线指定人员之间保持持续的沟通对于确保校车持续安全运输学生是至关重要的（美国交通部，1998）。

培训和评估是相连的，因为新手司机需要锻炼，在当地校区和社区服务几年以后，新手会成为有经验的司机，再成为一名模范校车司机。驾驶员的培训要经过定位训练、驾驶技能培训、认知能力训练、对驾驶技术评估进行审计以及再训练这几个步骤。熟悉当地情况、接受过处理当地情况的培训、在专业机构进行知觉训练之后，才能完成所有的培训任务。专业机构提供给初学者的培训课程适用于全州和当地的培训机构。

向驾驶员提供入职教育应该当地化，向新手司机介绍特定的交通工具、政策、紧急情况处理步骤、由当地校区或者机构制定的行车路线或者撞车事故上报步骤。和私人机构签订合同为学校运输提供服务时，校区有责任为驾驶员的行动和错误负责。根据入职教育为当地学校实体审核相关政策和流程，这是校区负责人义不容辞的责任。

当地的培训人员和本区签约机构的模范驾驶员可以为当地学区的巴士系统提供最佳的基本驾驶技能培训。各州机构和专业小学生运输协会可以经常提供课程大纲和培训人员。培训推荐课程至少应该包括使用后视镜、倒车技巧、确定车辆需占用的空间、路边停车规则、灯光和车辆设置的使用，以及特定的制动和转向能力。

驾驶校车时会遇到大量内置式干扰，受过训练的驾驶员也要分散注意力选择降低风险的驾驶技巧。对驾驶员的感知力进行培训通常是在不同的环境下通过仿真训练和感知力训练来进行，最后一项培训是在场地内进行车内仿真训练。在驾驶校车时可以播放影碟，这有助于审核评估，以及根据要求进行更进一步的矫正训练。

在校车里没有学生时，培训者在驾驶过程中对驾驶员进行观察就可以进行审计和评估。为评估制定标准路线，为驾驶员提供了正确的路线选择和行为回应。对培训者进行最初的观测/评估之后，可以播放影碟评估任何需要被调整的行为。可以由有经验的模范驾驶员负责进行矫正性训练，或者作为年度培训的内容。

授权驾驶员

每个校区都应制定政策，委任驾驶员在学生运输系统内执行运送学生们的任务。CDL驾照流程制定了学区或签约商规定的需要实施的委任驾驶员规则。各州或当地学校实体应该每年根据药物授权情况或者制定药物测试政策规章或协议，来制定授权药物使用规则。学校管理人员需要保存每年运输小学生的驾驶员授权记录，还应该持续接受专业教育，在行业实践和专业知识方面获得认证。

路线挑选

负责管理学生接送事项的管理人员应该使用计算机制定路线和设计系统，在运送孩子和安全管理时获得最大效率。让所有的孩子都乘坐黄色的校车会比较让人放心，但是这种做法在某些地区是不现实的，应该尽可能提供最安全的运输系统和设备，或经过安全设计且配置良好的基础交通工具接送孩子们。负责制定行车路线的美国国家公路交通安全管理局（NHTSA）在《小学生运输安全指南》第17款指出：

●就校车在公路旁停靠上下学生这件事而言，每个州应该制定统一的法律流程。应该定期宣传公共信息，确认驾驶车辆的人们充分理解校车报警信号的含义，以及要求搭载学生的校车停靠时遵守交通规定。

●每个州必须制订计划，将校车和校包租车用户、其他公路使用者、步行者、自行车用户在公路上会面临的危险最小化，将财产损失最小化。这些计划应该包括，但不限于：

——为规避风险，仔细制订计划并每年总结行车路线面临的安全风险。

——自定路线，以确认对校车和校包/租车的使用最大化，确认乘客在行车期间不是站着的。

——在公路的主要通道提供实际可行的停靠区域。

——为校车和校包/租车提供在校区内或靠近校区搭乘学生的指定区域。

——当停靠路旁搭乘学生时，确认校车驾驶员遵守搭乘乘客的州立法，包括指南 B. I. F. 部分所规定的信号灯使用规则。

——根据规章或者立法，禁止任何校车从事商业运营，除非符合指南规定的设备要求和界定。（美国交通局，2006）

制定安全行车路线是一个乏味但又灵活机动的过程，通常每年会根据学生人口进行调整。在界定巴士运输安全地带和制定校车运行路线时，负责运输的工作人员必须在安全和效率之间保持平衡，这是至关重要的。在使用 GPS 导航系统寻找路径以制订校车接送路线和计划时，学区必须探讨巴士停靠点的设置、路线危险、巴士停靠点的安全问题。

随着公路上校车数量的增加，公路停车点的设置引发的不可避免的问题也在增加。校车导致的一些严重悲剧使学校工作人员们严肃地思考，为校车制定安全标准（美国交通局，2006）。

分散注意力

在美国公路上行驶时，分散注意力是极为常见的现象。仅在2009 年，将近 5500 人死亡，超过 45 万人因为驾驶时分散注意力而在撞车事件中受伤。美国交通运输局致力于禁止驾驶时使用手机和收发短信。从 2009 年开始，交通部举办了两次全国范围内探讨驾驶时分散注意力现象的高峰会，禁止商业司机们驾驶时使用手机和收发短信，鼓励各州严格执法，数次发动运动提高公民对这个问题的关注。驾驶时分散注意力的行为使驾驶员、乘客和旁观者处于危险之中，导致机动车撞车的情况包括：

- 编辑短信；

- 使用移动电话；

- 吃喝；

- 和乘客聊天；

- 整理个人仪容；

- 阅读（包括看地图）；

- 使用导航系统；

- 看影碟；

- 调适收音机、CD 播放器或者 MP3 播放器。

因为编辑短信需要驾驶员动眼、动手，会分散注意力，所以驾驶时编辑短信是分散驾驶员注意力最危险的情况。

制止驾驶员们在驾驶时从事分散注意力活动的最好途径就是告诉校车司机他们所面临的危险。事实和数据是最有说服力的。假如学校管理人员和驾驶员不认为驾驶时分散注意力事关安全问题，请鼓励工作人员先花点时间了解更多的知识。有些机构热衷于对接送小学生的运输驾驶途中分散注意力的现象进行研究，而 Distraction. gov 网站则是致力于为这些机构提供真实材料、媒体支持和课程大纲。

天　气

学校管理人员每年必须处理和天气有关的延迟教学实践和解散师生的现象。在指定行车路线上运营时，状况有可能恶化，所以天气状况对于小学生安全运输来说是主要的问题。学校管理人员需要针对学生安全问题制定政策和应对措施，带领学生避开危险路段。校区必须提前制定预案以应对紧急天气和公路突发状况。国家学校安全服务部门提供的应对紧急状况的建议包括：

●制定关于安全和紧急应对措施有关的行动政策，包括制定与各种类型出访有关的紧急联络流程。

●制定能够应对所有危机的紧急应对措施，这些危机包括自然灾害（比如和天气有关）、犯罪行为和暴力。

●制定紧急预案时需要考虑到你所在校区、临近区以及范围更大的社区。你如何在社区紧急状况中调遣巴士？处理城市和县紧急情况管理时巴士起什么作用？假如公共安全和紧急工作人员征用你的巴士，会发生什么情况？紧急情况中，天然气供应会受到怎样的影响？如果找不到固定的驾驶员，谁有资格而且会驾驶校车？

●对于恐怖主义、炸弹威胁和可疑设置、校车和公交车站的检测、提高安全意识以及驾驶车辆时会遇到的相关问题，需要对校车驾驶员和运输部门负责人进行培训，在学校驾车往返时要提高观察技能，在报道事件时磨炼技能，等等。

●在制定紧急规划流程和开会时要召集学校运输负责人和校车司机。

●在非固定的运输时间，当驾驶员处于午休时间时，需要建立运输服务调遣机制。可以考虑和附近学区签订合作协议，以便于在紧急情况时快速调来大批车辆。

●培训校车司机和公共安全巴士工作董事会在事故现场、在处理公路紧急事件时以及学校里存在危机情况时进行交流互动。包括签订关于学校疏散、学生发布信息步骤、家庭团聚问题以及相关事项的协议。

●在车上备有学生名单、紧急联络号码、紧急救护箱、其他必需的紧急信息和设备。

●在校车车顶安装清晰的指示符（号码、区号等），以便于在紧急事件中让头顶的警方直升机看到以确定究竟是哪辆车需要被救援。

●在学年里和校车司机和学校管理人员进行定期会谈，

探讨纪律问题、安全措施和相关问题。（国家学校安全服务，2007）

尽管和天气有关的紧急事件在当地校区是常见的，但还是应该提前制定常见的紧急情况预案。制定学校范围内的紧急预案应该包括学生运输信息，以及驾驶员在紧急事件和灾难时所担负的责任。

驾驶状况

兼职聘用会导致聘用人员年岁较大，或许健康堪忧，情况还有待分晓。兼职聘用会使年轻的驾驶员们寻觅兼职机会，以及各种挣钱途径。各种兼职工作会导致疲劳而产生事故，这会引发和驾驶员状况有关的争议性问题。举报熟悉的驾驶员、亲戚或者朋友违规会很棘手，但在这些小学生运输专家们看来，为驾驶员和乘客的安全负责才是至关重要的。

校区应该为驾驶员安全驾驶机动车辆的能力负责。应该根据司机的受损迹象、症状、行为方式来进行判断，而不是根据身体状况或者医生诊断来做决定。这个问题涉及医疗状况是否会影响驾驶员的安全驾驶能力。

驾驶校车的成年驾驶员受损的基本迹象包括：

- 困惑；
- 迷惑；
- 记忆损失；
- 判断力削弱；
- 极度疲劳；
- 很难做出简单的决定；
- 慢性嗜睡；

- 反应迟钝；

- 无法集中注意力；

- 行为冲动任性；

- 呼吸短促困难；

- 阵发性意识受损。

上述这些状况可能导致身体受损现象，通常需要在第一时间进行治疗。

- 痴呆症和其他类型的痴呆；

- 糖尿病，如果经常会出现低血糖症状；

- 神经状况紊乱，比如癫痫；

- 睡眠紊乱；

- 行为或者精神紊乱；

- 呼吸（肺部）疾病；

- 心血管（心脏）疾病；

- 视觉缺陷。

上述这些状况通常是身体受损而引起的，尽管对上述状况进行医疗不属于紧急救援，但是需要定期进行医疗干预，防止出现疲劳、药物和酒精上瘾，以及驾驶时分散注意力。

在商用车上研发和设置驾驶员的身体状况调控设备。运用软件和设置，识别驾驶员的声音，并且根据这些声音信息来确定驾驶员的状况。可以对驾驶员的口头回应进行识别。根据驾驶员的判断和回应，设置会向驾驶员提出警告，建议驾驶员休息，或者限制使用机动车交通工具。

驾驶员的状况是常规性的身体评估和药品测试评估的关键因素。很多州和当地机构已经提前制定了规章制度以监控阻止有可能导致受伤事件的撞车事故。

监　督

对任何校区计划进行监督的具体实施取决于行政规划和上级的监督。在管理车队和根据小学生运输需求制订计划方面，联络是最关键的问题。管理人员要授权驾驶员进行工作，把校区工作人员和孩子们以最安全的方式从一地送往另一地。挑选体贴能干的驾驶员是有效执行项目的关键，才能满足公众对于学校安全的需求。从任何方面来说，把孩子们单独丢在校车上都是不可饶恕的，因为这样会使我们的孩子们面临风险，对于孩子们而言是可怕的经历，会影响公众对于黄色校车安全的信任感。驾驶员们应该对驾驶行为起示范作用，因为孩子们在个人成长和拓展兴趣阶段会留意驾驶员的言行举止。为了向校车上的孩子们示范正确的驾驶行为，校车驾驶员不应该在驾驶时收发编辑短信，或者从事相似的危险活动，应该使用校车里安装的折叠式座位安全带。在接送学生的安全运输管理事宜中，驾驶员们处在最前沿。

定期维修

美国国家公路交通安全管理局目前正在进行调查，以优先制定在黄色校车内安装乘客碰撞保护系统。关于交通工具维修保养的 NHTSA《小学生运输安全指南》第 17 款中指出，每个州必须制定措施以安全地使用校车接送孩子们，建议如下：

- 应该进行系统的校车定期维修保养项目以安全驾驶。
- 所有的校车至少应该每半年被检测一次。另外，《FH-WA 的联邦机动车运输安全规章》规定校车和校包/租车应该按照规章要求被检测和保养（49 CFR 条款 393 和 396）。
- 应该要求校车司机每天对交通工具和安全设备进行车场车检（特别是灭火器），及时汇报，记录会影响交通工具安全运营或导致机械故障的问题。对校车和校包/租车进行车场车检和车况汇报，要遵守《FHWA 的联邦机动车运输安全规章》，以及其他的规章制度（49CFR 392.792.8，396；美国运输部，2006）。

或许校区和校车公司能够提供给学生的最重要的安全保障就是确保全国正常运营的 48 万辆校车处于最好的运营状态。这要求检验并如实执行维修计划。

我们会定期维修保养私家车。我们中的很多人会在私家车跑了 3000 到 7000 英里时把车送到车辆保养维修店里，等着工作人员们为车辆换油、清洗过滤润滑转向系统、给轮胎充气、检查传动系统和动力转向设施、添加防凝剂和清洗液。他们会检查传送带，检测空气过滤器，这是如今对绝大多数小轿车进行的常规预防性维修项目。

车辆行驶在一个地方时出现故障会消耗时间和精力，还会招致许多父母抱怨。负责运送小学生的工作人员应该研究不同部件的使用时间，在出现故障之前更换零件，阻止故障。地区运作的校车行业标准介于汽车和长途运输卡车公司之间。校车维修技术人员竭力在车辆投入使用之前找到有可能出现的所有故障，以避免付出高额代价、花费更多时间。我们可以采取很多措施，由驾驶员每天在使用前进行车检是最常见的措施，由技术人员按计划进行检测是另一个措施。绝大多数的州要求每年进行检测，这通常是由州指定的工作人员来进行的。

维护车队安全和节省成本的关键在于定期维修车辆。必须根据计划由称职的机械工检测校车，需要对链接处进行润滑，可以衡量不同部位的磨损度，在出现故障之前更换零件。

没有普遍适用的 PM 计划。制造商们会对他们制造的车辆给出建议。各个州也会制订计划，每个车队也会制订他们认为最适合的计划。有些计划是基于时间、英里数和行车时间而制订的。无论如何，应该坚持执行这些计划。若要确定哪些计划不适宜，首先就要调查机动车故障的数量和类型。比如说，假如顾客们因为那些可以在常规的 PM 检测中的项目而拨打服务电话，这就意味着需要缩短车辆送检的时间间隔。

个案研究

你是一名中等规模校区的管理层人员，负责小学生运输项目。巴士运输协调员拨打电话向你报告一起发生在校车和搭载乘客的机动车之间的撞车事故。校车里的三名学生经过治疗已经出院，而搭载乘客的机动车司机严重受伤和骨折。从机载相机中，我们看到送孩子回家的校车上没有巴士监控员。巴士是在市郊区的下午 5：45 被撞，停车时滑出路面 6 英尺。

在你的办公室计算机上播放事故录像，以评价和制定内部解决措施。录像显示坐在校车后部的两名学生正在进行激烈争论，这引起了后部另一名乘客的关注。司机让学生停止争论，不要打搅其他的乘客。这时左边的这个学生开始挥拳，右边的这个学生也挥拳回击。其他的几个乘客站起来转身观看，这影响了司机的视野。争吵声使校车司机警惕到校车后部出现了问题。

司机把机动车拖离车道约 12 英尺，但这已超越了公路路巷的限制。当学生们拥挤在车厢内部过道时，驾驶员解开了自己的安全带，并转身向孩子们走去。当巴士和后面一辆装载乘客的机动车相撞时，司机在车内过道上和学生们相撞，学生们被撞回到座位区域其他学生的身上，车厢后部正在打架的孩子们因为撞到紧急出口门窗而受伤，三个站起来的孩子包括那两个打架的孩子流血了，需要治疗。其他的四个孩子出现瘀肿或者有擦伤，但是不需要被送往医院治疗。

另外，那一辆装载乘客的机动车驾驶员因流血被送往医院，一条胳膊和一条腿断了。医院的病情报告单上说明出现了腿和脚踝处的骨折。尽管校车备用轮胎和后面那辆车的保险杠被撞，但校车还可以完成剩下的行程。装载乘客的机动车从事故现场被拖走。

• 在这起撞车事故中，学校负有什么责任？

• 应该采取哪些管理措施纠正校车和私家车撞车事故中所呈现出的问题？

练 习

1. 进入网站 http：//www. nhtsa. gov/School. Buses，对以下问题进行评论。

• 假设你支持在校车里使用安全带，为你的观点进行辩护。

• 假设你认为应该使用小学生运输系统，而不是让十几岁的孩子们自己开车去上学，为你的观点进行辩护。

• 假设你认为校车司机可以使用手机或者其他联络方式，为你的观点进行辩护。

2. 进入网站 http：//www. naptonline. org，对以下问题进行评论。

• 对 NAPT 新闻简报进行回顾，然后以主题句的形式进行简短评论。

• 回顾在"教育"这一栏下面列出的 PDS 在线文档。解释可以看到的教育信息。

• 回顾在"资源"这一栏下面列出的项目。解释在小学生运输项目中如何使用这些资源。

参考文献

Driver Screening and Orientation （2006）. The Transport Safety Pro Advisor. JJ. Keller & Associates. DSO 1 – 22.

NationalSafety Council. (2010). *Fleet Safety Program Guide.* National Safety Council, Chicago, IL.

National School Safety and Security Services. (2007). School bus transportation security. Accessed December 28, 2011. http: //www. schoolsecurity. org/resources/school _ bus _ security. html.

U. S. Departmentof Transportation. (1998). Identification and Evaluation of School Bus Route and Hazard Marking Systems. National Association of State Directors of Pupil Transportation Services. National Highway Traffic Safety Administration, Dover, DE.

U. S. Departmentof Transportation. (2006). Highway Safety Program Guideline Numbers and Titles, Guideline 17. Pupil Transportation Safety Uniform Guidelines for State Highway Safety Prpgrams. National Highway Traffic Safety Administration, Dover, DE.

第二十一章 学校实验室安全管理

罗纳德·多森（Ronald Dotson）

目 录

维护实验室安全涉及对于危险材料和安全行为方式的管理，以及对任何危险能量进行控制。和所有的安全倡议相似，维护实验室安全需要进行全面的项目管理。一个完整的项目包括7个关键要素：可控目标、任务明确的分级岗位制、了解工作经历、调查事故、使用指标确定基准、设计机构各个层面、致力于持续改善。鉴于实验室安全的工作性质，采取全面管理措施很重要。

2010年的1月7日，得克萨斯州大学的一名研究生严重受伤。他的三根手指没了，手部和脸部烧伤，眼部受伤。研究人员正在进行一项关于高氯酸镍衍生物的研究。这个项目旨在调查美国国土安全局使用的一种新发现的有可能含有高能量的物质，对这种物质进行测试大约需要10克。在实验室的一个测试中只需要100毫克的该物质，可是实验人员没有收到这个信息。研究人员没有对这种物质进行分批处理，为了保持实验的一致性和再生性，他们决定进行一次大批量的操作。这名受伤的研究人员对这种物质进行混合。在该物质数量占比例很小的时候，乙烷或者水会阻止物质被点燃。研究人员就假定当该物质数量占比例很大时也是如此。该研究人员混合这一批物质时出现结块现象，于是他把一半倒进研钵，加入了乙烷，并且使用碾槌捣碎结块。他最初正确地戴着他的护目镜，但是当他在研钵里混合这种物质时，他把护目镜戴在额头上。物质着火了，他受伤了（化学物品安全委员会，2011）。

化学物品安全委员会（CSB）调查了这起事故，并提出建议。得克萨斯大学是一所重要的研究机构，就实验室安全问题提前制定了很多的控制措施和政策，但是CSB发现存在以下问题：

- 没有正确地评估和消除物理性危险；
- 缺乏安全管理问责制和监督机制；
- 没有对之前的事故进行文字记录以及跟踪调查和分享这些信息；

●没有在各个层面进行充分沟通。（化学物品安全委员会，2011）

这些问题显示出得克萨斯大学没有对这个项目进行全面管理。

委员会必须进行监督，对实验的各个阶段制定预案。在企业引进一部新的机器或者一套程序时，又或者是在调适机器或者程序时，要坚持进行系统安全理念分析。可以对调试阶段做如下组织：界定概念、预期设计、制作样品、实验、试生产和生产。实验室实验和项目研究也可以被分成几个不同阶段。委员会进行监督时应该把后续跟进阶段看成不断取得进展的阶段。在得克萨斯大学实验室发生的事故中，概念阶段涉及对于相似物质进行研究、了解之前在机构里取得的经验、了解在其他实验室取得的经验。需要更进一步指出的是，可以在经过控制的环境里测试根据不同数量进行实验得出的结论。委员会从不同的角度来审核实验结论并进行监督，防止忽视危险。必须让有经验的研究人员参与实验。

安全问题是一种管理或领导原则，要求全体人员从下至上参与其中。直接研究人员决定使用大批量而不是数次小批量进行实验完全合乎他们的工作惯例，但他们的决定没有经过决议过程，缺乏和基层工作人员的交流。对于任何系统而言，缺乏和行动者或使用者的交流是常见错误。安全问题直接依赖于使用者层面采取正确措施，这涉及共同合作的领导方式。

管理危险材料

管理危险材料涉及和使用者交流危险信息，建立正确的处理和存储流程，控制目录清单和制定矫正响应预案。必须由制造商提供材料安全数据单，这是界定危险、纠正存储和处理流程的出发点。必须在机构内部保存所有危险材料的安全数据单，并且让所有的雇员和学生使用者都能看到。这些材料安全数据单必须公开放置在使用化学物品的区域，让雇员们看到。这应该设置一个系统，在这个系统里可以通过指定的个人保护性设备传递危险信息。这个典型的系统被称为危险材料界定系统。必须对每种物质贴标签，使用数字编码标明物质的危险性、可燃性、反应性以及任何特殊危险性的信息，并使用正确的个人保护设备来发送编码或者符号。在实验室环境里也应该使用这个系统或者相似系统。

对雇员们进行培训，使他们了解使用物质时会遇到的危险性、如何处理这种物质以及遇到紧急情况时如何处理。对于学生使用者也是如此。或许最好的做法是在实验之前的任务中整合这些信息。学生们可以使用材料安全数据单和其他资源，比如化学物品案头参考资料，从环境保护署的网站下载应急活动计算机辅助管理软件（CAMEO）以及其他的数据库以界定危险，配备正确的个人保护设备，以及制定紧急情况响应流程。在开始实验室试验之前使全组回顾安全注意事项可能是一个好方法。

应该对材料采取正确的存储方法，制定完善的材料清单。最安全的存储技巧并不仅仅是存储，而是根据需要的数量及时订购，避免物质存储时间超过保质期而坏掉，或者损坏容器出现渗漏或溢出现象。可燃、易燃物质应存储在特制的金属壁橱里，存储数量应符合职业安全健康管理署（OSHA）的要求。

对于整个存储间也有要求。必须符合存储室内部条件的设计标准。可以在美国联邦法规第29条（29CFR 1910.106）中找到对于存储室内部条件的设计要求和数量要求。比如说，存储室必须设置通风系统，每小时完成6次空气流通［29CFR 1910.106（d）（4）（iv）］。这个要求是根据保护系统的灭火能力所设计的，或许高于OSHA的规定。你的保险公司将会根据国家消防协会的标准或者互保研究中心标准进行检测和制定要求。

一个策略就是找到替代性的化学物品或者可以产生相似效应且危险性更小的物质，以及存储反应性相对较低的物质。这就要求化学物品管理人员持续研究和采取努力措施，需要为有可能在混合后会溢出或者渗出的化学物品制订存储计划，最好的办法就是分开放置。使用容纳喷洒物的器具如盛漏容器，盛漏塑胶托盘和分装容器将会阻止产生化学反应和出现任何泄漏。使用者可以从 EPA 下载 CAMEO 软件，在软件上"混合"化学物品，根据预期反应生成报告。这样就可以进一步制定响应措施，了解产品清单上列的哪些化学物品应该被单独放置。

实验室里存在的危险能量包括电、压缩气体、可燃气体、火焰、水。能量应该被两个层面的使用者控制：授权使用者和许可使用者。授权使用者可以指教职员工、研究人员们，他们受过一定水平的训练，对于如何操作很有经验。许可使用者们指的是那些经过授权且已经提前了解注意事项的使用者，让它们填写许可证，鉴定危险物质并制定预案消除危险是合理的措施。授权使用者要在场并监控这些活动。必须由某位经过授权的人士来控制这些能量的使用权。

基于行为方式的安全管理

基于行为方式的安全管理主要是指在人类行为中要考虑到安全的管理行为。一个好的例子就是在接触地点或者靠近接触地点的位置放置保护性设备，以方便取用和穿戴。基于行为方式的安全管理措施强调进行观察并且示范观察。在实验室安全管理中，这是在强调不同层次的研究人员和教师的言行举止和示范，进行观察可以帮助你：

- 界定会导致受伤或者损失的操作；
- 界定培训需求；
- 更多地了解工作人员的工作习惯；
- 评估流程和指导；
- 立刻纠正不对之处；

● 对正确的行为进行褒奖。(Bird er al.，2003)

进行观察需要了解报告、文字材料、评估和调查情况，对不当行为做出回应。必须和各个层次的人士沟通和分享这些信息。换言之，组织机构必须在事故发生之前就从过往错误中吸取经验，从不安全的操作行为中发现征兆。

在实验室里有一些可以被界定的常见安全操作的关键行为，包括：

● 正确挑选和使用个人保护设备；

● 正确的物理定位；

● 采取控制措施，限制物理接触；

● 正确的警告或者采取措施保障材料以及能源；

● 使用安全设置；

● 适当的工作进度；

● 遵守正确的工作指导；

● 正确地使用设备；

● 对通路和工作区域状况保持警惕；

● 按照系统的工作流程来执行。

负责监控实验室活动的授权使用者应该根据上述行为对学生分级或进行观察。在实验室教学中传授安全操作方式是维护使用者安全的一个重要策略，还可以采取同样的方式来了解机构的操作方法。同时，给予反馈意见也很重要。对实验室练习进行汇报既是实验目的，也是安全行为操作。指定小组中的一个成员为实验室小组活动的"安全"负责人。在学校里，可以由学生们轮流担任这个职务，让所有学生都有这方面的经验。

在一段时间内对被观察行为进行文字材料记录和报告，系统探讨并揭示重要趋势，这就使得委员会成员们可以制定对策或改进细节，以提高操作方法的安全性或降低风险。安全事故因素通常包括工作环节和管理系统，这些都是事故根源（Bird et al.，2003）。从科学管理早期的情况来看，安全管理人员是从调查侥幸没有发生的未遂事件的数量、小事故和严重伤害事件的数量着手的（Heinrich et al.，1980）。按照不同的等级可以把行为方式划分为造成侥幸未遂事故的、损害事故的、小事件的、伤害事件的（Bird et al.，2003），对行为方式进行跟踪调查可以提前判断要发生的事故，避免付出高昂的代价。

接触危险和制订保健计划

OSHA 制定了实验室安全行为规范，限制雇员们接触危险物品。可以在学校实施这些行为规范，保障学生们的人身安全。可以在 29CFR1910.1450 里找到 OSHA 的安全标准。这里有两条之前没有提的标准：公布接触限制标准和制订保健计划。

已经出版了根据危险品接触限制所制定的测定标准，也就是允许接触的极限限制。这些限制值是指一个人在八小时之内根据时间来计算的平均接触量，可以在条款 1910.1450 里找到。必须限制研究人员能够接触的危险品数量。比如说，可以使用空气样本检测接触气体受污染的程度。在引进新的物质或者新程序时，如果接触量接近极限或者超标，就需要实施监控。假如接触量接近极限或超标，就要持续进行定期监控，监控时间间隔不超过六个月。我们在学校进行标准试验时，会按照文件规定的接触量来进行定期监控。至少来说，当数量达到《29CFR1910.1000 有毒危险物质》清单中列出的最低接触限量时就应该实施监控。

还会出现其他的标本。比如说，刷卡的金属薄片可能会记录金属接触的次数。但是，为了学生们的利益，应该在透明合法的工作氛围中，保持所有的监控记录，并且和学生们、父母们以及其他的教职员工们一起分享这些信息。

化学品保健计划

学校会制订化学品保健计划作为实验室安全预案的指定政策标准。实施化学物品保健计划有两个目标：一是保护雇员，避免在工作中面临健康危险和实验室危险化学物品的侵害；二是保证个人在规定的范围以内接触危险品。保健计划是实验室教育和培训的核心，每一名雇员、学生、家长都应该可以索取相关材料（29 CFR 1910.1450）。

OSHA 为雇主们制订的保健计划包括以下部分：

- 和安全有关的标准操作流程；
- 减少接触化学物品的操作方法和控制措施；
- 对于防护设备的检查和维修保养计划；
- 优先获得经上级许可的状况清单；
- 提供培训和信息；
- 提供医疗咨询和检查；
- 分配责任实施计划；
- 在工作中接触到高危物质如致癌物、再生有毒物或者剧毒品时需提供额外保护；
- 在规定区域工作；
- 使用密闭设施和保护性设备；
- 根据操作流程处理和移除受到污染的废弃物；
- 净化操作流程；
- 每年对计划进行审阅。（29 CFR 1910.1450）

29 CFR 1910.1450 附录 A 列出了保健计划的提纲和基本指南。第一个部分试图制定总的规则以及实验室操作规则。与其制定措施来处理不同物质，不如依据保护措施进行操作。这方面的例子包括在实验室的入口处建立迷你型的个人保护性设备，这可以避免把某些化学物品当成安全的，要假设所有的物质在接触到皮肤时都会产生毒性（29 CFR 1910.1450 附录 A）。其他的标准操作流程包括加强小组责任心、每天工作之前进行安全对话、在完成任务之后汇报安全情况。一旦把安全作为标准操作规则，这就成为一种文化。

在"责任"这个部分探讨的是和项目有关的每个人所担负的责任。OSHA 向学校推荐了一种可以改变或者调整的关于技术职称的机构体系：

- 首要执行官员（校长）在制订保健计划时担负主要责任。他必须和其他的管理人员合作，提供各种类型的支持，并且确保对跨功能团队实施各种监督功能。
- 正如 OSHA 所描述，单位负责人是在学校或单独实验室里负责项目实施的人。
- 化学卫生保健官员是重要岗位。应该由直接进行监督并且参与项目的人担任。他们对于安全拥有前线领导力。他们的职责如下：
  - 对实验室里化学物品的采购、使用和处理进行监控；
  - 确认保持正确的审计工作；
  - 负责制定注意事项、操作流程和设施升级；
  - 了解规定物质和接触限制量，并将相关信息传达给项目相关的所有人士；
  - 监督制定年度进展报告书。
- 根据 OSHA 规定，实验室领导人员有责任为实验室制订计划。他们的任务包括：
  - 确认实验室人员知道和遵守保健规则；
  - 确认可以得到并且能够操作保护性设备；
  - 定期整理实验室，进行其他的常规检测；

- 了解规定物质的现行要求；

- 确认个人保护设备符合要求；

- 确认实验室人员经过培训。

- 实验室工作人员有责任遵守所有的规则，遵守保健计划中规定的操作流程，对所有不足之处进行报告（29 CFR 1910.1450 附录 A）。

在学校工作中，必须对这些任务进行整合。对于简单的实验室项目而言，必须把化学卫生保健官员和上级领导者的岗位进行整合，由负责实验室的老师来担任这个职务。项目领导者必须由参与的学生来担任。重要的是把操作和流程相结合。简单地说，这可以帮助学生们在毕业进入社会以后更有效地进行工作。帮助学生们取得更大的进步，对学生进行内在激励奖励，这样做能够激发很多学生严肃地对待个人责任和问责制度。

设施部分涵盖了整个设计和执行安全项目、存储化学物品和紧急响应的内容。通常而言，要对所需的材料进行四个部分的研究：

- 设计部分要进行基本情况描述，如通风设备、存储室设计和特点、抽油烟机的位置、水槽、能量类型定位和控制、任何其他的物理设备、洗眼水和紧急设备定位、灭火系统和废弃物处理设备和安排。

- 对设备进行维修保养和检测维修保养。化学卫生保健官员和上级领导人要负责并确认每天都进行检测，并按照计划完成了检测。

- 还应制定使用指南。参与者和项目类型的数量要和设施相符合。项目规模也是一个决定因素。

- 通风设备包括更多的详细信息：

- 流通率和容纳量；

- 输入区域；

- 排放烟囱；

- 局部排风罩；

- 抽油烟机、风管和其他设施的工作情况；

- 隔离室；

- 改造审批流程；

- 监控项目的质量；

- 定期检测。（29 CFR 1910.1450 附录 A）

计划的设施部分是一个重要而详细的组成要素。在制订计划草案时，应该考虑列出合约商名单，以处理维修和更换设备事项，并且指定第三方检测员，以及提供使用设施的经验。用文字材料记录失败、事故、损失、调整和示范这些步骤有助于推进持续改善。

根据计划制定化学物品的采购、分发、存储和使用的程序和步骤（29 CFR 1910.1450 附录 A）。制定简单的步骤比如在订购任何危险材料时索取材料安全数据单和对材料安全数据单进行更新是至关重要的，不能忽略对于材料安全数据单的管理，忽略是常见的违规操作。这些数据单提供了关于危险信息、缓解危险的措施、接触危险的等级，以及应对危险的措施和处理要求的信息来源。

环境监控是关于界定样本、记录材料以及制订计划的运作环境。每个项目有不同的需求，所以要根据每个项目对环境监控进行跟踪调查。这个部分应该包括跟踪调查和记录环境管理项目，比如报告废弃物的数量和类型或者制定机构管理报告。

化学保健计划中的日常整理和检测部分应该包括制定清洁流程、可被采纳的措施和用来做清洁的化学物品。在使用实验室之前和使用实验室期间，应该为所有实验室参与者制定基本的检测标准。这也包括对学校保管员进行培训。

学校实验室的医疗计划应该涵盖紧急救护培训，对学校工作人员进行培训，以及制定紧急协议。这包括为整个学校制订紧急响应计划。大部分时候学校不会要求学生处理这些医疗急救物质，也不会要求学生参与长期医疗监督项目。但是，教师员工们可能就不同了，可以在年度体检中整合因为接触化学物质而需实施的简单医疗监控。

在 29 CFR 1910.1450 部分的附录 A 中，OSHA 建议在任何化学安全计划中都要包括防护服装和设备，可以在计划的其他部分探讨这个问题，但是相关部分应该对规定的个人防护设备进行正式分析（PPE）。正式分析应该采取和工作危险分析同样的格式。除了界定工作任务中至关重要的步骤，还应该界定化学物品和能源，以及防护需求和要求，还应该列出用来缓解危险的特定的个人防护设备。

建议在计划中包括记录部分。在计划的其他部分也应该保持记录。文件和最初的纸质材料比如工作订单、收据或者医疗记录和经验都会很有帮助。值得注意的是计划的某个部分是作为私人信息加以保密的，这需要和公开印刷出来的部分分开放置。

标记和标签是教育动机和安全动机重要的一个组成部分。标记内容涉及材料的正确使用、提醒使用者正确的使用方法及存储步骤，最重要的设备包括警告标签和指导性标签，要提前贴好标签，使标签清晰易懂。照片和所有标记的保存文件以及标签的放置很重要，应该按照计划对标签和标记进行审核。

计划书中关于溢出状况和事故部分是探讨紧急应对措施的。制定正确的应急预案，处理溢出状况。有达到需要报告的临界值或超出临界值之上的溢出状态，和没有达到报告要求的溢出状态，这两种溢出状态的区别很明显。实验室里应该放置应对溢出状况的急救工具箱。应该制定应急预案，指定由谁负责处理溢出现象、如何搜集材料以及如何处理。

在计划书中还应该制定要求，处理废弃物，要根据实验室的项目为这些处理物设置一个单独的自动处理机，一些材料可以回收利用，这是环境管理中的一个重要部分，电池是实验室材料中回收的一个例子。学校和区或许都设置了环境管理项目，而实验室会对这种项目加以整合。计划书必须界定污染和废弃物的安置地点、处理频率、处理方法和常见规则。

理想的培训应该对正式的培训需求进行评估和存储记录。也可以利用培训对话题进行集中列表，并且列出保健计划中每个部分的特定目标。

对于学校而言，实验室存在特别的危险。要从所有层面来考虑，制定全面的应对措施，营造有强烈责任感的实验室文化和安全操作的实验室氛围。实验室是一个重要的教育环境，这是最好的环境之一，学生们身处其中会熟悉个人安全保护措施，以及如何把个人安全和团队安全结合起来。

个案研究

你所在的高中新建了一个科学实验室。所有的设备都是最先进的，采用的是教育环境里能够用到的最好的技术。实验室在新学年开始的前两个星期开放。所有的设备都安装好了，所有的信号都调试好了。在会议上，校长认为实验室制订的安全计划还不够完善，因为所有的设备都是全新的，因此必须满足管理层的要求。

- 你会如何答复校长？
- 需要考虑什么额外的安全问题？

练 习

1. 为高中基础实验室的安全运作制订教学计划。要涵盖基本的个

人保护设备，界定危险和接触程度、实验室设备的使用、危机
行为和废弃物处理。

2. 你会制定怎样的管理体系，以监督和保证实验室各方面安全？

3. 作为一名科学课教师，你会在实验室项目中关注哪些行为？你
会如何运用你观察到的信息来保证安全协议的有效实施？

4. 在化学品保健计划中应该包括哪些元素？

参考文献

Bird, F., Germain. G., and Clark. D. (2003). Pratical loss control Leadership (3rd ed.). Det Norske Veritas. Duluth. GA.

Heinrich, H. W., Peterson. D., and Roos. N. (1980). *Industrial Accident Prevention: A Safety Management Approach* (5th ed.). McGraw-Hill, New York.

U. S. Chemical Safety Board. (2011). Case study: Texas Tech incident, January 7, 2010. U. S. Chemical Safety and Hazard Investigation Board, Washington. D. C.

U. S. Department of Labor. (1996). Appendix A: National Research Council recommendations coneerning chemical hygiene in laboratories. Title 29 Code of Federal Regulations. Part 1910. 1450. Occupational Safety and Health Administration. U. S. Department of Labor, Washington, D. C.

U. S. Department of Labor. (1996). Title 29 Code of Federal Regulations. Part 1910. 106. Flammable and combustible liquids. Occupational Safety and Health Administration, U. S. Department of Labor, Washington, D. C.

U. S. Department of Labor. (1996). Occupational exposure to hazardous chemicals in laboratory environments. Title 29 Code of Federal Regulations. Part 1910. 1450. ccupational Safety and Health Administration, U. S. Department of Labor, Washington, D. C.

U. S. Department of Labor. (1996). Toxic and hazardous substances. Title 29 Code of Federal Regulations. Part 1910. 1000. Occupational Safety and Health Administration, U. S. Department of Labor, Washington, D. C.

第二十二章　食品安全

希拉·普雷斯利（Sheila Pressley）

目　录

　　提升食品安全是学校基本任务中的一个重要部分，这需要传授给年轻人一些技巧，帮助他们成为健康的成年人。学校食品安全问题很重要，因为在学校的每一天都有数百万的孩子要食用由学校工作人员准备的学校午餐。孩子们可能会购买食物支持学校或者团队的募捐者，或者在运动赛事休息期间购买食物。学校食品安全是需要关注的热点问题，这有很多原因，比如不安全的食品会影响学习和听课、需要学校或者学校董事会负责、降低家庭和社区对于学校的信任感，最重要的是，有可能导致严重的甚至是致命的疾病。疾病控制和预防中心（CDC）估计美国每年大约有 4800 万病例是不安全食品引起的，导致 12.8 万人住院治疗，3000 人死亡（CDC，2011）。在 2007 年 7 月进行的一项研究中，对于 1927～2006 年的 816 起和工人有关的暴发的大规模流行病调查显示，尽管其中的 61% 由食品服务设施和宴席导致，另外的 11% 则和学校、日间护理中心、健康护理机构有关（Greig et al.，2007）。

　　食品导致疾病可以是因病毒和寄生虫引起，但是由食品引起的病例中，细菌感染是最大病因。据估计，在美国出现的食品中毒病例中，有 65% 的病例是因为病人食用被细菌污染的食品或者病人因为细菌感染引起中毒（Beck et al.，2010）。细菌污染食品导致的最常见的疾病包括：沙门氏菌病、弯曲菌和大肠杆菌病。

沙门氏菌病

　　在美国，每年报道的沙门氏菌病例约为 4 万起（CDC，2011）。很多病例的病情很缓和，没有被送去诊断或者报道，所以实际病例可能是 120 万起，或者更多。CDC 估计每年大约有 400 人死于急性沙门氏菌病，孩子们是最有可能受到伤害的。还有几百例病原体会导致不同症状和不同严重程度的食品感染，但是最常见的病原体是肠道沙门氏菌和鼠伤寒沙门氏菌。在未经制作的全肉里，这些细菌在 145℉时会被杀死，肉馅里的这些细菌在 160℉时会被杀死，家禽里的这些细菌在 165℉时会被杀死。带有沙门氏菌的食品通常包括生肉、家禽、鸡蛋、牛奶和乳制品、鱼类、猪肉、沙拉、巧克力、花生酱，这个名单还在持续增加。症状包括腹泻、腹痛、发烧、脱水。一些病原体可能会导致恶心和呕吐，这种疾病通常会持续一到四天。但是，之后，一些人的血液里会继续带有这种细菌。保持良好的个人卫生习惯，用正确的温度进行烹饪，对接触食品的器皿表面进行正确的清洗和消毒，或者只吃经过巴氏杀菌的鸡蛋，采取这些措施可以防止接触沙门氏菌。应该禁止在任何食谱中使用生鸡蛋，比如家庭制作的冰激凌或者荷兰辣酱油。建议接触过爬虫、鸟、小鸡和宠物粪便之后用肥皂洗手。

假如出现了沙门氏菌疫情，当地或者州健康工作人员极有可能进行调查。学校工作人员应该准备了解如下问题：

- 准备食物的人在准备食物的前后洗手了吗？他们看起来健康吗？
- 如何制作鸡肉和肉食、在哪里制作的？会出现交叉污染的情况吗？
- 食材被正确融解了吗？是否有时候冻鸡肉和肉类是在室温状态下融解的？
- 把破壳的鸡蛋混合到一起，而不是把鸡蛋逐个地敲碎再取用吗？
- 是否有时候会食用未煮过的牛奶？

弯曲菌病

弯曲菌病在所有因食品引起的疾病中是最常见的，在美国每年引发超过 240 万病例（CDC，2011）。尽管弯曲菌病通常不会导致死亡，但据 CDC 估计，每年约有 124 人死于弯曲菌病。空肠弯曲菌是一种微生物细菌，对于干燥、加热、消毒和酸性环境特别敏感。通常而言，没有经过烹饪的肉类如鸡肉、生牛奶、多氯化水之类的食物会带有弯曲菌。症状通常包括腹泻、发烧、腹痛、头痛、肌肉疼，饮食过受到污染的食物或者水后，两到五天之内会出现上述症状。该病通常会持续七到十天，还有可能再次染上。要防止弯曲菌病，在制作所有禽类食物时，最低温度必须在165℉，在处理过动物类生食后，若要取用别的食物需要先用肥皂洗手，避免饮用没有用巴氏消毒的牛奶和没有处理过的水，在接触过动物粪便之后用肥皂洗手。

假如弯曲菌疫情大暴发，当地或者州健康官员极有可能进行调查。学校工作人员应该准备探讨如下问题：

- 7 到 10 天的延长的恢复期或许是一个指示；
- 要出示制作好的鸡肉和其他肉食；
- 解释是否经过快速冷冻和热食降温；
- 冷冻和冰冻温度是否合适。

大肠杆菌病

大肠杆菌指的是一大群细菌，这群细菌中的大部分都是无害的，但是有一些会导致你得病。大肠杆菌中的这些有毒物质被称为志贺毒素，最常见的志贺毒素（STEC）被称为大肠杆菌 0157，你所听说的大肠杆菌疫情，通常就是指的 E. coli 0157 或者 STEC 0157。大肠杆菌中的其他种类被称为 non-STEC0157。在美国每年大约会出现 26.5 万起感染病例，其中大约 36% 是 STEC（CDC，2011）。其他病例的感染细菌为 non-STEC0157。

引发大肠杆菌病大暴发的不卫生食物包括没有经过充分烹饪

的或生的汉堡包、奶酪、生菜和没有经过巴氏消毒的牛奶或者苹果汁。大肠杆菌病的症状包括严重抽筋和腹泻，大便最初可能是水状，然后可能会带血。5%～10%的会变成威胁到生命的溶血尿毒综合征（HUS）。孩子和年老者特别容易受到 HUS 的侵犯，有可能导致肾脏疾病，永久性损伤，或者死亡。恢复期通常为 8 天。为了预防大肠杆菌，在制作所有的肉馅汉堡包时，温度要达到160℉，要强调保持好的保健习惯和正确洗手。

如果在学校或者区暴发大肠杆菌疫情，当地或者州健康官员很有可能进行调查。学校工作人员应该准备探讨如下问题：

● 如何在冰箱里存储生肉：生肉应该存储在冰箱底层，防止生肉上的水滴到待吃的食物上；

● 解释如何制作汉堡包，厨师和管理人员应该有相似的回答；

● 确定肉制品和蔬菜的来源；

● 洗手和其他的卫生习惯；

● 确定是否有其他的使用生牛奶的场合。

除了本章里提到的不卫生食物会导致疾病，对"CDC 食源性疾病监测网监测系统"里的原始数据（图 22－1）进行研究，还会显示出其他的病原体。和 1996～1998 年出现的疫情相比，该表格显示出美国在 2010 年通过实验室证实的细菌感染情况。

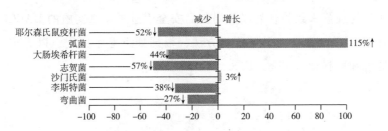

图 22－1　1996～1998 年各类病原体导致疾病百分比

食品安全规则

尽管当地和各州的很多法律都和食品安全有关，但美国和当地州法律中关于食品安全的主要联邦法律法规和指南包括《食品和药物管理（FDA）食品规定》、危险分析和关键控制点（HACCP）系统、《食品安全和现代化法案》。《FDA食品规定》由美国食品药物监督局颁布，帮助当地政府、州、联邦和各级政府行使食品控制司法权，提供法律技术支持，使用该规定以规范食品服务行业和学校以及护理机构的食品安全服务。《FDA食品规定》也是当地、州、联邦和自治区政府制定和改善食品安全规则的模式，和全国食品规范政策也是一致的。《FDA食品规定》在1993年首次颁布，一共有5个版本。自从推出《2005年FDA食品规定》以来，最近的也是最全面的版本就是《2009年FDA食品规定》。美国大部分州和大部分自治区采用的是这五个版本的食品规定。

危险分析和关键控制点系统（HACCP）是一个管理系统，探讨原材料的生产、采购、制造、分配、成品的消费这些环节，从化学、物理、生物危机方面分析和控制食品安全问题。在20世纪60年代，皮尔斯伯里公司和NASA共同制定了危险分析和关键控制点（HACCP）系统，为完成首次载人航天任务确保食品安全。FDA还使用HACCP原则为20世纪70年代的罐装低酸食品制定食品安全规则。FDA在1995年强制实施鱼类和海鲜食品的HACCP规则，在2001年实施水果加工和植物包裹的相关规定。在2011年，为规范A级液体奶以及奶制品安全引进了自愿实施的HACCP计划。HACCP是一个系统的方法，根据如下七个原则，以界定、评价和控制食品安全（U.S.，FDA，2011）：

- 原则1：进行危险分析；
- 原则2：确定关键控制点；

- 原则 3：制定关键限值；
- 原则 4：制定监控流程；
- 原则 5：制定矫正行动；
- 原则 6：制定合适流程；
- 原则 7：制定记录和文字材料流程。

"2004 年儿童营养和妇女、婴幼儿再授权法案"探讨的是学校营养项目的食品安全问题，要求学校基于本章列出的 HACCP 原则保障食品安全。假如你们学校正在使用 HACCP 或者正在制订计划实施 HACCP 项目，本章末尾列出了美国农业局推荐的基于 HACCP 标准操作流程的一个示例（美国农业部，2005）。

2011 年 1 月 4 日美国总统奥巴马签署了《食品安全法案》。本法案的主要目标在于确保美国食品供应的安全，把工作重点从食品污染应对措施转移到防治污染。这是 FDA 食品安全法几十年以来最大的变化，而规则的数量也成为热点关注问题。这些规则的变化如此之多，FDA 将会在今后数月和数年里探讨这些规章制度。新颁布的法律采取的一些执行策略，比如 FDA 签发强制召回令、停止注册和等待公司自愿召回产品等都是不同的。若他们的食品对健康造成严重危险，停止注册这个策略赋予 FDA 权利可以暂停厂家制造。预防措施包括检测记录、延长管理拘留以及拒绝从那些不允许 FDA 实行检测的国家进口食品。

制订学校食品安全计划

在校园推广的食品安全计划应该包括审核现行规章和相关规章，比如本章所提及的那些规章，他们必须为学校自助餐厅员工、教师、行政人员和学生们进行一系列培训。除了制定书面政策和进行宣讲，还应该留出时间进行培训、向雇员和学生讲解政策和工作流程。要在学校开展一项食品安全项目，必须组建一个团队或者召集能够代表学校利益的一群人。团队成员来自于学校和社区各个层面，包括学校食品服务指挥或者负责人、校长或者另一个管理人员、教师、父母、校医或者健康专家、当地健康部门代表和合作人士、学校食品供应商的代表。

一旦团队成员被召集到一起，就应该选举团队领导人，团队的首要任务就是进行需求评估。需求评估应该审核现行食品政策和工作流程，以鉴定需要改善的领域。一旦鉴定了优势和缺陷，团队就需要制订行动计划。执行计划要依据几个要素，比如预算和学校里其他可以得到的资源；但是，这些项目历时很久，经费投入很少或者不需要投入经费。实施学校食品安全计划会降低不利因素、减少旷工、投入更少的成本如聘用代课老师。

尽管这个计划在每个学校实行情况都不一样，最后的政策和计划则必须和教师、工作人员、学生和父母们共同制订和共享，并以书面形式确认。共享计划是项目取得成功的关键因素。要向师生们介绍引进计划和辅助材料，考虑通过学校活动和其他场所分享信息并招募计划支持者。家长会、学校召集全体师生开会、校运动会、节日、家庭招待会、家庭文化夜等场合有助于共同实施食品安全计划，展望前景，完成食品安全团队的任务。

计划的下一个阶段就是完善计划，培训工作人员，并且与时俱进。要号召来自当地以及州的健康部门、其他学校或者学区、当地大学、食品专家、研究食品安全及环境健康问题的专家们加入活动之中。邀请这些来宾向食品服务业工人做报告，使用海报、电影、录像的方式培训和教育雇员。当食品服务业工人完成培训、参与培训项目或表现杰出时，要认可他们的努力并尽可能进行奖励。

可以让学生们进行角色扮演，留出足够的时间让学生提问和练习，必须向学生讲解学校食品安全计划。告诉学生们勤洗手是保持个人卫生第一步，使他们参与到安全食品计划中的方法就是让他们来实践。举办一次竞赛，看看哪些学生洗手洗得更干净。在活动中邀请孩子们使用安全项目推荐的这些清洁产品，你可以使用紫外线闪光灯来确定孩子们是否洗手洗得很干净。营造全校范围的洗手文化可以激励雇员和学生，必须备好洗手的适当物品如毛巾、肥皂、温暖流动的水。为了让学生了解良好的个人卫生习惯和食品卫生与疾病之间的关系，学校应该要求每个人进行示范并讲解这方面的知识。还应该鼓励学生在洗手和环境卫生与疾病方面从事科学研究或其他活动。

在美国和其他国家，学校食品业面临生物安全问题。对于K-12学校而言，实施食品安全计划是必需的，也是强制实行的。由于健康护理费用和项目费用的上涨，校区和官员要投入更多的资源，防止出现因为食品导致的疾病，对雇员们、学生们和家庭成员们进行培训，了解食品安全方面的知识。全国很多学校系统使用当地和州资源自愿建立了食品安全项目，学生未来的健康和生活状态取决于他们建立和执行这些项目的能力。

个案研究

学校自助餐厅正筹备开业，一份四万磅重的冰冻牛肉馅饼的订单报告引起了你的注意。作为学校的校长，你知道那天午餐菜单的主菜是芝士汉堡。尽管没有人抱怨之前的馅饼，你也没有听到校区传来任何不好的消息，但你希望确认你们学校的食物是否安全，并向学校工作人员核实这种食品的安全性。

- 假如你担心供应的牛肉受到污染，你首先应该做什么？
- 你如何和学生以及家长分享这种消息？

练 习

对以下问题进行专业和翔实的探讨：

1. 一名雇员要按时到学校自助餐厅上班，但是你知道他正得病并腹泻。作为食品服务管理人员，你应该怎么做？

2. 一名家长过去每年都自愿提供家庭自制的零食到教室来招待你的学生们。虽然过去可以这样，但学校现在有政策禁止携带家庭自制物品。这一次当她又自愿来到教室时，你会怎么做？

3. 你每次参观你孩子所在的小学时，都看到休息室里没有肥皂和纸巾。你向孩子的教师和学校指导顾问投诉。但是，你仍然看到同样的情况出现。下一步你将会和谁说这个事，你打算如何去和他说？

4. 食品安全问题会涉及很多法律和机构。州和联邦法规时刻都在根据科学发现来研究食品导致的疾病。作为校长，你如何确保你和你的工作人员能够得到食品安全的最新信息，如何更新这些信息？

附　录

HACCP-Based 标准作业程序

（摘自美国农业部 http：//sop. nfsmi. org/HACCPBasedSOPs. php）

对食物接触的器皿物件表面进行清洁和卫生处理（标本 SOP）

目的：预防不卫生食品导致的疾病，确认食品接触的所有表面都被正确地清洁和进行卫生处理。

范围：这个流程适用于食品服务行业的员工们清洁与处理食物接触表面有关的器皿物件。

关键词：食品接触表面，清洁，卫生处理。

指导：

1. 训练食品服务员工们按照标准作业程序进行操作。

2. 按照各州或者当地健康部门的卫生要求来操作。

3. 在使用和清洁设备，对洗涤用品进行清洁处理时，需要按照制造商的建议并参照有毒物或有毒化学物品存储和使用的标准步骤来进行操作。

4. 如果各州或者当地根据 2001 年 FDA 食品规定来制定清洁标准，以下情况需要对水槽、餐桌、设备、器皿、温度计、菜单和设备的接触食物的表面进行清洗、漂洗和卫生处理：

- 在每次使用之前；
- 在每次处理不同类型的动物生食比如蛋、鱼、肉和禽之后；
- 在每次盛放待吃的食物和动物生食比如蛋、鱼、肉和禽之后；
- 任何出现食品被污染或者怀疑被污染时。

5. 采取以下步骤对水槽、餐桌、设备、器皿、温度计、菜单和设备的接触食物的表面进行清洗、漂洗和卫生处理：

- 用清洁剂清洗器皿表面；
- 用清水漂洗器皿表面；
- 根据制造商制作的标签上表示的特定浓度对器皿表面进行卫生处理；
- 摆放湿的物品，待晾干。

6. 需根据以下清洁方式使用三格洗涤槽：

- 在第一格，按照清洁剂制造商明确指定的水温或者高于 110℉的水温，用干净的清洁剂清洗；
- 在第二格，用干净的水漂洗；
- 在第三格，按照制造商们在标签上明确指定的浓度来配制混合液进行卫生处理，在热水或超过 171℉的水里浸泡三十秒，使用正确的检测工具箱测试化学卫生制剂的浓度。

7. 假如使用洗碗机：

- 向洗碗机制造商核实以确认洗碗机上的信息是正确的；
- 如果可行，参照洗碗机上的信息确定清洗、漂洗和卫生处理的水温，卫生制剂的浓度以及水压；
- 按照制造商的建议使用洗碗机；
- 使用热水进行洗涤，确认接触食品表面的热水温度在 160℉

或者更高。

监控：

食品服务工人将会：

1. 在整个操作中，检测设备和器皿的接触表面，并保持表面清洁。

2. 在使用三格洗涤槽时，每天：

• 观察并保持水槽各舱格盛的水是干净的；

• 用校准的温度计测量水槽第一舱格中的水温；

• 用化学清洁剂进行卫生处理时，要使用正确的全套测试工具测试卫生制剂的浓度；

• 使用热水进行卫生处理，使用校准的温度计测量水温，参照《温度计的使用和校准标准公告》。

3. 在洗碗机里，每天：

• 观察并保持机器内部的水是干净的、没有碎屑；

• 假如可行，用数据盘持续监控温度和计量器压力，确认机器正在运行；

• 用热水清洗洗碗机，在小商品或者温度计上放置热压胶纸，确认清洗盛放食物器皿表面的热水达到适合温度；

• 用化学洗涤剂清洗洗碗机时，需要使用正确的全套测试工具，清洗盛放食物的器皿时需要核查试剂浓度。

矫正措施：

1. 对所有没有按照标准步骤进行操作的食品服务业雇员们再培训。

2. 假如发现没有对盛放食品的器皿进行卫生处理，就要对其进行清洗、漂洗和卫生处理。

3. 在三格洗涤槽中：

• 定时对水槽进行排水和注水，根据需要保持水的清洁。

• 加热水调节水温，直到水温符合要求。

• 按照合适比例，加更多的清洁剂或者水，直至达到正确的浓度。

4. 在洗碗机里：

● 定时对洗碗机排水和注水，根据要求保持水的清洁。

● 假如洗碗机没有达到规定温度，联络适当人士维修机器。

● 用热水洗涤洗碗机时，开动洗碗机再次测试，假如还是没有达到适合温度，请适当的人来修理机器；用三格洗涤槽进行清洗漂洗和卫生处理，直到修好洗碗机；在没有三格洗涤槽时，使用单独设备或具有固定用途的物品进行清洁处理。

● 使用化学清洁剂洗涤洗碗机，如果有必要须核实容器里的清洁剂剂量。根据制造商的建议对机器进行维修保养，确认正确使用清洁剂，重复测试，假如没有达到浓度标准就停止使用机器，联络适当人士维修机器，使用三格洗涤槽清洗、漂洗和进行卫生处理，直至修好机器。

核实和保存记录：

食品服务工作人员会在《食品接触表面清洁卫生日志》上记录监控活动和矫正性活动。食品服务经理将会确认食品服务工作人员采用合适温度，在换班、审核以及发动机器时测试卫生制剂浓度，并更新《食品接触表面清洁卫生日志》。日志至少保存一年。食品服务经理将会每天填写食品安全清单，至少要保存一年。

执行日期：_____ 执行人：_____

审核日期：_____ 审核人：_____

修订日期：_____ 修订人：_____

参考文献

Beck, J. B., Barnett, D. B, Johnson, W. J., and Pressley, S. D. (2010). *Fundamentals of Environmental Health Field Practice*. Kendall Hunt, Dubuque, IA.

Centers for Disease Control and Prevention. (2011). CDC estimates: Findings. Accessed March 13, 2012. http://www.cdc.gov/foodborneburden/2011-

foodborne-estimates. html.

Greig, J. D. , Todd, E. D. , Bartleson, C. A. , and Michaels, B. S. (2007). Outbreaks where food workers have been implicated in the spread of food-borne disease: Part 1. Description of the problem, methods, and agents involved. Journal of Food Protection. 70 (7). 1752 – 1761.

U. S. Department of Agriculture. (2005). National Food Sercice Management Institute United States Department of Agriculture HACCP-based SOPs. Accessed March 13, 2012. http: //sop. nfsmi. org/HACCPBasedSOPs. php.

U. S. Food and Drug Administration. (2011). Hazard Analysis and Critical Control Point Principles and Application Guidelines. Accessed March 13 , 2012. http://www. fda. gov/Food/FoodSafety/HazardAnalysisCriticalControlPointsHACCP/HACCP-PrinciplesApplicationGuidelines/default. htm#princ.

第三部分

紧急管理

第二十三章　紧急响应机制

罗纳德·多森（Ronald Dotson）

目　录

紧急响应机制是关于现存管理项目的一个范例。必须不断地审核这方面的工作以适应当前潮流，采取最佳措施，探讨法律关注热点和多种争议性问题。在教育者看来，这方面的工作是安全计划领域里最显著的热点问题。通常而言，紧急响应机制关注的是保护学生以及校园场地内的所有人员和参观者。紧急响应机制必须有利于第一响应人员和其他有可能做出响应的机构采取措施，学校社团必须了解紧急响应机制的合理性和有效性。

制定基本预案

应急预案中运用到的最基本的方法就是对主要建筑物或者建筑群体进行标签或者绘图，重要的是能够在学校同事和第一响应人员之间进行迅速和有效的交流。比如说，当救护车赶来时，你应该如何告诉他们到达学校的最佳入口处或者停车地点？很显然，策略之一就是指定一位联络员在校外等待救护车的到来，告诉他们到达紧急事故现场的最近停靠点。另一个可以考虑的措施就是等待警方的响应，建立一个指挥控制中心进行沟通和指挥。响应人员如何说明入口处地点或者报告目击事件？对设施贴标签时需要有技巧地进行编码。

首先要在整个校园建筑群体的两边贴标签。主要的入口区域或者前门被标签为"边1"。对校园建筑群体进行标签的过程可以从左往右，使用连续性的数字进行编号。对于一个基础的四边形的建筑物，可以把前门标签为"边1"，从引导员的角度来看正对着右方的那一边标签为"边2"，把后方标签为"边3"，剩下的一方标签为"边4"。接着就要对建筑物的门以及窗进行标签。从左往右数的第一个门就标签为"门1，边1"，假如可以看到第二扇门，就可以标签为"门2，边1"。窗户也是以同样的方式来标签：比如说，"窗户1，边1"。标签的过程也应该从一边到另一边，当很多的楼层都有很多的窗户和门时，给门和窗进行标签时就必须注明楼层。在第二层的边 1 的第一扇窗户应该被标签为"窗 1，层 2，边 1"，进行工作和实践的侦查战术小组可以通过对窗户的定位，比如"窗户 1，2，1"，从而迅速进行信息沟通。有一些门属于常规样式的入口，有一些门属于卷门或者闸门。对于这种区别的解决方法就是称呼这些门为卷门或者闸门。

在遇到紧急事件进行联络时，根据建筑物外在特征进行标签的方法起着重要的作用。学校和任何其他设施一样，应该设立一个紧急响应团队，每一个成员都应该有清晰的职责，车道看管人就是成员之一。这名工作人员需要等待紧急响应机构的回应，帮助指路，带领他们去最近的救援响应地点。在紧急事件中最重要的任务在于确定问责。第一响应人员需要知道是否所有的人都外出了或者由学校管理人员来负责管理。点名是一个复杂的需要被正确执行的任务，首先要疏散人群清空道路、指定避难地点、培训和演习，学校的每个部门或者工作组都应该设定一名紧急事件协调员，协调员应该帮助其他人，并且最后一个离开事故现场。一旦完成避难或者人员疏散，至关重要的就是确认所有的员工和学生都没有被疏忽。学校在每个部门设立的紧急事故协调员要向负责全权处理点名的主要人员进行汇报。

另一个成员就是负责管理设计图、报警板、标签信息、地面和设施制图的工作人员。在学校里，这位工作人员也可以负责关闭至关重要的设备，比如说为某些紧急情况所设置的瓦斯开关。设施的绘图和其他信息页应该列在各疏散口，需要在设施内部安置一个人和媒体进行联络，可以由学生父母或者社区派出的其他关键人物担任联络人。校长可能会推举人选去执行一项或多项任务，校长是主要决策人。建立紧急团队指定任务能够更有效地采取响应措施，预留备用人员也是一个很好的想法，为了防止有人缺席，每一个岗位应该安排更多的人接受培训。

教育者们非常擅长向相关媒体宣布公众信息，比如就雪况进行信息交流。偶尔会出现因为事故而关闭学校、时间太晚以至于无法有效发送消息的情况。电子信息公告栏可以帮助校外的学校员工或者校长了解情况，并将校园的危险局面通知给即将到达的员工和学生们。通知工作人员比较容易，因为可以使用通话联络设备和发送手机短信。制定预案传递最新信息也有助于获得回应。

制定预案规避风险需要了解过去发生了哪些事，比如天气状况，自然灾害，学校运作，州立法，国内发生的事件。需要了解"理性人"是否会对有可能出现的事件很关注或感到恐惧，其他学校是否正在制定预案，或者为采取紧急响应措施或危机阻止措施而做准备。需要了解的还不止这一些。《二级排放》是一个被忽视的重要的信息资源。当地企业必须每年执行并更新该预案，并提交给当地应急预案委员会（LEPC）。学校应急预案委员会涉及的是当地紧急救援组织、市政当局、主要机构组织、当地企业之间彼此协调的合作关系。这个委员会可以代表学校，并且和当地能够对紧急事件做出初步回应的代理机构进行合作。请求当地代理机构的积极参与，能够为学校制定更为有效的预案，可以通过团队合作的方式解决学校和紧急响应代理机构之间出现的任何问题。

学校应该根据《二级排放》报告和社区紧急事件应急预案来建立各种合作关系和获取信息。假如附近发生工业事故，学校就可以知道有可能会出现哪些危机、并采取相应措施来应对。学校需要提前准备好避难所，应对化学物品泄漏或者发生的其他灾难。《二级排放》报告列出了工厂事发地点所存储的重量已高达一万磅或者更多危险化学物品或者高危化学物品。正如标题所示，紧急事件应急预案或者"Tab Q 7"包括一份绘制版本的图解，该图解基于化学物品清单而制定，以应对在最恶劣情况下疏散人群的需要。学校应积极参与当地应急预案委员会进行桌面练习和社区演习。可以利用学校场地进行物理环境训练，学校人员在处理真实事故时会更有经验。

学校可以罗列清单，注明化学物品以及其他需要被管理的危险材料。必须检查化学物品，防止泄漏或被混合，消除混合物有可能导致的危险。环境保护署（EPA）有免费的化学物品管理软件供下载，运用计算机辅助管理紧急事件处理软件程序（CAME-O），可以对设施进行概况分析，企业里的许多安全管理人员和紧急响应人员都使用这个软件，必须对危险物质进行管理，其中包括制定学校消防预案。

制定消防预案

职业安全健康管理署（OSHA）要求制定消防预案，保护员工生命安全。《联邦管理法规》第1910.39条列出了消防预案的最低要求，除了移动式交通工具比如船舰和机动车辆，该法案对于所有常规的企业工作场所都提出了要求。它适用于各州经过州立法规划的政府和市政部门员工们。此外还适用于经过联邦立法规划的各州，以期通过这些规章制度的实施来帮助工人们或者制定各州的消防标准。先不谈别的，对于任何设施而言，最佳管理做法是把这些最低要求加以整合并实施。

OSHA为仅拥有十名或者更少数量员工的企业制定了口头联络的预案，但是因为学校里员工数量庞大，常见的做法是制定书面版本的预案。预案采取书面版本会更正式，雇主们会更加严肃地对待消防预案，换言之，书面版本的消防预案也令人印象更深。

第一个要求就是创建一份关于所有火灾危险的清单（29 CFR 1910.39）。主要的火灾危险涉及易燃物品的存放，比如纸张、加热器、可燃性液体、烤箱、火炉、天然气线路、建筑物的入口处设置、化学物品存放示意图。

第二个要求就是创建一份关于所有危险物品的清单［29 CFR 1910.39（a～d）］，清单还应该包括材料安全数据单（MSDSs），这可以作为消防预案的附录，可以根据相关法律规定，从制造商那里索要材料安全数据单。材料安全数据单提供的信息包括物品的成分、会涉及的危险、相应的紧急救援和响应措施。危险材料指的是任何有可能对个人、动物或者环境造成伤害的物质或者物质的组合，因为是几种物质的组合，所以就需要对于每一种物质的正确使用和存放进行书面形式的记录。材料安全数据单包含的信息应该满足这些要求，你可以从 EPA 网站下载 CAMEO 软件，这个软件可以帮助你对比混合物。当混合物不稳定时，你可以将它单独存储，必须考虑到混合物溢出时应该采取的控制措施。

还必须列出一份有可能被点燃的着火源以及相应控制措施（29 CFR 1910.39）的清单。易点燃物都是明火，比如信号灯，热源比如烤箱或者烘干机，甚至是化学物品存放区域的标准照明开关。在这份清单中，你还必须列出在加热或者出现故障时会报警或者自动关闭电源的传感器、警报器、控制器。

必须对这些特殊危险中的每一种界定必要的灭火系统（29 CFR 1910.39）。常见的灭火系统有安装在餐厅的烧烤架、火炉之上的消防设施，以及为计算机房和资产处配置的灭火系统。灭火系统还包括基本的灭火器。

还需制定关于控制堆积可燃材料、可燃废弃物和易燃材料的控制流程（29 CFR 1910.39）。这些控制流程不仅仅是及时清空垃圾箱，还包括设计清晰的库存操作规则，比如适时地按需订购以避免纸制品或者化学物品堆放过多，或者颁布存储要求如物品堆放的最高处应在洒水喷头以下 18 英寸处，限制墙壁上学生作品张贴的数量，购买涂在墙壁和地板表面的防火油漆及蜡。

还应制定和采取保障措施，制定一份关于传感器和制热设备常规维修保养的清单和时间表（29 CFR 1910.39），清单还必须界定负责常规维修保养的人士（1910.39）。就控制易燃物品而言，这是一个关键的要素。

还应指定专人负责，控制燃料危险，包括控制易燃可燃物（29 CFR 1910.39）。负责人员必须负责场地管理，并且制订关于废弃物处理和存储的计划。

风险评估

采取任何紧急响应措施的关键是要知道解决什么问题。这个评估需要对历史上的天气状况、自然灾难历史、教育实践、文化潮流、疫情以及学校运作经验有所了解，需要研究各个类别的风险，提前制定好应对措施，州立法可能会列出需要提前制定应对措施的紧急事件清单，但这只是最低限度的出发点。

国家气象局对于历史上的天气事件如龙卷风、洪灾、年降雪量以及降雨量存有大量的信息。对于可能发生的事件制定了大量应急预案。你可以通过国家气象局的网站 www. nws. noaa. gov/om/hazstats. shtml 了解天气方面的很多数据。通常而言，大多数的区域会根据龙卷风、洪灾和降雪来制订计划，某些地区会发生一些该地区很常见的危险，比如说沿海地区多发龙卷风现象。根据天气变化为学校制定相应措施包括指定交通路线、避难所，安排时间顺序以及发布公告。学校还应该努力应对大型突发天气事件和制定社区应急措施，比如说，学生们若因洪灾不能返回家中，需暂时在学校躲避，就要在学校提前安置避难场所。学校还应该准备避难所，制定人群疏散预案，应对洪灾、龙卷风或者冰雪风暴导致的大规模断电事件。

还应该考虑发生地震、野火这些自然灾难的可能性和了解相关历史记录。美国地质学调查会提供对地震事件所做的实时评估材料以及历史数据，比如爆发灾难的可能性和灾难的严重程度，我们应该根据灾难爆发的可能性来制定预案。在很多地区都会发生地震，地震相关事项是制定应急预案必须考虑的因素。

研究一个地区不同区域制定的紧急响应机制有助于界定灾难的类型。假如另一个区域也在研究这个问题，就可以借鉴对方的研究情况，无论历史情形如何，都应被纳入考虑范畴。今天许多学校制定校园封锁预案，提防在逃罪犯、暴力犯罪事件或者在校园场地任何地方发生的暴力行为，多年前没有这样的规定，但如今这种做法已成为潮流且被全国关注。

许多学校关注的是流行疾病的预防。校园里的无数交叉感染导致疾病迅速蔓延。学校正在不断加强努力，阻止疾病的广泛蔓延，维持校园里学生和员工的生命安全，保持教学秩序的正常进行。可以采取很多策略，应对疾病的大暴发。医疗干预是一种应对措施，比如给员工和学生接种疫苗，或者至少建议他们和当地的健康部门进行合作。在某些时候，校方会根据疫情修改应对措施，或采取隔离措施阻止患病员工或孩子们，必须同时采取教育措施和医疗干预措施，应该告诉孩子们和员工们在出现身体高热现象时留在家里。

其他教育措施也同样重要。这些措施包括在咳嗽和流鼻涕时用口罩捂住嘴和鼻、经常洗手、经常使用洗手液以及其他的常见措施，限制疾病在人群中蔓延。可以使用灭菌消毒的喷雾产品进行消毒和家政清洁，经常对餐桌、书桌、门把手和电话进行清洗和消毒，可以减少接触有毒病菌。关键性工作人员也可以通过网络在家里使用计算机和可利用的技术进行工作，还可以采纳可替换的日程安排。当疾病暴发时，需要考虑如何结束疾病的蔓延，采取布置家庭作业和完全远离学校的学习方式可以持续教育活动。但是这种学习方式不能被当成公立学校的日常教育方式，学校教育对于学生施加的影响也被最小化了。

还需要考虑学校的运作情况。在制定应急预案时忽略曾经发生的事件或状况是疏忽大意的行为，出现犯罪行为比如炸弹威胁是很常见的现象。必须追查虚假报警如拉响火灾警报器、恶作剧的犯罪、攻击、其他任何类型的犯罪事件、安全隐患，要考虑如何追究违责行为。动态地制定紧急响应措施、安全保障程序以及预案。

预案框架

学区应制定简单的、易于被理解的预案，并分发给学生及其父母。本章剩下的部分将会提供一些额外的供思考和实践的话题。

本章内容有助于制定或改善现存的应急预案。

责 任

预案的第一个部分是界定责任。在责任部分应该细化每个工作的岗位名称，以明确的格式细化了每份工作的职责。设计该部分是为了总结每个人的职责，使每个人知道自己在出现紧急情况时应该做些什么事，也可以在演习或者实践中将本节内容作为界定工作等级的培训工具及测量标准。

联 络

根据岗位职责和权力建立紧急行动董事会或设定等级制是一个好方法。必须同时执行多项任务，而设立等级制有助于管理事故；必须明确规定何时使用公告栏，应该请校长或其他管理人员参与制定预案。紧急行动董事会是报告和控制中心的行动中枢，某种程度上这个概念是在模仿国家事故管理系统联邦紧急管理机构为应对自然灾害而建立的应急机制。

学校会成立由学校工作人员组成的委员会。委员会是紧急行动董事会成员之一。在全体董事会成员到达前，由校长主控并做决策。建立董事会是为了帮助组织成员搜集信息，并把信息传递给社团。

还需设定联络方式。联络可以是人对人，或者通过短信以及移动电话的方式。当建筑物内部进行人员疏散、关闭重要的机械装置或者程序、校方管理人员对人士进行培训并且监管时，联络就显得必不可少。

在某些情形还需要采取特别的联络途径。在进行联络时，不需要语言而使用特殊的编码就可以对特定的或是需要得到回应的情形发出警示。比如说，警员们用无线电通信设备联络时，会使用特别的编码以标志他们正被侵犯者挟持。在百货商场也可以设置代码系统，因为这样可以安全地关闭出入口处的大门，而其他的人士必须对出入口大门的代码系统做出回应才能进出。遇到丢失孩子或者绑架案件时，这是标准的应对措施。

另一种通信方式是使用国家威胁咨询系统或不同颜色来制定代码作为信号，以显示危险的级别。许多人认为这种通信方式收效甚微，但这种通信方式可以使机构组织加强安全保障管理措施，当发生危险时，可以要求关键人物执行特别任务进行安全保障检查，并且增加检查的次数和调整协议。有可能面临的危险包括终止协议、社团侵犯者的威胁、炸弹威胁以及执法部门接管的附近发生的犯罪行为。

疏　散

学校在进行火灾演习或执行其他紧急疏散预案时通常会非常高效。应该把演习路径绘制成地图并张贴，井然有序地进行演习，指派成年人帮助和引导所在群体的学生以及其他成年人到达安全地带。应该制定第一逃生路线和第二逃生路线以及进行演习，学校在疏散人群工作中起着极大的作用。

在大厅或者院子里的任何位置都应该能够看到出入口标志［29 CFR 1910.39（a～e）］。安装紧急信号灯以及引导标示牌或者在低处安装反光标示牌很重要，都有助于在发生火灾时疏散人群。火灾中还有一种会被忽视的危险，即烟雾的毒害性。学校疏散人群不一定是在浓厚的烟雾中进行的，但我们必须为出现最坏的情况做好准备。需要更进一步指出的是，对学校的政策措施做出合理的批评并提出建议的现象正日渐增多。

应该在被疏散人群将会通往并聚集的处所设置疏散点或者说集结点。在选择集结点时，必须考虑风向、安保以及通道。要考虑风向问题。风会把有毒烟雾或者尘埃吹向人群。保护人群在疏散时以及未经通知时就离开或者被攻击时的人身安全是一个需要关注的问题。停车场并不是最好选择，疏散点应该是可以进入的场地，且不会挡住应急机构救援人员的道路。假如正在发生事故，就必须疏散人群和车辆，对堵塞的交通状况进行疏导控制，避免阻碍应急机构救援人员的道路。在发生严重的人身伤害事件时，应该为直升机着陆准备大片足够安全的区域。想找到一个完全理想的集结点可能会很难或者说不可能，所以要根据形势移动疏散点或迁移人群。

应该尽可能避免可能会出现的其他危险，疏散点应该远离天然气管道附近，火灾或者爆炸会导致天然气管道破裂或爆炸。需要更进一步说明的是，假如某座建筑物被设定为地震发生时的疏散场所，天然气就会沿着通用管道或在承受力最差的路段开始流动，直至泄漏或被点燃。另一个需要避免碰撞的就是电线。人群疏散时需要避免的另一种危险就是倒下的电线杆或者电线。

炸弹威胁/可疑包裹

在学校会出现炸弹威胁报警，通常这些都是虚惊，但必须严肃地对待这些报警。这儿要使用到的应对策略就是正确地对待报警，召集团队对可疑包裹物进行搜索，加强安全保障措施，根据形势为学生们提供最安全的方式（国土安全局，2003）。炸弹威胁会导致犯罪行为和执法部门的干预，应急机构将依靠学校团队来应对危机。

那些坐在电话的另一端，可以和外界进行交流的工作人员应该对报警进行核实，记录询问的话题、需要记录的事项以及何时收到报警。另外，电话的主要使用人员应该接受培训，以接收威胁报警并了解如何采取机构制定的应对措施。

在应对危机事件时，就威胁级别进行联络至关重要。比如说，假如学校官员们提前知道会发生危险，就应该加强安全保障措施，使危险程度最小化，有时会出现学生游行或教师罢工。假如实施安全保障措施很安全有效，或许不需要进行人群疏散和采取大的干预措施。否则就要考虑对人群进行疏散，但并非必须这样做。

使用炸弹进行威胁有可能是想隐藏真实的意图，也许真实意图只是想中断营业，也或许会转而密谋实施绑架或者通过不明包裹制造混乱。在确定集结点时需要考虑这个因素。

通常而言，除非威胁不存在，否则必须进行人群疏散。假如采取安全保障措施可以有效地关闭设施，就不需要进行人群疏散。

在校园环境里并不总是这样，必须指派一个非常熟悉学校设施的团队或者几个团队搜索或者说协助搜索任何可疑物。在临近炸弹爆炸的时间期限时，搜索威胁源是不安全的。应该等待，直到炸弹爆炸的时间过去。那些在指定区域进行搜索的团队还应了解并执行常规性政策，以正确安置并储备个人物品、午餐食品及设备。只能在建筑物的指定区域存放员工们的午餐食品和个人物品，学生们的物品应该放在平时存放的地方，对设备和化学物品进行正确的存储，对存储的物品和容器进行正确的标签、保持良好的日常事务处理程序，这一些措施在安全保障和处理紧急事件时会发挥特定的作用。

在出现炸弹威胁的场所进行疏散时，明智的做法就是关闭所有双向交流的无线电设施，并且禁止使用移动电话。这些通信设施会无意间导致某些设备发生爆炸。在建筑场地或者军事训练时发生爆炸时，这些措施是标准的应对策略。

可疑包裹指的是任何没有被放置妥当的物品。这里有一些迹象，比如说包裹里传出气味、泄漏现象、噪音、异常手写体文字、剪贴字母组成的文字。丢在休息室或垃圾箱里的包裹、没有贴标签的箱子或者物体等都是调查可疑状况的好线索，在运送途中的包裹和邮件是两个容易有机可乘的薄弱环节，必须对照时间表核实它们的到达时间，假如商贩们不是在规定时间到来，就要和公司通过电话查实。

邮件需要一个传送点，该地点不能对其他人公开。在把邮件传递给其他人之前，必须先对邮件进行查实和安全检索。当邮寄包裹含有害物质时会有一些迹象，没有贴邮票或者没有经过邮局传递就是迹象之一，应该立即隔离这种邮件，并且向当局报告。在接到官方处理意见之前，可以把邮件放在箱子里进行隔离。有的包裹使用过多的邮资，包裹单上所附文字量过大，有文字拼写错误，或各种字体混合，包裹单显示的邮寄地址是由剪切后的字粘贴显示，没有注明回信地址，姓名无法识别，包裹体积过大，使用过多的胶带封系，包裹有泄露现象、有噪音或者有气味。尽管这些都是可疑包裹的典型迹象，但仅仅存在一种迹象时还不能说明这个包裹是可疑的（DOCJT，2003）。

组织机构应该对被举报的可疑包裹进行隔离审查。比起把可疑包裹送抵居民住所，使居民们置于可疑包裹会带来的危险之中，对包裹进行隔离会是更好的处理。

应急预案的其他话题

学校还必须考虑到其他的一些情形，包括放学以及父母/监护人预约接送程序。通常学校只允许父母或者监护人接送孩子，但是大多数的学校允许父母/监护人列出其他可信赖的可以接送孩子的成年人名单。另一个好的做法就是询问学生们并且训练学生们告诉教师们前来接他们离校的人是否合适。校车现在也装设了无线电通信设备接洽联络中枢。在孩子们离校的时间里父母没有出现时，这种设备很有帮助。如今很多校区要求在接孩子们回家时，必须安排一个家长在校车停车点等待。在出现校车故障、交通事故或者校车突然迟到时，校车的无线电通信设备会有所帮助。

必须考虑飓风。应急预案必须列出疏散点、演习材料，并且确定什么时间应该寻求避难、学校应该如何对警告保持警惕。通常而言，在办公室前和其他的备用地点应该安置天气变化预警的无线电装置，确保无线电设备在运作时有人在场监控。学校计算机也可以制作和当地机场或者气象部门有关的网页，以更新天气信息。

为了进行大规模校园公告，在规划中必须公布媒体联络信息以及媒体单位的名单。比如说，因天气原因封锁校园时需要采取团队合作方式。指定什么人来维护交通安全？如何来做决定？是否要和校车司机进行沟通了解情况？可以和县或州的公路管理人员联络以获得帮助做决定吗？这些人是否会在某种程度上询问路况？必须回答这些问题，制定适当的应急预案。还可以制定待选校车路线以及计划表。

个案研究

你是某个小型社区的一所小学的新任负责人。去年，附近的一家银行在清晨被抢劫。一名嫌疑犯进入学校建筑，装扮成家长，企图躲避警察追捕。在进入办公室接待大厅时他没有携带武器，坐在椅子上等待别人来帮助他。一名前往学校通报警情的警官看见了嫌疑犯，并且不出意外地逮捕了他。但是，这起事件给学校蒙上了不好的色彩，学校被指责没有采取良好的措施应对紧急事件。这起事件是前任负责人被免职的部分原因。

- 是否可以阻止这起事件？如果可以，如何阻止？
- 在制定和这种事件有关的应急预案时，应该探讨哪些争议性问题？

练 习

考虑以下各情形：

1. 负责人要求你对学校已经制定的应急预案进行评估。为了对学校的准备工作进行审计，你要设计一套审计流程或评估标准。

2. 家长们和社团要参与下一次董事会上的讨论，负责人要求你设计待讨论的热点问题。起草一份信件，列出你要采取的行动，探讨紧急事件应急预案和响应措施。要明确列出关于道路控制和情景设计所需采取的措施。

3. 在肯塔基州，现存州立法涉及飓风、地震和封闭时将事件影响最小化所需采取的措施。研究你所在州的法律条款或者了解肯塔基州关于封闭状态工作流程所制定的修订版本的正式法律条款，为常见的封闭状态时的工作进程起草一份学校应急预案。

4. 你认为紧急事件管理应该包括哪些项目，你打算在哪里设置这些项目，你会指定哪些人员对这些项目进行维修保养和介绍？

参考文献

U. S. Department of Criminal Justice Training. （2003）. Non-Explosive Threats. U. S. Department of Criminal Justice Training, Richmond. KY.

U. S. Department of Homeland Security. （2003）. Bomb Threat Response Study Guide. Federal Law Enforcement Training Center. Glynco, GA.

U. S. Department of Labor. （1996）. Fire prevention plans. Title 29 Code of Federal Regulations, Part 1910. 37. Occupational Safety and Health Administration, U. S. Department of Labor, Washington, D. C.

U. S. Department of Labor. （1996）. Maintenancc. safeguards. and operational features for exit routes. Title 29 Code of Federal Regulations, Part 1910. 37. Occupational Safety and Health Administration, U. S. Department of Labor. Washington, D. C.

第二十四章　紧急响应和情境意识

詹姆斯·P. 斯蒂芬斯（James P. Stephens）

目　录

居安思危者最平安。

——叙利亚作家 西拉丁

公元前一世纪

全国的学校必须为每天有可能出现的危机形势做好准备工作。各地需采取行动制定紧急事件应急预案，制定紧急事件应急预案和做好准备工作是取得成功的关键。每所校区必须根据特定地点和指定风险，尤其是所有人都会面临的危险来制定个性化的紧急事件应急预案。

比如说，肯塔基学校不需为火山爆发制定应对措施。但是华盛顿雷尼尔山区域的学校就需要制定应急预案应对这种紧急事件。实施可以应对所有危险的预案，建立国家事件管理系统（NIMS）和组建学校（学生）紧急响应团队，就为制定应急预案铺平了道路。制定有准备的应急预案可以极大程度帮助你成功处理紧急事件。

美国教育部为处理紧急事件而制定的行动规章里有四个必须探讨的阶段：缓解/阻止，准备，响应，恢复（美国教育部，2007）。本章重点讨论第三个阶段：对身边或周边发生的事件做紧急响应。我们并不是探讨对特定的紧急事件进行个人响应，而是探讨紧急响应措施的各个方面以及在制定紧急响应措施时应该有哪些步骤。我们将会详细讨论制定紧急响应措施准备工作的一个特定任务，即对所有雇员进行情境意识（SA）培训。提高所有利益相关者的意识水平，增加采取积极响应措施的可能性。

告　诫

设想一个球队不做任何预先的准备、不了解任何情况就去参加篮球锦标赛。为了制定正确的防御和攻击策略以赢得胜利，好的教练会亲自观看未来对手的录像。我们可以把预先的观察准备活动和制定紧急响应预案时要采取的风险界定联系到一起。

在收到有关竞赛对手的报告（风险界定）后，教练必须制定新的比赛方案或对已有方案进行改善。需要进一步指出，教练可能会将旧的比赛方案和根据对手强势弱势制定的方案加以结合。在根据已界定的危险和风险而制定的紧急响应预案做准备时，你会发现自己制定了一份新的预案，或者对已制定的预案进行了改善。你所选择的道路取决于已界定的危险和团体内部的个体需求。

当教练员们了解了对手（危险或者风险）特色并制定比赛方案（紧急事件应急预案），他们会运用不同的实践技巧和方法（演练）来实施方案。他们知道若想正确地实施方案，就必须从心理和身体上训练他们将要采取的比赛动作。在准备制定校园紧急事件应对措施时，你必须从心理和身体上对团体成员进行排练和演习。要做好准备工作，需要对雇员进行情境意识培训和心理训练。SA 培训由以下几个步骤组成：

- 感知：正确的观察你身边的事物，比如人群、物体和交通工具；
- 理解：当你观察形势的组成要素以及它们和整个形势的关系时，你能够对这些要素有所了解；
- 预测：提前思考和制订计划，对你看到和所理解的局面进行回应，这也和预测前景的能力有关。

一个人规避危险或有效摆脱困境的能力常因为保持警戒和感知危险的能力而被抑制或提高，不能有效规避危险会增加人类犯错误和陷入危险的概率（Pantic，2009）。在本章我们将深入探讨这种类型的培训。

为制定成功的紧急应对措施做准备的另一个有效的方法就是进行桌面练习，这是性价比最高的方法。这个过程通常包括：定位、桌面练习、评论、做结论（Holloway，2007）。这和篮球教练观察球员们理解程度和打球时使用的五人组混战比赛相似，任何准备练习或训练的目标都旨在帮助了解自己任务和行动的人士们在行动之前根据危险或风险进行正确准备。

响　应

紧急响应的一个常见定义就是"在实施紧急管理预案时，采取行动有效应对和解决紧急事件"（美国教育部，2007）。定义的关键部分就是必须做好准备，正确和有效地实施紧急管理措施。研究和实施应急措施需要制订全面的紧急事件管理计划、实施和整合预案，必须从个人和团队层面出发，根据具体情况，采取紧急响应机制。当务之急是要认识到每种紧急情境都不同，你采取的应对措施必须灵活机动，可以适应有可能出现的突发状况。因此，在制定紧急事件管理策略时，"从不""永远"这些词是无法得到保证的，你的准备工作和应急预案中不能出现这两个词（应急响应的基本原则，2011）。

紧急事件评估：理解危险形势

在制定紧急应对措施之前，必须认识和正确地理解危险形势并选择正确的响应程序。假如有人不能正确地判断风险，要求冒险疏散人群，那么户外的真正的危险情况会造成更加危险的形势，而不是减轻紧急事件造成的影响。因此，必须对学校的所有利益相关者进行正确培训，使他们认识和了解他们无力应对的危险和风险。

为了向雇员们提供更有教育意义的培训，缓解设施内部的紧急形势，需要全面提高雇员们的安全思想认识。必须完善准备工作并保持警惕，避免造成偏执。这两者之间的最大区别在于做好准备工作能够使一切准备就绪，而偏执则是出于恐惧感的一种不合理的猜测。我们不希望创造一种恐惧感，我们应该做好准备工作并保持警惕。假如我们能够降低雇员们被暴力事件或其他紧急事件惊吓的可能性，我们就能够增加个人处于被控制的环境时做出反应的机会。情境意识缩短了个体的反应时间，给予他们更多的机会缓解威胁或者面临的危险（Gonzales，2004）。

使你的雇员们具备规避风险能力的方法之一就是训练情境意识。用常见的话来说，SA 是指训练心理和思维意识，使个人适应周遭环境和事物。这不是一个新概念，但并非全体雇员都能得到这种培训。在各种行业如军事、消防、警力资源、药物以及航空业，运用情境意识都是一个重要的技能，在这些领域工作并幸存的那些人都需要接受这种培训。在工作中和完成任务时要动脑和运用技巧，这是一种日常思维和行为方式。在处理紧急事件时，培训情境意识可以降低伤亡率。要培养一名警惕的雇员，你需要给他工具，使他能够识别工作地点的各种危险，并成功地采取紧急响应措施。

认为任何培训或者安全项目能够在所有时间里防范所有的紧急形势是幼稚的想法，但提高个人的环境感知力，快速理解和观察环境事物，有助于增大紧急情况下脱离危险和幸存的可能性。

情境意识研究的历史背景

19 世纪的哲学心理学家威廉·詹姆斯（William James）提供了对于人类大脑思维过程的一些观点。他的早期作品探讨了人类的思维过程，在情境意识过程中"选择性注意"是很重要的，这是理解情境意识以及训练大脑观察环境各种事物的关键。很多哲学家和心理学家都在研究人体大脑的思维过程，关于情境意识的认识正在持续增长（Smith，2003）。

在 20 世纪的 30 年代和 40 年代，提高军事航空工作人员认知能力是最基本的要求。但是，今天的情境意识的概念是在 20 世纪 70 年代发展起来的，主要应用在军事方面。尽管情境意识有不同的定义，但我们可以尝试用其中两个版本来进行一个简单的归纳：

- SA 是顾全全局，提前思考的能力；

● SA 被定义为影响个人和环境要素"操作空间"样本。（Dennehy and Deighton，1997）

除了哲学和心理学领域的含义以及在情境意识这个复杂领域里所做的研究，上述定义提供了一个基本的理解。训练军队飞行员情境意识的关键在于提高飞行员从四周环境搜集大量信息的认知能力，缩短制定以及实施紧急响应措施的时间，以圆满应对任何状况。

绝大多数社会学和心理学领域关于情境意识的研究和航空有关，该理念在几个行业都被加以整合。消防、警方以及其他紧急服务行业的日常工作需要高度关注环境。情境意识融入执法人员的心智，常体现在他们的日常生活中，工作人员缺乏情境意识就会陷入生死困境。

保持情境意识

可以帮助雇员们提高他们的能力，使他们更关注自己身边的事物。可以传授给他们改变每天活动方式的技巧，告诉他们在工作场所观察到的哪些事物有助于提高应急能力。保持"放松的"心态和增强情境意识，在偏执和蓄势待发之间达到一种平衡。向教职员工们提供下列关于情境意识的信息可以解答关于 SA 的很多问题。

正如本章开头所提及，可以确认的是，在任何情境下头脑都有能力去观察信息和特定元素。我们可以训练自己去观察明确警示的危险迹象，制定行动方案应对各种场面或者情境。在危险情境下，最常见的困难之一在于没有感知到危险，这通常会导致伤亡。感觉敏锐的雇员有更好的能力去感知到紧急情况并提前制定行动方案，雇员会根据自身的即时反应实施紧急事件管理预案。

情境意识训练的第一步就是认识并面对我们身边的危机和风险。再次强调，持续的恐惧和偏执不是训练目标，它们对于维护个人安全和制定紧急响应措施毫无帮助。但是，使个人意识到他们必须放松地享受个人生活又对未知事件保持警惕会很难的。自鸣得意、冷漠、背叛将会妨碍个人适应自己的周遭环境和快速处理紧急事件（Burton and Stewart，2007）。

自鸣得意、背叛、冷漠的另一面就是保持高度的意识。人体不能持续地保持警惕和蓄势待发状态，人体无法承受紧张状况。"放松的意识"的理想状态被称为是黄色状态（Grossman，2004）。在著作《作战》中，利尤特南特·科洛内尔·戴维·格罗斯曼（Lieutenant Colonel David Grossman）详细探讨了和身体状况有关的各种生理学现象。他认为黄色状态是准备充足的乐观状态，处于这种状态时，心脏状态正常，也就是说心跳应该是每分钟 60~80 次，但低于 115 次，后者会显示出在精细运动技能方面的恶化。当个体面临高压时，会出现生理状况，没有做好心理准备的人常会在遇到紧急事件时心脏停止跳动。当身体从完全放松的状态变成高度警惕时，就会导致他们在没有做好心理准备的情况下失去应对能力。

训练感知力

融入教职员工们心智中的一个基本原则就是："如果看起来不好或者感觉不好，很有可能事实就是不好。"要鼓励雇员们、学生们、来访者们以及所有人，帮助他们积极向当局报告重要信息，这是刻不容缓的。

对所处环境和行动的正确认识极大程度依靠于个人对不正常或破坏行为或环境的认识。重要的是区分正常和异常，训练情境意识的基础是了解学校的正常和异常状态，预防个人暴力的关键在于认识到工人、学生或其他同事身上出现的异常行为。在安全管理工作中我们要避免雇员们说"我没看到"或者"我不知道发生了什么事"，我们希望雇员在工作场所保持高度的安全准备状态。

你应该为每名雇员提供机会，让他们在安全经理人或者其他设计人员的陪同下全面巡视校园，知道学校环境的正常状态。正如我们刚探讨的，一个人不了解常态就无法感知异常。在学校进行实地了解时，雇员应该了解危险的区域，以及这些危险区域平时被看、被听时的状态。在检测期间，对所有不符合常态的事物提高警惕，并及时报告。对于任何新入职的雇员和现存老雇员都应该给予教育和培训时间，对所有雇员每年都应该更新培训内容。假如在工作场所出现任何变动，应该及时更新信息。

和工人、学生以及其他人交流互动时，必须制定行为规则。负责人和工人们在交流互动时必须密切关注行为方式。界定行为方式中的风险要素是刻不容缓的，了解他们的常规行为有助于及时感知他们在行为方式上的变化。"假如你没有认识到危险，那么你就无法控制危险。假如你不能控制危险，你就不能阻止伤害"（Logsdon，2008）。

训练理解力

具备更强心理素质的下一步就是加强个人能力，认识所感知的事物。我们讨论的认知能力和对情境意识的理解有关，要记住我们谈论的这些不同层面之间没有明确的结束点和出发点。从一点过渡到另一点和行为与活动之间的巧妙融合很相似。

孩子们对于危险所知甚少。孩子会通过经验或者教育来了解什么是危险，什么会造成负面情况，教职员工必须认识到这一点，正如必须了解学校环境。但是我们在工作时不希望也不鼓励从经验中去学习，我们的愿望是感知到危险，并采取灵活机动的有效的响应措施。

在工作时，我们会把雇员们的工作经验和教育宣传相结合。通过这些努力，加强理解力的训练，为采取有效措施和制定应急预案而做准备。

预测：制定预案

当个人感知或认识到风险信息或危机因素恶化时，就会考虑到危险，并进行预测和制定行动预案。但是不应该等到此刻才开始进行心理或身体上的准备，尽管不能根据遇到的每一个情境来进行培训，但可以制定预案为有可能遇到的最常见的危险做准备。在学校也是这样，教职员工们应该知道他们每天最有可能遇到风险的地点、活动和情境。

做好心理准备，快速有效的应对紧急情况。树立"什么时间－然后"的态度，将会帮助你做好心理准备，对危险场景做出相关回应。"假如－然后"的思考方式不再适合我们今天生活的时代。在情境意识训练里，至关重要的不仅是认识并理解危险，还必须提前做好准备。我们都知道行动比反应更迅疾，降低反应差距的一个方法就是对你的行动做好心理和身体上的准备以应对更加严峻的形势。

我们简短地提过应该在你的全面安全和紧急响应训练中融入桌面训练。这些培训机会包含实施我们之前讨论过的加强情境意识训练，这些训练会选择一些紧急情境作为背景，邀请利益相关者们参加，允许他们参与制定行动预案。这些低成本的训练机会能够帮助你制定和挑选和你的学校有关的场景，进行练习，对每个参与者的紧急响应措施进行评论（Holloway，2007）。感知并理解紧急情境，步入紧急响应程序的下一个阶段，即紧急事件通知。

紧急通知

为了在任何情况下采取正确的紧急响应措施，快速正确地通知所有利益相关者是刻不容缓的。快速正确地通报正在发生的紧急事件可以拯救生命，比如在 2010 年的 9 月 28 日，在奥斯汀的得克萨斯州大学。警方接到大学工作人员的报警，并做出迅速响应，前往救援那个地区的民众（Mulvaney and Garrett，2010）。向警方通报枪击案现场的十五分钟之内，学校采取各种报警方式比如警铃、电子邮件、得克萨斯州大学的网站等向学生团体通报了正在面临的危险。这次事件凸显了采取多种通报方式发出紧急通知的必要性。

由于人们越发依赖电子联络方式，或许会倾向于只采用这种方式进行紧急通知。但是当遇到紧急情况时，制定和使用其他的联络方式和通知方式很重要。在当今社会，很难想象一个人会没有手机，但不是每个人都会携带手机收发即时短信或紧急通知。在制定紧急通知系统时，你不能漏掉那些收入低、可能没有手机接收信息的学生（Galuszka，2008）。校园里还有些人不会花时间去登记个人联络方式以及接收机构所发送的即时短信。因此，即使使用即时短信的方式来发送紧急通知，很多人还是收不到报警信息。这有可能包括校园来访者，他们不一定会注册自己的手机号码接收报警通知。

重要的是明确不论采取哪种方式，所有的利益相关者必须知道发送紧急通知的方式以及在接到报警通知时应该如何行动。这就是联邦紧急事务管理署（FEMA）在发送紧急通知和联络时使用简单的编码语言的原因：那些不了解你用的代码的人也会对紧急事件有清晰的了解（FEMA，2006）。

需要更进一步指出的是，你必须明确通报各种紧急事件，不只是使用简单的应对所有危险的常规性报警系统。你可能会用以前用的警铃或音调示警；但在示警之后，必须提供更进一步的指导信息，以及和紧急情况有关的信息。

根据职业安全健康管理署发布的第 29 CFR 1910.38（d）条规定，"雇员必须拥有且使用报警系统"。雇员报警系统必须为各种境况设置明确的信号，并遵守 1910.165 的规定（美国劳动局，2011b）；"29CFR1910.165 特别根据在消防事件中的雇员报警系统而特别制定"（美国劳动局，2011a）。所有单位和学区必须遵守收发紧急通知的相关规定，这是刻不容缓的。

制定可靠的、灵活多变的报警及联络方式只是制定成功的报警系统的一个部分。你必须提前制定清楚的、线型预案以开启紧急通知的工作程序。观察到警情之后，抓紧时间通报即将面临的危险并且采取紧急行动是最关键的。

在对 2007 年 4 月 16 日的弗吉尼亚理工大学枪击案的全面报道中，公众的诟病之一就是学校发送紧急通知的延迟。在发生枪击案的当天，弗吉尼亚理工大学召集警方以确定是否必须发送紧急通报，以及通报内容。弗吉尼亚理工大学审查小组声称他们的应急预案无法处理射击现场。

无论面临怎样的危机，若要采取成功的紧急响应措施，就必须向校方人士和其他利益相关者及时正确地发出紧急通知。需要花时间对紧急通知联络方案以及联络程序进行评估。要确认每个人都清楚你发出的警报意味着紧急情况的到来，要采取正确的措施来消除或者减缓风险。

采取行动

一旦明确紧急事件和发出紧急通知，就要采取个别行动和单独行动。在某些天、某些星期、某些月份、某些年里制定的应急预案，需要在此刻付诸实施。你的行动必须依据你在那个特定时间所掌握的信息；因此，收到的信息更多，你就会改变或改进响应措施。

观察和通报紧急事件时，关键在于向正确的紧急事件响应者进行报告，以减少他们采取响应措施时的延迟现象。一旦通报，就要启动紧急事件应急预案和采取正确的行动。通常可以实施以下工作程序：

- 疏散：把人群从危险处移至安全处。在火灾、建筑结构遭到损坏或碰到危险材料时可以使用这种策略。
- 逆向疏散：把人群送回建筑物内部以躲避。

- 封闭：从可能会出现危险事件的地点移至已知的安全
地点，或一直待在安全地点。在设施外部出现危险时，比如
学校出现枪击案时采取这种措施。

- 就地避难：建筑物外部很危险或者没有时间进行疏散
时可以采用这种策略。采取这种措施时的常见做法就是把门
窗紧闭，关掉空气处理设备。当遇到学校外部危险材料紧急
事件时，采取这种应对措施很常见。

- 趴低、覆盖和抓住：趴在地板上，把头部蒙住，保持
这种状态直到危险过去。在旋风或者恶劣天气时，必须采取
这种方式。

不论学校采取怎样的紧急响应措施，必须采取平静有效的方
式来执行。在行动时，领导力是取得成功的关键因素。来访人员、
学生们以及你们学校的其他人员必须在学校系统内部权威人士的
带领下，了解他们需要采取的行动方案，必须全年向全体雇员们
强调并加强培训。在最初出现紧急情况时采取的行动会极大程度
影响采取紧急响应措施后的最终局面。

问责制

不论处于哪种紧急情形，采取怎样的响应措施，首先要关注
学校全体人员的安全和实行问责制。在维护人身安全时，首先要
知道谁来负责。必须了解你这个区域由谁来负责、照顾处于紧急
事件中的每个人。

尽管在1992年1月26日之后修建校园时要求遵守《美国残疾
人法案》中的路径控制要求，但设计者们可能没有考虑到残疾人
的疏散问题。为保护学生和有特别需求的工作人员制定预案很重
要。在制定紧急情况预案时，你必须考虑到学生会面对的各种挑
战情况，比如心理、身体、运输工具以及其他方面的发展限制情

况（教育设施国家结算所，2008）。

在制定预案时，必须探讨并考虑各种情况。要记住，你要为某些因为运动伤害而出现临时或永久行动障碍的人士做准备（教育设施国家结算所，2008）。

在制定紧急响应措施之前，必须全面考虑和探讨这些问题。在制定紧急事件管理预案时要考虑所有问题，并且在最终版本的预案中体现。对学校进行仔细评估，进行演练，确认你可以帮助所有人。

结 论

在本章，我们探讨了制定应急预案的重要性。人们会根据他们的知识、能力和经验对紧急情形做出反应。这就是为什么情境意识训练、桌面练习和紧急演练至关重要的原因。采取紧急响应措施的效果通常显示出准备工作的筹备情况，正如篮球比赛的最后得分显示出秘密进行的准备工作的各方面情况。

为采取紧急响应措施做准备时，要花时间评价目前采用的行动方案，以确认你已经衡量过对于你的所在地而言很特别的危险和风险。为你自己和相关利益者们做准备，为你的学校制定应急预案。全面审核你的立场、政策和实践，帮助那些有特别需求的人士。确保在采取紧急响应措施时保护他们的人身安全。

个案研究

中央高级中学位于明尼苏达的明尼阿波利斯。校园占据了 6 个街区，拥有 2000 名学生。该中学属于 2009 年建造的明尼阿波利斯学校系统新建学校中的一所，距离中央高级中学两个街区有一个面粉厂。

• 在制定紧急响应预案时，中央高级中学管理人员需要考虑的主要风险是什么？

●和全国其他的高中相比，中央高级中学需要考虑的独特问题是什么？

$$练\ 习$$

1. 为了了解正常的环境，你会为利益相关者们提供怎样的机会？

2. 进行情境意识训练的第一步是什么？

3. 进行桌面练习有什么好处？

4. 在学校建立怎样的问责制以确保在紧急情况时能够照顾每个人？

参考文献

Basic Tenets of Emergency Response. (2011). Professional Safety, 56 (11), 32-33.

Burton, F., and Stewart, S. (2007). Threats, situational awareness and perspective. Accessed July 19, 2009. http：//www. stratfor. com/threats _ situational _ awareness _ and _ perspective.

Dennehy, K., and Deighton, C. (1997). Development of an interactionist framework for operationalising situation awareness. In *Engineering Psychology and Cognitive Ergonomics*：*Volume* 1. *Transportation Systems*, edited by D. Harris. Ashgate, Aldershot, UK.

Federal Emergency Management Agency. (2006). NIMS and the Use of Plain Language. Accessed August 14, 2011. http：//www. fema. gov/pdf/emergency/nims/plain _ lang. pdf.

Galuszka, P. (2008). Emergency notification in an instant. *Diverse*：*Issues in Higher Education*, 25 (2), 14-17.

Gonzales, J. (2004). Up close and personal：Situational awareness. Accessed July 25, 2009. http：//www. scribd. com/doc/4737625/200401Situational-Awareness.

Grossman, D. (2004). *On Combat: The Psychology and Physiology of Deadly Conflict in War and in Peace.* PPCT Research Publications, Belleville, IL.

Holloway, L. G. (2007). Emergency preparedness: Tabletop exercise improves readiness. *Professional Safety*, 52 (8), 48 – 51.

Logsdon, R. (2008). Take off the blindfold: Be aware of your surroundings. Accessed April 26, 2012. http://www.rockproducts.com/index.php/features/51-archives/7145.html.

Mulvaney, E. and Garrett, R. T. (2010). Experts credit UT, police with sparing lives. Dallas Morning News. Accessed March 14, 2012. http://www.dallas news. Com/news/education/headlines/20100929-Experts-credit-UT-police-with-6008.ece.

National Clearinghouse for Educational Facilities. (2008). An investigation of best practices for evacuating and sheltering individuals with special needs and disabilities. Accessed July 19, 2011. http://www.ncef.org/pubs/evacuating _ special _ needs.pdf.

Pantic, D. (2009). Situational safety awareness. Accessed April 26, 2012. http://esvc000491.Wic041u.server-web.com/docs/Situational _ Safety _ Awareness _ Feb _ 09.pdf.

Smith. D. (2003). Situational Awareness in effective command and control. Accessed 26, 2012. http://www.smithsrisca.co.uk/situational-awareness.html.

U. S. Department of Education. (2007). Practical Information on Crisis Planning: A Guide for Schools and Communities. Office of Safe and Drug-Free Schools. Washington, D. C.

U. S. Department of Labor. (2011a). Fire protection. Title 29 Code of Federal Regulations. Part 1910.165. Occupational Safety and Health Administration. U. S. Department of Labor, Washington, D. C.

U. S. Department of Labor. (2011b). Means of egrss. Title 29 Code of Federal Regulations, Part 1910.38. Occupational Safety and Health Administration, U. S. Department of Labor, Washington, D. C.

Virginia Tech Review Panel. (2007). Report of the Virginia Tech Review Panel. Accessed NovemberJune 16, 2011. http://www.governor.virginia.gov/TempContent/techPanel-Report.cfm.

第二十五章　准备措施和学校紧急管理

埃米·C. 休斯（Amy C. Hughes）

目　录

学校在营造学生学习和成长的环境时面临着很多挑战。随着智能教室和新技术的运用，全美将近五千万注册入校的学生享受着大量的教育机会（国家教育统计中心，2011），但学生们也面临着很多负面的社会、文化和犯罪方面的很多负面的影响，以及自然威胁和人为灾难，对安全和健康环境造成危害的灾难。应对校园环境的新局势需要整合应急预案和响应措施，"学校不再被认为是安全的，它必须为维护安全而制定预案"（时报精选/家庭，1999）。

美国教育部（DOE）负责处理和学校有关的政策和问题。随着取得里程碑进展的《1965 年小学和中学教育法案》，和充满争议的《2001 年有教无类法案》（NCLB）的出台，DOE 被授权对全国项目进行管理以探讨犯罪、学校暴力和学生安全问题。这些项目包括制定"准备措施和学校紧急管理"（REMS），该项目在 2003 年制定，旨在加强和完善学校紧急响应措施、危机预案以及培训学校工作人员（Skinner and McCallion，2008），正确制定这些预案可以为应对多种情境提供重要指南和实施步骤。

2011 年 5 月 22 日席卷密苏里州乔普林的 EF - 5 飓风夺去了161 名市民的生命（Cune，2011），彻底地摧毁了大部分的社区，包括乔普林高中，这所学校的学生人数达 2200 人（密苏里小学和中学教育部，2011）。在死难者中有 7 名学生和 1 名工作人员。学校设施也遭到了彻底的破坏（Joplin schools，2011）。尽管大部分学校不会经历这种数量和规模的伤亡事件，但是当地教育系统广泛宣传并高度强调社区内的各个学校必须认真制定、实施和运作紧急事件管理预案，以应对不同来源、规模和严重程度的灾难。

尽管现存联邦法律没有要求校区制定紧急管理预案，但大多数的州（2/3 的学校）和校区学习了 2008 年出台的关于学校紧急事件管理预案制定要求的政府报告（美国政府问责办公室，2007）。然而，在项目启动、计划更新、人员培训以及购买设备和实施应对措施方面投入的资金很有限。

美国国土安全局（DHS）、教育部（DOE）、各州政府和各个学区为学校紧急事件管理预案提供了各种来源的资金。某些授权项目是竞争式的，不是所有的申请者都会得到资金支持；其他的一些经费项目属于应急预案的一部分，是属于更为广泛层面的努力，为了强化学校的准备工作。一些州和当地司法机构管理的经费（比如担任城市安保基金收款人的接收机构）是由联邦政府划拨的，这些机构可以为校区制定应急预案，自行决定资金使用权，但要遵守策略性预案和优先考虑需要照顾的地方。

REMS 项目在早些年也被称为"紧急响应和危机管理预案"，是少数得到基金支持的预案之一，以特别探讨学校应急预案的制定和准备工作。因为该预案的运作，已经有数百个学区、各个学校和地区性的教育合作者们受益，它们制定并改善预案，探讨紧急管理的四个阶段：防止/缓解、准备、应对、恢复——支持国土安全响应理念并探讨在学校环境领域出现的争议性问题。但是不能确定项目的未来走向，因为该项目更倾向于营造学校"氛围"，而在经济艰难时期，政府可以自由支配的基金正接受全面审查。

背　景

REMS 项目首先是由安全无毒品学校办公室（OSDFS）策划的，该项目是一个分界点，2002 年在 DOE 内部根据《有教无类法案》下属的安全无毒品学校委员会（NCLB）制定的法规所制定的。OSDFS 的任务在于管理、整合以及制定政策，推进项目完成和任务执行的质量：

- 为禁毒和消除暴力的活动、维护小学中学以及高等教育机构的学生们的健康和安全提供经济支持；
- 参与制定和完善 DOE 项目政策和立法提案，制定有关禁毒和消除暴力行为的全面的管理政策；

- 加入机构内部委员会和团体群体，建立合作关系，推进禁毒和消除暴力行为；
- 参与其他联邦机构的研究议程，以推进禁毒和消除暴力行为；
- 管理有关市民以及公民教育的部门项目。（美国教育部，2011b）

OSDFS 制定了很多项目，以探讨有关学校环境重要性的争议性问题，包括环境健康、心理健康和体育教育项目、防止毒品暴力、品格与市民教育，以及政策项目。国家根据一定公式统计出财政补贴并拨给州和当地教育机构，或直接拨给社区，以酌情分配这些项目。

2011 年的 9 月，OSDFS 被纳入新的安全和健康学生办公室（OSHS），该办公室将项目任务整合为：

- 维护校园安全和为学校提供支持；
- 维护身体健康、心理健康、环境健康，进行体能训练；
- 禁毒和消除暴力行为；
- 开展品格和公民教育；
- 维护国土安全，制定紧急管理措施和筹备学校准备工作项目。

除了 REMS 项目，OSHS 还管理 18 个酬情补助金项目、2 个式化补助金项目以及其他项目。在 OSHS 内部，REMS 项目目前受学校准备中心的管理，这是指"管理项目，提高学校应对危机和灾难的能力（自然和人为），以及维护国土安全"（美国教育部，2011a）。该中心集合了几个相似的项目，侧重于研究紧急事件管理措施，以应对 K‑12 和高等教育环境里出现的暴力。

REMS 项目

REMS 经费项目为当地教育机构（LEAs）提供支持，为保护学区和学校建筑物而制定、加强和提高紧急事件管理预案，包括根据紧急管理实施步骤来培训学校工作人员，向父母们宣传应急预案及工作程序，和当地执法机构、公共安全或紧急管理机构、公共健康机构、心理健康机构和当地政府合作。

《2001 年有教无类法案》对当地教育机构做了如下定义（小学和中学教育法案，2011）：

> 总的来说，"当地教育机构"这个术语是指教育公共董事会或其他公共权威机构，法律上服从州政府的管理控制或指挥，或执行服务功能，包括城市、县、镇、校区或者州的其他的行政区域划分下的公共小学或者中学，以及合并校区或者属于州内部的管理机构的县的公共小学或者中学。

美国印第安事务局学校系统对于资金使用进行了清晰易懂的界定。私立学校不享受 REMS 提供的资金资助，但是 LEA 的工作范围涵盖私立学校，如果在他们的学区或者行政区里存在这样的学校。

可以使用项目经费进行以下活动：审核和修正紧急事件管理预案；培训学校工作人员，对建筑物和设施进行审计；父母与监护人对紧急响应措施进行沟通；运作全国事件管理系统（NIMS）；制订防止传染病计划；制定或修改食品安全防御预案；购买学校安全设备（范围有限）；进行演习和桌面模拟练习；准备和分发紧急管理计划的副本。

在审核和制定预案时，各学区和社区团体应该共同合作，包括和当地执法机构、公共安全或者紧急事件管理机构、公共健康机构、心理健康机构和当地政府进行合作。预案内容应该包括培训学校工作人员，在联邦政府的支持下和当地政府合作，向父母们宣传应急管理联络预案，和父母们合作并统一行动，制定书面版本的预案以提高当地教育机构的容纳量，通过持续培训和不间断的政策审核，以及实施工作步骤以维持紧急事件管理程序。除此之外，当地教育机构必须同意支持运作全国事件管理系统，致力于制定预案，当地教育机构应该考虑到特定人群的需要。最后，当地教育机构必须同意制定书面版本的食品防御预案，制定防止传染性疾病的预案，为当地教育机构出现有可能暴发的传染性疾病而做准备。

在被授权项目中的典型活动包括审核和修正现存的紧急事件管理预案，对学校和其他学区的设施进行安全隐患评估，提供培训，组织桌面练习，获取紧急物资供应，进行危机模拟演习。

在 2004 年由 OSDFS 建立的学校技术支持中心（TAC）通过准备工作和启动紧急事件管理预案为 REMS 项目的运作者们提供技术支持。这个部门帮助学校、各学区和更高层次的教育机构共同探讨紧急事件管理的争议性问题和答疑。TAC 也被移至学校准备工作中心之下的 OSHS。

奖 项

在 2010 财政年，REMS 项目通过 DOE 资金拨款 2900 万美元给 96 所不同规模的当地教育机构以帮助他们审核和改善紧急事件管理预案。获得经费资助的学校包括获拨 103976 美元的得克萨斯州的维多尔独立校区，该校位于博蒙特外部，拥有学生人口约 4900 人，是一个小型学校；获拨 710053 美元的洛杉矶天使联合校区，该联合校区有约 678500 名学生注册 K - 12 年级。受奖者们首次获批用两年时间完成该项目，而过去只要求用一年半的时间完成项目。

相形之下，在 2003 财政年，OSDFS 为 132 所当地教育机构提供了资金，获奖学校包括获拨 68875 美元的安伯·查尔特学校（纽约市的一所 K - 5 学校，拥有学生人数 425 人），以及获拨 100

万美元的弗洛里达州坦帕县希尔斯堡郡公立校区（拥有学生人数194737人）。

政策改变

奥巴马政府的政策倾向导致联邦学校安全倡议有所改变，这些倡议提供的支持经费项目也有所变化。在2012财政年，需要优先考虑规模更大的、投入了3650万美元的"成功的、安全和健康学生"项目，该项目致力于：

  ●提高州教育机构、高需求当地教育机构以及合作机构的容纳量，制定和实施项目及活动，改善学习条件，维护学生们的人身安全与健康，并取得成功。该项目支持的一些活动包括减少或者禁止使用毒品，禁止酗酒，防止出现欺凌、骚扰或者暴力，并且提升和支持学生们的心理和身体状态。

  ●改善学习条件，提高学生们的学习成绩，致力于禁止和减少滥用毒品\暴力\骚扰、欺凌；促进学生心理、行为和情感健康；强化家庭成员和学生参与学校事务；减少留校察看发生率；积极地进行行为干预和支持；实施计划组织锻炼、加强营养和注意身体健康，改善学生身体健康和生活状态（美国教育部，2010a）。

该项目的实施有助于巩固或消除管理方认为"过于关注且视野不开阔"和"过于零散"的现存项目。据预算，该项目属于2010年设立的OSDFS内部"学校安全支持竞争"奖项。2011年9月，这个项目在新的"安全和健康学生办公室"的领导下得以强化（McCallion，2008）。

经费会拨给州机构而不是直接拨给学区——2007财政年是彻底改变政策的一年，州项目没有得到经费支持。在2006年，管理方认为 OSDFS 工作"没有效率"，因为划拨的经费太少，对那些需要得到帮助的地区没有实际帮助（McCallion，2008）。但是州教育机构会在"安全和支持学校"项目的运作下，负责所有的准备工作和学校紧急管理项目的经费的分发。

这些变化代表政府改变了态度，不仅是在紧急情况时为保护建筑物和组织机构的基础设施做准备和制定应对措施，而是更多地强调通过和学生以及家庭共同合作，提升学生在学校环境里的学业成绩和生活状态，对危害个人身体健康的社会、文化影响采取阻止措施。直到 2010 财政年，REMS 领导下的关于制定实施阻止措施的项目仍然没有得到批准，因为该项目和紧急管理预案的进展没有直接关系。

另外，要高度重视"高需地方教育机构"，项目申请人必须努力界定哪些学区需要得到资金支持。这种努力本身就要求州教育机构界定度量指标、进行调查、制定申请流程，以管理可以得到的资金。正如许多的联邦经费项目，作为管理和财政机构的各个州在从事上述类型的活动时会花费成本，占用最初得到的经费。在 OSDFS 办公室之前划拨的一些项目里，各州可以划出 5% 的经费支付管理、报告、培训和技术支持方面所需的费用（McCallion，2008）。

以 2011 财政年作为开端，为 REMS 项目提供的经费直接转到 LEAs，在 2012 财政年，两方都未得到划拨的经费。

项目申请程序和项目要求

通过竞争获取 REMS 经费，由 LEA 或者代表他们进行工作的机构来制定和提交申请，之前获批项目经费且仍在积极完成项目的则不能申请新的经费项目。

项目指南显示出应该对学校工作人员就紧急情况管理程序进行培训、和当地社团合作者们共同合作、制订计划并投入资金以提高当地紧急管理的能力（美国教育部，2010b）。设计经费还需要包括（美国教育部，2010b）：

●合作协议：LEAs 递交申请时必须提供社区范围内五位合作人士签名的书面版本的协议，包括当地政府（e.g.，市长、城市管理人、县执行官）、执法机构、公共安全或者紧急事物管理机构、公共健康机构、心理健康机构。"协议必须描述实体的任务和职责，改进和强化紧急管理计划，每位合作者要致力于持续改进计划。"这就要求加入者合作并提交申请。或许这些学校已经通过其他的提案和其他的参与者建立了关系，但这种方式可以加深他们之间的合作关系。

●和州及当地国土安全计划进行合作：在申请中，LEAs 必须承诺确保对当地司法管辖以及州国土安全计划进行整合。确定外部风险，提前安置避难场所和疏散行动之间的关系，获得外界救援。

●防止传染性疾病计划：LEAs 必须为有可能暴发的传染性疾病制订计划，包括疾病监视、学校封校决策、继续运作、继续提供教育服务。

●食品防御计划：要求申请者们制订食品防御计划，亦即"避免在饮用水里恶意投放化学物品或生物危险品造成污染或者在设施内部投毒以伤害学生或工作人员"的计划（美国教育部，2006）。

●残疾人：计划必须考虑到联络、运输和疏散 LEA 内部行动不便的学校人员的需求。

●NIMS 要求：LEAs 必须提供他们已完成或即将完成的项目保障措施，满足和 DHS/联邦紧急管理机构（NIMS）实施目标一致的所有现行要求（美国国土安全局，2009）。

如获批，LEA 的代表需在既定时间里参加三次会议：第一次会议审核经费管理要求，并且向被授予者介绍紧急管理和制订计划的基本原则；第二次会议探讨和学校紧急管理有关的更多高级话题；第三次会议是由 OSDFS 举办的年会，将探讨更加广泛的话题，话题内容和学校环境有关，包括心理健康、体育教育、禁毒和消除暴力，以及市民和品格教育。允许项目获批者使用项目里的部分预算经费参加这类活动。

期待项目获批者们提升当地校区的容纳量，以制定、实施、维持全面的紧急管理系统，包括进行隐患评估、制定和更新书面版本材料的流程、培训教员、练习和演习。项目获批者必须列出计划大纲，评估他们执行计划的表现，并同意和 DOE 合作以实施评估，确保校区在行动时遵照这个重点。要求 LEAs：

- 对项目目标完成的程度进行记录并保存记录；
- 评估方案应该包括特定的示范措施；
- 在完成项目时为教育部提供一份关于修订版的紧急管理预案的副本；
- 根据要求，对正在进行的项目的信息、结论、产品加以界定（美国教育部，2010b）。

要求制订评价计划，该计划需包括定性措施（比如和社团利益相关者们进行合作）、定量措施（比如对于演练制定应对措施的增加时间）、流程策略（如隐患评估的数量）。

另外，要努力制定可量化的措施以衡量项目是否成功，由 DOE 进行报告，在《1993 年政府实施和成效法案》的规定下，项目获批者们必须用文件形式记录重要工作人员完成的由美国保安司提供的 NIMS 培训课程的数量。LEAs 必须在项目开始时对完成 NIMS 课程的平均数量和项目经费结束时完成的数量进行报告。推荐学校行政工作人员和管理人员进修侧重于事故指挥系统的课程，该课程由联邦紧急管理机构提供，涉及现场危机事件管理的理念。培训包括：

- IS-100. SCa（或者 IS-100. b）：介绍学校事故指挥系统；
- IS-200. b（ICS 200）：ICS 资源系统和行动事故系统；
- IS-700. a：介绍全国事故管理系统（NIMS）；
- IS-800. b：介绍全国应急系统框架；
- ICS-300. b（G300）：ICS 中级事故拓展研究；
- ICS-400. b（G400）：ICS 高级指挥人员和职员——复杂事故。

在项目管理中，尽管这种培训对于扩充工作人员知识量是很宝贵的，但这种衡量手段还不全面，不足以测量在各校区日渐增长的紧急管理能力。OSDFS 应该考虑额外的测量手段，在各个学校的预案里涵盖基本的和/或者特别的组成要素，比如防止食品污染或者防止出现传染性疾病的预案。

这些课程中的大部分教程都可以在网上找到，学生可以自己决定学习的进程，因此这些课程不会占用太多资金。但是，有些机构会选择以签约的形式，把网络培训课程带进教室，这种课堂教学的形式有助于组织学生进行桌面练习和互动。

挑　战

尽管 REMS 项目为应对校园危机所做的准备工作和其他项目明显不同，该项目仍然面临着挑战。申请者需自行决定各种事宜，而且申请过程充满了竞争，有的申请者得不到经费支持。要求学校系统对经费源和项目层面进行划分，以全面覆盖所需要的活动，制定和实施紧急管理项目，或用自己的预算经费来支付。

迄今，除了《政府示范和成效法案》，还没有专门进行关于 REMS 项目获得者的独立研究，以探讨对于 NIMS 受训工作人员的有效性。这样做有助于界定最佳策略和需要学习的课程、校际创新以及项目中某些应该扩大或改变的要求。

2008 年的美国政府问责办公室研究报告在相当多的州就学区或者学校的紧急管理预案进行了调查（32 个州），只有 18 个州要求预案应该包括特定危险应对措施或者过往情况介绍，并且校区或其他实体应该更新预案；只有 9 个州要求父母参与制定预案；只有 10 个州要求社区合作者和其他的利益相关者参与制定预案（美国政府问责办公室，2007）。

2011 年由国家教育统计中心就美国公立学校的犯罪暴力行为和纪律安全问题所制定的报告中指出，只有 41% 的学校制订了书面版本的计划，而国家恐怖主义咨询系统（该系统代替了采用彩色编码的国土安全咨询系统）只是对即将面临的危急时刻进行警示。这和 95% 递交关于自然灾害计划书的学校，以及 94% 递交关于应对炸弹威胁的计划书的学校形成对比（Neiman and Hill，2011）。另外，同样的报告也提到"郊区学校须依据枪击案件书面版本应急预案对学生进行演练（58%）的比率比城市学校或者农村学校（分别是 49% 和 48%）的比率高"（Neiman and Hill，2011）。

总的来说，关于 OSDFS 项目的评论更侧重三个方面：

●新的要求包括在项目中采取反欺凌/防止骚扰。国会成员和保守党的监督部门团体争论应该采取措施保护有限的资源，关注性取向和性别角色认同问题。OSDFS 项目的讨论内容由颇具争议性的 OSDFS 指挥员凯文·詹宁斯（Kevin Jennings）来决定，该人 2009～2011 年在该办公室任职，经常被指控在女同性恋、男同性恋、双性恋和变性年轻人，以及学校环境里的不利因素方面推动争论议程（Lott，2009）。

●缺乏证据显示项目降低了学校里暴力和滥用毒品的事件数量。尽管争论都是关于社会性的热点问题，但这些问题仍很少出现在学校（国会预算办公室，2009）。

●在艰难时刻对于自主经费项目的常见评论（管理和预

算办公室，2011）。

访　谈

和肯塔基校区的普拉斯基县"安全的学校"项目的协调员万达·约翰逊（Wanda Johnson）的访谈涉及以下有助于获批 REMS 项目的挑战性工作，以及在学区实施紧急管理预案。

普拉斯基县学区包括：

- 八千名学生（大约）；
- 八所小学；
- 两所中学；
- 两所高中；
- 一所技术中心；
- 一个成人教育项目；
- 为 55 岁以上的高级社团成员制订的《流金岁月计划》。

校区如何确定需求、为应用流程做准备

普拉斯基县（肯塔基）联校是 2005REMS 项目经费（亦即紧急准备工作危机管理经费）的接受者，在对学区紧急管理预案进行年度审核总结之后，需要进行更新，这是申请经费项目的原因。

如何使用 REMS 资金项目改善学校安全和准备工作

普拉斯基县学校项目经费用在两个主要方面：

- 更新各区的紧急管理预案，包括组织学校层面的应急团队和制定辅助预案。预案制定形式包括授权个人在线填写、团队成员们根据需要编辑预案，在预案里应包括实施紧急救援响应的楼层平面图和断水断电显示图。正如项目经费申请书中所制定的，预案将会探讨食品防御措施、照顾有特殊需

403

求的人员和防御传染性疾病。

- 确认学区和学校层面的团队接受了 NIMS 和紧急管理培训，并相应的为其他工作人员和学生们提供了必要的教育。

在使用经费和实施其他项目限制条款时有难度吗（如所需的时间长度、设备类型以及其他）

普拉斯基县校区在申请书中制定了一个项目，以制定测量手段和重大热点问题管理措施，如工作人员培训和职业认证。但是该领域的主要培训者，即"国际重大事件压力应对组织"，没有为认证过程提供必要的教程，需要留出额外的时间来设计这些度量指标。

哪些影响是项目经费造成的

已经看到该区对于学校制定应急措施和维护学生安全进行管理的重要性的认识在不断增加，另外，和紧急响应机构的合作也在扩展和加强。

学校目前和未来的需求

面对高需求，制定了高要求的专业标准，工作人员面临工作挑战需要留出时间提升自己的专业水平。教育部应该要求在学校安全工作方面投入经费进行年度培训，培训时长需要达到紧急团队成员的最低培训小时数。

个案研究

个案位于北卡罗来纳州威克郡县校区的欧帕斯，根据《可持续的社区中心设计报告》里的"安全学校：界定北卡罗来纳儿童公立学校的环境危险"而改编（Salvesen et al.，2008）。

全国各学区正在创造性地寻找途径改善校园，比如对建筑物以及设施进行重建和再使用。该个案侧重研究在工业区里建立一所学校有可能遇到的危险。

勒夫金道路中学（招收八个年级中的六年级学生）位于北卡罗来纳的欧帕斯。学校里大约有 1025 名学生，大约 30% 的学生来自有色种族或少数民族。该区域快速增长的人口数量对公立学校系统造成了压力，面对这种快速增长的生源率，学校系统需要创造性地寻找途径以增加容纳量，比如对于商业或者工业建筑物的再使用。对建筑设施进行重建和再使用可以在更短的时间里提供可使用的教室空间，而不是在场地上重建一个新的建筑大楼。

勒夫金道路中学建于 1998 年，是对原有建筑物进行修整之后再使用的，所占土地曾经属于美国消毒器公司。在这 24 英亩的大片土地上最终组建了勒夫金道路中学，该中学位于两所使用化学物品的工厂之间，学校周围 1/4 英里范围之内的绝大部分都被轻工业区所围绕。

对这所学校进行危险评估和缓冲/临近分析界定了在勒夫金道路中学的邻近地区的公路和工业危险，比如位于学校西边大约半英里的 CSX 运输公司，所属的克劳德教皇纪念高速公路（US 1），距离学校 75 米。高速公路的这段路程平均每年的日交通量为 1.8 万到 4.1 万的交通工具通过。

- 学校应急预案中应该包括什么关键要素？
- 在应急预案中应该设计哪些区/学校？
- 在和紧急响应人员、学生和父母们联络时，学校面临什么挑战？

练　习

1. REMS 要完成什么任务？
2. 在紧急管理预案中应该包括哪些话题？

3. 学校期待从 REMS 经费中得到怎样的经济支持？

4. 在项目中应该包括什么内容以获得 REMS 的经费支持？

5. LEA 必须如何举办评估活动？

6. 应该建议参加在线活动或者教室活动的教师们参加怎样的培训模式？

7. 为学校制定紧急管理预案将面临哪些挑战？

参考文献

Congressional Budget Office. （2009）. Budget Options （Vol. 2. p. 115）. Congress of the United States, Washington, D. C.

Cune, G. （2011）. Joplin tornado death toll revised down to 161. Reuters News Service. Accessed November 12, 2011. http：//www. reuters. com/article/2011/11/12/us-tornado-joplin-inUSTRE7AB0J820111112.

Elementary and Secondary Education Act （2011）. As amended by the No Child Left Behind Act of 2001, Pub. L. 107 – 110, Title IX, Section 9101.

Interview with Wanda Johnson. Safe Schools Coordinator. Pulaski County, Kentucky School District, November 1, 2011.

Joplin Schools. （2011）. Accessed November 12. 2011. http：//www. joplinschools. org/modules/cms/pages. phtml？ pageid = 231908＆sessionid = dfa6d2a6ed82554a35ad53c82071a242.

Lott. M. （2009）. Obama's "safe schools" czar admits he poorly handled underage sex case. FoxNews. com. Accessed March 14, 2012. http：//www. foxnews. com/politics/2009/09/30/obamas-safe-schools-czar-admits-poorly-handled-underage-sex-case.

McCallion, G. （2008）. *Safe and Drug-free Schools and Communities Act：Program Overview and Reauthorization Issues*. Congressional Research Service, Washington, D. C.

Missouri Department of Elementary and Secondary Education. （2011）. Accessed November 2, 2011. http：//mcds. dese. mo. gov/guidedinquiry/District%

20and&20Schoo% 20Information/Missouri% School% 20Directory. aspx？rp：DistrictCode = 049148.

National Center for Education Statistics. （2011）. Digest of Educational Statistics, 2010. Table 36. Enrollment in public elementary and secondary schools, by state or jurisdiction：Selected years, Fall 1990 through Fall 2010. Accessed March 14, 2012. http：//nces. ed. gov/programs/digest/2010menu _ tables. asp.

Neiman. S. , and Hill, M. R. （2011）. *Crime, Violence, Discipline, and Safety in U. S. Public Schools：Findings from the School Survey on Crime and Safety.* National Center for Education Statistics, U. S. Department of Education, Washington, D. C.

Office of Management and BUDGET. （2011）. *Terminations, Reductions, and Savings Budget of the U. S. Government.* Office of Management and Budget, Washington, D. C.

Salvesen, D. , Zambito. P. , Hamstead, Z. , and Wilson, B. （2008）. *Safe Schools：Identifying Environmental Threats to Children Attending Public Schools in North Carolina*, The Center for Sustainable Community Design. Institute for the Environment, University of North Carolina at Chapel Hill. Chapel Hill, NC.

Skinner, R. R. , and McCallion. G. （2008）. *School and Campus Safety Programs and R equirements in the Elementary and Secondary Education Act and Higher Education Act.* Congressional Research Service, Washington, D. C.

Time Select/Families. （1999）. How to keep the peace：Adults and students together must guard against school violence. *Time*, 154 （11）. C7.

U. S. Department of Education. （2006）. Food safety and food defense for schools. *ERCM Express*, 2 （5）, 1 – 2.

U. S. Department of Education. （2010a）. *A Blueprint for Reforming the Reauthorization of the Elementary and Secondary Education Act.* Office of Planning, Evaluation and Policy Development. U. S. Department of Education, Washington, D. C.

U. S. Department of Education. （2010b） *Readiness and Emergency Management for Schools：A grant Application to Improve and Strengthen School Emergency Management Plans.*

U. S. Department of Education. （2011a）. About us：Office of safe and healthy students. Accessed November 1, 2011. http：//www2. ed. gov/about/offices/list/ocse/oshs/aboutus. html.

U. S. Department of Education. (2011b). U. S. Department of Education principal office functional statements. Accessed November 1, 2011. http：//www2. ed. gov/about/offices/list/om/fs ＿ po/osdfs/intro. html.

U. S. Department of Homeland Security, Fedral Emergency Management Agency. (2009). FY 2009 NIMS implementation objectives. FEMA. Accessed March 14, 2012. http：//www. fema. gov/pdf/emergency/nims/FY 2009 ＿ NIMS ＿ Implementation ＿ Chart. pdf.

U. S. Government Accountability Office. (2007). *Emergency Management：Most School Districts Have Developed Emergency Management Plans but Would Benefit form Additional Federal Guidance* (*GAO* – 07 – 609). U. S. Government Accountability Office, Washington, D. C.

第二十六章　教学延续

E. 斯科特·邓拉普（E. Scott Dunlap）

目　录

全国性灾难帮助我们认识到在对学校的运作中需要整合应急管理的原则。诸如卡琳娜飓风在墨西哥湾造成的毁坏，这次灾难说明不仅要对这些事件制定响应措施，还应该制定灾难恢复预案。这种现象引发关于如何在灾难中持续学校运作的忧虑，关键在于制定预案，使商业有可能最大限度地持续运营，渡过灾难并从灾难中恢复。尽管学校不是"商业"，最好的解决方法就是制定延续教学预案，在面临小型或者大规模事件时能持续教育活动。

综　述

教学延续预案是一系列措施，可以帮助学校在出现事件之后尽可能快的恢复正常运作。任何会影响学校运作的事件都可以构成事故。一方面，简单的停电小事件是一起事故；另一方面，这起事故可以是导致学校彻底毁灭的自然灾害。

常见的延续教学预案包括三个阶段：紧急响应、危机管理、恢复教学。在前两个阶段需要采取的行动和制定职业安全健康管理应急预案时发生的事情很相似。应急行动预案包括对于受到灾难影响的学校进行评价、制定师生员工们的逃生以及避难方式，可以在延续教学预案中对该预案加以整合。

假如已经提前制定了应急行动预案，作为教学延续预案的第一阶段的紧急响应措施或许早已被探讨过。在这个阶段，需要界定事件类型，学校将采取什么措施。比如说，举个低风险的例子，运送学生的校车出故障。对于这类事件需采取的应急响应措施可能是派遣另一辆校车前往事发地，学生换乘校车到达学校。从大规模事件来说，比如发生旋风或者飓风的恶劣天气，对于这类事件的紧急响应措施可能是将人群聚集在内部躲避场所。

延续教学预案的第二个阶段是危机管理。恶劣的天气会影响学校的运作，所有学生、教员和行政人员需要被疏散到避难场所。设想卡特琳娜飓风席卷海湾地区时造成的侵袭，从机构组织层面而言，在发生危机事件时，场地设施必须足够牢固以渡过难关，因为雇员们瞬间失去基础资源，可能无法和朋友以及家庭成员们进行联络。从社区范围来说，很快会出现个人暴力现象、蓄意破坏者和盗窃案。采取危机管理措施渡过危机是延续教学预案第二个重要的因素。

延续教学预案的第三个阶段就是恢复教学。这是完整的应急程序的最终目标。这个阶段提供了一个机会，可以借此尽可能快的界定恢复操作能力的必要资源。根据原则采取不同措施，可以解决不同程度的争议性问题，小到财产损失，大到社区范围内出现的灾难。

实施该应急预案，机构会从中获得实际效益。在制定预案之前，可以戏谑地说制定预案 B 是为了保障预案 A 得以实施。现实不会如此完美。在制定预案阶段，需要探讨设施内部的备用电力。较之花钱安装永久性的备用发电机，更可取的做法是和公司签订合约，在灾难发生的特定时间段里运送备用发电机。较之安装和保养发电机的费用，尽管这种服务需要每个月付费，但很划算。最坏的就是场地内部出现 24 小时无法运作的情况，但领导者认为这是管理风险的最佳途径。

在制定应急预案的第一年里，一场风暴和几场旋风席卷了整个社区。城市大部分地区都断电了。很多机构因为狂风和旋风席卷而遭到直接摧毁。幸运的是，曾经制定危机事件应急预案的设施没有被直接摧毁，但是出现断电现象，因为风暴侵袭，何时来电尚未知。危机事件应急预案被立刻启动，发电机被送达，在很短时间里开始运作，此时该城市里很多未提前制定危机事件应急预案的机构组织还在忙于制定应对措施。机构组织须前瞻性地控制局面，而不是等待危险降临。

方　法

延续教学预案需要运用方法以更有效地应对危机。考察途径之一就是海尔斯（Hiles）阐释的业务延续循环预案的四个步骤（2011）。

第一步，重要的是要了解这所学校，听起来很简单，但实际上非常复杂。了解这所学校，重要的是要知道一些事宜，比如学校如何运作、如何把材料和人员送达校园、如何管理行政人员、有哪些标准的操作流程、有哪些设施。听起来很繁杂，但这并非要求个人来完成这些任务。参与延续教学预案的人士可以在学校自由接触专业性事务工作，没有谁会通晓教学延续预案中的每一事项，必须通过团队合作才能完成这些工作。

第二步，需要制定教学延续策略或者方法。从学校角度来考虑所有的活动。比如说，一些学校会根据需要考虑细微环节，比如避免在操作中遗失设备，而另一些学校可能会从宏观考虑将导致整个操作系统遭到破坏的事项。这种情形也会导致两极之间的灰色地带。

一旦策略制定，这项艰巨任务就进入第三步，即制定和实施延续教学预案。这是应急过程中资源最密集的部分。这涉及一些事务，比如制定书面流程、人员培训、制定预算、指定管理人员。重要的是制定切实可行的预期目标，比如整个应急程序会持续多长时间。设想制定决策以启动延续教学预案，以及制定预案来探讨各个层面包括各班级、学校各部分和作为整体的学校造成的损失。在班级层面，可以制定预案探讨应对措施，备选授课地点，恢复学校班级运作。假如学校的某个区域失去控制，还应该制定预案应对将会发生的事情。最后，要提前制定危机事件应急预案和应急程序来处理整个学校有可能面临的损失。考虑细节问题和相关决策布局需要花费大量的时间，从大群人士那里获得信息。

一旦制定和实施项目，就需要进行培训和审核，即第四步。挑战之一就是要保持兴趣和关注重点。在发生危机事件时，实施延续教学预案会很有帮助，我们期待着能够控制损失和不再需要实施延续教学预案。但是，挑战之处在于当急需这样的计划时，这个需求就显得如此的迫切。要保持警惕、做好准备工作，使学校里的每一个人都知道在需要启动该预案时，应该采取哪些行动。这就要求进行定期的审核、培训和演练。

鉴于制定基本预案的复杂性，需要得到学校不同部门工作人员的帮助。重要的是认识到在每个领域都会出现活动，以及这些活动是如何发生的。比如说，早上9点钟学校厨房不营业时可能会组织一次活动，要制定预案，确定食物供应链以及在这个进程中的每一个步骤。需要通过其他途径在厨房没有开业时为学生们迅速提供午餐。可以采取其他方式，或者选择可以即刻订购、由第三方提供的准备好的食物，通过制定变通方案和工作程序来完成相同的任务。

要认识到的一个基本问题就是，变通预案需要特别关注细节问题。实施预案可以极大地激励员工的工作积极性，增加所需数量。在运营时，自动化会产生效益，若关闭自动化，可能需要额外的工人们通过手工的方式进行工作。这就需要和不同的部门合作，在制定应急预案时，要确定需要多少人，以及由人力资源部门协助确定需要哪些部门增派人手。人力资源部门工作人员能够帮助制定预案，调遣所需工作人员前来相助。可能会和临时聘用机构签订协议，在需要的时候提供工人。或许还包括和其他的部门进行合作，确定从哪里找到工人和使这些工人迅速投入工作。

延续教学预案不是小事。阻止小事故和维持教学延续需要投入大量的时间和制定预案。在关键时刻发生事故时，这样做的意义在于能够即刻找到维持学校运作的资源。

制定策略决议时可以不探讨微观层面会出现的事件，只关注宏观层面的损失。与其根据微观层面维持教学延续的目的来制定预案，不妨把故障当成随机出现的事故，根据出现故障后进行修补和恢复时的花费再采取应对措施。宏观层面的预案关注学校的所有损失，还涉及筹备工作和使学校恢复秩序。合约商需要界定内部资源和即刻部署行动方案探讨问题。可能会组织一些大规模的活动，比如在维修之前的学校建筑物或者是重大事故之后的重建时，要确定可以选用的其他房屋建筑。

以书面形式制定记录教学延续策略的微观或宏观预案。要记住，制定延续教学预案最重要的目的在于发挥作用。所有努力都是为了最后出现危机情形时，制定的方案能够发挥作用，人们必须知道创造的是什么，会导致什么。必须妥善组织人员和撰写预案，预案必须清晰易懂，结构严谨，任何没有密切参与预案制定的人士对照预案可以立即投入处理重建事宜。预案应该以书面形式呈现，这样每个人都能看懂。因为一旦出现灾难，可能四周找不到合适的人，而又必须了解预案里的应对措施。通常所依赖的关键工作人员可能找不到。要考虑在卡特琳娜飓风出现时会造成的灾难损失。工作人员可能需要照料受到影响的朋友和家人，就调配人手支援和恢复学校正常运作而言，之前制定的响应措施在实施时可能会严重受限。若是出现导致餐厅关闭的事件，对照预先撰写的结构缜密内容流畅的延续教学预案，即使是没有受过培训的教职员工，甚至是从未在那个地方工作的人士也能够很容易界定、实施应对措施和恢复预案，以有效地恢复设施内部的学校运作。预案必须清晰地列出联络电话和号码，以及响应措施和恢复预案的步骤。有的预案虽然经过精心撰写，可是太复杂不容易被看懂，只有制定者才能看懂。并不是为了让人们显示自己如何精通使用 Microsoft Word、Excel、Powerpoint，或者购买其他的关于教学延续领域的软件。这些软件产品应该经过合理设计，能让所有人看懂。

项目管理

制定延续教学预案的每一个阶段的措施时必须符合学校文化，在营造学校文化时融入延续教学预案的程度取决于学校的重视程度。启动制定预案是第一步。

海尔斯（Hiles）（2011）列出了一些有可能使延续教学预案受

到关注的原因。不幸，很多学校开始制定延续教学预案是因为他们曾经有过这种经历和继发体验。学校系统管理人员可能不会重视延续教学预案，直到他们经历灾难并且遭受重大损失。这面临一种挑战，在没有出现灾难事件时，应该如何前瞻性地在学校文化中整合延续教学预案？根据各种灾难制定应对措施，努力维持教学工作的延续，避免匆忙做准备而陷入混乱状态。相关人员会预料到制定预案的紧迫性和借鉴预案的长久性。根据现状，重要的是应对挑战，把遇到危机事件时要采取的教学延续措施融入学校文化之中，加速对预案进行考量的进程。

采取措施启动延续教学预案是为了帮助学校领导者了解制定预案的必要性。可以采取的途径之一就是明确列出开支模型，以及风险损失。从微观层面来说，假如因为发生事故无法使用学校的某个指定区域，可以根据故障的花费和生产力损失进行分析。对于教学活动来说，可以估算损失的时间，应该详细评估和分析。从宏观层面来说，如果不提前制定预案以应对学校有可能面临的危险，就会付出代价。

在演示案例并且得到支持之后，在制定和实施预案阶段，必须集合各个团队，完成这项工作需要各个行业的支持，比如说，必须安排直接归学校管理的工作人员的参与，比如法律顾问，要安排法律顾问和工作人员，以及提供和制定签约合同的第三方。非正式的合约是不够的，要聘请律师以确认在需要之时拟订合约。

必须找出具备专业写作技能的团队成员。随着事态的推进，需要根据标准操作步骤制定各种书面版本的文件。要指定具备专业书写技能的个人来撰写文件，确认目标读者们能够看懂文件。

需要建立联系和支持预案的外部机构合作。执行教学延续预案的第一个阶段就是紧急响应。个人需要和相关政府机构合作，这些合作包括和当地消防部门进行合作、提前制定预案、为实施OSHA 或者环境保护署的应对措施做准备、和当地紧急医疗机构合作以选定设备的安装区域和受伤人员的伤检区域。紧急响应也包括迅速获得公共设施服务通道，或者得到根据事件特点而需要其他的服务。

执行教学延续预案的第二个阶段就是危机管理。需要指定人选建立和发展与各个实体的关系，有效地管理事态发展。危机管理或许包括对当地火灾和紧急医疗服务提供支持。建立公共关系，当新闻媒体到达时和家庭成员和公众进行适当的沟通。对于界定学校管理人员接收通知的内部程序和在进行危机管理的所有人中建立与维持联络通道而言，联络是至关重要的。对于所有涉及使用指定系统的各种联络方式的人员而言，这是一个挑战。联络方式包括面对面的讨论、电子邮件、移动电话、无线电和书面报告。危机管理还包括建立费用账户和购买保险账户，这就要求在金融部门、会计部门、风险管理部门安排工作人员，要在危机管理阶段进行工程管理。即使火灾被扑灭，学校建筑也并不是完全不存在危险，因为火灾会造成建筑结构被损坏。必须对损坏进行评估，界定建筑结构损坏的范围和类型。

执行教学延续预案的第三个阶段就是恢复教学。这个阶段和前两个阶段一样，需要召集由各部门工作人员组成的团队。需要立刻进行维修保养，召集合约商，维修或者更换受损的设备。人力资源工作人员要对返校的雇员和学生，以及所需的额外劳动力进行管理。信息技术部门要恢复计算机系统的运作和互联网链接。

执行教学延续预案三个阶段的每一个阶段的任务都需要由各部门的工作人员组成的团队来完成，以执行所需的各项特定任务。每个学校的责任在于明确自身需要完成延续教学预案范围内的哪些工作。

搜集执行预案的所需材料和组建团队时，在完成各个阶段的里程碑似的任务时需要交流获得成功的经验。在归纳这些里程碑似的成果和提交经验时，要注意两件事：第一，学校要完成延续教学预案，展示取得的进步。在预案获批以及持续改善阶段和完成计划之时，这两个阶段之间的这一段时间至关重要。庆祝完成每个阶段的里程碑似的任务，这可以帮助学校认识到延续教学预案里设计的活动正在进行，这样做是有价值的，即使计划还没有全部完成。第二，庆祝完成每个阶段的里程碑似的任务，能够激励那些执行计划的人员，使他们更有动力。完成计划的各个指定部分，可以带来一种成就感，觉得正在完成计划的各项任务。

一旦制定好完整的预案，学校应该给予管理上的支持，雇员们也应该具备这方面的意识。延续教学预案并不是在描述一件已经完成的任务，它只是要求人们根据预案来采取行动，又或者说这个预案是单独被放在网站上用来提供教程大纲。这个预案应该是正在被使用或者说处于活跃状态，必须采取措施维持该预案的运作。组织一些活动比如说定期的联络、培训、演练以及制定新项目，可以促进完成该预案。尽管已经体验过改善项目之后的兴奋感，已经实施预案，在认识延续教学预案的价值和存在意义时仍然必须保持警觉。

紧急响应

学校可能已经在健康和安全管理体系内制定了紧急事件应急预案。在紧急管理阶段制定紧急响应措施时，即使不能全面实施预案，也应该整合大部分策略。

根据这个策略，学校经过挑选话题和探讨教学延续的工作，设计紧急响应措施和提供资源，迅速应对随后出现的紧急形势。第一个步骤是要界定会出现的紧急事件。从总的层面来说，这些危机包括恶劣的天气气候或者影响学校的火灾。从细微的层面来说，可以界定在学校内部会出现的危机场景，这就需要在延续教学预案的范围内制定紧急响应措施，比如因为漏水而无法使用指定教室。这两种极端现象都会导致无法继续进行教学工作，这就需要制定紧急响应措施，因为在危机时会出现人员伤亡，从而无法持续教学工作。

一旦确定有可能出现紧急事件，下一步就要确定需要采取什么层次的紧急响应措施。根据可以得到的资源，可以采取的紧急响应措施包括拨打119呼叫公共紧急服务和内部呼叫紧急救援。学校可能有紧急响应救援团队，从最低程度上来说可以提供紧急救护和CPR。在培训时，可以呼叫这些人前来紧急救援。重要的是了解紧急救援团队的限制性，这样就可以正确制定计划，明确在什么时候需要呼叫公共紧急救援服务。

对于紧急事件做出回应还包括对于实体系统进行维修保养。这方面的工作包括正确的操作和安装自动喷水灭火系统和熄火器；还涉及安放、维修保养和运作自动外部电震发生器，需要正确安装系统和设备，提前设定程序、确认可以进行操作。

紧急响应工作步骤应该以书面形式撰写，这样就可以正确地记录紧急事件响应措施和使用的资源。用文本形式记录这些措施可以为那些需要获得材料的人士提供指南，这些记录性的文字材料如同权威性的文件，那些仅仅知道应该怎么做的人士能够从中获取有价值的信息。这些工作程序能够帮助教职员们在训练和制订继续教育阶段计划时了解必须做些什么。在学校的紧急事件应急预案中可能已经制定了书面版本的工作步骤，假如是这样，应该审核工作步骤，了解全面的延续教学预案。

一旦对紧急响应工作步骤进行文字记录，学校工作人员就应该根据各自的责任接受培训，他们应该在制定延续教学预案时、在对工作步骤进行改变时、在刚进入新的工作岗位时、在工作的期间等阶段接受培训，要求每个人根据常识做出适当的回应，他们必须接受充分的培训、满足实施紧急事件应急预案的要求。

危机管理

对现有紧急行动预案进行整合的第二个方面的工作就是对延续教学预案进行危机管理，这取决于应该包括哪些信息。这个阶段的目的是提供明确的指南、探讨因事故而导致的不同危机情形势。比如说，假如一场旋风袭击学校，就会出现很多争议问题。紧急响应措施包括发出警告和把每个人带往避难所、采取火灾消防应急措施、搜索并且援救受困雇员们。这个阶段的任务会在很短的时间内就得到体现。危机管理涉及对紧急响应做出即时反应，对于出现麻烦的争议性问题进行管理，比如如何对受伤雇员们进行伤检、关闭有可能造成损坏和泄漏的燃气管道、对听到事故风声的媒体做出回应、如何到达现场、如何与教职员工和学生们组成的救援队进行交流。现存的紧急行动预案可能包括一些已经存在的元素，媒体关系就是其中之一。学校可能需要在采取紧急事件应急预案时和媒体打交道，可以轻易就把这些信息整合到延续教学预案的危机管理材料中。但是，或许存在一些领域，目前还没有涉猎这些领域的紧急事件应急预案，比如界定资源，向那些处理危机事件富有经验的人士进行咨询，了解事故的情况，需要制定措施，探讨在延续教学预案中的危机管理部分。

危机管理部分也包括处理那些处于紧急响应措施实施阶段的工作人员之间责任的转换。比如说，消防部门可能会在出现火灾时立刻采取紧急响应措施、控制整个场面。紧接着，学校里的领导者们可能会控制危机管理阶段的整个场面。这就体现出一种需要，在公共紧急服务和学校处理事故时进行公开交流。团队需要合作完成计划目标，这不是指谁的权利比较大。学校不同部门的工作人员在采取紧急响应措施时体现各自的优势，有助于实施紧急响应措施和步入危机管理阶段。

在紧急响应和危机管理阶段保持沟通联络是至关重要的，需要在战斗中做决策，学校需要指派工作人员担任危机事件应急预案事务的协调人员。在紧急响应和危机管理阶段，会出现大量的信息，重要的是明确如何交流信息，并且选择少数人担任危机响应协调员，负责直接联络。这种联络需要危机联络协调员直接参与，并且制定决策控制局面。

需要努力确定在延续教学预案紧急响应和危机管理阶段整合紧急响应预案相关信息的有效方法。从表面上来说，这似乎是在延续教学预案中制定危机事件应急预案最有效的方法。这是一个变量，重要的是确认危机事件应急预案中的所有元素，实施延续教学预案。假如延续教学预案探讨的是细节问题，要解决这些问题会很容易；假如只是从宏观层面来制定延续教学预案，这个预案未必会即刻生效。

恢复教学

恢复阶段是学校恢复到正常工作状态的最后一个阶段。可以通过不同的方式得到体现。当修葺校园或者重建被损坏的校园时，可以确定其他的可选地点作为班级所在地。其他的可选地点包括学校里没有被损毁的场所、临时被划分给学校的活动工作室或者学校主要校区之外的场地。

在线教育是一种方式，可以在恢复阶段采取这种方式。在修复或者重建学校建筑物时，学生们可以使用课程管理系统，继续他们的课程学习。技术开辟了维系教学延续的新途径，不必待在学校，又可以通过科技来继续接受教育。使用技术是为了延续教学，而不是为了节省成本和物流，比如说在冬季降雪时取消授课而占用暑假的时间进行学习的这种教学安排。

恢复常规操作还包括运作各种不同的功能，在搜集和移除残迹物的过程中需要救援公司的加入，可以请各种合约商前来维修和重建损坏的校园，电力、水、天然气的重建也就是对于公共设施的重建，需要由擅长工程管理的人士来组织这种使建筑物重现活力的重建工作，要明确认识到必须实施所有的重建活动，帮助学校尽可能快的重新投入正常运作状态。

预案测试

一旦所有关于制定延续教学预案的文字材料准备妥当，达成第三方协议，进行过培训，接下来的步骤就是测试计划，进行测试是不受限制的，唯一会限制测试的因素可能就是经费。测试会花费时间，时间会花费金钱。这就是为什么在制定延续教学预案预算时要包括测试。

要制定决策、开启测试，亦即进行桌面练习以测试预案。在这种类型的测试中，要设计精密的方案以确定是否考虑过该预案所有的相关变量。必须通过所有在场利益相关者的合作来完成这种练习。参与人员必须包括学校校长、某些教师、维修保养管理人员、安全保障管理人员和金融管理人员。在执行预案时，团队需要明确活动范围。根据所制定的活动场景，记录卡片上的信息，并提供给在座的每一个团队成员。比如说，可以提供一些卡片，请一名工作人员朗读第一张卡片上的信息，包括背景信息、界定星期日期、实际时间，以及其他和所描述的正在出现的事件直接有关的细节信息，比如席卷学校导致全面停电和对校园建筑物造成特别损失的旋风。重要的是提供尽可能多的、有关行动方案的细节信息，指挥人员可以根据这些信息制定行动方案。在阅读这些卡片上的信息之后，可以请小组人员了解整个预案，确定提前制定的应对突发事故的延续教学预案中的紧急响应措施是否充分。

另一名工作人员可以阅读卡片，了解面临的挑战，以及按年代顺序设定的活动场景。比如说，可以指明面临的挑战，旋风不仅仅席卷学校，还破坏了整个城市。在这种情况下，应该优先考虑公共紧急服务中的城市基础设施建设以及其他的实体比如说医院，在专业的救援团队到达之前会有一段时间。一旦面临这种挑战，团队需要回顾应急预案和培训内容，明确是否提前制定过应对此类突发事件的紧急措施，探讨将会面临的问题。团队会根据按时间排序的卡片内容来继续工作，团队中的每位成员都会为迎接新的挑战做出自己的贡献。这种练习包括三个阶段：实施紧急响应措施、危机管理阶段、恢复学校工作。

桌面练习的局限性在于团队不能实际了解正在发生什么事。

尽管桌面练习不是真实场景，但桌面练习确实提供了一个大规模的场合，可以通过假想制定详细的行动方案，测试延续教学预案。可以使用桌面练习测试所有或部分的延续教学预案。可以制定方案、探讨完整的团队管理，或者选择实施方案，在指定部门或者学校指定区域进行桌面练习。部门采取桌面练习可以提供一个机会，使雇员们参与其中，而不仅仅是使管理人员们参与其中。

测试的第二个形式就是对延续教学预案的主要元素进行测试。消防演习是一个很熟悉的例子。作为紧急响应措施的一个部分，消防演习可以帮助学校评估建筑物内部的人群紧急疏散预案。可以激活拉动装置，开启可听的报警信号和频闪信号灯，使建筑物中所有人警觉并且到指定地点集合。很多学校会通知演习中的每个人在当天的演习中会出现什么事，更好的做法是只通知确实需要知道实情的人士，比如在演习中负责从校长那儿得到许可，并且和其他高层人士进行联络的工作人员。发送警报的常见做法就是在演习时让教职员工和学生们亲眼看到警报而不仅仅是通知他们出现危机。

测试应急预案组成要素的另一个途径就是和 IT 部门进行合作。完整的计算机基础设施包括所有的硬件和软件程序，这是学校操作系统中一个更为敏感的组成要素。因此，IT 成为延续教学预案的焦点问题。尽管制定延续教学预案的人员在计算机信息系统方面可能不是专家，但是 IT 管理人员需要了解所有有可能遇到的失败以及预案相关信息，通过备份处理器把工作信息移交另一个学校或者第三方。

还可以测试应急预案危机管理阶段的特定组成要素。这很重要，这需要偶尔接触应急预案中有可能出现的危急现象。比如说，部分危机管理工作需要现场咨询人员帮助教职员工和学生们处理已经出现的危机。可以对预案中的相关部分进行简单测试，在制定预案时和组织机构进行接触，确认有能力提供最初讨论时所需的服务。因为预算的缩减，或者因为停止工作，有可能发现无法提供这种服务。就危机管理和应急预案教学恢复阶段而言，可以让第三方提供类似服务。

可以通过全方位练习来测试预案。在可获取的应急预案测试方式里，这种练习可能最需要投入时间和金钱。需要进行大量的工作来设计这种练习，包括制定行动预案、和所有的利益相关者进行合作、在学校工作日进行练习。这种练习会把建筑物及设施以及每个人都纳入演习之中。在桌面练习中，唯一关注的就是采取行动。在现场练习中，工作人员将会真实地执行任务。可以设定很多小组，包括消防部门、学校董事会办公室、紧急医疗服务、警方、提供设施的公司、合约商以及学校里的每一个人。

现场全方位练习的好处就在于提供机会，可以真实地了解预案是否可行。尽管一场重点突出的演习可以核实是否能够有效地在建筑物内部进行疏散，但一场现场的全面演习能够核实是否有足够的房间放置消防器材和为长期的消防事务供应消防用水。这样做可以核实是否演习区域能够应对大规模的伤亡。这样做还可以核实学校、公共紧急服务部门以及学校董事会办公室之间的联络方式是否真实有效。

在进行任何形式的测试时，不论是桌面测试、消防要素测试，或者全面消防测试，都需要制定预案以对这种测试形式进行评价。测试预案有使用限制，只适用于记录信息、评价和调整设计。比如说，你或许会选择进行一场消防演习。你如何对这场消防演习进行评估？在激活警报装置时，你是否只是简单地按下计时器，在离开建筑物或者进入建筑物时你是否按过计时器？尽管使用计时器能够提供关于建筑物疏散的基本的信息，但还是会遗漏大量的信息。疏散单据可以涵盖很多方面的信息，其中包括在建筑物内部进行疏散需要多长时间、如何听到报警声、关闭设备的正确方法、在疏散期间教职员工和学生们应该如何行动。在演习之前就应该负责建筑物内各区域的监控人员，整个疏散进程应该从警报拉响直到最后一个人离开建筑物。在演习结束后，不仅应该和团队人员一起审核这些疏散预案，还应该审核安全保障系统、制定报告并确认在警报期间可以激活哪些出口大门，保证人们可以从最近的出口处离开。疏散过程中的相关细节信息很有价值，它能够提供更多关于具体实施的相关信息，而不仅仅是从建筑物撤离需要多长时间，获取有价值的数据需要优先考虑测试步骤。团队可以对疏散过程进行大量评估，确定需要进行哪些调整，有效地实施应急预案。

个案研究

自从 20 世纪 30 年代以来，汤斯维尔就没有出现过洪灾。但在某一年的冬季，恶劣的天气导致洪灾暴发，影响了高中所在区域。洪水到达了水位警戒线，并且还在上涨。很明显，在秋季之前无法入驻校园，因为需要时间进行救援、维修和重建学校。在本学年结束前还有十个星期。

- 通过什么途径可以实施延续教学预案和探讨这种情形？
- 哪些特定的延续教学预案能够帮助学校管理人员、教职员工们在事故之后迅速维持学校运作直到本学年结束？

练习

假设在一个单独的校园场所，根据以下问题做出你的回应，并且相应地回答问题。

1. 教学延续的三个阶段是什么？
2. 在制定延续教学预案时，可以使用什么方法步骤？
3. 在启动延续教学预案时，会涉及哪些问题？
4. 在紧急响应阶段，必须组织哪些活动？

5. 在危机管理阶段，必须组织哪些活动？
6. 在恢复教学阶段，必须组织哪些活动？
7. 在测试延续教学预案时，你可以获取哪些可选方式？

致　谢

本章写作材料的绝大部分取自东肯塔基大学的安全、安保和紧急管理专业的硕士网络课程（SSE890：商业延续）。

参考文献

Hiles, A. (2011). The Definitive Handbook of Business Continuity Management (3rd ed.). Wiley, West Sussex, UK.

第四部分

项目进展

第二十七章　制订书面计划

E. 斯科特·邓拉普（E. Scott Dunlap）

目　录

"安全项目"这个短语有两个不同的含义。首先，学校"安全项目"是一个整体概念，探讨对于学生、教职员工、合约商和来访者们起保护作用的安全项目。在这种大的项目之下，存在很多个人安全计划和活动。本章将会探讨安全项目里更为明确的领域。比如说，在全面的安全项目中，有明确的小安全项目，例如：

- 危险联络项目；
- 火灾防止项目；
- 坠落保护项目；
- 场地安全项目；
- 路径控制项目。

在制定书面版本安全项目的开始阶段，有两个必备要素。一是职业安全健康管理署（OSHA，n. d.）强调需要得到组织机构领导人员的支持，以改善和执行安全项目；二是使雇员们参与其中。弗兰德（Friend）和科恩（Kohn）重申了管理人员的支持和雇员参与的必要性。管理人员的支持有助于确定项目基调，明确机构内部制定项目必要性。管理人员的支持和教职员工以及学生们的支持同样重要。彼得森（Petersen）进一步把活动定义为不同层面的领导支持安全项目的实施，描述项目工作进程，就安全项目中指定的任务对员工进行培训。雇员参与其中能够帮助每个工作人员在项目中建立主人翁意识，而不是在孤立的办公室里制定计划，然后强加于每个人（Geller，1996）。

安全行业里的一个常见的说法就是"假如不用文字进行记录，那就是没有发生"。这句话既强调要遵守规章制度，也高度体现了行业内部的工作守则。书面版本的安全计划提供了创造安全工作环境的行动预案，也制定了必备的文字材料，可以说明项目正在起效。本章会演示一个模型，这个模型适用于制定任何单独的安全项目。书面版本安全项目的各个部分包括：

- 项目目的；
- 项目范围；
- 明确受到项目影响的所有人的责任；
- 实施项目所需的设备；
- 在工作场所执行项目的工作流程；
- 雇员培训内容和要求；
- 当个人行为和项目不一致时，采取矫正行动；
- 对项目进行修正的历史；
- 附录材料。

完成以上各个部分，有助于在学校安全项目范围内根据每个特定领域建立一个全面的书面版本的项目。

项目目的

项目书的"项目目的"是关于项目为什么会存在的明确声明。在这个部分可以探讨两个领域的侧重点。第一是要遵守法律。提前制定大多数项目书是为了遵守规章制度。比如说，根据 OSHA 标准，有条例规定必须向雇员们明示在工作中使用的化学物品的危险性。这条规章制度被称为 29CFR 1910.1200，通常也被称为危险交流标准。在工作中使用危险化学物品的学校门卫或者维修保养人员必须遵守这条规定，制定学校危险联络项目旨在遵守 29CFR1910.1200 的危险交流标准。

制定任何书面版本安全项目的第二个目的是遵守道德伦理，营造一个安全健康的工作环境。制定书面版本项目的目的不仅仅是遵守规章制度，还应该避免学生、教职员工、合约商和来访者们发生伤害事件和感染疾病。"项目目的"部分应该和如下声明同样简短：

制定该项目是为了遵守 OSHA 颁布的"危险交流标准"

29CFR1910.1200。制定该项目旨在向所有受到项目影响的个人提供必备信息，防止这些人和其他人在工作中使用危险化学物品时出现受伤和暴发疾病。

适用范围

在项目书中，阐述安全项目"适用范围"的部分应该和"项目目的"的部分同样简短、重点突出。安全项目书"适用范围"的部分探讨两个问题：第一个问题，要明确项目适用环境，探讨项目适用范围。可以引用一个例子，从各个学校的角度来探讨书面版本项目的适用范围。假如是从州、县或者区的角度来撰写项目书，那么这个项目就适用于所有的学校。如果项目是从某个学校的角度来进行撰写，那么这个项目就适用于那个学校。

在"适用范围"部分探讨的第二个问题就是清晰界定项目适用于哪些人群。以制定危险联络项目为例，项目适用人群包括教员、门卫人员、维修保养人员和合约商。这三个群体中每一个群体的人员在学校都需要使用化学物品。使用范围可以如下：

> 这个项目适用于县学校系统内运作的所有学校。这个项目适用于所有和危险化学物品打交道的人，包括教员、保管人员、维修保养人员和合约商。

责任描述

"项目目的"和"适用范围"部分很简短并且重点突出时，计划书中描述责任的部分在一定层面上会显得复杂。在这里，重要的是明确谁来执行不同的任务以及为计划书制定的不同的事项负责。这是维修保养计划书中的一个争议性问题，用工作岗位来界定工作职责可以解决这个问题。这可以消除个人换岗时或者教职员工们换班时持续修正计划的需要。

根据项目"适用范围"对学校或者学校系统内各个层次的岗位责任进行描述。这些岗位可能包括教员、管理人员、监护人和维修保养工作人员、副校长、校长、主管。在危险联络计划书里"责任描述"可以如下：

- 校长：根据需要为项目提供预算支持，分配经费，探讨项目所需经费。

- 教员：了解项目要求；根据需要在教室里为危险化学物品提供化学标签和材料安全数据单。

- 监护人：接受培训，遵守计划的所有要求。

- 维修保养工作人员：接受培训，遵守计划的所有要求。

- 合约商：为学校里所有危险化学物品提供使用前材料安全数据单复印件；执行活动、达到或超越计划要求。

明确责任旨在评估所有活动和实施计划，把任务分派给牵涉到的每个人。必须检查学校或者学校系统，明确谁担任这些职务，他们必须从事哪些活动才能有效实施计划。

设　备

制定安全项目设备清单会很有效，这可以供雇员们参照，了解实施项目时需要什么物品。在计划书中制定设备清单有助于雇员们在熟悉设备的基础上进行操作，计划书中关于这个部分的内容应该简短，清单上列举的设备应该有助于计划的实施。比如说，危险联络项目可能包括以下信息：

需要执行和维护计划的物品包括：

- 在使用和存储危险化学物品的地方放置材料安全数据单；
- 从一级容器里分装出来的危险化学物品所存放的二级容器应该贴标签，比如注满危险化学物品的喷雾瓶；
- 在使用危险化学物品时必须使用个人保护设备，比如手套、口罩、护目镜；
- 在使用存放危险化学物品的地方要粘贴安全标志。

安全计划书中应该包括物品清单以及供给品清单，这会很有帮助。分享这种信息能够帮助使用者们了解在有需求之时，可以在哪里获取设备。书面版本的安全计划书里应该提供这种信息，并确认要使用的系统程序。

工作流程

安全计划书的大部分章节将会探讨工作流程。在描述安全操作流程的每个步骤时要侧重探讨操作信息。安全计划书通常侧重探讨安全问题，且只关注安全保护方面。比如说，OSHA 公布了一个关于在工作场所进行焊接操作的规章制度。焊接操作过程会产生火花，焊接操作是为了对金属部件比如可能被损坏的存储货架出现的损伤进行维修。在进行焊接操作时，有一些必须遵守的安全操作步骤，确保不会发生火灾。"热工程计划"将会探讨安全步骤，但不是关于焊接技巧比如说选择焊接种类以及焊接棒的操作步骤。在单独的技能培训和书面版本的工作流程中通常会探讨技能培训。

在计划书中，可以根据可采纳的 OSHA 规章制度来制定安全工作流程。OSHA 规章制度中的每一条都对正在探讨的话题做了规定。在第 29 章的附录中有关于危机联络的相应规定，这些规章制度条款覆盖各个领域比如制定材料安全数据单的各项要求。学校是这些规章制度的执行者，而不是制定者，学校需要了解如何使用危险化学物品。这包括如下事项：

- 获取材料安全数据单；
- 在工作场所制定可获取的材料安全数据单；
- 化学物品容器标签；
- 雇员培训；
- 为必须使用危险化学物品的雇员们提供个人保护设备；
- 保存危险化学物品清单。

必须对规章制度进行探讨，明确所有必须完成的争议性问题，在工作流程书中对这些问题进行修订。在工作流程书中必须清晰界定如何在学校环境下运作这些项目。除了应该在规章制度中界定这些问题，还应该根据管理项目时应该处理的事项考虑制定这些工作流程。比如说，最佳应对措施就是在学校里清楚地介绍新引入的化学物品的使用方法。危险品采购计划书应该描述使用这些化学物品的学校环境、材料安全数据单的内容、正确的容器标签、雇员培训应该得到哪些人的同意以及操作流程。比如说，计划书中可以对该部分做如下描述：

新化学物品的介绍

雇员们和学生们禁止单独购买在学校环境里使用的化学物品。所有新的要购买的化学物品必须得到设施内部管理人员的认可。这种认可包括对于危险化学物品的材料安全数据单进行回顾以确定是否适用于提交申请。在使用化学物品过于危险的场合，必须界定和获取更为安全的其他产品。学校的合约商们必须为所有的危险化学物品提供材料安全数据单。设施内部管理人员必须对材料安全数据单进行回顾，并且根据化学物品的使用给予认可或者否决。若是否决使用这种化学物品，就必须在购买合约上界定和选择另一种安全的产品。

可以根据学校或者学校系统的独特需求提供更多的细节信息，制定工作流程书的好处在于可以用书面形式列出操作的明确要求。每个人都应该了解这些信息，这样才能进行安全操作。

雇员培训

可以从内容概况介绍、方法、频率和文字记录的角度来概括雇员培训的相关信息。计划书的这个部分不需要包括具体的培训材料，比如 PPT 和测试的相关材料，这些可以作为计划书的附录部分。这个部分将会特别探讨如何进行培训。

尽管培训是在教室里进行，但最好的做法是结合参与者的实际技能培训，而不是让参与者被动地参与其中。在教室里进行练习以及在学校环境中进行动手训练可以完成这些培训。在计划书中可以列出培训涉及的常见步骤。

在培训时可以探讨进行培训的频率。通常而言，这包括在工作期间，根据聘用要求定期更换培训信息并明确培训要求。在进行培训期间必须确保实施相关规章制度。比如说，危险联络标准包括在 29CFR 1910.1200（h）中列出的信息和培训要求。这意味着必须在分派工作任务期间使用化学物品，以及在引进没有接触过的新的危险物品之前，对雇员们进行培训。在危险联络计划的两次培训之间必须进行上述培训。除此之外，还要有年度培训。

在培训中还应该对文字材料进行描述。培训材料的标准组成要素就是培训日志。这种文字材料包括纸质打印版本的参加者名单和签名、培训者名单、培训期间的话题、培训日期的表格。常见的文字材料还包括管理者们在培训结束时组织的旨在了解受训者们理解程度的测试。文字材料中的一个关键的但不是经常被使用的要素就是证明完成培训的证件，文字材料要列出审核培训情况的核心要素。参与者们要在文字材料上签名并标注日期，这说明他们同意在培训期间使用这份材料。培训者们也应该在材料上签名并注明日期。证明完成培训的证件很重要，这可以证明他们接受了培训。比如说，雇员可能会参加危险联络培训课程，稍后却被发现他们在使用危险化学物品时没有穿戴正确的个人保护设备。当有人向雇员们提问，并希望从中了解对于违规现象的纪律处罚时，雇员可能会回答"我参加的培训课程里没有谈到这一个问题"。很难核实雇员在培训课程中只是签过名而没有接受过培训。尽管可以在培训期间进行 PPT 演示，但仍然很难证实在培训期间使用过每一份幻灯片。用完成培训的证件来证明已经完成这种培训，就可以避免出现以上问题。

纠正行动

在其他学校的安全计划书和个人必须遵守的规定中应该整合问责制。很不幸的是，在执行计划时会出现有人不执行计划的现象。问责制体系通常是指在雇员违规时采取渐进性惩处措施，帮助他们改进工作的处罚体系。这可能包括：

- 书面警告；
- 第一次书面警告；
- 第二次书面警告；
- 最后的书面警告（引发合同终止）。

这套处罚系统是渐进性的，人力资源部门应该根据项目违规的严重程度，寻求获得更大进步的措施。这个部分应该和负责纪律监督以及纠正不当行动的人力资源部门的政策相一致。在安全计划书中可以做如下声明：

所有的学校系统雇员们和合约商们应该遵守计划要求。要采取措施纠正计划实施中的违规现象，包括终止合同（雇员们）或者从学校驱逐（合约商）。

这个声明清晰地指出违规操作将会产生影响，在制定有关违规现象的管理措施时，违规操作处罚政策为采取纠正行动提供了一定弹性。

可以在计划书中，把采取纠正行动时依据的正式文字材料作为一个附录。相关文字材料可以列出：

- 违背了哪些计划；
- 哪些具体行为违背了计划；
- 雇员或者合约商需要采取什么措施以获得改善；
- 假如没有得到改善，将会出现什么情况？

和需要纠正错误行动的个人进行沟通，帮助他们认识到哪些行为是不可接受的，必须采取怎样的措施来改进工作。这种交流不会被认为是"书面警告"，可以进行正面的开放式交流，和雇员以及合约商重建关系，而不是终止这种关系。这就使得每个人能够拥有控制情形的能力，并且改变会带来负面影响的行为方式。

对计划书进行修正的历史

"对计划书进行修正的历史"可以作为安全计划书的最后的主要部分。这个部分可以用简单的图表形式记录计划书的演变历程。可以记录这些改变，确认在计划书中记录了参与项目的每个人和最新出现的事件。还可以通过文字材料的形式确认推进计划过程中必须实施的工作步骤。在计划书文字材料中，图表可以包括按时间顺序列出的记录事件的项目序号、出现改变之处的页码、对于出现改变的简短描述、进行修正的执行者的姓名以及进行修正时的日期。表 27-1 就是一个示范。

表 27 - 1　对计划书进行修正的历史

项目序号	日期	页码	改变之处	负责人
01	2 - 20 - 12	所有	制定项目	约翰·多伊
02	10 - 18 - 12	5	改变设施管理人为风险管理人	约翰·多伊
03	11 - 11 - 12	附录	包括学校矫正行为表的副本	约翰·多伊
04	12 - 10 - 12	8	添加放置材料安全数据单的地点清单	约翰·多伊

附　录

　　每一份计划书可以包括附录，附录由起补充说明作用的文字材料或者执行计划的资源组成。每一个附录可以简单地帮助雇员们明确在执行计划书时所使用的至关重要的工具。可以根据计划书的独特特点制定文字材料或者资源。在附录部分可以列出危险联络计划的有限信息，比如化学物品清单、以文本形式记录的应该采取的纠正行动。紧急事件应急预案的附录部分可能会用更多的篇幅，包括学校地图、紧急链接处列表、炸弹威胁清单、设施检测表格。附录部分提供了一个机会，列举出所有现存的、可以获取的资源以实施某些安全计划，而不仅仅是寻找机会、创建有助于实施计划的新资源。

　　重要的是考虑获取这些工具的通道，以及简单指明这些工具所处的方位。比如说，OSHA 的危险联络计划副本可能会包括危险联络计划的附录部分，可以在阅读计划书时快速浏览信息，而不仅仅是在明确提供信息的部分才能获取相关信息。把 OSHA 的规章制度作为附录部分可以帮助工作人员迅速获取信息，这些规章制度可以在网上被找到，为工作人员提供工作指导。

我们的动机

　　撰写计划书至少包括两个要素。第一个要素可能会被认为是

"粘贴"：遵守规章制度。从根本上来说，不遵守安全计划书会招致惩罚。当没有制订计划书，或者这些计划书的内容不合适时，可以在 OSHA 给出的条款中找到惩罚形式。在出现事故、发现没有递交安全计划书或者缺乏以及没有正确实施安全计划书时，这种惩罚会导致在传媒界缺乏公信度。

第二个要素可能会被认为是"胡萝卜"：提前制订计划书可以保护人类的生活并产生积极影响。可以把惩罚看成一种激励措施，采取惩罚措施是为了保护积极的保护人类，出于这个动机才需要制订安全计划书。工作场所安全作业的目标是使每个人免于受到伤害和疾病侵袭，而不仅仅是简单地遵守规章制度。对这种计划进行调整有助于提升安全计划书的价值，不仅仅是遵守规章制度，还会为每个人提供最大限度的保护。

有待改善的领域

可以在两个领域根据安全计划书制定学校安全措施。第一个领域包括所有的需要被规范的话题。这些话题可能包括需要提供符号 OSHA 规章制度的安全计划书，探讨保管人员、维修保养工作人员或者那些在实验室的工作人员需要穿戴的个人保护性设备，可能还包括需要为和危险化学物品打交道的雇员们提供危险联络计划书。这些计划中的每一个都必须根据 OSHA 的要求来制订，或者由其他的政府机构来制订。

第二个领域是指那些还没有制订安全计划书、尚未被规范化的话题。这些话题可能包括制订人体工程学计划书，探讨重复性动作风险比如在计算机工作站的工作。人体工程学是关于人体如何与环境互动的科学。设计不当的工作站有可能导致身体某些部位比如后背或者腕部的疼痛。目前还没有探讨人体工程学的相应的规章制度，但是我们知道人体工程学会导致很多和工伤有关的人体伤害。另一个例子就是车队安全。学校可能配置有标准的、在公共道路上运营的交通工具比如卡车和轿车。从安全角度而言，这些交通工具不是由交通署（DOT）来调控，因为这些交通工具不能满足商业交通工具的定义。OSHA考虑的是工作地点，所以OSHA里没有涉及关于这些交通工具的规定，因为它们是在学校以外的公路上进行运作（工作地点）。但是，根据交通署相关规章制度中可以借用的方面，以及其他可以接受的最好做法，可以很容易地制订车队安全计划，比如：

- 为所有的车队驾驶员制定机动车报告书；
- 确认每位车队驾驶员都拥有有效的驾驶执照；
- 为车队车辆实施文字版本的防范维修保养计划；
- 对车队车辆进行使用前检测；
- 要求车队驾驶员系好安全带；
- 制定防止驾驶员分散注意力的政策，禁止某些行为方式，比如在驾驶时编辑短信；
- 提供驾驶员安全培训计划，探讨安全驾驶的争议性问题，比如恶劣的天气和严峻的路况。

安全计划有很多有待于改善的领域，探讨这些领域会对学校体系内的雇员们很有帮助。这些领域包括规范和不规范的领域，它们的工作以及评估会影响学校制订正确的计划书，后者可以应对学校出现的各种危机，保护学生、教职员工和来访者。

成功实施计划

需要提前制定项目评估形式，保证成功实施计划书。在实施评估之前，取得成功的至关重要的一个因素就是使那些受到影响的人员参与改进计划。这能够使每个人参与制订计划，在学校体系内极大推进计划的实施。假如人们没有参与制订计划，就会把这个计划简单地当成对他们提出的要求。鼓励参与改进计划，能够帮助所有受到影响的人员建立主人翁意识。

一旦提前制订计划，有必要定期对计划进行审计，以确定这些计划的实施和执行情况。可以在三个领域进行审计：

- 文字材料审核：全面评价计划书和辅助性文字材料，确定信息是否正确，了解这些材料是否可以体现计划的实施过程。比如说，消防安全计划可能包括每个星期进行校际检测、确认出口处没有被堵塞、正确管理会引发火灾的危险物品、消防洒水喷头没有被堵塞。在这种情况下，可以对计划书和有关检测情况的文字材料进行审计，确定这个项目在"适用范围"和"功能"方面的运作情况。

- 设施检测：可以对设施进行检测，确定计划书和文字材料中的内容是真实的。尽管消防安全计划书看起来似乎井然有序，但是在进行设施检测时，或许会发现学校的出口处如同过去那样被堵住了。

- 雇员访谈：在审计中就单个领域对雇员进行访谈。可以根据计划内容，安排时间向教职员工和合约商进行提问。比如说，可以询问教职员工们在教室里关于火灾危险管理的应对措施，必须对安全项目话题有效地做出回应，根据他们的回应来了解计划实施的程度。

实施审计旨在衡量计划已经执行到哪个程度。了解安全计划书对哪些隐患进行了规划，但是却没有得到执行。可以解释这些现象比如在纸上撰写了良好的培训材料，但是却没有进行培训，没有购买材料和实施计划。可以通过审计、设施检测以及雇员访谈了解如何实施这些经过认真撰写的安全计划书，对所有文字材料进行评价。

个案研究

萨拉（Sarah）在菲利浦中学担任了三年的保管人员。她和一些化学物品打交道，在负责学校的日常收拾整理事务。有一次她把两种化学物品混合时，被火焰烧伤并且丧失了意识。附近的一名教师看到了所发生的这一切，并且拨打电话呼叫救护车。在对事故进行调查之后，发现萨拉是照章办事，她报告自己在刚刚接受岗位聘用时接受过如何混合化学物品的培训。但是这些化学物品容器上有文字声明这些化学物品不能和其他任何化学物品进行混合。在被问到为什么要对化学物品进行混合时，萨拉说进行混合可以产生清洁力更强的制品。调查进一步显示萨拉没有接受过关于化学危险物品的正式培训或者交流，也没有提前制订或者实施安全计划书。

- 安全计划书能够防止出现这种事故吗？为什么？
- 为了防止未来出现这种事故，可以采用什么方法？

练 习

界定一个单独的学校环境，就以下问题做出回答。

1. 在安全计划书中应该包括哪些常见部分？
2. 为什么要制订和实施安全计划书？
3. 在安全计划书的运作中，审计起什么作用？
4. 安全计划书中只包括规范领域的安全事项吗？对你的回答进行解释。

参考文献

Friend, M., and Kohn, J. （2010）. *Fundamentals of Occupational Safety*

&Health. Government Institutes, Lanham, MD.

Geller, S. (1996). *Working Safe: How to Help People Actively Care for Health and Safety*. Chilton, Radnor, P A.

Occupational Safety and Health Administration. (n. d.). Safety & Health Management Systems eTool. Accessed November 17. 2011. http: //www. osha. gov/SLTC/etools/safetyhealth/ index. html.

Petersen, D. (2001). *Safety Management: A Human Approach. American Society of Safety Engineers*, Des Plaines, IL.

第二十八章 机构培训

E. 斯科特·邓拉普（E. Scott Dunlap）

目 录

根据安全管理的争议性问题，对学校里担任不同职务的工作人员分别进行培训。培训可以采取不同的形式和内容，可以在培训中采取一些最佳措施，使收益与投入的时间和花费相匹配。

培训等级

要成功地组织机构安全培训，必须避免使用那种"放之四海而皆准"的培训方法。尽管在培训时设计一份文档演示，让每一位接受培训的人员观看文档是一种很有效率的做法，但还是需要考虑学校体系内部在不同层面对于信息和技能方面的需求。可以采取特定的培训策略，满足每一个层面的培训需求。可以进行需求评估，明确学校体系中的不同人员可以接受哪些培训（Cekada，2010）。可以把评估作为第一个步骤，为全体教职员工设计一套培训策略。需要考虑的群体可能包括：

● 职员：学校职员需要在特定的功能方面接受安全培训。门卫需要接受详细培训，了解在危机交流中如何使用危险化学物品。维修技术人员应该接受详细培训。每一名工作人员必须就安全锁定工作程序的运作情况接受评估，以确定他们应该接受哪种具体的安全培训。

● 教员：教员们需要将特定功能培训和总体认识培训相结合。教员们需要接受学生安全领域的特定功能培训，因为学生安全问题会影响教员们的人身安全问题。特定功能培训的话题包括紧急应答、阻止恃强凌弱的欺凌行为、火灾安全。教员们还需要接受总体认识的培训，了解那些没有对他们造成直接影响，但是在工作期间会有所涉及的领域。维修保养人员会在电子设备上进行操作，或者保管人员会在教室使用化学物品，这一些都会影响到教室活动，因此需要在教室上锁/挂牌以明示。

● 学校管理人员：从事学校管理工作的人员比如校长和副校

长，可能需要接受大量有关概况了解的特定培训。这些人需要意识到所有存在于学校内部的安全项目，同时需要直接参与制定一些特定的事项，比如在应对紧急事件时负责领导采取响应措施。

● 学校系统管理人员：和学校管理人员相似，系统层面的管理人员们，比如教育董事会的成员们，可能需要在他们直接从事的紧急响应领域进行特定功能的培训。他们还需要在其他方面接受总体认识的培训，这样就能够熟悉学校系统内存在的所有安全项目。

在学校系统内根据每个人的任务进行培训时，可以在监控培训中使用所制定的培训度量指标。可以使用基本文字图表处理软件或者复杂的数据库进行操作。使用这些系统可以满足那些管理人员以及制定学校安全计划人士的需求，在培训期间根据各个群体的特点来制定培训并加以执行。

培训形式

在设计培训策略时，选择培训形式是一个重大的挑战。一个固有的争议性问题就是，对于培训人员来说很有效的做法对于参与者来说未必就是最好的形式。必须考虑可获取的形式，制定对于参加培训的人员来说最有意义和最难忘的培训经历。

存在各种各样的培训形式。与其简单地依赖教室里的单向交流，不妨把各种培训形式加以整合，使培训成为参与者们一种有意义的经历。对于目标观众和可获取的资源进行评价，能够帮助制定对于指定学校而言最有效的培训策略。

教 室

教室培训是最常见的培训形式。必须有效地使用教室，确保那些参加培训的人士获得积极的经历。问题不在于教室，而在于如何使用教室。有一些坏境上的问题会影响到培训，比如照明、清洁程度和桌椅的舒适程度。在挑选进行培训的教室时必须考虑这些因素。在培训期间的一个趋势是进行单向联络，对参与者们进行 PPT 演示。对于培训人员而言，这种训练形式很容易掌握，因为培训话题可以用大纲的形式列出来，在数张幻灯片上加以演示。这样就加快了准备和传递工作。但是，参与者们需要加入进程中，以提高学习效率。可以通过小组讨论、解决难题场景设计、角色扮演这些方式进行。必须了解观众们以确定在培训期间，这些练习是最为有效的。范尼奇（Fanning）把角色扮演看成带动参与者们加入的最为成功的培训方式，但是必须经过很好的设计和实施才能有效。

实用性技巧

在参与者们接受培训期间可以进行实用性技巧练习。比如说，与其提供紧急应对出口路线示意图以及聚集点和避难处，不如把参与者们带进学校并且在这些区域巡视。类似地，与其向危险联络培训期间的参与者们显示材料安全数据单（MSDS）的副本，不如把参与者们带到放置材料安全数据单的地点，并且让参与者们说明阅读材料安全数据单以及和各种危险化学物品有关的安全工作流程。

计算机或者基于网络的培训

可以购买或者内部制定计算机或者基于网络的培训模式，需要进行评价以确定这种传送体系的目标观众。组织培训的工作人员需要使用计算机，某些雇员们对于操作计算机感到困难。在使用多种幻灯片切换、文字或者照片超级链接、叙述以及自定义内容方面，运用点击计算机的培训模式和基于网络的计算机培训模式方面，PPT 起到了很大的作用。也可以购买封闭式培训模式，但是必须警惕内容是否适合参与者们和工作环境。

计划培训时间

在制定安全培训系统时，另一个必须考虑的变量是培训时间。可以选择在雇员们正常工作时期的非生产或者低产的时间进行培训，可以评价不同岗位出现这种现象的时间。比如说，维修保养工作人员在每年或者每周都有工作任务少的时候，可以把这段时间作为安全培训的机会。

为教师们制订教学培训计划是一种挑战，当教师和学生相处时是不能对教师进行培训的，只有当教师们在学校但又不是在上课时，才能对教师进行培训。当使用计算机或者网络进行培训时，需要避免教师们在教学时间里进行培训。比如说，教师可能会组织一场测试，要求学生们在一段时间里独立完成。教师们可能会在监控学生的同时接受培训，这种安排不能使教师们了解所有的安全信息，也不能使学生们在需要时及时地得到帮助。

除了雇员们正常的工作计划安排，还可以在某个时间制订培训计划安排，可以在周末或者开始工作以及完成正常工作安排时制订周末的培训计划。这就需要从经济上来考虑那些根据工作小时数收费的工人们的超时工作酬劳。假如使用这种方法，就需要进行预算，以确认有足够的经费支付培训所需。在制定工作安排时间表和培训时间时要考虑到雇员们的士气。按小时收费的雇员们可能会觉得兴奋，有机会要求因为安全培训期间的周六早上超时工作获得酬劳。但是，那些领取薪水的雇员们可能会把这当成远离家庭活动并且得不到报酬的情况。

要让参与者们注意到进行培训的时间。在工作日的最后时刻安排培训会导致雇员们分散精力，雇员们会考虑他们在培训之后要进行的计划好的活动。在开始工作日的那一天安排培训能够帮助参与者们保持注意力集中，因为这是在工作日要完成的第一项活动。

在为教职员工们制订培训计划时要考虑到一些变量。在每一个工作岗位评价每一个变量有助于明确学员在参与学习时会造成积极影响的培训次数。

培训期间

一旦界定培训形式和时间，就要关注在培训期间真正要表达的信息。重要的是计划培训内容的数量。假如培训时间是一个小时，就需要制定这一个小时之内适用的正确内容。在过去 45 分钟之后，当 PPT 的内容只演示了 1/3 的内容时，培训参与者们常常会觉得很压抑。超时培训会导致超时支付酬劳以及让培训参与者们觉得不耐烦。在演示 1/3 的内容时就停止培训是不允许的，因为这样会减少培训内容，以至于需要在其他时间里完成培训。这种情况会经常出现，而且经常无法避免，制定正确数量的培训内容能够避免这种常见的风险。

培训期间应该允许参与者们交流互动，培训人员对于参与者们的单向交流是最低层次的学习形式，在培训期间可以对参与培训的机会进行整合，通过就培训话题向参与者们频繁提问可以做到这一点。一些参与者可能觉得在人数较多的小组前说话很不自在，组织人数较少的小组讨论，制定解决问题的方案，可以为所有参与者提供互动的机会。

可以进行创造性思维，确定哪些培训材料是有用处的。常见的是分发培训期间使用的 PPT 文字材料。除此，还可以使用其他的物品，使参与者们可以看到信息。比如说，在危险联络培训期间分发材料安全数据单使参与者们真实地看到它是什么样的，以及上面有些什么内容。

培训期间的这些背景情况可以被看成一种有效的联络方式。培训人员可以是安全领域的专家，所以有可能使用听众们所不知道的行话或者词汇，可以建立一定层次的联络方式供参与者们使用。卡伦（Cullen）发现在培训期间，讲故事是一种有效的方式。与其指派专业人士担任培训人员，不如简单地指定一名熟练人士担任培训工作。可以采用讲述工作环境中发生的故事来凸显重点：

为什么在工作期间安全是一个重要的考虑因素。

可以使用可视辅助物帮助参与者们了解在培训期间展示的材料。技术极大程度地提高了我们在这个领域进行培训的能力。YouTube 提供了丰富的教育影像资料，可以在培训期间加以使用作为范例。尽管 YouTube 被定型化为一种娱乐工具，但还是可以从YouTube 中获取大量的关于教育方面的材料。可以在 PPT 中把这些网站作为超链接，在培训期间作为获取教育资料的快速通道。个人化定制的照片或者影像材料可以作为可视辅助物，对参与者们产生极大影响。与其插入剪辑片段来丰富 PPT 的内容，不如把学校雇员们执行不同安全任务时的照片或者影像展示给参与者们，这是常用的方式。

除了作为培训基本使用工具的 PPT，技术也是进行培训的一种工具。拉罗丝（LaRose）指出在培训期间把参与者回应系统加以整合的价值所在。参与者们的回应系统使用控点设备，通常通过"点击"，以展示参与者们对于各种不同问题的反应。比如说，可以在 PPT 上使用多选题或者对/错问题。房间里的每一位被培训人员都使用"点击"选择他们认为正确的答案按钮。除了遥控器，还可以使用智能手机通话软件进行通话，然后培训人员就可以迅速地对问题做出回应。在培训时可以使用这种新式的联络工具，包括一种提问软件，可以就培训期间出现的有关重大争议性问题进行提问。

梅尔尼克（Melnik）提倡在培训时要考虑参与者们的理性、情感和身体方面的需求。从理性的角度来说，培训应该包括参与者们每天都要使用的软件。这会导致在培训中使用"一刀切"的培训途径的风险。比如说，可能需要在危险联络基础上对教职员工们进行培训。在不同的工作岗位中使用化学物品有不同的意义，要确认课堂里的材料可以满足日常需求。可以从情感方面进行探讨，帮助参与者们认识到使用培训课程材料可以获益，可以对学习所得进行评估，通过探讨面临的挑战以及利用可以改善安全状况的现有机会来进行培训，在培训中对工作场所遇到的问题进行调整整合，可以从实体的角度来探讨培训问题。目的在于从涉及参与者各种需求的培训全局来考虑，探讨这三个因素。

要求培训人员在培训期间仅仅以 PPT 的形式列出演示材料是很容易的。在培训期间使用各种工具可以极大丰富参与者们的行业经验，帮助他们在培训结束后运用这些工具来获取更多的知识。

培训文字材料

在证明哪些人接受过不同话题的培训时，必须使用文字材料。在培训期间，有三种文字材料：

- 培训日志：培训日志是最常见的培训文字材料。通常包括五种信息。培训标题是第一条信息，通常会写在培训日志的最上面，剩下的信息在培训日志中都以表格栏目的形式展现。其中第一栏是进行培训的时间，第二条栏目包括培训者的姓名，第三条栏目包括每位参加培训的雇员签名，第四条栏目包括雇员的打印姓名以及身份号码或者其他可以使用的身份指示符，可以证明难以识别的雇员身份。通常雇员会在每一期培训开始之前就在培训日志上签名。

- 核实理解：在每一次培训期的最后可以进行测试，用文字材料来证实每一位雇员对于培训内容的理解程度。可以用多项选择题、判断正误题、填空题、配对题或者简答题的形式进行考核。

- 培训结束时颁发的证书：培训结束时颁发的证书可以界定四项信息。通常在协议声明页面的最上方会列出培训的名称，这个部分的每一项主要内容都会用公告栏的形式列出来，在关于出席者和培训者页面的最下方会列出签名和日期。这种文字材料如同雇员和学校之间签订的合同，雇员同意在公告栏列出的信息应该在培训期间都有所涉及。这样就制定了一份文件，雇员们可以声明在培训期间培训的内容。

可以评价这些文字材料，明确学校或者学校系统需要哪种类型的培训材料。培训日志可以保存在活页里，培训期间可以很容易就拿出使用，而测试和完成培训时颁发的证书可以保存在雇员培训文件里。还可以制定电子数据表和数据库追踪已经完成的培训。使用这种工具可以很容易地界定哪里存在培训差距，并且把这转换为一种策略，确保每一位雇员都得到所需的安全培训。

梅尔莉（Merli）探讨了采取这种可以被参与者们理解的方式制定培训文字材料的需要。她建议在六年级时撰写材料，绝大多数的成年学生可以阅读。

个案研究

约翰是费尔菲尔德县学校的一名风险管理人员，最近对县里的每一所学校都进行了安全审计。他发现在安全培训领域存在重大的不足。县的每一所学校都有从事培训的独立方法，以及进行培训的不同的安排计划。他确定该县 30% 的新聘用的员工在刚工作时没有接受过安全方面的培训，他还发现大约 50% 的剩下的雇员没有接受过最新的培训。学校里现存的文件里缺乏完整的培训文档。

- 在该县所包括的学校里，约翰会考虑实施怎样的系统设计以确保进行安全培训？
- 对于学校系统内部不同雇员群体而言，最合适的培训方式是怎样的？

练习

界定一个单独的学校环境，请你就以下问题做出回答。

1. 根据学校或者学校系统里各种层次如何确定不同的培训内容和传递方法？

2. 为指定学校的教师们提供培训时，哪种培训形式是最合适的？

3. 在指定学校里，你是如何考虑设计培训安排计划的？

4. 在确定如何进行培训时要考虑哪些变量？

5. 你会保持哪些文字材料作为培训记录？为什么？

参考文献

Cekada, T. (2010). Trainingneeds assessment: Understanding what employees need to know. *Professional Safety*, 55 (3), 28 – 33.

Cullen, E. (2008). Tell me a story: Using stories to improve occupational safety training. *Professional Safety*, 53 (7), 20 – 27.

Fanning, F. (2011). Engaging learners: Techniques to make training stick. *Professional Safety*, 56 (8), 42 – 48.

LaRose, J. (2009). Engage your audience: Using audience response systems in SH&E training. *Professional Safety*, 54 (6), 58 – 62.

Melnik, M. (2008). The rational, emotional and physical approach to training. *Professional Safety*, 53 (1), 49 – 51.

Merli, C. (2011). Effective training for adult learners. *Professional Safety*, 56 (7), 49.

第二十九章　项目审计

E. 斯科特·邓拉普（E. Scott Dunlap）

目　录

一旦学校安全项目准备就绪，接下来的重要工作就是运用项目审计来衡量项目实施的进度。审计手段提供了一个机会，可以借此根据已制定的运作标准来测量项目的运营。和财政审计很相似的一点在于，学校安全审计将会探讨学校安全项目中的每个方面，明确满足哪些标准，在哪些地方存在改善的空间。要完成安全审计，可以对三个领域进行深入探讨：材料审核、学校检测、访谈。

材料审核

通过对项目相关的所有文字材料进行回顾梳理，进而开启学校的安全审计工作。尽管这不是审计程序中的第一步，但是这样做的好处就在于，可以帮助审计人员了解在指定学校发生的事情。审核书面版本的文字材料，可以帮助审计人员更有效地检测学校运作情况和开展访谈工作，了解文字材料已经收集到哪个程度。通过在学校进行监测和开展访谈，可以了解项目实施情况以及项目的进展阶段。

审计人员审核文字材料时，需要了解材料涉及哪些项目。第一，应该回顾梳理有关安全项目的所有文字材料。可以根据规章要求和学校制度政策来衡量这些文字材料。第二，对回顾梳理的每个项目进行文本论证。这包括以下方面的事情，比如：

- 在最初建立火灾系统时，获得认可的测试材料；
- 警报测试材料；
- 火灾系统测试材料（自动喷水灭火系统、烟雾检测器）；
- 灭火器检测系统和测试形式；
- 消防水带测试/变形调查材料；
- 每周和/或每月的安全检测表格；

- 对于已鉴定的安全隐患的应对方案的材料说明；

- 检测工具和设备的检测；

- 电力马达交通工具检测表格（铲车升降机）；

- 升降机监测；

- 封锁/挂牌标示流程检测表格；

- 每月的站点观测表格；

- 预防性的维修保养材料；

- 新设备的检测/测试记录，确保操作安全；

- 对任何可使用的耐压的交通工具的州检测记录；

- 对设备和电板的热力学测试；

- 对员工进行培训的材料；

- 动火作业许可证；

- 人身伤害和病情记录；

- 《职业安全健康管理日志》第 300 款；

- 医疗记录；

- 安全委员会会议记录。

　　这个清单并不全面，但是对学校安全审计领域应该回顾的材料进行了梳理。回顾这些材料能够使我们对相关工作有最初的了解，知道应该如何组织实施安全项目计划活动。比如说，假如没有关于安全检测的文档，也就意味着缺乏实施学校安全计划项目检测方面的材料。

学校检测

　　在对书面版本的项目材料进行审核之后，学校检测提供了一个机会，可以了解在项目中所记录的那些方面被实施的情况，可以采取在校园的每个区域徒步行走进行检测的方式，重要的是检查每个房间、壁橱、储存区和维修保养站点。检测时可以有护卫人员随行，护卫人员应该是那些对于学校财产非常熟悉的人士，比如维修保养技术人员或者是监护人员。重要的是审计人员检测事物时要保持一定程度的控制力，避免因为偷懒因而只在护卫人员带领的区域进行徒步检测。审计人员需要打开每一扇门，攀爬每一架梯子，检测每一条走廊，确保校园作为一个整体接受观测。

设计检测阶段，是为了观测校园物理环境。这需要对如下事物进行观察：

- 没有障碍物阻拦的紧急出口道路；
- 在紧急出口大门上没有上锁或者链条，没有会引起慌乱的硬物阻挡；
- 灭火器材的放置以及管理层面；
- 材料存储，不要堵塞洒水喷头；
- 维修保养人员使用的工具；
- 车队交通工具；
- 材料安全数据单的放置；
- 应急灯的功效。

设计检测阶段可以观测工作人员的行为。对安全项目书中列出的步骤进行目测，了解哪些地方有可能还需要进行检测。这意味着需要扩大检测范围，对学校体系中工作人员的所有班次进行检测。这意味着审计人员需要早点开始，一旦学校放开大门迎接教职员工和校车接送的第一批学生到来之时，就可以观测学校在白天时的运作情况。审计人员必须持续到晚上，对结束一天教学实践的监护人员的活动情况进行评估。特别事件也应该被考虑到，比如说足球赛，观察和事件安全相关的热点问题。审计会带来独特的挑战性，因为必须用一种方式来安排检测，使得审计人员尽可能多的观测和学校安全问题有关的行为。在检测时需要观察的行为可能包括：

●在开始工作之前，维修保养人员关闭了电子设备的能源；

●对学生、教职员工、参观者们接近学校财产和进入学校建筑物的道路控制；

●个人保护性设备破损情况；

●教师们在高空使用梯子或者踏凳取物，而不是站在书桌或者椅子上面；

●为火灾的发生或者恶劣天气来临进行演练；

●化学物品的随意丢弃；

●一天里都在计算机机房里工作的职员们的身体状况。

通过检测，尽可能多地观察这些行为。一个明显的问题就是，处于检测状态时，并非所有的行为方式都会自然而然地表现出来。在某些场合确实会出现一些值得被观测的行为方式。比如说，在进行检测时，维修保养人员可能不会在需要上锁的设备上工作，虽然可以要求维修保养人员这样做。尽管不尽如人意，但是如果维修保养工作人员能够正确地按照安全行为项目书明确要求的那样对设备进行锁闭，那么这就是一个基本的符合规定的操作行为。另一个方法就是对需要进行检测的活动进行全程审计。

访　谈

访谈提供了一个额外的方式供工作人员核实情况，这种方式已超越了学校的检测制度，可以了解安全项目书的实施情况。访谈提供了一次机会，可借以衡量教职员工们对于安全相关的话题的了解到了哪个程度。开放性的话题是访谈时常用的问题形式，因为这种形式的问题可以迅速地从受访者那里得到回答。反言之，应该避免封闭式问题，因为他们只需要受访者回答"是"或者"不是"来做出回应。比如说：

- "你是否受过紧急响应的培训？"这种封闭式问题只会导致"是"或者"不是"的回答。事实上，可以通过回顾培训材料而获得答案，在访谈中没有实际性的收效。

- "在拉响警报时，你将会做什么？"这种开放性的问题会引发更有趣的回答，因为受访者可以开放式地解释会实施哪些程序。

接受访谈的环境可以有所变化。重要的是考虑到学校在执行访谈时的操作需求。比如说，打断一个正在上课的班级，只是为了要求授课教师接受访谈，这是不合适的做法。可以查阅学校运作的时间表，确定什么时候教师们正在休息，或者选择更适合进行访谈的计划好的时间段。还要考虑到访谈时的舒适感。访谈必须在能够让受访者们感到舒适的环境里进行。如果被叫到正式的办公室里进行访谈，保管员会感觉到压力；访谈若在安静的走廊进行，同时班级正在进行授课，受访者则会感到很放松。

应该提前在纸上设计好访谈问题，并将其作为审计项目的一个组成部分。这有助于确保在不同学校之间进行的审计项目具有一致性，因为每一所学校在访谈期间面对的都是同样的问题。但是，当预先准备好的问题得不到有趣的答复时，可以进行补充提问和追问，以便更明晰地探讨热点问题，引导受访者，在访谈中获得需要的信息。

审计评分

审计是以间断的提问开始的。一次审计就是简单的一系列问题，涉及项目管理或者规章制度的遵守情况方面的多种争议性问题。重要的是确保每个问题都是短语的形式，得到明确的或者"是"的答复，这种答复说明在操作中遵守了规章制度。以下是关于如何提问的一些例子：

- "紧急出口是否被堵塞?"这种问题期待受访者回答"没有",因为想拥有安全的环境,出口处就不应该被堵塞,以利于教职员工、学生和参观者们的撤出。
- "容易进入紧急出口吗?"这种问题期待受访者回答"是",因为教职员工、学生和参观者们应该能够轻易地离开建筑物。

当遵守规章制度时,设计这种问题并获得明确的答复,有助于创建正确的评分机制,要确保所有正确的回应都是一致的。设计短语形式的提问,正确的答题方式就是对某些问题回答"是",对某些问题回答"不是",在对审计进行评估时,这样的问答方式会带来困扰。在对审计进行评分时会带来麻烦,比如说,通过使用电子版本的数据表格软件可以创建审计材料。可以制作材料,表中的一栏是回答"是",一栏回答"不是",一栏回答"不适用",一栏列出审计问题。为了便于使用电子数据表格以正确计算得分,必须做出遵守或者没有遵守的一致答复:

- 回答"是":就指定提问而言,学校遵守了规章制度。
- 回答"不是":就指定提问而言,学校没有遵守规章制度。
- 回答"不适用":该问题不适用于学校。

在电子数据表格的"列出指定问题"这一栏的相邻栏目"是""不是""不适合"中可以通过勾画 X 的形式来进行回答。当审计材料被充分印制散发后,根据电子数据表格得出的评分可以用来了解该校运作情况到了哪个层面。把"是"这一栏中画 X 的栏目汇集,就可以知道学校在哪些领域遵守了规章制度,把"不是"这一栏中标注 X 的栏目进行汇集,就可以知道学校在哪些领域没有遵守规章制度。

质量管理的原则使我们认识到经过衡量的事物会得到机构组织的关注。基于这个原因，审计项目时应该进行打分。审计打分提供了一种度量指标，可以确定是否一所指定学校在逐年进步，也可以和体制内其他进行审计评分的学校对比，了解该校的运作情况。可以使用一些方法进行打分：

● 是／不是：根据提问，当学校遵守规章制度时，可以在回答"是"这一栏里给 1 分，然后再计算总分；当学校没有遵守规章制度时，在回答"不是"这一栏里给 0 分。在审计员根据回答评估规章制度的遵守情况时，这种方法给出的答复没有什么含糊性。但是有可能无法正确显示在学校里发生了什么事情。比如说，审计材料的问题可能探讨的是需要正确管理灭火器械。在对学校检测中的 100 个灭火器械进行检查之后，可能会发现有 90 个被正确地管理，还有 10 个则没有被放好。尽管学校对于全体灭火器械中 90% 进行了管理，但是仍然需要给出"不是"的答复，并且打 0 分，因为并不是所有的灭火器械都被妥当地管理。

● 是／中间／不是：和第一个例子相似的是，当学校遵守规章制度，回答"是"时给 2 分，当学校没有遵守规章制度时，在回答"不是"这一栏里给 0 分；当学校没有完全地遵守规章制度，但是也做了部分工作时，在回答"中间"这一栏里给 1 分。这种方法就可以反映出上述关于灭火器械的事例中某个值得注意的问题，因为学校对于 90% 的灭火器械进行了充分地管理，所以至少应该给 1 分，作为对学校的肯定，尽管学校没有回答"是"，不能给 2 分。在这种给分的做法里，一个潜在的问题在于审计人员会多次选择"中间"这个选项，而不是给出"是"或者"不是"的直接答复。

● 0 - 2 - 8 - 10：通过提供四个类别，对指定问题进行打分，可以得到更为详尽的认识。和"是／不是"的给分方法相似的是，这种方法会在学校没有遵守规章制度时给零分，在学校充分地遵守规章制度时给 10 分。但这种方法也给审计人员提供了一种选择，即当学校在指定情形下做出了部分的努力，但是仍然存在主要问题时就给 2 分；当学校在指定情形下做出部分的努力，只剩下一些小问题时就给 8 分。这种打分方法对学校里的情形提供了一个动态的呈现，同时也去掉了审计人员难以评分的部分。对于每个问题进行打分，这样做能清楚认识正在执行的任务的积极方面和消极方面。

这种打分方法使审计人员可以从已有的打分体系中的三种基本模式进行挑选。可以评估和修改这些打分的方法，对学校体系做出最佳评判。目标在于明确一种方法，经过沟通以期对改善学校的安全管理产生最大的影响。

审计内容可以被划分为不同的部分，对某些领域进行详尽的打分，同时也要对审计进行打分。审计可以分为指定工作部分，如材料审核、学校检测、访谈，这样做可以阐明需要在哪些方面做工作，以提升学校的安全管理。比如说，在审计中对材料审核时，学校会获得 95% 的得分。但是，在学校检测部分，得分虽然是 95%，在访谈部分，得分会降到 65%。这说明学校在书面文字材料方面做出了很大的努力，但是在校园环境实施方面没有做出突出的贡献，在对教职员工进行有效的培训方面，做出的努力则更少。相似之处在于，基于安全话题，审计可以被划分为几个部分来进行，比如对不同的话题分别进行审计，比如危机交流、人体工程学和应急回应这些话题，组织这样的审计比如材料审核、设施检测、对每个部分进行访谈，有助于界定实施的项目情况。审计形式是可变的，需要明确对于整个学校体系而言哪些测量方法是最有效的。

审计报告

根据审计结果，在对学校的运作情况做出了高水平总结之后，需要制作报告书。尽管在审计报告中可能包括了审计材料，但报告书是一份独立的文字材料，包含审计中的一些常见信息。审计报告应该是一页或两页对于审计情况的一个总结。为了便于快速阅读和理解，可以提供给学校体系内部高职位的人士一份关于审计情况的简短总结。审计报告包括：

- 审计信息：可以根据姓名和岗位头衔对参与到审计中的主要个人进行界定。这会提供给那些阅读审计报告的人士一份清单，如果对审计情况有疑问时可以和哪些人联系，可以记录进行审计的日期，可以在报告书中写上接受审计的学校名称和主要信息，以明确界定在报告书中接受审计的这个学校。

- 打分：可以提供对于整体和部分审计内容的打分，作为衡量学校运作情况的一个度量指标。

- 改善的可能性：尽管在审计中可能会发现很多的缺陷，但审计报告可以对审计中显示的最具风险性的领域进行关注。

- 最佳途径：就可以被界定的安全管理项目而言，学校会有一些最佳的处理方法。这有助于对学校所发生的事情有一个全面的了解，而不仅仅是列出可以得到改善的领域。在学校体系内界定最佳途径，帮助他人改善学校安全管理项目。

- 可以进行总结，列出如何跟进。这包括有缺陷的风险类别，以及对必须完成任务的期限进行一般性描述。还应该提供负责跟进审计欠缺部分处理工作的人士的信息。

应该根据学校体系的需求来散发审计报告。学校内部人员包括不同的群体，如教育董事会成员、学校系统负责人、学校风险/安全管理人员、负责审计工作的职员、学校安全工作的人员。根据学校内部人员的需求来分发传单。关于审计报告是否作为客户律师特权的问题，还应该根据学校法律顾问的建议来决定。当法律诉讼案件和学校安全有一定的关系时，需要对作为揭发材料的审计报告进行评估。

跟　进

一旦进入审计状态，至关重要的是提前制定流程，以明确需对哪些安全隐患采取措施，跟进措施将有助于确认所有的缺陷都会得到补救。审计人员将会界定三种常见风险的有缺陷的补救措施：

- 高风险：高风险会对教职员工、学生和参观人员的安全问题立即产生影响。通常这些风险会在一个时间段出现，即从开始的那一刻开始，持续三十天。
- 中等风险：中等风险会对学校安全造成中等影响。通常而言，要在 90 天之内探讨这些风险。
- 低风险：低风险会对学校安全造成最小的影响。通常而言，需要在 6 个月之内探讨这些风险。

除了提供一份根据风险等级必须被加以探讨的安全隐患清单，系统还需要描绘即将发生的跟进措施，以及主要负责处理审计缺陷的人员。这包括按照时间表在审计人员和校方负责进展回顾的人员之间召开会议，还需要定期将报告书送给审计人员，以跟进后续任务、界定系统，采取补救措施以弥补审计中出现的隐患。

对审计人员的挑选和培训

在制定学校安全审计项目时的一个挑战就是界定由谁来进

行审计。审计人员要具备从业资格，就需要接受正规的教育、具备工作经验、经过专门的训练并把这些很好地加以结合运用。在指定学校或者学校体系中存在审计候选人，指定学校负责安全管理的人员成为审计人员是一个合乎逻辑的选择。在这样的情况下，重要的是确定该人在对学校安全运作方面进行正确评价时是否客观。如果学校考虑的是哪些人士能够有助于审计顺利通过，就会出现冲突。尽管事情常常会是这样，但审计人员会关注的是在审计的每一个部分对学校的运作进行客观的等级评定。

可以决定使用第三方来执行学校安全审计，比如说为学校财物风险承保的保险公司。大多数的公司提供整合型的损失控制服务，包括审计。这样做的一个好处就在于较之校内指派的审计人员，专业的审计人员更为公正无偏见。一个潜在的问题就在于审计人员可能对于学校的操作步骤不是很熟悉，这就会影响在某些领域进行审计评估。成本是另一个需要考虑的因素。较之聘用第三方进行审计，培养一名校内审计人员的花费较少。在安全审计领域使用第三方进行审计的一个好处就在于只需要签订合约即可，而不需要去考虑如何培养校内聘用人员进行审计的技能。经过仔细的考虑，以决定在指定领域是否需要一名国际审计人员或者第三方介入。

对于审计人员的挑选要受到审计人员基本职业技能的从业要求限制。在挑选审计人员时，必须考虑某些与生俱来的，以及经过学习得来的技能。这些技能包括：

● 沟通能力：审计人员要能够在校内体系和各个层面的人士进行建设性的交流沟通，包括教职员工、合约商、学校行政领导者。这需要具备一些高层次的人际交往能力，在交流中显得很屈尊或者软弱的审计人员对于学校安全审计项目的成功会造成不利的影响。

● 忍耐：审计工作的要求很高。它需要徒步数小时才能了解学校各个区域的财物，需要攀爬楼梯和步梯以到达建筑物的各个部分。

● 知识：审计人员需要了解学校操作流程和安全方面的信息，对安全运作进行有效评估，了解校内可能面临的问题。审计人员必须在审计领域的各个话题都能给出专业答复。一些场景会对审计人员构成挑战，因为对方期望得到确定无疑的答复。审计人员必须清楚的回答"为什么询问"或者"不询问"审计中设计的问题。

● 计算机技能：以电子版本的格式来建立有效的审计体系，以计算审计得分，在学校或者学校体系内部分享信息。从基本的层面上来看，就从事电子化审计工作而言，审计人员需要使用软件进行审计，使用媒介交流信息。

● 时间管理：审计人员对于学校的时间表必须很敏感，并且相应地进行审计工作。审计人员需要完成材料审核、学校检测和访谈的任务，同时还要考虑到教职员工的工作时间表、班级时间表和学校运作的时间表等。这需要运用时间管理技能以探讨学校时间表中的变化因素，以及需要在审计工作中被探讨的争议性问题。

只有具备完整的计划和做好准备工作才能制定有效的审计项目，对学校安全项目进行评估。创建和实施学校安全项目，需要付出很多工作和努力，审计项目本身也同样重要，这样才能确保完成安全项目。需要对项目进行有效的运作，维持多个领域里正在进行的工作，实施学校安全项目。

审计人员必须是从校内指定或者是通过第三方派遣的。第三方派遣审计人员的好处就在于可以获得更大程度的客观性，正如雷恩斯（Rains）所指出。校内指定的审计人员会与审计结果有潜在的关联，第三方派遣的审计人员则和被审计单位无关，因此在进行审计时也会更加客观。需要每个学校体系确定是内部执行还是第三方执行的审计工作对于完成审计项目的目标最有效。

个案研究

简（Jan）正在进行她的第三次关于学校安全的审计。在前几个月，她在麦迪逊小学和舍曼中学进行了审计，如今她正在伊斯特高中进行审计。在保管员领导休（Sue）的陪同下进行校内物理检测时，简注意到一名正在对空调进行维修保养的工作人员，她决定进行一次访谈。和这名维修保养人员聊完之后，她发现他是一名会说一定英语的西班牙人。他似乎了解他的工作职责的安全方面的事项，但是很难和他进行沟通。

- 在安全审计中，这件事是否被认为是一个安全隐患？为什么？
- 简在工作中对形势进行评价时会考虑什么问题？

练 习

界定一个单独的学校环境，请你就以下问题做出回答。

1. 在学校安全审计中应该回顾哪些类型的文字材料？
2. 在学校检测中应该探讨哪些物理事项？
3. 在访谈中可以询问哪些开放式问题或者封闭式问题，为什么？
4. 审计应该评分吗？为什么？
5. 谁会收到审计报告副本？
6. 你会采取哪些工作步骤以确认在学校安全审计之后已经弥补了工作中的不足？

7. 在选择学校安全审计员时，你认为什么是最重要的？

附 录

危险联络审计样本

回顾文字材料

是	不是	N/A	问题
			有全面的书面版本的危险联络计划吗？
			有列出所有危险化学物品的登记表吗？
			有关于每一种危险化学物品的材料安全数据单吗？
			材料上的培训都完成了吗？
			用文字材料记录培训更新了吗？
			有什么可以证明允许使用新的化学物品吗？

检测学校

是	不是	N/A	问题
			雇员们可以拿到材料安全数据单吗？
			雇员们是否正确操作危险化学物品？
			化学物品是否被正确存储？
			化学物品是否被正确贴标签？
			是否可以拿到适当的个人保护设备？

访谈

问题

在使用化学物品时应该穿戴那些个人保护设备？

你从哪里得到关于特定化学物品的危险性的信息？

在进行危险联络培训时你学到了什么？

在阅读化学物品容器标签时什么信息是重要的？

你在哪里存储化学物品？

参考文献

Cahill, L. (2001). *Environmental Health and Safety Audits.* Government Institutes, Rockville, MD.

Dunlap, S. (2011). *Loss Control Auditing: A Guide for Conducting Fire, Safety, and Security Audits.* CRC Press, Boca Raton, FL.

Rains, B. (2011). Process safety management: Finding the right audit. *Professional Safety*, 56 (10), 81 – 84.

第三十章 人身伤害和疾病记录

E. 斯科特·邓拉普（E. Scott Dunlap）

目 录

美国职业安全健康管理署（OSHA）制定了记录伤害和疾病的
要求，以量化不同种类的工作环境下伤害和疾病的类型。在这个
过程中搜集到的数据有助于雇主们了解在机构组织中出现的伤害
和疾病类型，采取正确的措施阻止工伤和疾病的再次发生。

可以在 29 CFR 1904 中找到美国职业安全健康管理署制定的记
录要求。关于记录标准的一个有趣的争议性问题是格式。并非如
其他标准那样仅仅列举事实，美国职业安全健康管理署修改了这
种以提问 - 回答的形式呈现出来的书面格式，致力于使信息更清
晰和易于理解。

免　除

根据 1904.1 的规定，在指定年份里拥有十名或者更少员工的
雇主们可以不受记录要求的制约。另外，规章中的附录 A（正如
表 30 - 1 中所显示）描绘了可以不受记录规章限制的特定机构。
第二栏关于机构的这一项里说明学校可以不受记录要求的约束。
因为学校出现在规章中附录名单中，因此对于人身伤害和疾病没
有管理要求，除了以下情况：

● 所有的雇主必须遵守要求，必须在二十四个小时之内
报告发生的致命性伤害事件、涉及三名或者更多受伤员工的
事故；

● 美国职业安全健康管理署或者劳动统计数据局要求机
构提供书面记录；

● 美国职业安全健康管理署或者劳动统计数据局属下的
州代理机构要求机构提供书面记录。

尽管尚无立法要求学校保留规定以外的人身伤害和疾病记录，
但了解由美国职业安全健康管理署为了创建综合的报告制度所制

定的条款，有助于学校管理人员们创建国际记录表格，分析在指定学校或学区中出现的事件。该信息可以为工作场所的安全管理创新指明前进方向。

表 30 – 1　非强制性应用技术标准和规范要求的部分行业

标准行业分类代码	
代码	行业描述
525	硬件店
542	鱼肉市场
544	糖果、坚果和蜜饯市场
545	乳制品店
546	零售面包房
549	食品店
551	新车和二手车经销商
552	二手车经销商
554	天然气站
557	摩托车经销商
56	服装和零配件店
573	收音机、电视和计算机店
58	饮食店
591	药店和专利店
592	酒店
594	杂货店
599	零售店，不另分类
60	存款机构（银行和储蓄机构）
61	非储蓄
62	安全和商品经纪人
63	承保人
64	保险机构、经纪人和服务
653	房地产机构和管理人
654	工作室
67	股票和其他投资办公室
723	美容店
724	美发店

标准行业分类代码	
725	修鞋擦鞋店
726	殡葬服务
729	个性化服务
731	广告业
732	信用报告和收集业务
733	邮件、文献复制和速记业务
737	计算机和数据处理业务
738	多种业务服务
764	室内装潢和家具维修
78	电影业
791	舞蹈工作室和娱乐中心
792	制片人、乐队、娱乐业
793	保龄球中心
801	医疗办公室和诊所
802	牙医办公室和诊所
803	骨疗诊所
804	其他健康执业机构
807	医疗和牙科实验室
809	健康和相关业务，不另分类
81	法律业务
82	教育服务（学校、学院、综合大学和图书馆）
832	个人和家庭服务
835	儿童日间看护业务
839	社会化服务，不另分类
841	博物馆和艺术馆
87	工程、会计、研究、管理和相关业务
899	服务，不另分类

• 由 OSHA 或者劳工统计局撰写

• 根据 OSHA 或者劳工统计局规定由州机构撰写

记　录

美国职业安全健康管理署在 29 CFR 中创建了记录规章，描绘出雇主是如何在 OSHA 300 日志这份表格中对各种人身伤害事件进行分类和记录的。基本上，如果员工必须接受医师的治疗，人身伤害就被认为是在日志上有记载的。但是也有例外，比如说只需要对员工进行紧急救护的受伤事件。通常而言，OSHA 关注的不是紧急救援伤害事件，比如只需绑绷带的小型的割伤。OSHA 有兴趣了解和测量的是超越基本的紧急救援之外的那些伤害事件，比如需要缝针的创面大的伤处。但是，"可记录的"这个术语的意思是指雇主必须在指定年份记录 OSHA 300 日志中列出的那些伤害。

OSHA 300 日志要求对每一起伤害事件记录详尽的信息。信息中的第一项就是案例编号，编号体系由雇主来决定。在公历 2012 年，第一件人身伤害事件可以被登记为 12—001，在这里的"12"指的是公历年，而"001"指的是那一年里的第一起可记录的人身伤害事件。信息的第二项是员工的姓名，员工的姓名必须和雇主登记记录表中的姓名一致。

信息的第三项是员工的岗位名称。岗位名称必须和聘用记录中的岗位名称一致。尽管"维修保养技术员"会被正式地称为"技工"，如果人力资源部门认为"维修保养技术员"是员工的岗位名称，就应该使用这个头衔。

信息的第四项是发生受伤事件的日期。事故发生日期必须和报告事件的日期不同。伤害事件管理计划项目中的关键要素在于要求员工们即时报告伤情，即使员工受到的伤害程度很轻或者很严重。比如说，受伤员工会感到在提举重物时背部很难受。他觉得他可以继续工作，并且认为疼痛会消失。但是，当他第二天早晨睡醒时，他发现很难站起来，一到工作岗位，他就报告了自己的伤情。迅速汇报伤情，经过早期治疗，可以帮助伤员降低伤情的严重程度。在这个案例中，尽管员工是在第二天报告的伤情，但在 OSHA 300 日志中必须记录的日期应该是前一天发生人身受伤事件时的日期。

信息的第五项是人身伤害事件发生的地点。这个信息可以用描述性语言来记录，这种语言很常见，比如"化学实验室"。

信息的第六项是对人身伤害事件的简短介绍。描述内容必须包括伤害事件或者疾病的类型、受到影响的身体部位、是哪些特定事件或者行动导致了这起人身伤害事件。比如说，员工在用美工刀开启盒子时受伤，必须进行缝针，伤情描述可以被记录为"因为美工刀的刀刃割伤了左手掌"。这个简单的描述明确界定了所发生的伤情。

信息的第七项是基于人身伤害的严重程度对伤情进行划分。根据 OSHA 300 日志，对于伤情的划分类别可以界定为：

- 死亡；
- 休假数天不工作；
- 调动工作或者限制工作岗位；
- 其他的可记录的案例。

将一起受伤案例划分到"死亡"的类别，这很显然意味着员工因为工伤事故而死亡。将一起受伤案例划分到"休假数天不工作"的类别，这意味着治疗医师相信伤情严重到员工不能返回到工作岗位，除了事故发生的那一天之外，还必须在家里至少再休息一整天，以帮助伤口的愈合。将一起受伤案例划分到"调动工作或者限制工作岗位"的类别，意味着治疗医师认为员工可以返回到工作状态，但是必须限制工作任务，比如因为背部受伤不能提举一定重量的物体。将一起受伤案例划分到"其他可记录的案例"的类别，这意味着治疗医师正在对伤处进行治疗，但是员工不受任何限制就可以返回到工作岗位。

假如伤处被划分为"调动工作"或者"限制工作岗位"的类别，才能填写日志中列出的信息的第八项。在这个部分，将会记录休伤假的天数或者限制工作岗位的天数。

第九项，最后一项信息就是要描述伤情性质。所提供的选项包括：

- 人身伤害；
- 皮肤病；
- 呼吸状况；
- 中毒；
- 损失听力；
- 所有的其他疾病。

在确定如何记录工伤或者其他疾病时，还有一些独特的争议性问题需要考虑。首先要考虑的就是紧急救援。若是发生了人身伤害事件，员工被送去医生那儿，受伤员工或许只能得到医师的紧急救援。在这时，伤情就不能被记录在 OSHA 300 日志。29 CFR 1904 将紧急救援定义为：

- 在使用非处方药疗效更好时使用非处方药；
- 注射破伤风疫苗；
- 对受伤处的表层皮肤进行清洁、冲洗、涂药；
- 用绷带、胶布、纱布片或者蝶翼型创可贴或者白胶条等包扎伤口；
- 热疗或者冷疗；
- 使用软的材质，比如弹性创可贴、膜或者软背带；
- 在运送事故受伤害对象时使用临时性的固定装置，比如碎片、吊索、护颈、背板；
- 用手指或者脚趾进行操作以缓解压力，或者排除水泡里的液体；

●使用眼罩；

●只通过刺激眼部或者用棉签移除眼部的异物；

●通过刺激，使用小夹子、棉签或者其他的简单方式移除眼部之外的碎片或者异物；

●使用手指防护；

●按摩、物理疗法或脊椎按摩疗法都被认为是医疗手段而予以记录；

●服用液体以缓解热压。

假如在发生人身伤害事件的地点或者诊所使用的是这些治疗手段中的任何一种，这种人身伤害事件就不是可记录的。

另一个需要考虑的争议性问题就是随着索赔的推进，对日志进行修改。员工或许被割伤，需要进行缝针，然后返回工作岗位。伤情最初或许被记录在 OSHA 300 日志上，并且被划分到"其他的可记录的案例"这个类别。两天之后，员工报告觉得伤处很痛。治疗医师约定了诊治时间，以了解员工的伤情，然后发现伤处感染了。于是治疗医师限制员工使用受伤的手臂。OSHA 300 日志必须更新以显示出这些信息。在"其他的可记录的案例"这一栏下的信息被修改，并更正为"调动工作或者限制工作岗位"以显示伤情的变化。

最后需要考虑的一个争议问题就是限制员工工作。治疗医师限制伤者的岗位并不意味着伤情因为影响到工作状态而必须被记录。这种限制必须真实地影响到员工的工作状态。比如说，治疗医师把岗位限制归纳为不得提举超过 20 磅的重物，这种要求就会直接影响到一名维修保养工作人员的工作，或者是一名负责搬运物品的门卫。这时，伤情必须被记录为"受到限制的工作"。但是，对于同样的这种限制施加于运用电脑操作重物搬运的办公室员工则不受任何的影响，该员工仍然可以从事正常的工作。伤情就是标准的可记录的伤情，并且不会被夸大记录为"受到限制的工作状态"。必须根据员工的工作状况来进行限制，并且被记录到OSHA 300 日志上。

除了 OSHA 300 日志，OSHA 还有其他两个属于记录要求之内的必须被完成的文字备案。对于 OSHA 300 日志上记录的每一起伤害事件，雇主都要负责填写 OSHA 301 表格。这些材料通常被当成事故调查表格。在这些表格里，雇主要记录关于时间的明晰信息，比如员工正在从事什么工作、发生了什么事、是什么导致了这次伤害事件。OSHA 允许员工使用 301 表格的内部版本，前提是 301 表格所列出的信息都被录入雇主的表格里。最后的文字材料就是 OSHA 300A 的总结表格，这份材料高水平地涵盖了 OSHA 300 日志在指定公历年份里所包含的所有信息。OSHA 关注的是安置员工、向员工们通报工作场所健康和安全信息。在结束时，OSHA 要求将 300A 总结以醒目的形式发送给员工，以便于员工们收到信息。包含前一个公历年份信息的摘要必须在元月 1 号到 4 月 30 号之间被发送。

OSHA 记录提出的一个挑战就是以公历年制记录信息。学校可能会根据财政年来展开工作，而财政年和公历年是不同的。比如说，学年开始于 8 月 1 号，在 7 月 31 号结束，包括秋季、春季和夏季的活动。和其他的运作数据相似的是，有必要根据这种工作循环期来记录人身伤害事件的数据，这和公历年是不同的。重要的是要根据公历年为 OSHA 记录数据，根据财政年运营学校。尽管累赘，这种制度在维护 OSHA 的规章、根据财政年为学校管理人员提供有意义的数据方面是很有必要的。学校需要根据适用于其他运作数据的工作循环期记录内部数据，同时也根据公历年为 OSHA 记录数据。

伤害事件数据

在学校制度内收集关于人身伤害和疾病的数据会很有帮助，因为它提供了一份清晰的概貌以了解工作场所现存的需要被探讨的争议性问题。尽管学校不受 OSHA 记录要求的限制，但 OSHA 记录规章中包含的信息提供了一个框架，学校得以通过这种框架建立一个国际性的人身伤害和疾病记录体系，以便于提供机会去追踪所发生的事件。不对信息进行搜集和分析，就很难将改善工作场所的安全状况的机遇作为行动目标。

可以采纳的第一个步骤是建立一个人身伤害和疾病报告的工作进程，员工们必须立即向上级报告工伤和病情。上级可以把信息提交给负责工作场所安全问题的人士，以完成工作调查。调查目标是为了了解人身伤害或者病情的所有根源。比起调查应该去责备谁，更应该做的是调查并运用有帮助的信息，改善工作场所的安全管理。在工作环境里可以采取矫正措施，或者通过对员工进行培训，预防事故再次发生。

第二个步骤就是从已经完成的调查报告中搜集信息，界定事态发展的趋势。可以根据特点和严重程度来划分类别和完成这个步骤。根据类别来调查事件可以帮助界定导致员工们受到伤害或者生病的常见原因。比如说，可能会发现在指定时间段里发生的 60% 的人身伤害事件是因为把椅子当作步梯，并从椅子上掉下来。这就会导致在教室里使用步梯，以期为学校员工提供更大程度的安全管理。可以根据伤情的严重程度来调查人身伤害事件，以界定什么地方存在高风险争议性问题。要完成这个步骤，就要了解员工们在哪些时间在某个工作岗位是因为受身体状况所限制，以及员工们为了从伤处和疾病中恢复，不能进行工作的天数。比如说，或许会发现在指定时间里，因为人身伤害事件和疾病，总共有 72 个工作日，员工不能进行正常工作。或许会发现在这些日子里，员工有 60 天因为背部受伤而不能正常工作。这就会引发实施人体工程学项目，探讨正确提举重物的技巧和其他的有关身体机能的争议性问题。

必须统计、搜集和分析关于人身伤害事件和疾病的数据，以界定降低学校里出现的事故率的最好策略。尽管 OSHA 没有提出这样的要求，但学校必须前瞻性地搜集这些数据，界定可以被探讨的数据，为教职员工们提供更加安全的工作环境。

个案研究

萨拉担任伊斯特小学的校长才一年，看到她书桌上频繁出现的教师赔偿支票时，她注意到教师在教室里会出现高伤害率。她努力想找出应该做些什么以探讨这个问题，她从过去的学校记录中进行查找，没有发现任何和受伤有关的数据。目前的状况是不容乐观的，萨拉需要制定一份行动方案。

●哪些信息可以帮助萨拉探讨这个形势？

●她可以采用什么系统以提供正在出现的伤害和疾病数据？

练 习

界定一个单独的学校环境，请你就以下问题做出回答。

1. OSHA 关于学校的规章有哪些适用性？
2. 不论这份全面版本的规章的适用性如何，学校必须立刻向 OSHA 汇报哪些事故？
3. 根据事故严重程度，存在哪些伤害类型？
4. 根据伤害的特点，存在哪些伤害类型？
5. 为什么搜集和分析受伤数据很重要？

参考文献

Occupational Safey and Health Administrantion. （2003）. Recordkeeping. Accessed November 17, 2011. http：//www. osha. gov/pls/oshaweb/owasrch. search_form？p _ doc _ type = STANDARDS&p _ toc _ level = 1&p _ keyvalue = 1904.

第三十一章　人身伤害管理

E. 斯科特·邓拉普（E. Scott Dunlap）

目　录

要应对人身伤害事件，并进行有效管理，就必须提前制订策略计划。这需要基本了解关于工人们的赔偿、职业安全健康管理记录、人身伤害管理实践中最好的处理方式。在伤害管理体系中研究解决这些问题才能创造有利的环境，吸引工人们在受到人身伤害之后尽可能快地投入工作之中，同时控制和伤害事件有关的费用。

可补偿性

判例法和工人赔偿法指明，在决定工作场所发生人身伤害事件涉及的赔偿时，有很多需要考虑的因素。拉森（Larson）等人对工人赔付事件引发的争议问题做了全面的回顾，在处理赔付问题时有两个争议问题。第一个争议问题是伤害是否起因于工作。"起因于"是指伤害事件是由于和工作相关的活动而导致。比如说，一名教师在悬挂装饰物时从椅子上坠落，她从事的这份工作需要她这样去做，因此这个伤害事件的发生是起因于她的工作。

第二个争议问题涉及伤害事件是否在工作期间发生。援引之前的那个例子，一名教师从椅子上坠落。她当时是在完成她的工作，坠落事件发生在她的工作期间，她被要求这样站在椅子上进行工作。因此，这种伤害也就是在她工作期间发生的。

通常而言，假如伤害事件是由于雇员的工作任务而造成，是在完成工作的期间出现了伤害事件，这种伤害就被认为是有偿的。这是界定是否属于有偿的一个简单方式，这种简单的方式能够使我们全面认识环境，从而界定伤害是否有偿。

重要的是了解由谁来决定赔付。负责处理工人赔付的理赔员们将会决定伤害事件是否属于有偿的。我曾经有这个荣幸在美国最大的组织工作。在这个组织中有两个机构，它们在处理赔付问题时依托于工人赔付自保项目来进行，即提前存储经费以支付伤害赔偿。也就是指我们公司自己预先存钱以支付关于伤害事件的索赔，而不是通过购买工人的赔偿保险的方式来支付索赔。我们聘用一个外部机构，也就是熟知的第三方管理人员来管理我们的赔付项目，并派遣处理工人们索赔事件的理赔员们来管理我们的各种不同设施。州与州之间的工人赔付法律区别很大，所以这些理赔员在法律方面都是专家，因为要根据工厂所处的不同地点来实施不同的法规。决定赔付问题的是这些理赔员。

在处理这两个争议问题时，一个很好的方法就是通过一个公正的理赔员来决定赔付问题。想象这样一种情况，你认为这种伤害事件是欺骗行为，应该拒绝这种索赔，这种决定没有考虑到工人们的情感、心理状态，对于工人赔偿法缺乏全面考虑，这种伤害事件将由学校来承担责任、对工人进行赔付。应该咨询学校方面的风险管理人员，或者其他类似的专家，以确定为校园伤害事件所支付的赔偿金额。

OSHA 记录

在另一章里已经进行过更为详细的讨论，要对伤害事件进行管理，前提是对 OSHA 进行简短的讨论。在对人身伤害事件进行索赔时，除了应该符合工人赔偿法的相关规定，工人们还必须遵守 OSHA 的记录规定。必须分别对工人们的赔偿和 OSHA 的记录进行了解，因为它们的条款并不总是相互一致。这意味着对于工人们的赔付并不一定就在 OSHA 上有记录。

用基本的术语来说，假如雇员们需要得到专业的医师诊治，伤害事件就被认为是可记录的。而工人们的赔付程序则是从医师们对工人们进行问诊的那一刻开始，因为即时就会产生费用。但是，医师们若是只需提供基本的紧急医治，这就不需要在 OSHA 上被记录为伤害事件。但是工人们会要求索赔，因为这会产生少量的医疗费用。在伤害事件中，如果医师们需要对伤者进行紧急救护之外的治疗，比如缝合伤口，那么这种伤害事件就可以要求赔偿，因为会产生医疗成本；同时这也可以被看成 OSHA 的可记录的事件，因为需要对受伤处进行适当的治疗。雇主们必须从工人们索赔以及影响 OSHA 记录的不同因素的角度来对人身伤害事件进行管理。

支付给工人的赔付金

支付给工人的赔付金是一个敏感的问题。这个简单的句子会导致疑虑，因为人们会联想到电视上播出的那些趁火打劫的商业律师和登上头版的新闻报道。在工人们的索赔事件中不可能有什么有利或者增值性的情况出现，索赔将会耗费令人难以置信的金额。它们会耗尽工作人员的时间，特别是当受伤的雇员聘请了律师时。学校的伤害率和保险额度也在上涨。每一次在报告受伤害事件时，管理人员都会质疑受伤害事件的合法性。而负伤的员工会从身体、情感以及经济方面受到伤害。简单地说，对于涉及的每个人都很不利。

但是，可以对工人的索赔问题持更为积极的观点。尽管确实存在工人们在索赔中进行欺诈的大量案例，但大部分被报告的受伤害事件都是真实的。雇员确实是受到了伤害，少数的欺诈案例不应该玷污本该在工人们需要时提供帮助的赔付制度的名声。

我们中的很多人会直接或者间接地和一起工伤事件有关联。当我还是一个孩子的时候，我记得我的父亲从煤矿回到家里，手指用黑色的绝缘胶布缠绕着。我问他发生了什么事，他解释说自己在煤矿工作时伤到了手指，所以他就用我看到的这种家用的材料来保护受伤的手指。在我的工作生涯中，我曾经和无数个雇员聊过，他们曾经遭受过或严重或轻微的人身伤害。这些雇员确实受到过伤害，并且需要帮助。正如佩恩纳奇欧（Pennachio，2008，p. 65）所言："没有证据显示能干、诚实而忠心的雇员们滥用这种赔付制度；相反，是这种制度导致了不必要的伤残和高额的成本。"他继续说明关键问题在于创建一种完善的制度，以便于帮助受伤的工人们在有效的进程中恢复健康。

通常而言，工人们的赔付制度是不追究过失责任的，以便于支付在工伤事件中所消耗的成本。不追究过失责任这个短语的含义是指无论谁应该在这次调查事件的过程中为伤亡事故负责，都应该支付报酬。比如说，调查或许显示雇员们在匆匆忙忙地赶着完成一项任务，他们使用走捷径的方法完成工作，以便于赶着回去和朋友们共进午餐。因为匆忙使用捷径，导致发生工伤事件。因为处理工人们的赔付问题是通过不追究过失责任系统进行，因此雇员们仍旧会得到经济赔偿，即使这种伤害是他自己的错误导致的，是他决定使用捷径，而这种捷径又超出了规定的操作步骤。看到这种情形，观者或许会认为对于雇主们来说是不公平的，因为这些伤害事件并不是由雇主们造成的。我是从另外的一个角度来看待这个问题。

尽管所给案例中的这起工伤事故被认为是雇员的过失，但是他并不是故意地这样去做。他急于和朋友们共进午餐，而且他认为自己能够完成工作并按时进餐。他并不是存心想伤害自己的身体以完成工作。一名雇主一生都会有各种嗜好，他一生的言行都会被他所雇用的员工们所猜测。在很多案例中已经显示出这些嗜好和猜测很容易就会导致工伤。

考虑你自己的情况。第一次有人教你如何正确地提举重物是什么时候？是在什么时候有人教你要靠近货物，用大腿支撑身体，避免扭伤？我知道这些时已经快三十岁了。在那之前，我曾经多次在背部用力过多。在工作和娱乐中，我在一段时间里背部感到不适。在我从事的每一项任务里，我都有那种错误的行动而导致背部不适感。幸运的是，我从未遭受过背部工伤，但是很多雇员曾经遭受背部工伤。他们的这种习惯使得他们和他们的雇主们处于受到人身伤害的风险之中。雇员们认为自己执行任务的方式是没问题的，因为他们至今还未受到伤害。这就隐含着这样一种情形，雇主们需要干涉并且告诉自己的雇员们如何安全地进行作业。与其调查那些和事故直接相关的会导致工人索赔的错误行为，不如了解导致发生这些伤害事件的生活体验的概貌。

工人们索赔管理的一个极致挑战就是要了解哪种法律才能适用，因为各个州的立法不同。我是在俄亥俄州开始管理工人们的索赔事项的。我可以在我的公司里向州理赔员以及专家们请教如何在这个州里依据本州的工人索赔法进行工作。然后我就进入合作者的角色之中，我要负责管理几十个州的索赔事件。因为我最初的工作是管理健康和安全问题，我从未想过我会对每个州的工人赔付问题了如指掌。在那样的工作环境之下，我开始了解在各个州须面对的关键问题，并且极大限度地依靠我们的理赔员们，让他们协助我们解决索赔问题并做决定。尽管在各个州之间存在大量的不同，但沃茨（Wertz）和布赖恩特（Bryant）指出在各个州之间的相似之处：

- 第一，不论是否过失，工人们必须得到赔偿。即使事故调查发现工人们存在过错也不重要，工人们也应该得到赔偿。
- 第二，赔偿金必须限制在某些特别种类的成本里。必须支付因为治疗伤处而产生的医疗账单。若伤害导致长期或者短期的身体部位的伤残，就必须支付伤残金。在一些情况下必须进行康复治疗，比如雇工们必须经过治疗才能修复背部伤处。在致命性伤害事故中，则必须支付死亡赔付金。
- 第三，尽管工人赔付在媒体大力宣扬的各种类型的伤害索赔中极为常见，但工人仍然不能在疼痛、苦难和惩罚赔偿金方面获得赔付。在很多案例中，工伤赔偿还禁止雇员们从雇主们那儿索求更多的金钱。工人们的工伤赔偿是作为对相关工伤的唯一补偿。

根据常见的做法，雇主有两种支付工伤赔付的途径。第一种就是工人的赔偿保险。这种做法就要确定一家保险公司，制定保险政策，并且支付相应的保险费用。第二种就是自我承保。大型的机构会选择这种做法，因为这样就可以使得机构吸纳工人赔偿方面所耗费的全部成本。小型机构会选择为员工们购买保险，因为他们可以控制支付保险费用，而不必冒着风险因为一桩索赔官司而影响整个公司的运营。

在对工人们的赔付事项进行报告时，必须涵盖并考虑很多的因素（Wertz and Bryant，2001）。首要因素就是受伤的员工。在事故中受到伤害的个人会将伤情报告给第二方，即学校管理者。校方管理者包括所有的管理人员，比如人力资源经理、安全经理、受伤员工的上级。一旦雇主们（学校）知道了伤情，就要派遣第三方开始工作，这就是保险理赔员。这个人可以是为第三方项目管理者工作的人，也可以是由第四方及支付工人赔偿金的保险公司派出的——假如这个机构属于自我承保型。

在派遣理赔员的同时，还要和第五方联系，这就是健康护理人员。受伤员工们必须立刻接受医师的治疗，他们会对受伤人员进行护理。紧随健康护理人员之后的第六方就是康复服务机构，以便于在伤情严重时提供随后的康复照料。

最后一方就是法律服务。可以从两个角度来看待这个问题。第一，事故会涉及独特而敏感的争议问题，这需要立即和房屋委员会联系，为相关决定提供指导。第二，雇工要和委员会联系，而这又会相应的需要学校管理者和房屋委员会进行接触。索赔运营的整个运作方式使得律师也涉入工人们的索赔事项中。在聘请律师之前，负责工人们的索赔事项的经理人已经和雇员们有过敞开心扉的交流。但是，一旦雇员聘请律师，这一切就会发生变化。在这个问题上，关于索赔问题的主要交流途径将会通过律师来进行，和雇员进行交流的常规性途径则会停止。

索赔最小化

学校对伤害事件进行前瞻性管理的一个途径就是构建一个有效的安全健康管理制度，以减少发生伤害事件的数量（Wertz and Bryant，2001）。工人们的赔偿制度是在事后做出反应，是为了在发生人身伤害事件时支付工人们的赔偿金。减少这些受伤害事件的数量则需要制定一个综合的安全健康管理制度。

建立安全健康管理制度的第一个步骤就是要对学校进行风险评估，明确哪些面临的争议性问题会导致雇员们受到人身伤害。这样做的目的在于确定现存的、会导致员工们受到伤害的潜在风险。这些风险可能包括一些显而易见的因素，比如一个维护保养工人在更换体育馆天花板上的电灯时有坠落的可能性。这些风险也包括一些不明显的因素，比如说腕管综合征，这可能是由长时间的重复性劳动所造成的。在界定这些风险时的一个挑战就是要建立一个团队，这个团队可以从各个不同的学科角度来调查这项任务。一个领导者必须了解这项任务的各个细节，以及在完成任务时会面临的一些典型问题。但是，这个领导者也会忽视这些风险，因为一直以来就是这样在执行任务。后勤人员、维修保养人员、教职员、其他从崭新的视角来评估工作的人士都可以加入其中。

一旦明确了风险，就有必要制定项目来讨论每一次风险。比如说，如果发现一名雇员在执行任务的时候使用化学物品，就需要考虑在使用这些化学物品时会带来的危险。需要查看 OSHA 条款，明确是否有某项法律为这种行为制定过硬性规定。或许能从 OSHA 中发现有关于危机联络标准的条款。正如这项规章制度所规定的，人们已经认识到相关制度对一些事项做出了规定，比如说材料安全数据单、个人保护设备以及雇员培训。所有的这些信息将会被收集并且被整理成一份安全项目书，明确学校管理和使用这些化学物品时应该注意哪些事项。

如果手头有安全项目书，就可以进入对雇员进行培训的阶段。培训项目的自由性体现在对如何培训并没有设定很典型的硬性要求，而只有一些培训应该覆盖的项目清单。对于培训时其他的一些可以自主性决定的事务而言，这种自由度会被滥用。培训事项似乎包括很多。而滥用这种培训自主性的一个简单的做法就是将每个人都召集到一个房间里面，培训者们通过演示PPT文档这种方式进行单向的交流。雇员们可以通过签名以确认参加了培训，那么从技术上来说，这种培训就完成了。但是雇员们是否还记得培训中涉及的任何信息？当他们独自进行工作时，他们是否会使用这些信息？对于学校管理者而言，这种培训方式可以带来很多方便。在费用方面，这样做最实惠，因为培训者在很短的时间内就可以进行培训。这样做很容易，因为培训者只需要制作一份PPT文档，在文档中列出工作注意事项。这样做效率很高，因为大量的受训者可以在计划好的方案中迅速地接受培训。但是这种培训方式有效果吗？可能未必。

进行培训需要雇员们的积极参与，而不是使他们变得很消极。尽管在教室里需要使用PPT以展示基本的信息，但在培训过程中可以通过向雇员们提问和布置练习的方式来提高培训的效果。与其在PPT文档中展示材料安全数据单，还不如向雇员们分发化学物品的材料数据单，可以要求培训者们通读材料，并且讨论他们所阅读的材料。按照这种教室培训的经验，可以带雇员们到学校进行实践性的技能培训。雇员们可以携带个人保护设备，比如在使用化学物品时佩戴手套和安全护目镜，可以向他们提供机会，展示如何安全地使用化学物品来保护自身和周遭其他人士。

在制定学校安全健康管理制度方面，必须牢记在心的一个基本原则就是使雇员们参与其中。在培训过程中，雇员们的参与度越高，他们的主人翁意识就越强。与其制定要求，并且把这些硬性要求作为必须遵守的简单规定，管理者们还不如通过在风险性方面收集反馈信息，以及使雇员们参与其中，控制风险。雇员们每天都会从事工作，他们最适合找出会导致人身伤害事件的潜在因素，并且制定解决方法以保护自己免于受伤。

在安全健康管理制度中，要使雇员们参与其中，一个较正式的途径就是创建一个安全委员会。安全委员会可以包括来自不同部门和班次的雇员们，以便制定安全管理活动内容。这些活动包括对设备进行检测、成为事故调查的一员、提供安全建议、参与到紧随其后的活动中以确保正确地实施安全干预措施。安全委员会成员们的活动不应该被轻视。要发现那些行动迅速并且充满干劲的雇员，他们会对委员会的工作有很大的帮助。需要警惕的一个词是"吃甜甜圈的人"。这指的是那些仅仅为了利益而加入的人，他们是团体的一员，就如同来参加会议就是为了来吃甜甜圈。他们成为团体的一员是为了被重视、被款待或者享受团体所提供的其他利益，而不是因为他们有诚挚的为团队做贡献的愿望。团队中的成员们，较之学校中的其他成员，将会对认知产生更大的影响。

在安全健康管理制度中的一个常见要素就是建立激励机制。这项任务的挑战性就在于设计并且推行这种机制，没有个人私欲地为团体做贡献。盖勒（Geller）列出了一些很有用的信息，以帮助决定在什么时候适合构建一个安全激励机制。有一些很常见的错误，其中之一就是创建了一个制度，而该制度不是基于避免人身伤害的目标制定的。比如说，在指定月份中，如果没有发生人身伤害事件，就会获得一次表彰。尽管我们的目标在于减少伤害事件数量，但建立这样一个激励机制会导致一些不良言行，而这些不良言行会导致对人身伤害事件密而不报。这种类型的激励机制将会导致雇员们对人身伤害事件进行秘密操作，在人身伤害事件的数量减少之时，尽管学校管理人员们认为这种项目是一个巨大的成功，事实却是雇员们只是没有报告所发生的人身伤害事件而已。

另一个常见的错误就是根据团体表现来建立这种激励机制。比如说，一个团队在一段指定的工作时间内没有发生一起人身伤害事件，这个团队中的每个成员就会得到一份奖励。这种做法也会导致雇员们不报告人身伤害事件，因为他们迫于压力，他们知道报告人身伤害事件将会导致整个部门失去奖励。

最后的常见错误就是在建立一种激励机制之后，仅仅奖励几个人。比如说，在某个时间段里，没有出现过人身伤害事件的每个人都来选举团队中哪三个员工可以每人获得一台新的电视机。难题在于尽管参与投票的每个人都符合奖励条件，可实际上却只有少数员工可以得到奖励。

可以设计这样的激励机制，鼓励积极的安全活动，而不是仅仅避免发生人身伤害事件。建立激励机制，奖励员工们参与到安全行为之中。可以制定合法的安全建议，鼓励员工们商讨争议性问题，提供安全解决途径，阻止发生人身伤害事件。可以为员工们提供自愿加入的机会，比如成为安全委员会的成员，或者第一紧急响应团队的成员。这样就有机会询问员工们是受到了哪些动力驱使而去关注安全问题，然后相应地建立员工激励机制。

重返工作

在发生伤害事件之前在一旁等待观望并不是管理安全问题的最好的方式。制订过渡性重返工作的项目计划可以对人身伤害事件进行前瞻性管理。这或许也可以当成是轻负荷的工作项目计划。尽管这两项计划的标题所存在的差异似乎只是在语意方面，"过渡性重返工作"这个短语对于项目应该实现的目标已经定下了一个积极的基调。这个标题有两层含义。第一，"过渡性"这个词的意思是指雇员们处在一个并不长久的阶段。受伤员工们所从事的每一份工作都要满足那个时期身体所受到的限制。当员工的身体伤处愈合时，他就会转而投入新的工作之中。第二，"重返工作"这个短语的意思是说制订计划的目的在于帮助员工们再次从事他们正常的工作。这个短语和另一个容易引起歧义的短语"轻负荷的工作"的意思相反。就标题而言，"过渡性重返工作"很明显是指让受轻伤的员工在重返正常工作之前先经历一个过渡期。

制订过渡性重返工作计划要求学校里每一个管理人员以实际行动做支持。使来自于各个地区的人们参与其中有助于规避会导致人身伤害事故的风险，并且明确帮助员工们回到工作岗位的方式（Gonzales，2010）。进行风险管理的第一个益处就在于可以界定任何一位在工作中因为身体受伤而受到限制的人士所能执行的任务。这或许会涉及一些和身体状况无关的工作任务，比如文案或者账簿审计的工作，这样做的目的在于列出受伤的员工在身体受伤期间可以做的过渡性综合任务清单，制定这样一份任务清单的挑战性在于需要跳出这个任务之外来进行考虑，要界定常规性和周期性的任务很容易，但重要的是界定那些可能会频繁出现的任务。比如说，一位办公室经理可能会把文案工作看成常规性的工作任务，他认为可以由身体受伤的员工来完成。但是在某一个星期，需要给一名受伤员工划拨任务时，却没有需要处理的文案工作，于是局面变得很尴尬。所幸，账簿管理经理将相关工作任务和年度账簿结合在一起，员工是在制作账簿的期间受伤，可以指定这个受伤员工从事制订账簿的工作。

不仅要明确一年里的常规性的工作任务，还需要明确这一年里哪些任务频繁出现，这样做很重要。正如在制定该任务清单时，可以明确在这一年里执行的每一项任务的要点。这份清单会提供一个资源，一旦治疗医师对于受伤员工进行工作时受到的限制给予认定时，这份清单上列举的任务就能够迅速帮助受伤员工们重返工作状态。它的重要之处还在于帮助受伤雇员尽可能快的在事件发生之后恢复到工作状态，以及它能够最为有效的处理机构内部的受伤害类别。较之于因受伤而长期离职，让带伤员工承担体力支出少的工作任务能够帮助其迅速回到工作状态。工作种类应该限制在 OSHA 规定之内，带伤员工才能有此待遇。

风险管理的第二个益处就是有助于对那些受伤员工进行管理。首先，部门里有受伤员工的经理人必须意识到受伤员工的存在，以及受伤员工对于工作岗位有所限制的需求。经理人可以和受伤员工以及工人索赔协调员共同合作，确保满足对于工作限制的需求，以及伤处恢复时受伤员工可以转而执行新的任务。其次，受伤员工的常规经理人需要和他的团队成员们就正在经历的事情进行商讨。受伤员工的经理人必须了解员工什么时候会回来工作，他处于过渡性重返工作的哪个阶段。这不仅仅是出于帮助管理受伤员工的责任感，这还使得经理人可以暂时地更换代替受到伤害的员工，以便于执行需要完成的任务。经理人可能需要征询临时员工的意见，或者对现有职员的工作责任进行划分，以满足工作要求。因为是已经计划的，经理人将可以有效地对工作任务进行规划，直到受伤员工恢复到正常的工作状态并重返工作。

对于经理人而言，在这个过程中的一个风险就是他会有可能失去对于受伤员工的管理权，而移交给负责工人索赔的协调员。这种做法会导致很多的交流问题。在这种制度下，员工会感到很迷失，在伤处恢复之后，他会长时间待在受到限制的工作岗位工作。经理人需要提前做计划，以确保员工可以从这份过渡性的工作岗位上回到正常的工作岗位。

在这个过渡性重返工作计划项目中的重要的一点就是让负责进行治疗的医师知道这个预先的安排。学校可能和专门负责工伤治疗的职业医药诊所有固定的联络。可以采取的第一个前瞻性步骤就是确保负责进行诊治的医师知道这个强大的过渡性重返工作计划项目，只要医师确认需要这样做，这个计划项目就可以帮助受伤员工在限制性工作岗位上立即进入工作状态以及恢复伤处。

可以采纳的第二个步骤就是邀请医师或者诊所派代表前往学校进行一次宣讲。这可以提供一个机会，清晰地界定每一个主要工作岗位任务对于身体状况的要求，以及审核过渡性重返工作计划项目在何种程度上可以迅速帮助受伤员工重返工作，且不论该员工受伤之前的主要工作岗位。和治疗医师建立这样一种关系，可以帮助医师们制定信息更为全面的医疗方案，根据受伤员工的现状进行沟通，以对伤处进行诊治。比如说，一个毫不知情的医师可能会立即要求受伤员工三天之内不得进行工作，以利于伤处的恢复。但是，假如这位诊治医师了解这个完善的过渡性重返工作计划项目，受伤员工就可以转而进入另一个工作岗位，符合这名受伤员工对于工作能力受到限制的要求。

由诊治医师所界定的关于受伤员工的工作岗位的限制并不仅仅是推荐性的，这种限制是一种要求，学校在对受伤员工进行管理时必须遵守这种要求。随着对于受伤员工最初的诊治，诊治医师将会完成一份受伤员工身体状况行为能力的表格，表格里面列出了员工受伤的具体情况，而在治疗过程中，受伤员工们必须遵守工作岗位的规定。这些工作岗位的限制将会是非常明晰化的，比如说受伤员工每天站立不能超过四个小时。雇主们的责任在于迅速知道这些岗位限制要求，并且确保在派分任务时满足这些岗位限制要求，使员工们投入过渡性重返工作计划项目的任务中去。相似之处在于，受伤员工必须遵守诊治医师所提出的治疗意见。受伤员工若是没有遵守治疗计划，可能导致索赔被拒，取消赔偿金。

除了工人们在赔偿方面的规定，在制订过渡性重返工作计划项目时另一个需要考虑的法律问题就是美国残疾人法案（ADA）。制定该法案是为了要求雇主们安置那些具有从业资格的残障人士。当受伤人员的治疗已达到最大范围的用药剂量，但仍然会处于ADA所界定的残障等级时，ADA就会介入。比如说，员工最初因为遇到撞车事故而伤害到手臂，在经过一段时间的治疗之后，医师诊断必须进行截肢手术，员工在手术治疗之后康复，但是他面临着残疾的生活状态。雇主就必须对员工的工作岗位进行评估，了解是否可以合理地安置该员工，帮助他开始工作。在 ADA 涉及的另一个可控领域的争议问题就是残障人士对于自己或者他人造成的安全威胁。要决定是否让一名员工回到他正常的工作岗位，就必须进行评估以确定该员工的伤残情况是否会对他本人和工作环境内的其他人士造成威胁。

维持一个过渡性重返工作计划项目有很多益处。员工将会更有意义地开展工作，成为机构成员而投入康复治疗中，而不是坐在家里。允许员工们从事增值性的工作，尽可能在最短的时间里获得最大限度的医疗救护以恢复身体状态，保障医疗方案的实施，把索赔费用最小化。这也显示了对于员工们的保障。与其抛弃受伤的员工们，不如使他们做出有价值的贡献，完成机构的任务目标。这种方式也营造出一种文化，浸淫其中的员工们感到自己是有价值的，在自己需要的时候是得到照顾的（Bose，2008）。

调　查

一旦发生人身伤害事件，对事件进行调查提供了一个机会，借以收集和事件相关的所有事实。应该在事件发生后就立即实施调查。调查目标是在事件发生的二十四个小时之内就完成最初的调查研究，这样可以尽可能多地收集相关的信息。尽管这种方式对于调查基本的事件是可行的，比如员工滑倒或者坠落，或者手腕部骨折这些事件，但或许不适合在大规模灾难中发生的人身伤害事件。根据发生的事件的不同，需要开展、数星期甚至数月的复杂的调查研究才能完成信息收集工作。

对于事件进行调查研究必须了解关于何人、何事、何地、何时以及为什么这些问题。应该明确哪些人介入事件之中。这就包括员工们、合约商们以及参观者们。调查还应该界定什么人目睹了事件的发生，或者是继发性事件的目击者。应该调查发生了什么事，包括预先的或者在事件过程中涉及会导致伤害事故发生的其他人士，在相关活动中安排受伤的员工。调查研究应该确切地界定伤害事件发生的地点，不仅仅是笼统地声称"在学校"，提供的信息应该明晰化，比如说，陈述伤害事件发生在计算机网站附近的图书馆。应该明确界定伤害事件是在什么时间发生的，不仅仅是声称"在上午"，信息应该包括"大约是在早上 9：20"。最后，调查应该明确为什么会发生伤害事件。对这前面的四个问题，可以用事件发生的接近时间给出回答，但是根据事故的复杂性程度，对于为什么会发生人身伤害事件的回答可能会追溯一天甚至更长时间以确定。这最后一步的目标在于明确根源。

为了最有效地回答在调查中所涉及的所有问题，重要的是使很多人参与其中。与其把事件的调查仅仅限制到一个人来负责，比如安全经理，倒不如让很多了解事件过程的人来参与调查。这样有助于从各个角度探讨信息，以便于正确地了解伤害事件的根源。从事同样或者相似工作的员工们可以提供在事件发生时有关他们工作情况的材料。维修保养技术人员可以就一定设备和所提供的保护措施发表自己的观点。事件发生地的管理人员可以对出现的常规进程以及在那个环境下工作的员工们的责任来陈述自己的看法。每个人的参与有助于确保在进行调查时没有忽略任何事项。

一旦结束事件调查，就需要采取正确的行动。将要采取的正确行动有两个层面的含义。第一，必须采取正确的行动以阻止事故再次发生。这包括对那些在知识和技能方面还不够的员工提供培训，还有可能包括改变周遭物理环境以改善总的工作条件。

第二，也是更为敏感的方面，就是那些受到伤害的员工。这也应该被看成一种被遵守的行动规则。调查会显示出员工们受到伤害是因为员工们忽视之前接受的培训，不遵守已制定的工作场所安全政策，而决意采取不安全的行动。这种类别的正确行动通常而言包括四个层面。首先就是教练记载，其次是第一次书面警告，然后是第二次书面警告，最后是严重警告。当终止聘用时会进行严重警告。这个过程中的理念就在于如果发现员工违反了安全操作的要求，教练会记载下来以激励违规员工在以后的培训中遵守操作规则。假如员工没有纠正错误的操作方式，再次出现违规现象，就应该给予第一次书面警告。假如受训员工们仍然没有纠正错误的操作方式，又出现违规现象，就应该给予第二次的书面警告。当员工们出现第三次的违规现象时，就应该对他们发出严重警告，并最终终止聘用。根据违规操作的严重程度，也可以跳过一些步骤。比如说，假如一名员工想当然地违背安全管理的要求，把其他人的生命当作儿戏，根据伤害事件的严重程度，则应该直接做出终止聘用的决定。这个过程中的一个重要部分就是根据发生的各种伤害事件实施相应的惩治性的行动。因为简单的错误就解聘员工，对于严重违反工作章程的员工只是给予记过处分，这样做是不对的。应该根据人力资源部门所制定的惩治性行为政策来执行。

在探讨惩治性措施时，重要的是关注在书面材料中列出的四项。

● 清晰界定员工违反的公司政策或者计划项目。比如说，假如员工没有把设备关闭好，学校的安全锁定工作程序将会被界定为违规。

● 明确说明员工哪些行为违反了计划项目要求。比如说，可以说明该员工只是把电源开关按至"关闭"，却没有关闭设备的电源。

● 为了阐明哪些行为是被允许的，需要声明该员工需要完成的任务。可以简单地说明该员工需要遵守安全锁定工作程序。

● 假如员工没有采取正确的操作方式，就要对他们采取惩治性的措施。这可以采取常见的声明形式进行，说明以后采取违规操作将会导致惩治性措施，其中包括终止聘用。

在调查中整理的所有文字材料应该保密。这包括调查表格、目击者声明、惩治性措施表格。但是，可以共享学校系统内的常规信息，以便于协助阻止出现这样的伤害事件。

在对工作地点发生的人身伤害事件进行管理时，一个关键的步骤就是对所有的伤害事件进行量化方面的广泛调查。这样做有助于阻止未来的人身伤害事件，进行调查也有助于提供支持以受理或者拒绝索赔。比如说，员工可能会报道在工作不久就伤到了他的背部。在进行调查时，你可以从碰巧录制了员工在事件发生的那一天开始工作直到他去吃午餐的隐秘摄像机中获取片段。证据说明人身伤害事件不是在执行任务的时候发生的，所以这个证据有可能否决索赔。在同样的这个问题上来看，调查会显示出有事实证据证明人身伤害事件是在工作时发生的，可以受理索赔。尽管耗时，但在人身伤害管理中进行全面的调查所取得的回报是令人难以置信的。

欺　骗

事实上，员工们遭受的人身伤害事件和工作有关，会使员工们感到痛苦。但是，有一些被报告的索赔是被欺骗性的。尽管我们不应该总是质疑是否被欺骗，但是我们在进行索赔调查时，必须尽职调查以确保没有发生欺骗行为。沃茨和布赖恩特提供了有助于探讨潜在的欺骗行为的信息，如下：

总而言之，进行欺骗行为是为了获利。这可能是被报告的背部受伤，以至于数天不能上班。员工事实上没有受到人身伤害，这样的夸大性伤情报告，能够得到的好处就是可以在家休养一段时间，与此同时，不用上班就能够领取部分的工资。

这样的事件被界定为典型的欺骗行为，但是员工们在赔付金方面进行欺骗所得到的经济回报则远不止员工们夸大受伤程度的经济所得。医师对于伤情和医疗措施进行夸大其词的报告，以提交账单获取赔偿金。医师延长索赔时间，能够从经济上获利，通过因为治疗而产生的账单来获得更多的收益。

代表受伤员工的律师或许会采取欺骗行为，通过增加不必要的索赔成本从客户或者律师事务所最大化的赚取金钱。我们都见识过商业性的声明："假如你因为工作而受到伤害，我们会为了捍卫你的权利而战斗。"不要认为所有的律师事务所都充斥着欺骗行为。他们事实上为受伤的、被雇主们不公平对待的员工们提供了服务。但是，律师们可能会操控程序以谋取更多个人收益，而这些收益已经超越了伤害的实际部分。

雇主们会在工人们的赔偿金方面进行欺骗，还会利用工人们的赔付保险费用或者是索赔金来牟利。雇主可能会被诱惑和扭曲事实，企图降低工人们的赔偿金和保险费。

欺骗行为具有诱惑性。工人们的赔偿法律体制是用来帮助员工们的，员工们很容易就可以利用这种体制。但是，雇主们会觉得有诱惑性，在工人们的赔偿金方面绞尽脑汁地去否决本该是合法的索赔行为。这样做会导致修改信息，而不是简单地陈列事实。

和欺骗行为做斗争的一个简单途径就是和员工们建立联系。监管者应该频繁地和员工们联络，出现在工作场所。与其待在办公室里，不如在工作地点让员工感受到监管者的存在。这意味着得到员工们的支持，也为监管者们提供了员工们正在从事的活动的第一手信息。这会降低发生欺骗行为的概率，因为员工们觉得雇主会看到他们的行为。

经理人和员工们可以接受教育，根据制度来深入调查和管理所有被报告的受伤害事件。这种经过沟通的审查工作将会帮助学校里的每个人了解哪些情形能够获得赔偿，明确那些欺骗行为。负责工人赔偿金事宜的管理人员会帮助营造良好的工作环境，并对伤害事件和索赔做出回应。

可以对收益进行评估，确定学校体系是否为员工们提供了足够的整体服务。比如说，如果没有提供足够的健康护理保险，就要为员工们提供平台以说明自己在家里出现的身体受伤现象是在工作时造成的，帮助工人们获取赔偿金。休假期也是一个争议性问题，如果不提供足够的休假时间，员工可能会欺骗性地报告一次背部伤害事件，以争取休病假的时间。

学校管理者可以聘用指定的工人赔偿金理赔员。这个人会客观地对待索赔问题，界定索赔相关的争议性问题，而这对于识别欺骗行为是很重要的。

要界定由哪位医师来进行工作，确保为所报告的受伤事件提供了正确的治疗。可以邀请医师前往学校，和接受治疗的员工们建立关系，以提供帮助。

可以和索赔有关的各方面人士进行公开沟通，包括受伤员工、进行治疗的医师、员工的经理、负责管理员工受伤之后新安置的工作岗位的经理、工人赔偿金理赔员和律师们。和每一位进行沟通将会有助于获取和索赔有关的正确信息，这种方式有助于明确那些单方面信息和其他方面信息不一致的欺骗行为。

个案研究

萨莉（Sally）是一位十年级的数学教师，她正在装饰自己的教室，为数学节做准备。就在那一天即将完成工作的时候，她站在椅子上，在天花板上粘系彩带。当她伸手去够天花板时，她失去了平衡，掉到了地板上，立即感到右边的踝关节一阵剧痛，她一拐一拐地回到办公室，向校长报告了自己受伤的事件，她感到很难堪，因为所有的教师最近都接受过关于如何在高空安全作业的培训。他们都被告知了在椅子上攀爬时的禁忌事项，但是萨莉的新步梯还没有送到，她被送往医生那儿并接受 X 光透视，显示了轻微的骨折现象，在经过治疗之后，萨莉被打了石膏。治疗医师告诉萨莉在重返工作之前，要在家里休息三天，养自己的腿伤。

● OSHA 记录和工人赔付争议都涉及哪些问题？

- 你如何帮助 Sally 调岗以重回工作？
- 应该采取哪些纠正行为？

{ 练 习 }

根据以下问题，界定这个学校的环境，然后给出你的回答。

1. 是否可以根据工人赔偿金进行索赔，而不是 OSHA 记录？用事例来加以说明。

2. 可以运用哪些工具以帮助你避免遇到工人赔偿金索赔官司？

3. 你如何设计安全激励项目？解释你为什么设计这些元素。

4. 制订过渡性重返工作计划项目为什么很重要？过渡性重返工作计划项目和轻负荷工作有什么区别？

5. 在对人身伤害事件进行调查时，你会调查哪些人？为什么？

6. 在探讨欺骗行为时，你认为最有帮助的工具是哪些？为什么？

参考文献

Bose, H. (2008). Returning injured employees to work: A review of current. Strategies and concerns. *Professional Safety*, 53 (6), 63 – 65; 67 – 68.

Geller, S. (1996). *Working Safe: How to Help People Actively Care for Health and Safety*. Chilton Book Company, Radnor, PA.

Gonzales, D. (2010). Integrated approach to safety: Fewer lost time incidents. And greater productivity. *Professional Safety*, 55 (2), 50 – 52.

Larson, L., and Larson, A. (2000). *Workers' Compensation Law: Cases, Materials and Text*. Lexis Nexis, Newark, NJ.

Pennachio, F. (2008). The myth of the bad employee. *Professional Safety*, 53 (6), 66.

Wertz, K., and Bryant J. (2001). *Managing Workers' Compensation: A Guide to Injury Reduction and Effective Claim Management*. CRC Press, Boca Raton. FL.

第三十二章　度量指标

E. 斯科特·邓拉普（E. Scott Dunlap）

目　录

关于学校安全听证的前一个章节阐明了测量学校安全操作情况，以及了解安全管理制度运作情况的必要性。除了审计评分，还有很多的度量指标需要评估，才能确定学校安全计划项目运营到哪个程度。在对工作场所安全运作情况进行测量时，负责安全计划项目的人士会发起大量关于运用超前和滞后指标的讨论。布莱尔（Blair）和 O. 图尔（O'Toole）阐明了衡量不同种类的可以使用的度量指标，和挑选那些有效的引导安全文化发展的度量指标的必要性。尽管经常运用的是一些滞后指标——比如说伤害率，还有工人们的赔偿金额——在机构组织测量时仍然需要前瞻性地进行预测，以积极地引导未来的运作。主要的度量指标包括通过行为观察的方式来界定员工们工作时处于什么程度的安全状况，又或者是可以执行并且有依据的安全监测量。马努拉（Manuele）认为可以挑战性地运用大量对指定事件起影响作用的变量，以预测积极的安全运营情况。这些观点为学校管理者们提供了一个机会，既可借以了解那些能够使用的安全度量指标，也可以使用那些能够对机构组织产生积极影响的变量。

伤害率

衡量安全运营状况的常见度量指标之一就是伤害率。伤害率可以用公式进行推算，在推算时需要考虑所评估学校的工作时数。把某一年的受伤人数乘以 200000，再除以那一年里的实际工作时数，就可以计算出伤害率。公式中的数字 200000 是一个常量，就是指每个人每星期的工作时数是 40 小时，每 100 个人在 50 个星期的工作总时数是 200000 个小时。伤害率计算的是那一年里每 100 个人受到伤害的事件比率。下面是两个例子：

- 学校 A：在过去的一年里，全体职员们工作了 75000 个小时，其间发生三起受伤事件，伤害率为 8.0。

● 学校 B：在过去的一年里，全体职员们工作了 14000 个
小时，其中发生五起受伤事件，伤害率为 7.1。

这些事例显示出，简单地把伤害率当成衡量安全操作的标准
会很荒谬。尽管在这一年里，学校 A 比学校 B 少发生两起伤害事
件，但是学校 B 在安全操作方面却被评估为做得更好，因为它的
伤害率要比学校 A 低。使用伤害率作为度量指标，根据每所学校
的工作时数，以及发生的伤害事件数量，可以对两所不同的学校
进行比较。

伤情性质

可以对一个学校或者学校系统发生的伤害事件种类进行评估，
以确定在某处存在某种风险。可以根据不同的类别对伤情进行划
分，比如说第一种：

- 割伤；
- 拉伤/扭伤；
- 扭伤；
- 眼睛里有异物；
- 烧伤。

第二种对伤情界定的方式就是通过受伤的原因来进行划分，
比如说：

- 滑倒/绊倒/摔倒；
- （从高空）坠落；
- 提举重物；

● 被物体击中。

第三种是根据伤情的严重程度来界定伤情。职业安全健康管理署使用以下类别进行划分：

● 有记载的；

● 工作受到限制的；

● 剥夺工作时间的；

● 致命的。

总的来说，被记载的伤害事件属于需要经过医生治疗的事故等级。尽管有例外，就如 OSHA 记录所探讨的，假如一名员工必须送往诊所或者医院接受治疗，那么这种伤害通常就被认为是需要记录的。一起基本的被记载的人身伤害事件可以被强调成受伤人员在工作时必须受到限制。假如治疗医师限制受伤员工在工作中使用某个身体部位，而不使用这个身体部位将会影响他的工作，那么受伤员工根据医师要求到指定工作岗位则可以进入工作状态。假如治疗医师认为受伤员工需要在家里休息一两天以养伤，伤害事件就被认定为会剥脱工作时间。假如因为工作环境而发生死亡事件，这起事件就被认为是致命性的。

要搜集所需信息，界定事件性质，就必须对事故进行全面调查。可以进行事件调查，搜集 OSHA301 表格要求的相关信息。雇员位可以使用这份表格或者所在机构制作的表格，只要其可以体现 OSHA301 表格里的内容。在事故调查表格中应该记录以下信息：

● 员工信息：

  ● 全名；

  ● 地址；

● 出生日期；

● 受聘日期；

● 性别。

● 治疗医师信息：

● 治疗医师姓名；

● 健康护理机构的名称和地址；

● 员工是否在急救室中接受治疗；

● 员工是否在医院过夜。

● 事故相关信息：

● 案例编号（由雇主来编排，比如 12—001，在这里"12"指的是公历 2012 年，而"001"代表的是那一年里发生的第一起事故）；

● 伤害发生的日期；

● 伤害发生的时间；

● 员工开始工作的时间；

● 伤害事件发生的时间；

● 在事件发生之前员工正在做什么；

● 发生了什么事；

● 伤害事件或者疾病的性质；

● 对员工造成伤害的物体或者材料；

● 假如发生死亡，死亡发生的日期。

表格上显示的有助于记录事故的额外信息包括：

● 目击：事故目击者的姓名和职务名称。从目击者那儿获取书面陈述材料也会有帮助，这样可以对事故进行全面核实。

● 矫正方法：一旦核实发生事故的原因，可以采取矫正措施有效地防范事故再次发生。比如说，假如教师在教室里悬挂装饰物时从椅子上掉下来，那么需要采取的矫正措施就包括购买步梯、训练他们正确地使用和存放步梯。

进行调查研究旨在明确事故发生的根源。尽管这只能得出显而易见的结论，比如说不安全的行为即刻引发这起事故。对所有根源进行深层次探索会找到额外的非常重要的原因。比如说，为了制定防止学生们从椅子上坠落的措施，基本的测量工具就是询问五个"为什么"问题，以充分了解需要的信息。

- 为什么教师会坠落？因为她正站在椅子上进行攀爬。
- 为什么她要爬椅子？因为身边找不到步梯。
- 为什么没有步梯？因为她的教室里没有存放步梯。
- 为什么她的教室里没有存放步梯？因为预算经费不足，难以购买步梯。
- 为什么预算经费不足，难以购买步梯？因为经费被投入其他项目之中。

这些都是基本问题，这个例子显示出虽然我们常会谴责教师们采取不安全的行为，但教师们采取冒险行为的真正原因是预算经费不足，无法拿到教学工具来帮助他安全地完成他的任务。很重要的一点就是要超越事故发生的表层原因，去了解根源，这样就可以采取正确的矫正措施，阻止再次发生这些事故。

侥幸逃脱的未遂事件

和调查伤害事故类型相似的是，侥幸逃脱的未遂事件也可以用具有前瞻性的工具来进行测量。简单地说，侥幸逃脱的未遂事件是一场事故，在这场事故里具备所有可以引发伤害事件的因素，但是却没有发生任何伤害事件。比如说，教师或许会提及她之前正站在椅子上悬挂装饰物并且滑倒，但是在掉到地板上时她又稳住了身体重心。虽然没有真正发生任何人身伤害事件，但是这个工作环境很容易就会产生伤亡事件，假如这名教师没有控制好自己。

　　侥幸逃脱的未遂事件可以被看成一次警告，意味着在体系中存在不足，这同时也提供了一种可能性，借以调查受伤未遂事件获取信息，以便采取矫正措施应对伤害事件。这意味着教职员们需要对侥幸逃脱的未遂事件进行报告，充分地调查事故，并且在出现伤害事件时采取矫正性措施。可以对侥幸逃脱的未遂事件进行评估，以确定是否存在不安全的行为或需要重视某些条件，并且通过培训员工和交流安全操作经验，改善工作环境。

行为观察

　　在 20 世纪 90 年代早期，基于行为观察的安全管理成为一种新兴的工具，它具有前瞻性，已经超越了对于侥幸逃脱的未遂事件进行调查的层面。较之于等待伤害事件或者伤害未遂事件出现，然后根据事故调查提供的信息做出反应的方式，这种基于行为观察的安全管理方法认为应该在工作环境里观察行为，以便于前瞻性地进行预测。通过审计数据可以获取信息，和员工们进行交流。组织机构内部安全管理是值得关注的问题（O'Toole and Nalbone，2011）。在观察单上，可以对行为进行量化分析，界定这种行为是否安全。表 32 - 1 就是这方面的一个范例，通过这种方式可以观察被监护人。

　　这些信息可以被印制在容易携带或使用的卡片上。重要的是看到卡片顶端提供常规信息的部分没有留出空白处填写缺失的姓名。这种方式基于一种理念，该理念认为对员工进行观察时，要让员工们觉得放松。假如在观察的过程中出现了一些麻烦，被观察的员工们需要知道自己没有惹麻烦。事件、活动、地点、工作岗位的名称，这些信息可以被列入不同领域，在这些领域里，可以把数据划分成不同类别进行评估，了解事态发展趋势。

表 32 - 1　行为观察表样本

日期：	活动：	
地点：	工作岗位：	
活动	安全	风险
交流	× ×	× ×
使用安全标志	×	
个人保护设备	×	×
安全工作流程	× ×	
总计	6	2
安全百分比	75%	

行为测定是通过计算安全行为和风险行为发生的次数来进行的，每当出现这些风险行为时，就在相应的栏目里画"×"或者标记号。在这个事例中，一名被监视者正在使用特殊的清洁方式以清除橱柜上的乱写乱画留下的痕迹。在观察期间，被监视者有机会和三个在不同时间走进他的工作区域的局外人进行交流。他和其中的两个人很清楚地进行交流，但是没有和第三个人说什么话。这就产生了两例很安全的被检测行为，和一例风险性的被检测行为。在工作地点放置的唯一一个标志物是一个手提式的安全标志物，他把这个手提式安全标志物放在了合适的位置，导致了一例被检测到的安全行为。完成这个任务要求使用护目镜和安全手套，但他只使用了手套。安全行为之一是提醒他使用手套，而引发风险之处在于没有提醒他佩戴护目镜。要完成这个任务需要采取两个安全步骤：第一个步骤就是在攀爬高处时使用步梯；第二个步骤就是使用排气扇以增强

工作环境里的空气流通。他采取了这两个步骤，出现两个被观测到的安全行为。

一旦这种观察行为被记载，相关数据就会被添加到相应类别的行为总数。在这个事例中，一共有六个安全行为和两个存在风险的行为。在这总的八个行为里，我们发现有六个行为被界定为安全行为，所以这项任务被估量为安全级别为75%。需要关注的不是那些已经发生的工伤事故，比如说用伤害率来计算伤害事件，这些度量标准对安全运作进行积极的前瞻性预测。可以根据数据库或者电子数据表格里的数据进行一段时间的观察和测量，以提高安全操作水平。

在不同的工作任务中，这些被测量的行为会发生变化。需要对校园系统中的每一项任务进行评估，以确定哪些行为在维护安全工作方面是至关重要的。可以在卡片上明确记录这些工作行为，在一段时间内采取这种方式来估测安全的工作行为。

安全委员会活动

可以对安全委员会活动进行测量以确定活动的层次，以及委员会及其成员们的工作情况。成立安全委员会旨在为组织机构中工作的个体提供机会，使他们积极加入安全操作活动，而不是接受安全经理或者风险经理的调查。因为学校里存在不同的团体，可以规定团体构成比率、决定委员会成员数量，比如说，员工中的70%是教员，那么在安全委员会中大约70%的成员来自教员。安全委员会人数应该被限制在12个人，以确认顺畅开展工作。常见的学校安全委员会成员应该包括以下人士：

- 教员（6）；
- 管理人员（2）；
- 监护者（2）；

● 维修保养人员（2）。

可以调整这种组成结构，适应学校和机构组织中不同团体的需求。

可以对委员会的活动进行测量，确保委员会的运作是富有成效的。安全委员会内部可以测量的活动包括：

● 举办会议的数目；

● 所制定的安全管理建议的数目；

● 所实施的安全管理建议的数目；

● 被调查的事件的数目；

● 制定矫正性措施，以阻止再次出现风险事件；

● 实施矫正性措施的数目。

可以指派安全委员会成员，使他们觉得作为机构的成员是一种荣誉。如果谁被接纳为委员会成员，以及执行后继活动，谁就会被信赖和被介绍给其他人士。

伤害成本

伤害成本是一种度量指标，它可以作为评估事故严重程度以及经济损失的途径之一。认识这一点很重要，因为在降低伤害率和降低伤亡经济损失这二者之间，存在着一种内在的关联。了解这个问题的途径之一就是观察管理人员所患的腕管综合征。腕管综合征属于积累性损伤。在计算机网络中心从事重复性劳动会导致腕管部位出现炎症，如手腕部位发炎，这就需要通过外科手术治疗，还会占用工作时间，只有进行治疗才能获得一定程度的康复。尽管在计算伤害率时，这种现象只能代表一次伤害事件，但用美元计算花费成本则相当惊人。

这种伤害成本会直接占用学校的经费预算。不论是自我承保，或是实施工人赔偿金保险政策，都会受到这个影响。指定自我承保的工人赔偿金计划项目预先存储了一笔钱，而这笔钱原本是用来支付工伤费用的。在发生人身伤害事件时，就从这个账户中支钱，而在出现伤害事件时，学校就会面临直接的成本损失。在伤亡事件和索赔官司时，工人们的赔偿保险政策会得到重视。不论怎样管理这个成本，就学校而言，最有效的做法就是要引导和工作相关联的伤害事件所耗费的经济成本，制定阻止出现伤害事件的措施，以相应地减少成本耗费。

审计评分

对于安全运作而言，审计评分是一种前瞻性的测量方式。通过运用审计手段来衡量学校内部对于已建立的机构标准和政府规章制度的安全运作情况。对正在接受审计的安全项目的每个方面都要进行提问。对这些审计问题的回复给出相应的评价分数，这个分数会作为一个度量标准用来衡量工人们的安全操作情况。安全审计的种类包括：

- 年度审计：年度审计是典型的综合审计类型，因为这是用来衡量学校安全管理体系中的每一个安全要素的。年度审计需要对文字材料进行审计，以确定安全项目计划书和辅助性的文字材料是否正确。学校要采取硬性监管，以确定在工作地点正在实施的项目运作情况，并进行访谈以了解员工们可以就他们曾经培训的安全话题进行什么程度的回应。年度安全审计需要用一天的时间来完成。

- 日常事务管理审计：对日常事务管理进行审计主要是了解学校环境的安全状况。制定这样的审计方式是为了了解任何有可能导致滑倒/绊倒/坠落伤害事件的危险，比如说没有及时清理漏油、火灾隐患、过度堆放大量易燃物质。日常事务管理的审计活动可以每个星期或者每个月进行一次，每次需要几个小时来完成。

- 火灾审计：和日常事务管理相似，火灾事故审计关注的是发生火灾时有关生命安全的争议性话题。它包括检查消防泵是否可以操作、清理堵塞的洒水喷头、清理紧急情况时人群疏散使用的出口路径。和日常事务管理审计相似的是，可以每个星期或者每个月进行火灾审计，每次需要几个小时来完成。

以上列举的是如何实施审计手段、运用审计手段来测量安全运作的三个例子。也可以根据学校的需要制定和实施其他方面的审计工作，比如道路控制审计，基于行为而展开的审计，以消除学生中出现的欺凌行为。进行审计时可以灵活变通地满足学校的需求。可以长时间量化审计成果，引导人们的安全操作行为，并和教职员工们进行交流。

目标和策略

对安全目标策略和进展情况进行测量可以了解学校取得的成就。可以根据安全操作方面存在的挑战来制定每个学校个性化的安全目标。每个目标可以包括一些需要采取的重要策略，使用这些策略有助于达到既定目标。采取这些策略可以为学校相关人士指明个人行动方向和帮助达成目标。以下是关于安全目标，以及使用这些策略达成目标的一个范例。

- 目标1：降低学校10%的伤害率。
- 策略1：在学年里，对全体教职员工进行安全培训。
- 策略2：进行基于行为的观测，以确定在什么场合会出现安全行为，共享最好的操作方法；并界定在什么场合会出现风险行为，并确定改善措施。

• 策略 3：实施人类工程学项目以探讨重复性运动造成的伤害，这些重复性劳动造成的伤害占了学校所有伤害事件中的最大比例。

• 目标 2：提升安全交流层次。

• 策略 1：每个月向全体教职员工发送电子版本的关于安全管理内容的实时通讯。

• 策略 2：在一整年里的所有有关教职员工的年度会议日程中涵盖安全问题。

• 策略 3：创建关于学校安全管理内容的网站，教职员工、合约商以及家长们可以访问这些网站。

这个范例中的两个目标很简单，可以被实现，令人印象深刻。他们没有使用复杂的词汇或者概念，只是直接探讨面临的挑战。教职员工们可以注意这些策略，以决定他们要采取何种方式帮助校方达成目标。一名行政管理助手自愿和学校里的其他自愿提供素材的教职员工一起建立学校安全网站。一名教员自愿加入扩展性的人类工程学培训，以便于建立对学校有帮助的人类工程学项目。在这个过程中，每个人都可以在学校安全项目运作中成为主人，并且致力于改善学校安全运营。

员工福利

学校安全被看成一件需要每天花费 24 个小时、每个星期花费 7 天时间的任务。很难想象一个人的行为在学校里是安全的，可是他的行为却不符合学校外面的行为规范。员工福利就属于这样一种领域。在该领域里，安全管理被拓展到学校财产之外的领域，对个人行为产生影响。

尽管员工们的医疗记录是保密的，健康护理保险公司还是可以提供员工们在医疗索赔官司中所需的常见数据。可以使用这些信息建立激励机制和项目计划，调查索赔根源。比如说，或许会发现健康保养费用的额外部分和妊娠有关。这就提供了一个机会来实施健康妊娠项目，为准妈妈提供信息和咨询服务。或许会发现大量的健康护理费用和肥胖有关。这就需要制定一个项目，为员工们提供免费服务，使员工们成为体育馆的会员，同时设立激励机制，以鼓励教职员工们进行需要的锻炼活动。

实施福利项目可以从两个方面对学校体系有所帮助：一方面，人们生活更加健康安全。可以探讨和健康方面相关的争议性问题，并引导教职员工在减肥、降低体内胆固醇含量、降血压方面获得体验，同时在如何形成更为健康的生活模式方面获取更多的知识。另一方面，通过实现更多的出勤率和降低医疗成本，校方可以从中受益。

个案研究

埃利丝（Ellis）校长为了实现校园安全而努力工作。校园里恃强凌弱的现象日渐增多，而员工群体的伤害事件一如既往的令人担忧。她没有在学校设定全职安全管理人员，她需要找到一种途径实现学校内部安全运作。教职员工们提供了很多有益建议，讨论学校在其他领域的安全运作情况。

- 埃利丝（Ellis）校长没有设定全职的安全部门全面负责安全操作问题，并在出现问题时提供帮助，她能否更进一步地探讨她在安全领域关注的问题？为什么？
- 使用哪些度量指标可以帮助她达到目标，提高安全操作？

$$练　习$$

假定在一个单独的校园环境里，根据以下问题，相应地给出你的回应和答复。

1. 如何计算一所学校的伤害率？

2. 对伤情性质进行分类，衡量解决争议性问题的最佳途径是哪些？

3. 列举学校里的一项特定任务，并且描述你是如何设计行为观测卡片以评估工作表现的。

4. 哪一些类型的审计对于测量学校安全运作很有帮助？

5. 列举适用于学校的五项安全目标，为了达成目标，为每项安全目标提供主要策略。

参考文献

Blair, E., and O' Toole, M. (2010). Leading measures: Enhancing safety climate and driving safety performance. *Professional Safety*, 55 (8), 29 – 34.

Manuele, F. (2009). Leading and lagging indicators: Do they add value to the practice of safey? *Professional Safety*, 54 (12), 28 – 33.

O' Toole, M., and Nalbone, D. (2011). Safety perception surveys: What to ask , how to analyze. *Professional Safety*, 56 (6), 58 – 62.

第三十三章　联络和项目进展

丽贝卡·施拉姆（Rebecca Schramm）

目　录

当城市、州或者国家被不安全或者不健康的社会问题困扰时，或许最好的长期解决途径就是组织一次由 K － 12 教育机构发起的大规模的教育活动。在教室里张贴免费传单，提醒孩子们：进食时要保持健康、遵循食物金字塔；在毁灭性的大风暴席卷之后避免踩踏或者靠近倒地的电线。崇尚绿色生活、抵制恃强凌弱的欺凌行为、抵制网络上的欺凌行为、在驾驶时避免编辑手机短信（或者边走路边编辑手机短信），这些都是一些新兴的有趣的话题，从小学到中学的教育者都在谈论这些话题并制订课程计划，教导年轻人如何避免伤害，保持自身健康和环境安全。

许多教师都很擅长于亲自设计以学生们为中心的课堂活动，又或者从视觉训练和开发智力方面来激发学生兴趣，这些教师最适合成为被广泛推广的教育运动中的战员。有很多不同的理论可以解释如何帮助学生们理解概念，其中的一个理论就是霍华德·加德纳的多元智能理论。诺伦（Nolen，2003，pp. 115 － 118）声称人类有八种智力，包括语文智力、音乐智力、数理智力、空间智力、人机交往智力、自我认知智力、自然主义智力和存在主义智力，这就要求教职员工们调整教学策略，满足学生们个体化的需求。因此，教师们经常发现他们在设计大型的教学计划。不论是作为支持者在现场拍卖会上购买商品，或者是作为资金募集者在超级市场发放供试尝的免费食品，教师们参加活动时表现得都很好。社团会提前设计并组织活动、制订活动计划、分发传单、设置游戏奖金，甚至是组织志愿者们进行宣讲，通过这些途径向教师们宣传安全教育信息。

现行安全项目

在 20 世纪 80 年代被命名为 "D. A. R. E."（抵制滥用毒品）的教育项目就是一个很好的范例，它向民众阐释了在教室里如何使用安全教育大纲。根据安妮斯基威佐（Aniskiewicz）和威索

（Wysong）的观点，关于毒品走私的媒体报道，以及和毒品有关的暴力行为共同导致了毒品危机（Aniskiewicz and Wysong，1990，p.727）。"D. A. R. E."旨在对学龄儿童进行抵制滥用毒品的宣传教育，而这一话题和20世纪80年代的商业宣传成为社会关注的焦点（创建无毒品美国，n.d.）。广告画面是煎锅上放着一块黄油，这时会出现特写镜头，画外音说"这就是毒品"。然后一个鸡蛋被放到这个平底煎锅，很快鸡蛋就被煎成白色，然后画外音就说："这就是你正在吸食毒品的大脑，还有什么问题吗？"这样做是为了促使年轻人和老年人停止使用毒品刺激他们的大脑。

事实上，特巴查（Trebach）声称"制订各种不同的干涉计划就是为了对毒品危机做出反应"，这些禁毒计划被媒体称为打击毒品犯罪的战争（Aniskiewicz and Wysong，1990，p.727）。安妮斯基威佐和威索对"D. A. R. E."教育项目进行了报道，该课程计划由17个星期的课堂讨论组成，这些课程由穿着警服的警员们主持。它们是小型的讲座，探讨的是关于对同龄人施加的压力说"不"这些话题（Aniskiewicz and Wysong，1990，p.728）。英勇的警员们出现在这些教师们的课堂里。警员们被派遣到美国的各个教室提供服务，帮助孩子们避免使用毒品。邀请嘉宾们身着警服前来发言，带着事先准备好的教学计划，这种方式使教师们更容易和他们的学生就安全问题进行探讨。即使在这些激励人心的演讲者们离开教室之后。

在K-12课堂里进行安全教育时促进师生互动的另外一个好例子就是给孩子们发放红色的消防头盔。教师们也会在小学课堂里分发亮绿色的贴纸，"这种自粘标签上画的是一个绿色的做鬼脸的人，他伸着舌头，这种设计是为了让父母们为所有常见的家居毒品贴上标签，告诉孩子们这些贴上标签的毒品是不能被尝、被吞和被吸食的"（Fergusson et al.，1982，p.515）。教师们还会向学生们发放毒品控制闪示卡的宣传册，并制订计划和组织相关活动。一些组织机构，比如说疾病控制中心也会向教师们免费进行提示和宣传相关理念，在教室里不仅可以进行禁烟宣传，还可以就驾驶时编辑手机短信的行为做出回应。这些途径为教师们提供机会，通过使用预先设计好的封闭式教学大纲来体现教学中的差异。激励教师不断寻找途径启发自己的学生，以及整合安全教育课程供教师们使用，这两种方法，哪一种更好呢？

在每天的教学任务中设计教学互动环节、融入安全知识所带来的益处不仅于此。学生们在学校学到了安全方面的知识，他们也会把这些知识传递给他们的父母、祖父母以及每天照料他们的人士。教师们可以通过探讨安全话题来启发学生，并影响社会文化的一些领域，比如系上安全带、心脏健康、枪械安全以及阻止细菌传播。

"妈妈禁止酒后驾驶"（MADD）这个项目就是另一个展示教师们与致力于安全教育的演讲者们如何进行合作的例子。那些曾经因为酒后驾驶而遭受打击的家庭成员有时候会提及他们因为酒后驾驶而失去了他们所爱的人。因此，如果国家希望社会更加稳定，就需要逐步实施变革，可以通过预先设计教学计划和教学大纲、分发传单、设计网络游戏的形式来宣传禁止酒后驾驶的理念，通过政府和非营利性机构组织来推动这种宣传。

D. A. R. E. 和MADD可以被划分为给老师们设计的"被动式课程开发"和在教室里采取被动式安全沟通策略。教师们通常需要确定他们的学期教学计划中是否设计了讨论话题，这种做法通常会在全校推广，或是每年都得到来自上级机构或者社团志愿者的支持。比如说，每年的中学毕业晚会之前的那个星期最适合讨论酒后驾驶所造成的悲剧，而MADD的志愿者们是最佳参与者。在七年级和八年级放暑假之前推广禁烟或者禁毒项目会很有效。因为学生们在那个假期将会有时间进行个人体验，而这也是他们人生中第一次没有被幼儿护理员们监督。在幼儿园新学年伊始，消防队员们会成为被邀请的固定演讲者，为全体入园儿童进行全园范围内"英雄"单元的演讲，以推进面对学生而开展的消防教育。

实施这些大规模的项目需要花费更多的时间，根据相关的事故而不仅仅取决于教师个人的选择来制定项目内容。制定项目是重要任务，而不是仅仅在期中或者期末时才需要考虑的内容。相应地，校园安全另一个需要沟通的问题是指在教室里强制实施安全沟通策略。这种类型的安全规则，与旅行者们在登机时、开始新的工作接受安全疏散培训，又或是遇到紧急医疗事故呼叫救援时需要接受的安全规则是相同的性质。

演 习

学校每年都会进行演习，应对火灾或者是更加严峻的天气状况，确保老师和学生们知道在发生火灾时如何逃生，以及在出现旋风和飓风时应该怎么应对。教师们可能认为管理人员（例如校长）只是组织演练，但事实上，整个活动最重要的训练就是保护学生和教职员工的生命安全。教师是成功演习的关键，他们对于演习的态度是至关重要的。

无论这究竟是一次演习，还是发生了真正的影响教师教学的火灾事件，所有人的目光立刻都会投向教室里的领导者。当警报拉响时会听到尖叫声或枪击声，警察们会来到现场，甚至会爆发一场打架斗殴事故，而教师们则扮演现场指挥官角色。他们或许多年来一直讲授创造性写作、代数方程式或者西班牙语课程，但是他们在基本的安全管理方面付出了多少实际努力，而不仅仅是进行基本的教条式的练习呢？在一篇关于设计教室管理计划的文章中，卡皮齐（Capizzi）声称：

> 教师们在教室里所拥有的自主权范围应该和每个教室的场景、学生群体相一致，通常会受到教室里各种因素的控制，比如说年级、正在讲授的学科，以及学生的学业技能水平（Capizzi，2009，p.3）。

对于那些在教室从事课堂教学的教师而言，说比做更为重要。但是在涉及安全问题时，很重要的一点是了解在拉响"警报"时应该怎么应对，教师在真实或虚假的安全场景中沟通合作的方式将会阻止事件进程抑或有效地结束此次事故。可以训练、讨论、记载这种"故障管理技能"。在出现危机时，可以大幅度地提高成功的可能性。

所以最重要的警报是什么？控制面板发出的蜂鸣声应该被忽视，还是应该得到教师们的回应？我们应该在什么时候开始疏散，我们应该在什么时候入驻建筑物内部的避难场地？学生们是否应该拿一本书顶在他们的头上？教师们是否应该在离开教室之前关闭窗户？严峻的天气灾害会使年轻人和处于成长期的孩子们同样感到恐慌。坦率地说，任何一个曾在教室上课的教师都会说，很常见的蜜蜂或者黄蜂在教室里飞舞时都会引起大规模的慌乱现象，所以教室里会出现很多不同类型的问题，这些问题使学生们变得慌乱并发出真正的警报。

教师们的行为

在天空变得阴沉时，缺乏安全感的学生们就会感到恐慌，教室气氛会变得令人警惕。假如教师们能够控制自己的情绪，显得沉着，其他人就会跟随教师而行动。根据门德勒（Mendler）等人的研究，当教师们和管理人员们尽可能表现冷静时，特别是在发生混乱的时刻，学生们的表现也会好（Mendler and Mendler，2010，p. 29）。但是，年纪稍大的学生们可能会利用这个机会搞恶作剧。比如说，高年级的学生或许会在火灾演习时开玩笑，即使火势真的很凶险。在教学楼的四楼发生大火，被困人群里有 30 名学生，火势很凶险，学生们吓得脸发白，假如教师们表情显得很轻松，保持严肃冷静，并且具有决断力和领导风范，那么较之那些没有把自己当成领导者，也没有把学生当成追随者的教师们而言，就会更能成功地带领学生。

"当学生们的身边是一位很自信的教师，不会把局面弄的颠三倒四时，学生们就会表现很好。"（Mendler and Mendler，2010，p. 29）事实上，若是你领导学生时不够沉稳，其他的教师在忙他们的事，那么你的表现就会不利于维护局面（在这个过程中，你的表现可能会使努力维护安全局面的老师们感到沮丧）。

除了演习之外，还有一些每年必须遵守的安全规则和政策。很多教育系统每年都会讨论安全问题，明确规定"消除毒品"和"禁止携带武器"，对学生和教职员工实施严格的网络管理政策，在新学年里向学生们发放关于入学信息的文字材料。彭茨（Pentz）发现"当地的政策改变采取了一些直接的途径，比如说禁毒地区的发展和导向问题，制定使用毒品的社区政策，以及制定限制年轻人接近烟草和酒精的政策"（Pentz，2000，p. 260）。每个教室里的教师都是学校安全项目的执行者。在每个新学期的开头，所有教育人员需要宣传禁毒和禁止携带武器的重要性，或者是根据学校政策，探讨正确使用网络的重要性。这样一些重要的提醒将会帮助学生们做出更好的决定，而当教师们发现学生们的行为不符合学校规定时，就需要采取措施，维护校园安全和安保。

了解政策以及制定教学大纲很重要，但是学生们还需要知道教师们在安全场景中扮演着领导者的角色，学生们必须遵从教师们的领导。无论处于什么年龄，无论当时正在讨论什么课程话题（不论是艺术、体育、数学、音乐、二年级学生的生活或者物理）。在研究教室纪律的课程中，门德勒等人发现，"在学生们面临不同的困境时，通过规范学生具备的技能，教育者们可以向学生们展示在遇到危机时如何才能有效地避免伤亡"（Mendler and Mendler，2010，p. 30）。谈到安全联络问题，情况就更严重。学生若是不遵守操作步骤或者政策，就会出现严重的受伤和死亡案件。无论教师讲授哪门学科，无论他们对哪个年级的学生讲课，无论学生处于什么年龄段，只要他们抓住关键所在，和学生进行有效的沟通就可以救助学生，或者减少对环境造成的影响。

沟通媒介物

给学生讲课并不仅仅是站在教室的前面。很多学校已经用白板替换了黑板和粉笔，用电视屏幕替换头顶上悬挂的突出物，以及即使在现代社会中也不会过时的沟通方式：公告栏。公告栏上张贴着各种艺术作品、资金募集者散发的传单和对于即将举办的活动进行的通报，以及在 K－12 教育设置中最常见的任务分配。学校的门廊处经常会摆放不同颜色的广告纸板，关于糖果店待售的糖果、一桶一桶的冰冻甜品，又或者是邀请学生们前来参加即将举办的音乐会或者是书展。在建筑物内部，用屏幕演示 PPT 也可以和学生们分享信息，就即将到来的事件进行交流。玛盖特罗伊德（Murgatroyd）声称：“想、制作，是执行教学任务中至关重要的部分，要挑战学生前来参与活动，制造一些产品，提供其他人认为很有价值的服务”（Murgatroyd，2010，p. 266）。实施安全沟通项目时的一个很好的策略就是使学生们加入团队并接受专家们的指导，以可视性形式，共同商讨关于安全管理的话题。让学生们在课堂里运用海报设计和 PPT 展示他们的构思会很有帮助。

教师们不仅在公告板上演示和示范，还会根据季节变换、不同的教学大纲以及特殊的来访者来设计不同的活动内容，比如说根据家庭开放日、嘉年华、意大利面条晚餐或者是家长会的不同内容悬挂不同的单元素材。教学大纲指导几乎总会包括一些额外的学习资源，比如说照片、图表以及学生们需要亲身参与的各种活动，以训练学生们的学习思维。教师们就像孩子们的父母，根据课程设计以及课外活动的不同，他们每天可以接触 15 个到 200 个，甚至更多的学生。教师们已经成为一个持续平台，可以通过教师这个平台分享新的理念，而这些新的理念可以对维护社区安全和保障产生积极的影响。

假如教师们希望每天加强实施纪律（即安全）政策，他们可以在教室里用多种方式来进行。当一个校长希望改进学校现状时，他首先会帮助教师们取得成功。通常会在学校里开展运动，提升安全意识。彭茨发现"会导致政策性变化的社团组织和项目有助于维护社区安全，尤其是那些和预留经费、贯彻项目执行、对项目起实施和引导作用有关的项目"（Pentz，2000，p. 267）。在制订学校危机事件应急预案计划时，至关重要的是探讨安全保障的安全沟通强制策略问题，它有助于降低会影响健康的风险，在发生危机事件时保护全体学生的生命安全。

学生们演示

在学区制定大规模推动项目很重要，在学校内部制定的一些小项目也可以作为安全沟通策略。教师们可以设计任务，指定一个小组/学生们进行演示，话题清单可以包括安全话题，探讨在某个区域或者是全国范围内发生的事件。战争或者环境灾难，比如油泄漏事件也属于这一类话题范围。在这种情况之下，教师们实际上是在制定一种"混合式安全沟通策略"。教师们并没有探讨单元课文的结构或者特定的话题，而是通过课程设计或者制定教学大纲告诉学生们如何在团队中进行工作，如何训练良好的沟通技能。

在小教室里让学生们进行课堂演示能够训练学生们的公众演讲的技能以及小规模的沟通技能。教师们经常听到一种说法"那些自己都不知道该怎么做的人却在教别人应该怎么做"。这是一个经常被提及的笑话，但实际上每天每次的教学就是一个学习应该怎么做的过程。教师们应该怎么做才能让自己的思想沉下去再冒出来，创造那种令人哈哈一笑的时刻？和学生们探讨教室安全策略，帮助孩子们知道教师采取了哪些有效的安全措施。教学工作最艰巨之处在于每个学生都是一个个体，他们有不同的情感、精神、身体状况，每天的交往能力也不尽相同。根据诺伦的说法，"若是教师们根据学生们的要求设计课程，根据学生们的需要来上课，就会有助于提高整个班级的学习兴趣，教师们的任务之一，就是照顾和帮助孩子们、促进他们的智力发展"（Nolen，2003，p.119）。在制定和发放小组讨论话题清单时，比如"保护水供应""哈利波特故事书"，可以由学生们分成小组选择他们自己感兴趣的话题。假如他们想深究这个话题，比如如何使世界成为一个更为安全的地方，那么教师们就在课堂教学中提供一种场合供学生们探讨这个问题，播下一颗安全意识的种子。

沟通策略

最后，教师们可以在任何场合为孩子们的成长创造机会，使孩子们对于教室里采取的安全措施有所了解，使孩子们更加意识到安全安保的重要性。在教室里，教师们如果对某体育团体或者孩子们喜欢的卡通人物感兴趣，就可以对他们的教室进行主题装饰，这种方式可以体现教室特色。假如教师们重视环保和回收利用再生资源这些话题，那么他们就有可能以此为中心来设计教学内容。通过这种途径，教师们也可以在他们创造的教学环境当中，创建行为榜样模型。

另外，教师们也可以利用世界性的事件，比如战争或总统选举作为课堂教学的题材。许多教育者会在教室里打开电视机，和学生们一起实时观看在世界贸易中心发生的恐怖分子袭击事件。根据费利克斯（Felix）等人的说法，"不论是俄克拉荷马城市发生的炸弹爆炸案件，还是2001年9月11号，恐怖分子在学校工作时间发动的攻击事件，在事故发生时，大多数事故现场附近社区里的学龄儿童和青少年都在学校"（Felix et al.，2010，p.592）。这样一些事情会影响教师们教学的方式。在"9·11"事件过后的那些年里，一些教师会在社会学研究领域或是根据英语课堂教学编写一些有目标指向性的关于美国恐怖主义的单元教程。费利克斯等人指出"教师们极大程度的想知道如何界定并且处理学生们遭遇创伤事件后在精神和情感面临的困境"（Felix at el.，2010，p.602），一名好的教育者要寻求途径和学生们进行沟通，而安全事故为师生们提供了沟通机会，师生们通过设计教学活动，推动安全项目的实施，维系彼此的联系。

在我们的教育体系中，教师们很大程度控制着他们在课堂里讲授的内容。在严密组织的学校体系，严格制定课程大纲，教室里的不同教师使用相似的教学方式（小组任务、文件包、期刊等），并且在同样的基本时间里讲授，遵循教学大纲的要求（例如所有七年级英语课堂使用同样的小说作为十月份前两个星期的"创造性写作"课程的题材）。组织不严密的学校系统，在制定课程大纲、提供标准化的培训、使用课本、控制测试这些方面做得很有限。但是，组织关于安全项目进展的讨论，以及组织教师们在整个项目中的参与程度的讨论取决于教师们所在学校的机构组织的状况。

学校越是组织有序，安全项目就运作得越好。但根据玛盖特罗伊德的观点：

> 对于学校和变化的描述就是，它们处在变化的最前沿。现实问题是，它们让人们看到的感受到的几乎和 25 年以前是一样的，尽管不知不觉地使用了新的科学技术，制定了新的目标，但是这些目标很难被完成，新的评估方法大量涌现，但是会分散学习注意力（Murgatroyed，2010，p. 260）。

即使学校没有我们所期盼的那么先进，没有根据我们国家的年轻人的需求来组织教学（无论学校的课程大纲设计的多么好），这种现状也并不意味着教师们不能在他们自己的课堂里相对自主地设计教学内容。玛盖特罗伊德认为，"撰写简单的论文、读书报告、设计制作关于科学研究的海报——这一些都是有价值的——应该要求学生们和社区团体进行项目合作，这些做法能够取得更大进步（Murgatroyed，2010，p. 266）"。对于教师们而言，安全问题是教学素材的最佳选择。作为一名教师，最大的快乐在于他能够把自己的优势带进教室，他能够自主决定如何教书，不论他在怎样的教育体制下工作。

很不幸的是，在很多场合，安全问题和防范措施没有被迅速结合。在发生重大事件之后，人们才会重视制定安全措施，而不是作为一种前瞻性的推动，正如卡恩（Kann）等人在关于美国学校健康政策的简短摘要和回顾中指出，"学校大部分工作就是为了应对危机而做准备工作、制订适应当前形势的修复计划，如疏散计划、封锁校园计划、对计划进行定期回顾、和学校人员建立交流沟通机制"（Kann et al.，2007，p.394）。教育的主要目的在于提前告诉人们应该怎么完成任务，除非这项任务是预测工作能力的或是需要完成基本工作。对于教育者而言，这些影响校园安全的事件如枪击案件、在火灾或者恶劣天气里造成的损失，是安全教育的一种后退。对于涉及安全问题的老师而言，他们的第一反应就是觉得注意力被影响，这些老师会考虑这样一些问题比如"我为什么不能提前得到这样的警报，为什么我不能对这种培训花更多的注意力和精力"，在事故刚刚发生之后，通常会涌现大量关于事故对教师、学生和教育设施影响的讨论。父母、社区、警察、校方队员甚至心理工作站都会立即加入修复活动之中。在清除灰尘之后，需要迅速回顾和制订这些计划，教师们每天仍然要负责课堂教学，以及引导新的安全交流话题。将安全保障话题和课程大纲融为一体，将会成为一种教学要求，而不仅仅是阻止发生事故。

教育者需要了解到制定一个好的安全预案要几年时间，而在发生事故之后的一段时期通常要处理心理问题，对于枪击事件而言，没有简单的以不变应万变的行动方案。在学校制定更为合适的安全预案之后，教师就要严肃地执行。正如潘帕斯泰莱恩欧（Papastylianou）等人所报告的，在教学方面存在某些压力源。

工作压力、工作环境、由于复杂性而导致的教育角色的含糊性和出现的冲突、管理人员提出的彼此冲突的要求、教育领导力带来的压力、缺乏职业成长的机遇、缺乏资源、和同事之间关系不好、低收入、和学生家长们之间的紧张关系、教师们对于自己和学校的期待、缺乏管理上的支持（Papastylianou et al. , 2009, p. 297）。

尽管不是每个教师都存在压力源，重要的是要考虑到教师们必须勇于改变。不论形势多么艰难，教师们都可以采取新的计划，或改变过去的做法，假如教师们不接受这种调整，就会极大程度阻碍或者延迟采取安全措施和进行安保活动（表 33 – 1）。

另一个需要关注的重点就是意识到制造厂家、教堂或者学校正在制定新的安全预案，以应对政治问题以及过去的思考方式面临的挑战。要求学校内部所有教职员工们从上到下认真工作。校长、秘书、保管员、维修保养人员、食品工人、志愿者、教练、学生，特别是教师都会受到新的安全计划的影响。通过在教室里采取消极的、强制的、混合的以及有目标的沟通策略，教师们可以决定在对年轻人的教育中将如何扮演至关重要的角色，并在教育场所执行安全计划。

表 33 – 1　改变联络措施

学校重大变化	计划中的教师任务	区范围内的变化
添加内部、外部安保措施	学校里工作人员和学生的安全和安保措施同样重要	需要倾听家长们的意见，学校为了接收评论而办的网站，或者投件箱或者允许和学校进行交流的音频邮件会起作用。在改变政策使父母们表达意见时可以进行调查。询问家长会组织机构以探讨添加额外的安保人员
添加大门入处限制	每天使用和辅助使用个人通行证章，以保证通过大门不会导致堵塞。提醒家长们通过联络（邀请参加教室聚会/假期活动等）以更方便地进入。了解安保威胁以及如何保护财产是第一步	在人烟稀少的邻近地带，环境管理很重要。学校应该计算和记载出入者人数。运送货物的卡车也应该被记载，接送学生的时间（高中停车场）也是一个重大问题，需要被探讨

学校重大变化	计划中的教师任务	区范围内的变化
常规锁检查	当分配给你这种任务时，不要忽略常规锁检查的重要性。在文档和图书馆书籍下可能藏着毒品或者武器。教给你的学生们检查锁的规定。告诉学生们不要共用锁，因为谁若是放置某些危险品，他们就要担负责任	锁被认为是学校的个人财产，但实际上不是。家长们可能不会同意这一观点，但是因为安全风险的存在，学生们的安全比学生们的个人隐私更为重要
新的整体的安保政策培训	耐心对待执行新的安全规则的人士。其他人会按照你的做法来做。在任何能够参与的时候参加活动	项目的所有权通常在没有受过特殊培训的人士手上。除了个人电子邮箱，通常没有别的收集问题和投诉的方式。进行安全项目维修保养的定期审核、更新以及提供新的培训；这不是一次就做完的事
志愿者背景信息检查	询问姓名，提前为聚会以及必要的活动安排志愿者。根据政策规定，不能偏离要求。和家长们进行联络，告诉家长们你需要他们到你的教室来，但是来时必须对于背景信息进行核实	要了解登记的费用。学校对于负面和敏感信息的处理将会是学校工作人员讨论的重点，因为教师需要通知家长们这不是志愿性的。在政策开始生效之前，需要探讨哪些过失是可以被原谅的
照相机或其他计算机技术安保系统的保养以及管理建筑物（建筑管理系统）	假如看到什么不同寻常的事物，或者听到报警声就向维修保养人员示警（照相机上跳动的灯，或者错误指向的照相机）。了解报警意味着什么，如何以正确的方向进行疏散，不给维修保养人员制造额外的麻烦	维修保养人员必须有技术能力对于照相机系统或者建筑物管理系统提供维修保养操作，并且需要提供额外的培训。父母们会感到孩子们的隐私受到侵犯，因此需要让他们知道照相机没有被放置在私人场所，比如上锁的房间或者休息室。还需要严格的政策帮助人们了解在什么时间对于照相机片段进行审核，如何存储照相机，以及根据所界定的争议性问题来制定目录

学校重大变化	计划中的教师任务	区范围内的变化
就管理工作人员支持的安全改变措施添加争议性图表	通过学习新的政策和提供安全方面的培训对管理人员进行支持。不要负面谈论学校员工或者工作人员，而是聆听和了解他们的忧虑，帮助学校调整以后的工作计划以尽可能制定最好的安全工作方案	争议性的人物不会待很久，但是有时候他们会在离去之前迅速改变形势。他们会关注因为发生悲剧事故而制定的安全项目的进展情况，但是他们不能找到中间地带进行处理。有时候在悲剧发生之后，这些改变是即时的，有时会缓慢的经过很长时间
新的证章系统要求工作人员和学生们每天佩戴证章	每天佩戴证章，假如学生们没有正确佩戴，要求学生们（初中或者高中）待在门厅处有证章的地方。询问没有证章或者班级里没有佩戴证章的学生们的姓名	家长们会觉得佩戴身份证章会把孩子们数字化，所以学校需要探讨身份认证的重要性。各个区可能会因为其他原因而使用证章，比如为午餐筹集经费，或者登记图书馆的图书。教师们可以在复印处使用身份证件，这样就可以把文档交还给单位，或者在计算机上使用身份证件作为登录信息，这样证章就成为日常生活中的组成要素

在任何环境都应该把新的安保标准、工作流程和物理改变综合起来加以考虑。在生产厂家、政府建筑大楼、银行这些工作环境里，有一群成年人正在拟定计划，加强安保工作。但是，随着K-12安全和安保整合计划的出台，学生们仍然接受家长们或者监护人直接照顾。校区需要在工作地点和成年人们探讨安全和安保措施的调整及变化，学校不仅要考虑到工作人员和学生们的感受，还要考虑到家长们的感受。在日常事务中，这不是一件小事，在学校范围内，这个工作就显得更加重要。

改变就是成长，成长初期通常会带来不舒适感。新技术的启动如同设置停车场的大门、旋转栅门或者摄像集成，会令人兴奋，获得收益，但又很难处理。新的政策会带来压力，给一些工作人员、学生、家长、不同社区造成不舒适感。但是在步入制定安全预案的最后阶段即安全措施整合阶段时，以及持续改善预案时，学校将会变得更加安全。

可以制定政策，并组织培训，让学生们和教师们知道如何应对紧急情形比如工作地点的暴力事件，这些措施会降低伤亡率，提高生存率。科恩（Cohen）、艾伦（Allen）以及海曼（Hyman）概括了如下要点。

要制定政策，向教师们提供培训机会，提高他们的社会技能和情感沟通技能以及阻止暴力的技能，保持健康状态，对处于 pre-K 层次风险的学生们进行早期干预，消除欺凌现象，积极探讨受害者的行为和旁观者的行为，提高对于多变状态的忍耐力，积极引导学生们，非暴力地有礼貌地解决问题，整合暴力阻止措施，避免在工作场所因为个人情感倾向而影响工作，评价目前所采取的暴力阻止措施的优势和限制性，把这作为制订计划的出发点。

和"学校工作人员和学生的安全安保问题同样重要"这个说法相似的提法已经成为任何学校的真实的口号时，社区领导就知道他们的学生们正受到很好的保护，避免受到附近教育单位的暴力侵袭。

个案研究

一名新的教师很兴奋地在另一个州参加三天的会议。当她回到学校时，她很兴奋地在自己的教室里采用了新的技术，但却不满足于和她的同事们通过发言传声器分享关于设计学校安全和安保计划的自由的网络信息。她和她的导师进行交流，告诉他关于邀请所有教师去她的教室观摩的计划，他却认为没有这个必要的。他认为她可以自行警戒，学校是安全的、不存在引起麻烦的事物，邀请所有教师前来观摩会造成忧虑。

- 她是否应该根据最初的计划分享信息？为什么？
- 假如她不分享信息，她还有什么选项？假如她不采取最初的计划，会出现什么事？

1. 用表 33 - 1 作为参照，列出并且讨论安全和安保方面出现变化的三个附加挑战，以及学校会出现的分区。

学校重大改变	计划中的教师任务	区范围内的变化

2. 根据以下列表，界定 K - 12 中的安全话题中教师们在教室探讨学校系统内的安全和安保教育问题时会出现的话题。探讨话题会涉及年龄层次、教师如何在班级演示材料、什么学生能够在上课最后进行陈述（例如课堂目标）。

   a. 消极的安全联络策略；

   b. 强制性的安全联络策略；

   c. 混合型的安全联络策略；

   d. 目标性的安全联络策略。

参考文献

Aniskiewicz, R. , and Wysong, E. (1990) . Evaluating DARE：Drug education and multiple meanings of success. Policy Studies Review, 9 (4), 727 - 747.

Capizzi, A. M. (2009) . Start the year off right：Designing and evaluating a supportive classroom management plan. Focus on Exceptional Children, 42 (3), 1 - 12.

Cohen, J. , Allen, J. , and Hyman, L. (2006) . Creating a safe, caring and respectful environment at home and in school. Brewn University Child & Adolescent Behavior Letter, 22 (12), 8.

Felix, E. , Vernberg, E. M. , Pfefferbaum, R. L. , Gill, D. C. , Schorr, J. , Boudreaux, A. , Garwitch, R. H. , Galea, S. , and Pfefferbaum, B. (2010) . Schools in the shadow of terrorism：Psychosocial adjustment and interest in interventions following terror attacks. Psychology in the Schools, 47 (6), 592 – 605.

Fergusson, D. M. , Horwood, L. J. , Beautrals, A. L. , and Shannon, F. T. (1982) . A controlled field trial of a poisoning prevenion method. Pediatrics, 69 (5), 515 – 520. Accessed March 17, 2012. http: //www. sfu. ca/media – lab/archive/2007/387/Resuorces/Readings/MrYuk% 20Field% 20Trial. pdf.

Kann, L. , Brener, N. D. , and Wechsler, H. (2007) . Overview and summary: School health policies and programs study 2006. Journal of School Health, 77 (8), 385 – 397.

Mendler, A. , and Mendler, B. (2010) . What tough kids need from us. Reclaiming Children & Youth, 19 (1), 27 – 31.

Murgatroyd, S. (2010) . "Wicked problems" and the work of the school. European Journal of Education, 45 (2), 259 – 279.

Nolen, J. L. (2003) . Multiple intelligences in the classroom. Education, 124 (1), 115 – 119.

Papastylianou, A. , Kaila, M. , and Polychronopoulos, M. (2009) . Teachers' burnout, depression, role ambiguity and conflict. Social psychology of Education: An International Journal, 12 (3), 293 – 314.

Partnership for a Drug Free America. (n. d.) . Brief history. Drugfee. org. Accessed March 17, 2012. http: //www. drugfree. org/brief – history.

Pentz, M. (2000) . Institutionalizing community – based prevention through policy change. Journal of Community Pschology, 28 (3), 257 – 270.

第三十四章　作为领导力原则的安全

罗纳德·多森（Ronald Dotson）

目　录

时间：1990 年 9 月

事件：工作人员和军官会议；A Co·4th CEB 查理斯顿，西弗吉尼亚

在 1990 年的 8 月 2 日这一天，伊拉克的军队武装力量穿过边界进入了科威特，当时我在北卡罗来纳州的勒任营，我接到命令，要求我不返回预备队，而是转入作战部队。可事实上，我被送回西弗吉尼亚的四横巷。我很困惑，因为我即将在马歇尔大学拿到我的学位，至少在那个学期。被遣回到预备队为亚洲西南部的战略部署做准备，这是一件令人兴奋，但同时也让人提心吊胆的事情。早在九月我就感受到一种气氛，而这种气氛从那时开始就影响着我在担任指挥人员时的工作状态。

在工作人员和军官会议上，与会人员简短地了解了有可能面临的任务，并且总结了先遣队将会接到的任务，即把伊拉克武装力量从科威特驱逐出去。我们了解到关于伊拉克的防御部署，我们也知道了特种兵是如何前进并通过巨大的障碍的，比如说鸿沟、狭道、铁丝网、地雷、炮火和盔甲的层层障碍。

一名海军陆战队的高级作战参谋和一名普通的海军陆战队团级中士开始询问进攻防御工事的作战计划。这支作战部队曾经接受艰苦的训练，期待这场战争，并且一直计划从两侧进行攻击以牵制敌军力量。这位海军作战参谋继续询问作战计划，而他和这位高级官员之间争辩式的讨论有着好的前提。他关心的是海军军官们的安危，而我忙于考虑的则是如何使用我的重型武器装备，清除障碍，完成面临的任务。

随着谈话的继续，我清楚地认识到在会谈室海军领导人员可以分为三种类型。第一种类型的人就如同这位作战参谋，着眼于全局，关心的是海军们的福利，他询问的问题和当下无关。第二种类型的人是沉默的，他们相信自己的长官们不会盲目地使海军陷入危机。第三种类型的人就是我这样的，考虑的是制订训练计

划和如何成功地完成作战任务。第二种类型的人之所以保持沉默的另一个可能性则是因为他们没有那种盲目的要完成任务的想法。海军部队纪律严明，但是他们并不是不敢在机密会议上倡议或透露他们想法的盲目的追随者。

这些与会军官的共同点在于他们考虑的是士兵们的安危。不论在什么时候，军队安危的重要性都不会逊于领导力。尽管在制订全盘作战计划时会考虑到士兵的个人安危，并且把维护士兵安危当成作战计划的一个部分，但是仍然不能盲目奉行。构建领导者和追随者之间关系的核心在于建立信任感。没有信任感，就无从构建这种关系。

我走出会议室，我知道从这一刻开始，我将毫无疑问毫不犹豫地把士兵们的安危放在首位。我知道安全问题会激发所有人的行动积极性。安全是领导力的原则。追随者们必须能够感受到领导者对于追随者人身安危和事业的正确关怀。

历　史

对于安全问题的关注可以追溯到公元前 2000 年，那时的撒玛利亚人就以书面形式制定了建筑法规（Goestch，2002）。撒玛利亚人以司法体系闻名，他们信奉的是"以眼还眼"。为了修建牢固可靠的建筑物，撒玛利亚人制定了建筑法规，对住宅建筑师们奉行"针锋相对"的执法风格。假如房屋倒塌且居住者们因此死亡，房屋建筑者的家人中处于相应地位者将会被判处死刑。用今天的标准来看，这样做显得很残酷，法规体现出对于安全以及当今建筑界存在的问题的关注。任何一名房屋建筑者都会告诉你建筑商或合约商是房屋建筑过程中的领导者，而顾客必须相信房屋结构是安全的、不存在问题的。

在建造他自己的纪念寺庙时，拉姆西斯二世颁布了强制奴隶洗澡的法规，他要求每天进行卫生检查，并且对进行施工建造的奴隶们实施隔离（Goestch，2002）。他的动机主要是为了及时完成寺庙建造，但他对于人类资源的这种关注是严肃的。这样一位伟大的领导者，被后人当成一位神来膜拜，他超乎他所处的时代，对奴隶们表示他的关心，即使在现代社会也缺乏他的这种关注。

纵观整个人类历史，安全问题只有在发生悲剧之后才会被普遍关注。在1802年，英国通过了工商法，但只是对孩子们的悲惨死亡事件做出回应（Hagan et al.，2001）。早在工业革命时期，长时间的工作、雇佣童工以及恶劣的工作环境一度肆虐。在这种情况下，曼彻斯特的棉花工厂引发了争议。在工厂里，童工身上迅速暴发高热现象。在这一次大规模流行病过去之后，英国通过了立法，限制孩子们的工作时间，增加工作照明和空气流通。在美国，各个州的立法内容都不一样，它们关注的是工作时间、照明以及空气流通。在1867年，曼彻斯特州通过了关于机器维护的第一项法律，但是这项法律并没有被贯彻执行。在执法中存在着一些不一致的地方。在1869年，美国成立了劳动统计局，旨在提供工作地点的受伤事件、疾病的有关证据。并且使公众了解他们的调查情况（Hagan et al.，2001）。

到1905年，工作地点的受伤事件已经成为公众社会的负担。"匹兹堡研究"是在阿尔雷格尼郡进行的一次对于公众受伤事件的调查，这次调查显示仅仅在那个州，那一年就发生了500起伤亡事件（Bird et al.，2003）。这些伤亡事件对于社会经济和道德造成的影响推动了现代工人赔偿制度的建立。这种理念并不是全新的，在1882年，德国建立了工人的赔偿体系，并且取得了很大的成功，但是美国并不打算采取这种社会主义的做法。

在美国工厂里发生的伤亡事件在习惯法里通常都是作为侵权案例被处理的。在对这种民事过错行为的审理中，为了使陪审团做出对工人有利的判决，工人必须在法庭上证明四个要素。工人们必须向陪审团证明雇主们有义务保护他们，而雇主们又违反了这种义务。在人身伤害事件中，是雇主造成了这种因果关系，在这种因果关系中，雇主导致人身伤害（Larson，L. K. and Larson，A. , 2000）。对于这些可怜的工人而言，要做到这一步很难。请律师的费用、长时间使人精疲力竭的调查过程足够阻止大多数人申请起诉保护自己。但是在西方思想和美国法庭中，对于很多工人而言，以下三种辩护原则根深蒂固，是不可跨越的障碍。

第一类公认的就是"自担风险"原则，这种观点认为工人们在接受工作的时候就应该知道他们会面临怎样的风险，因此他们应该为自己的人身安全承担责任（Larson，L. K. and Larson，A，2000）。直到今天，这种观点仍然存在。当你去调查工人支付是如何处理"创伤后精神紧张性障碍"时，你就会发现这一点。很多人认为紧急救援队队员们从工作的那一刻就应该知道，他们在工作时将会目睹的很多恐怖现象将会从心理上对他们造成伤害，因此他们就不应该获得任何赔偿，即使他们受到的这种精神压力使得他们无法正常进行工作。而其他的一些人则给出另外一种解释，就是你必须承认存在某种可能性，只有当你真正地去体验这件事时，你才能够真正地了解精神受到的冲击力。不论怎么说，早在20世纪的90年代，关于风险的设想涉及今天仍然施加在雇主们身上的争端问题。比如说，在高空进行作业。若秉承这个理念即工人们应该自行承担风险，那么就不需要对工人们采取个人坠落保护措施，除非工人们自己要配备安全防护设备。需要更进一步指出的是，设计和制定这样一种程序，对于采取保护措施起不到什么实际作用。

另外两类原则是共同过失和比较过失。共同过失认为假如工人们在受到伤害的风险事故中负有部分原因，那么雇主们就不应该承担全部责任。而这种说法就导致另一种比较过失的说法。在比较过失中需要界定各方的过错，然后在损失赔偿中来决定赔付的金额。假如工人在风险中需承担30%的责任，那么雇主就要承担剩下的70%的责任。在过去和现在，通常都是根据实际收益来衡量损失，有时也可以根据计划的完成程度或是受伤程度来界定损失（Larson，L. K. and Larson，A.，2002）。

在涉及工作地点伤亡事故的法律规定下，工人们通常不会在官司中胜诉。打官司会对家庭造成经济影响，他们只能获得微薄的收入，或者没有收入去支付账单，以及偿清抵押。这会增加年轻工人们的数量。那个年代的家庭主要是靠男性来支撑，获得收入。而雇主们的处境也不利。法律成本的负担也很重。大多数工人不可能承担一个耗时很长、使人精疲力竭的法律过程，而这也会影响企业的正常运作。另外，对一些涉及侵权行为的官司，赔偿金额会很大，企业的负担会很重。因此创建现代社会工人赔偿体系就是为了给受伤的工人们迅速支付赔偿，而不去考虑过错的程度。这种做法使工人们能够获得唯一补偿。换句话说，假如工人们能够得到他们的赔偿金，他们就可以对雇主们进行起诉（Larson，L. K. and Larson，A.，2002）。

在1910年，威斯康星州通过了一项法律，允许实施工人赔偿金制度。在法律界，这项法律被迅速挑战和质疑，并且被认为是违背了宪法，因为企业不能够承担"法定诉讼程序"。纽约也通过了相关的立法，同样也被州最高法院认为是违背宪法的。就在它实施工人赔偿金制度的那一天，三角衬衫厂起火，146人在火灾中失去了生命，其中很多人都是妇女，这起火灾引发大规模公众感伤情绪，推动了建筑法规的立法进程，并对推进1917年制定工人赔偿立法施加了影响（Wignot，2011）。

到1915年，开启了调查研究的年代，保险公司支付工人赔偿金时，要求对工作地点、人们的受伤事件进行调查，这也是为了降低发生在工作场所的伤亡事件。那时的想法是为了谴责雇员，从心理学的层面来了解雇员们。一些强硬派风格的监工督促工人进行生产，要求工人们不知疲倦、聚精会神地进行工作。监工们采取各种措施界定会导致事故的因素，但是并不成功。在事故调查中，雇主们通常关注雇工们在哪些方面做得不对，未来应该如何阻止发生事故。这种调查在1930年就结束了。在此期间成立了许多专业的安全机构，比如说美国安全工程师学会。编写并且散发了大量活页宣传单和宣传手册。宣传教育被认为是阻止事故的关键措施，通常而言，安全问题被当成商业管理原则之一（Bird et al.，2003）。

随后，在 20 世纪的后半叶，"事故"这个术语再次进入人们的视野。基于避免发生可预见性事故的理念，研究人员开始比较处理工作地点伤亡事故的有效性和推进公众健康取得的进展。赫伯特·海因里希首先对"事故"这个术语展开争论，并且列出了一些会导致事故的原因。他质疑某些列出的原因如滑倒和摔倒，他认为这些不能作为原因。除了这些，还有一些会导致受伤的事件。海因里希被推崇为"基于行为的安全措施"之父，他构建了海思法则，讨论事故发生的比例，他认为每发生一起严重的事故，必然会发生 29 次轻微事故和 330 起未遂先兆事件以及 1000 起违章隐患事件。在 1931 年，他的著作《工业事故预防——科学的方法》问世。

20 世纪 50 年代，詹姆斯·哈顿博士在军队进行了一场关于头部创伤的调查。在 1963 年，他发布了"事故能量转移理论"，这个理论基本上是对造成身体伤害的事故进行划分。他界定了和人身伤害事件相关的两个因素：第一个因素涉及的是干扰和能量转移，或者说是影响整个身体功能的能量的不正常转移。窒息和溺水就是这样的两个例子。而第二个因素涉及的是身体过量能量，而这些过量能量是超越临界值的。这个理论的发展使得管理界开始考虑阻止受伤的策略问题。对于哈顿博士而言，阻止受伤并不是阻止发生事故，而是要认识到即使采取阻止措施，这些事件仍然会发生，所以关键在于阻止能量的交换。哈顿博士是国家交通和安全管理局的第一位领导者。1966 年，约翰逊总统委任哈顿博士负责制定美国汽车制造业安全带使用要求的相关管理措施，到1974 年，因为机动车撞车事件而造成的致命事件已经减少到 28000 起（Bird et al.，2003）。

哈顿博士和汽车制造业的创新和成功推动了机械化操作和安全管理这两个领域的结合。现代安全管理包括阻止事故发生策略和阻止受伤策略。哈顿博士制定了十个策略来阻止发生受伤事故，而这十个策略在受伤阻止策略中是最基本的要点。

- 第一时间阻止危险的发生；
- 降低危险的程度；
- 阻止危险的扩散；
- 从根源改变危险的传播以及危险扩散的速度；
- 把危险和需要被保护的事项进行时间和空间上的隔离；
- 设置障碍物隔离危险；
- 规避风险因素；
- 必须持续采取保护措施；
- 开始面对危险以及造成的伤害；
- 稳定、维修以及恢复受创事物。

有效进行安全管理的技巧在于把事故阻止方案和伤害事件阻止措施相结合。从1970年建立美国职业安全健康管理署开始，直至2000年，美国劳动数据局在这段时间搜集的数据显示出在美国工作场所发生的致命事件所占比率已经减少了58%（Bird et al.，2003）。致命事件发生率整体呈下降趋势。我们今天所说的"安全"需要同时考虑工程设计和领导力策略。

安全可以被划分为经营管理的功能和领导力的功能。工程设计的功能是指各行业的工程师们根据人类安全所需，把新产品的设计和持续提高现存产品功能融为一体，从领导功能角度来看，安全问题关注的是工程管理的风险问题，它涉及的是政策的制定和实施、工作危险的分析、工作任务的调查、批准和控制、审计培训和教育措施、保险管理、伤亡管理、研究，组织可以降低工作地点伤亡事件发生率和保护人类及环境资源的活动。就安全领域而言，领导和管理技能是中心问题。

领导层次

"领导力"的基本概念是影响力，听起来很简单，但是内涵非常复杂。这个概念实际上是指领导者和追随者之间的关系。约翰·马克斯韦尔在他的领导层面模型中，很高明地抓住了领导者和追随者之间的关系。在他的模型中，领导力会在五个层面得到体现，正如图 34-1 所显示，参与者们允许领导者们在这五个层面对他们施加影响。

图 34-1　领导力层次

"地位层面"这个概念的含义是指对老板或者监督人员的权威表示尊敬。换言之，领导者处于发号施令的地位，马克斯韦尔还认为在一个组织机构中的任何层面，任何人都可以成为一个领导者，他用侍者为例说明这个观点。当两个人走进一家不熟悉的餐馆点菜时通常会询问侍者以寻求建议，而熟悉这方面内容的侍者也会提供建议，当追随者们愿意追随领导人时，就允许领导者向他们施加领导力。

那么接下来的一个层面实际上是在区分领导者有可能施加给选民们的影响力层次。在生产层面，选民们追随领导者，因为领导者们能够为组织机构取得值得肯定的成就。在个人层面透露的信息则是，选民们愿意追随是因为领导者从个人层面为追随者做出了积极的贡献。马克斯韦尔还认为最好的层次可能是可望而不可即的，在这个层面，选民们追随领导者，仅仅是因为他的名字和名气。他给出一个很明确、可望而不可即的例子，就是耶稣基督（Maxwell，1993）。

这个模型显示出领导者和追随者之间复杂的关系。它同时也显示出权力。随着领导力从地位到个人魅力的不断提高，领导者在组织机构中的力量也变得更强大。随着生产和个人层次的不断提升，领导者会对选民施加越来越多的影响，获得越来越多的支持。

军队的领导人比企业家更早意识到保护人类资源是领导力的一个功能。任意耗费那些愿意参战的斗士们的战斗力将会导致战败。执行战略保护措施是为了取得成功，但也应维护社团人员的生命安全。许多专业领域的技术发展，在维护安全和取得成功方面扮演着重要的角色。以罗马人的盾和剑的设计和使用为例，一堵不断推进的墙和向外伸出的剑，能够击败不同等级的敌人，盾和剑的设计成功之处还在于通过一堵联合起来的具有防御性的墙，为士兵们提供保障，而不是仅仅依靠个人的行动。而在中世纪，地主们通常会照顾那些衰败的仆人的家庭。"亨利定律"的一个很明显的概念就是，地主有责任照顾他们的仆人、使他们的仆人得到安全。谈到赔偿问题，阿瑟·拉森（Arthur Larson），这位公认的法律学者，认为法律就是阐明正在执行任务的仆人们的职责（Larson and Larson，2000）。尽管士兵们经常宣称他们为了保护身边的兄弟而战，也正是他们身边兄弟的安全才会激励他们采取行动。这个原因会激发士兵们的斗志，但是对于缺乏道德感的领导者和追随者而言，这个原因无法让他们信服，这样一种信念缺失意味着丧失动机价值（Ciulla，2003）。

远在巴比伦王朝，强大的根本的领导力是以公正为核心，驱使着社会以维护人身安全作为行为动力。从《汉谟拉比法典》谈论房屋建造者们应采取针锋相对的法制体系来看，关注安全问题被认为是一项正义的义务。领导者的责任发端于公民的美德，他们考虑的是身边人的安全问题。在关注领导力的现代研究中，公正被认为是领导者们最基本的美德，领导者们必须体现公正性，这种公正被他们所领导的追随者们看成道德，而安全实际上是源于公正的诸多原则中的一项。领导者们必须采取实际行动为他们的下属和同事们的安全问题负责，又或者冒着道德缺失的风险不再被信服。

在 20 世纪 50 年代制定的亚伯拉罕·马斯洛的需要层次理论认为人类被各种需求所驱使。或许这个理论最好地揭示了动机和安全问题，马斯洛的理论被看成基本的模式。金字塔需求等级，依赖于之前的基础支持层面。

最底层的需求是最基本的，对于食物、水、住所的需求是维持体力以及脑力的安全保障。社会需求包括被接纳和友谊。尊严需求包括尊敬、重视和成就。自我实现指的是成长、发展以及实现潜能（Robbins and DeCenzo，1998）。这种动机可以从理论角度来阐释，一旦你满足了人类生存的基本需求，比如说食品供给、水和住房，作为第二个基本层面的安全得到保障，才能够实现人类其他的需求。从属者们对这一点再一次看得很清楚。假如从属者感觉不到实际行动保障，在个人安全问题上没有获得最基本的保障，这种动机就会被遏制。作为机构领导者，如果不能满足成员们的需求，就不能激发成员们的能力，也就降低了组织机构实现成功的潜在可能性。

马库斯·白金汉和科特·考夫曼在 1999 年联合出版的著作《首先，打破一切规则》中探讨了现代动机。根据盖洛普机构组织的研究，白金汉和考夫曼为管理者们提供了一些重要的课程。这本书列举出管理者们必须完成的四个核心任务：管理者们必须录取和聘用合适的人，必须提出明确的期望，激励并且培养这些人。

领导和管理是明显不同的两种人才，他们被结合到一起。没有领导能力的管理者和没有管理能力的领导者很难独自取得成功。明确的领导力体现在吸引、激励合适的人选。从管理层面而言，领导人员向工作人员提出期望并提供发展道路。管理人员必须遵守"科学管理之父"弗雷德里克·泰勒的理念，他认为工作应该包括几个元素和步骤，如必备的技巧才能；根据工作分析以科学地挑选、教育和培养工人；工人之间的合作；对任务进行分析；平等划分任务和职责。为了留住高质量的人才，白金汉和考夫曼界定了招聘部门经常使用的六个核心问题，以测量工作满意度。他们的核心观念就是，人们并不是离开组织机构，他们是离开管理者！六个核心问题如下所示：

> 我是否知道在工作中被期待做到什么程度？
>
> 我是否有这种设备和材料来合适地完成工作？
>
> 我是否有机会每天做我能做得最好的事？
>
> 在上一个 7 天里，我是否被认可？
>
> 我的上级是否在意我？
>
> 是否有人鼓励我不断地提高？（p. 34）

这些课程是以马斯洛理论的最高需求层面、自我实现为中心而制定的。工人们必须达到这个层次，才能够充分实现他们的生产潜能。假如他们不去达到这个层次或没有能力达到这个层次，组织机构就有可能失去他们。

要解决这些问题，就必须考虑到一个重要的因素即安全问题。没有安全作为基础，就不能正确实现自我。雇员们就不能很好地获得个人发展。若是缺乏对于安全问题的基本关注，对于工人个人层面的任何关注都会被认为是不真诚的行为。

对工人们的关注首先是指维护工作地点安全，然后再扩展到人身安全。我们经常会忽略作为安全要素之一的工作氛围，而世界各地的顶级公司在营造它们的企业文化时都成功地认识到这一点。因此，要关心工人，就要关注安全问题。要求工人们安全生产，却不提供正确的培训、合适的设备和配置，员工的表现将不会令人满意。安全也提供了一个非常有效的途径，可以确保雇主们得到反馈和认可雇主们表现出的关怀。表现我们关怀雇员安全生产的一个很好的方式就是调查并提供伤亡数据，使员工们关注安全问题和来自雇主们的关怀，并及时给予回馈和认可。

优秀的安全管理者和领导者会认识到安全是领导力的原则。没有安全，就会缺乏动机，造成行为拖延。最常见的领导原则之一就是"以身作则"。假如安全被当成领导原则之一，这一点就可以被解读成"对你的下属们进行培训、宣讲政策、提供设备，保护下属们在工作时的人身安全"。在崇尚调查的年代，最先推出的是安全的三个原则。安全管理通常会坚持把宣传教育、维护设备和实施作为领导原则。全国房地产和建筑公司的案例（479 F 2d 1257）根据常见的关税条款制定了执法范例，声称公司有责任提供教育培训、设备、执行政策，从而降低可识别的、会造成伤亡的行为。这再次认定处于领导地位的任何人都有承担安全管理的责任，也进一步通过法律认定了安全管理所涉及的特定职责。

维护机构组织成员的安全是领导力的显著功能之一。维护安全源自于正义感，对于领导者而言，维护安全是道德责任，能够帮助领导者成功地领导团队。我们经常把维护安全当成有成本效应的商业责任，但是其道德基础来自公正感。它是最好的商业规则，在生产经营中必须维护安全，因为这是正确的做法。在19世纪中期的马萨诸塞，纺织界缺乏年轻的工人，这是由当时社会的工人总量和受伤工人数量决定的。可以通过对工作地点受伤现象的立法来探讨这个问题，该问题似乎仅仅是因为爱尔兰爆发土豆饥荒导致移民数量增加而得以解决（Heinrich et al.，1980）。金钱决定一切，或者说影响道德取向。这是一个难堪的现状。

安全管理的基础

管理涉及亨利·法约尔在 1916 年最先列出的四个方面：计划、组织、控制和指挥。这四个方面被认为是管理任务的核心，但是，正如白金汉和考夫曼所指出的，当这些核心任务被分解并加以扩展时，管理任务和技能就会涉及更多的细节。现代安全专家们会运用所有商业管理人员们在工作中都会运用的技能和技巧。比如说，制订计划在安全管理和商业其他领域都是同样的重要。安全管理需要使用一些关键管理工具，比如说，工作任务调查、工作危险分析、获得许可、统计工具，以及调查报告。在界定风险、制定应对策略、实施应对策略、重新评估矫正措施的有效性方面，这些安全管理工具是最基本的。它们对于纠正错误操作行为和阻止发生工作伤亡事故起着积极的作用。

在 20 世纪的 20 年代，"事故预防"是由多米诺骨牌理念决定的。这个理念的核心环节即四级阶段的前提设想，认为伤害是由事故造成，而事故是由人们不安全的行为或者是在不合适的机械环境下造成，这种不安全的行为和环境是错误行为导致的，而人类的错误行为是受环境影响或者天生的（Heinrich et al., 1980）。在运用这种理论时，工人是主要的努力方和过错方。基于心理学研究而采取的措施关注的是安全生产、遵守规章制度和操作流程。

哈顿博士稍后介绍了一种概念，不仅关注机械化环境，还包括能量转移理论下的力学环境，以及阻止伤亡事故的策略，哈顿博士的理论阐释了对于人类心理问题的一个基本担忧，即意识到人类心理错误是不可避免的。因此，需要关注机械化环境。"机械防护"不是一个新的概念，建立机械防护控制模型可以阻止人类犯错造成人身伤害事故，弥补了安全管理研究领域的不足。他的著作受到了他的观点的影响，他认为在阻止伤害方面，早期安全管理的那些做法并不像 20 世纪早期的公众医学那样有效（Bird et al.，2003）。

多米诺理论列出了五个会导致伤害的步骤。第一步是环境和社会风气，以及历史发展，导致人类犯下的错误在第二步得以继续发展。人类的错误导致不安全行为，以及机械和物理环境设施方面的风险。这些危险行为和风险事件导致事故和造成伤害。人类的某些天性比如说流露出紧张情绪，或者受环境影响和激化的这些天生的特质会导致人类犯错误，引发一些不安全的行为比如在工作时不戴安全防护手套，或者忽视日常设备保养的需要（Heinrich et al.，1980）。哈顿博士在这儿提出了发生伤亡事件的第五个步骤。当今社会，人们在人体工程方面所做的努力也是为了消除犯错误的可能性。

直到20世纪的后半叶，管理工作都只是侧重于消除不安全行为的第三个阶段。海根·李奇是建立事故成因模式的第一人。弗兰克·伯德（Frank Bird）开始关注对于事故成因会造成影响的管理要素。采取系统方法研究事故成因的模式被称为"管理模式"（Heinrich et al.，1980）。从20世纪早期开始，已经有人在探讨事故成因理论。这个理论假定每个人出现事故的机会都同样多，但是数据显示绝大多数人不会出现事故，一种人会出现少数事故，少数人会出现多种事故。这就导致一种尚未有定论的观点，即认为某些性格特点和事故发生有关。

其他的行为类型模式也很盛行。改变生命单元理论认为某些场合有可能出现事故，那些面临压力或者事件比如配偶死亡的人士更有可能出现事故。薪酬激励与满意度关系模式理论化的探讨工作的能力和动机层次影响事故的责任。在这个模式中，一些因素比如幸福、工作进步或者其他的内在外在奖励会影响动机。人类因素模式也得到改善。来自亚利桑那州大学的拉塞尔·费雷尔（Russell Ferrell）博士明确提出了费雷尔理论。这个模式理论化地探讨了在事故的原因链中会导致人类错误的三种情境：

●超出人类能力范围的负荷，并且这种超负荷源于动机；

●因为彼此不相容而做出的不正确的回应；

●因为忽略局势或者随意冒风险而采取的不正确行为。

彼得森（Peterson）稍后探讨了随意冒风险的不当行为，解释为什么要冒风险。他假设个人会在两种情形下冒风险：

●有人感觉到有可能出现事故；

●这样做很有道理，源于同龄人之间的压力、优先权或者无意识的希望受伤。（Heinrich et al.，1980）

今天的安全管理人员和工程师们采用事故成因模式作为基本向导进行事故调查、系统设计和产品设计，以阻止会出现的事故。今天，关注人类需求的设计遵循的是实用性的原则，如设计操作管理系统以及根据人类需求所设计的产品。基于事故成因模式的这些做法具有引导性。简短地说，根据人类和机器各自的特点，由人类和机器来完成不同的任务。自从 20 世纪 60 年代以来，用威廉·哈登（William Haddon）博士的阻止伤害技巧来制定安全措施很有效。

今天的安全管理涉及多米诺的五个方面，并基于不同的事故成因模式以采取最好的管理操作措施和引导事故分析。采取拓展式培训和宣传教育，避免发生工作场所事故和消除环境影响。从根本上来说，教育有助于利益最大化，而不仅仅是维护安全。但是正如本章所示，必须把维护安全当成基本的领导措施。当然，通过教育和培训，可以努力减少人类在设计或者操作方面的错误。创建安全理念和实施技术革新，以及把安全问题当成领导力原则是同等重要的，这些措施可以消除人类天性对于环境和社会造成的影响。比如说，制定设计规则，比如关注人类要求的设计原则会试图消除人类的错误或者第二张多米诺牌。在调查阶段，培训和教育被认为是阻止发生事故的关键要素，培训旨在提高技术能力，避免人类性格弱点。这不是要改变不道德的领导力或者对它施加影响。

安全管理涉及两个主要的策略：防止出现事故和防止出现伤亡。还需制定第三个策略来消除会出现的事故，而不是消除人类的错误。多余类型控制和机器控制的计算机程序为消除事故提供了一种新的策略。运用这种策略，可以通过传感器进行计算机控制来识别错误，并且在事故发生之前停止程序，从而避免出现因为人类错误行为而导致的不安全行为或者机械化的状况。

界定危险

安全管理的第一步就是界定危险。可以采取各种措施，但是必须在系统中进行首要的和最重要的事故调查，了解在特定公司或者设施内部的状况。可以和国家企业数据进行对比。这两样总是不相匹配。需要及时了解发生什么类型的事故以及事故根源。建议把事故类别分为与费用有关的和与费用无关的。但是，会有任何事故真的与费用无关吗？一个更为适当的方法就是把事故类型划分为出现伤亡的和不出现伤亡的，正如表 34 - 1 所示。可以采取各种分类法。

表 34 - 1　受伤对比

受伤	没有受伤
紧急救援	侥幸逃脱
可记录的事件	财产损失
环境事故	环境事故
可以向机构报告	可以向机构报告

在这种机构设置中，工人是最受关注的。因此，侥幸逃脱的

未遂事件有可能没有出现伤亡或涉及财物损失。比如说，工人们走进叉车、拖拉机或者学校巴士，但是没有被撞倒也没有出现财物损失。可以记录的事故包括要求在 OSHA300 日志上列出的伤亡事故。需要被报告的事故是指那些记录在日志上而且需要被立刻上报的，而不是那些常规性的管理机构日志。

需要对受伤程度进行明确界定。通常会对伤亡状况进行界定，以符合保险公司报告书的要求。比如界定为伤口、瘀伤、截肢和烧伤。调查表格必须包括其他的关键度量指标，以界定趋势，确定根源。这些指标通常包括日期、时间、监督者、操作过程或者在事故发生之前的机器操作，以及很多其他的事项。根据表格要求，必须在设施或者公司内部使用度量指标来追踪和比较事故。可以在调查表格上列出其他有帮助的要素。

不仅仅是事故追踪，安全专家们还常会通过工作任务调查和工作危险分析以界定风险。工作任务调查就是列出机构某个岗位里需要完成的各项任务和工作。比如说，假如要你列出小学教师的工作任务，你会在调查中列出教室装饰情况吗？你是否会把教室装饰当成正式的工作任务，营造有利于学习的氛围？工作危险分析把任务分为几个主要的步骤，界定危险，并对每个步骤会出现的危险采取纠正措施。对工作任务进行系统分析的方法能够帮助安全管理人员避免忽视会导致伤亡和损失的相关风险事件。

面对危险

安全专家们必须采取纠正措施减少已查明的风险根源。可以通过教育手段进行宣传，根据法律标准制定最好的管理方法。安全管理人员根据其他人的做法、研究、标准化的培训和教育的成功范例了解应对危险的最佳方式，但最根本的是，他们必须知道事故根源。

弗兰克·伯德在他的著作《实际亏损控制领导》中介绍了根

源分析模式（Bird et al., 2003）。这个模型界定了必须被加以探讨的三种缘由，以制定正确的对策。必须对事故从三个层面的因素进行理解和界定，从根本上探讨事故，防微杜渐。

第一个层面是即时的。根据即时缘由的概念，不安全的行为和状况是即刻或者直接导致出现事故的常见原因。简单的原因比如工人们在处理锋利物品时没有佩戴防切割手套。危险也可能来自没有采取防范措施、不安全的地方。

根源（即第二个层面——编者注）是指迅速出现状况的原因。这些要素可以被划分为个人要素以及和工作有关的要素。个人要素包括缺乏技能、缺乏培训、物理限制、心理问题比如紧张或者厌烦。工作要素包括不正确的操作过程、维修保养、工作服饰、滥用机器。

伯德介绍了被广泛认可的第三个层面。这些管理要素包括需要被管理或者被探讨的会激化根源问题的其他状况。缺乏政策支持、在结构和资源以及系统工作程序方面出现崩溃都是这方面的原因。从根本上来说，必须调查这些问题，比如公司没有执行哪些安全步骤而激化根源问题、应该采取什么措施防止出现这些问题？采取纠正行动计划的管理人需要确认可以采取应对调查以前瞻性的从过去的错误中吸取教训。

在1892年，钢铁厂成立了第一个安全委员会，制定措施避免飞轮破碎时砸到工人们。也可以从这个方面来进行调查和制定对策。调查员必须组织由各界人士组成的委员会，从各个可能的角度来调查和确定各种原因。好的调查员还包括专家们，以免在调查原因时有遗漏的可能性。

个案研究

伊斯特高中的校长突破性地实施了雇员领导制，这种新的领导方式试图采取"倒置金字塔"的体制。校长认为，较之传统的从上至下的方式，新的模式让高层人士倾听和采纳底层员工们的建议，可以帮助学校更流畅地运作。这种模式体现出一种自下而上的理念，教师们和工作人员们在推进学校工作时可以表达自己个人的观点。

- 这种领导模式如何帮助学校机构文化中作为关键要素的安全问题得到改善？
- 这种领导风格存在着什么不足？

练习

1. 在学校机构中，领导力模式如何推动作为关键因素的安全管理的发展？
2. 你认为教师应该具备的最重要的领导力特点是什么？
3. 你如何看待对新教师进行审查和访谈？

参考文献

Bird, F., Jr. Germain, G. L., and Clark, M. D. (2003), *Practical Loss Control Leadership* (3rd ed.). Det Norske Veritas., Duluth, GA.

Buckinghm, M., and Coffman, D. (1999). *First, Break All the Rules: What the World's Greatest Managers Do Differently.* The Free Press, New York.

Ciulla. (2003). *The Ethics of Leadership.* Wadsworth/Thomson Learning, Belmont, CA.

Goestch, D. L. (2002). *Occupational Safety and Health for Technologists, Engineers, and Managers* (5th ed.). Prentice Hall, Upper Saddle River, NJ.

Hagan, P. E., Montgomery, J. F., and O' Reilly, J. T. (2001). *Accident Prevention Manual for Business and Industry, Administration and Programs* (12th ed.). National Safety Council, Itasca, IL.

Heinrich, H. W. Peterson. D. , and Roos, N. (1980). *Industrial Accident Prevention: A Safety Management Approach* (5th ed.). McGraw-Hill, New York.

Larson, L. K. , and Larson, A. (2000). *Worker's Compensation Law: Cases, Materials, and Text* (3rd ed.). lexis, New York.

Maxwell, J. C. (1993). *Developing the Leader Within You.* Thomas Neison, Nashville. TN.

Robbins. S. P. , and DeCenzo, D. A. (1998). *Fundamentals of Management: Essentials Concepts and Applications* (2nd ed.). Prentice Hall, Upper Saddle River, NJ .

Wignot, J. (2011). *Triangle Fire: The Tragedy That Forever Changed Labor and Industry* (DVD). Public Broadcasting: Service, Arlington, VA .

第三十五章　学校安全管理

罗纳德·多森（Ronald Dotson）

目　录

尽管包括"安全"这两个字,"学校安全"这个短语还是会造成一定程度的困惑。实际上这个短语指的是安全保障问题。学校安全是一门综合学科,涉及对于学生、学校同事、校园参观者和来访者的保护。对于教师和管理者而言,学生安全是学校安全这个话题的中心任务。就教师和相关损失而言,了解网站信息对于阻止人身伤害事件和了解人身伤害事件对于教育造成的影响起效甚微。但是这样做能够了解关于欺凌行为、校园操场上发生的学生人身伤害事件、对学生进行攻击这类行为的大量信息。这里是要谈论关于保护学生安全的问题。这个想法很高尚,也很重要。把对学生的关爱放在第一位,就要在某些场合把学生的安全问题放在第一位,而工作场所的安全问题就是这其中之一。瓦格纳(Wagner)和辛普森(Simpson)认为安全问题是学校的道德体系里最基本的原则。如果确实如此,那么在学校的出口处安装金属探测器、在校园操场上围建栅栏、护送学生们乘坐校车、对来访人员加以管理控制、使用生活指导老师,这些做法都远远不如营造一个安全的社会文化氛围重要。

在培养学生的言行举止方面,学校扮演着至关重要的角色。学校可以向学生灌输言行举止同一化理念,又或者是根据每个个体的特质来培养行为道德感。瓦格纳和辛普森认为,具有更高道德意识的学校将会更为安全。要教导我们的年轻人采取得体的行为方式,因为行为得体才是正确的,这样的教育方式比向他们灌输社会规则使他们成为盲目追随者的教育方式要更好。实际上,那种方式可能会减少他们对于社会上的机构体制的认同,从而强迫他们使用自己的力量来制定新规则。

我以欺凌行为为例,给大家阐述这个原理。一个被欺负的人在受到欺负时被教导不要为自己进行防卫,一个学生面临被欺凌般的惩罚措施时,他将被学校开除。这个学生成为欺凌行为的受害者,同时也成为零容忍规则的受害者。而最初设计这些规则是为了保护这些学生。

在个人安全领域，也可以发现在实际操作中存在的矛盾现象和安全政策问题。安全问题实际上涉及领导力的原则问题。就个人而言，维护安全也是个人的权利、义务。对于组织机构的成功而言，人力资源是一个持续增长的重要组成部分。在当今这个商业社会中，生产制造业的精密化生产使得人类不再追求在产品制造方面进行冲击，而依赖关键工人的生产方式可以和过去技能工人制造个性化产品的方式相竞争。如今，我们可以要求得到加班费、培训费以及因为丢失货物配额而有可能获得的赔偿金。公司不会因为偶尔出现的松懈怠工现象而额外聘用一大批目前用不到的工人。损失特殊的技能和知识也是毁灭性的。比如说，一名被公司以合同奖形式招募到的、负责产品流程设计的工程师。这名工程师的缺席将会对整个产品设计造成不利的影响。

但是，现在的公司不仅为公司的安全运作而烦恼，它们也为员工家庭内部的安全情况而烦恼。让关键人物远离室外活动，在家里独立完成项目，或者远离其他具有风险性的活动是不现实的。从最低层次来看，培训和教育行为已经成为需要抛头露面的场合中常见的社会行为。比如说，为那些在公司里负责驾驶车辆的雇员安排防御驾驶课程的现象已经越来越常见。有时候家庭成员们也会接受这种培训课程。在教育界，有三个方面的因素使得安全驾驶成为一个核心重大问题：第一，维护安全具有成本收益。财政运作已经成为持续增长的问题，工人们的赔偿费用、一般责任保险和管理可能会对学区造成重大影响。第二，教育者们会考虑到教师们若耽误教学时间，将会对学生的学习造成不利影响。第三，教育者们有责任告诉我们的年轻人要考虑人类的自我保护问题，以便于将领导力原则和成本收益化的企业管理原则融入我们社区的组织机构的管理中。

维护个人安全对于成本收益和完成任务至关重要，所以必须很谨慎地加以考虑。你是否曾经停下来想一想你在学校里受过的早期训练对于你以后的工作岗位和工厂里的安全操作行为产生过多大的影响？看一看教师们在交通方面的做法：一名教师站在人行道旁，人行道靠近一个十字路口，这个十字路口从停车场一直延伸到学校的主要入口处。关键问题是要防止交通工具对正在进入校园的学生、父母和教师们造成伤害。但是，这位教师没有穿着能见度很高的反光背心，他也没有举着一块指示停车的指示牌，没有任何可以让行人们或者司机们能够看到的标记物。他的做法就是挡在一辆轿车的前面，让行人们通过。这位教师的做法就是让行人们直接通过马路而不停下脚步。不论是在学校或者其他地方，这种做法都违反了行人通过马路的安全守则。正确的方式应该是行人们停下来，并且等待红绿灯的指示。在十字路口，正确的行为应该是停下来并且等待，直到这位教师在没有造成自身伤亡的情况下示停来往车辆，并且指示你通过马路。不正确的示范不仅使孩子们和成年人们忽略正确的通过马路的行为守则，还向他们造成了个人安全并不重要的这种错误印象。在年轻人成年之后，这种做法会增加他们遇到个人危险的概率。

　　学生们在学校里参与职业安全活动，对于安全是领导力原则的理念而言，这种做法是最基本的。安全管理的成功措施就是使雇员们参与其中，并且接受一线监督。在校园环境里，这种方式更为重要。大家通常会认为，学生们会模仿身边的成年人的言行举止。当教育者们采取冒险行为，或者疏于探讨职业安全问题时，学生们就会从教师们的行动和教师们的不作为中去援引先例。比如说，一名教师使用椅子去取书橱上的物品或者装饰教室，这种行为让孩子们觉得为了尽快完成近期目标可以忽视个人安全。任何领导力原则都必须被正确地加以执行。结果和达成目标的过程都很重要，但是不能以人身安全作为代价，否则就是在投机。当这种走捷径的方式不能达到目的时，所造成的损失会削减所取得的成就。将来在采取投机行为时，就有可能造成损失。在经历过失败之后，会舍弃这种偶尔能取得成功的冒险方式，以及加强实施经过审慎考虑的教化行为。

安全管理的第一步就是界定正在面临的危险。越快地探讨并降低危险，为消除危险而采取的解决措施所花费的成本就越低。安全专家们通过工作安全分析以界定在完成任务时会面临的风险。可以观察执行任务者，了解他们的情况。对于教师们而言，容易被忽视的一件事就是装饰教室。教师们要在暑假之后新学期的前几个星期里布置教室。事实上，就教育环境而言，如果教室氛围不能吸引学生、缺乏引导性，校长会在总结教学工作时采取措施或者对这种不足进行记录。否则就会忽视工作中的重要问题，比如提举重物和在高空作业。

第二步就是界定每项工作任务各个环节的危险性。在这个过程中可以界定完成任务的步骤、每个步骤的危险性、降低危险的策略。进行这种条理化的分析可以确认没有忽略这些危险。就安全管理而言，这是基本技能。表 35 – 1 就是这种基本分析工具的范例之一。

表 35 – 1　工作危险分析示例

XYZ 中学工作危险分析			
工作分类：_____			
部门/岗位：_____			
调查员：_____			
日期：_____　审查日期：_____			
任务	重要步骤	危险性	应对措施

教师们的工作还包括其他任务，缺乏条理化的工作危险分析就会忽视这些任务。提前进行调查和观察有助于明确工作岗位职责。一旦明确关键性步骤，必须利用四种资源来正确地研究以消除危险性。职业安全健康管理（OSHA）条款或标准是最基本的行

动出发点。其他的联邦和州立管理机构，如美国运输署或者环境保护署提供的操作标准将安全纳入相关领域。美国国家消防协会和美国国家标准协会这些机构制定的全国共识性标准也提供了详细的安全运作要求。一些标准通过"引证归并"成为管理条例，然后成为法律规则。其他的一些运作要求则是自愿性的，除非正在被认证中的主体要求得到这种鉴定。经常采取"最佳管理实践"（BMPs）来满足安全运作要求。这一些BMPs来自培训、经验以及和与其他安全专家们的交流合作。学校政策也是消除危险的运作依据之一。学校政策能反映出校方管理在实施管理要求方面并不特殊的偏重。

为面临的危险制定应对措施或解决方案需要依靠团队的力量。建立多功能团队，以便于在制定新流程或者在修改现行流程的进程中，尽可能早的探讨事件根源或者解决问题。团队由不同层次的组织机构构成，其中包括全体教职员工。在校园环境里，需要教师，有时还需要父母，可能学生也会加入其中，共同探讨事件的危险性。就任何机构而言，重要的是确定关键性人物或者各个层面的领头人。参与者们会更好地遵守规则和执行计划以消除危险。采取全员自下而上参与其中的处理方式，教师们就会把这当成一次倡议或者加之其上的行政负担。上层行政支持并不是不重要。这种处理方式意味着所有的层面都必须参与其中和共同合作。

在安全管理事务中，倡议并不总是自上向下推行的。恰恰相反，有必要让教职员工们参与其中帮助解决问题和提供解决方案。在检查工作完成情况时，教职员工们才是真正的专家。在激励员工时，要坚持安全领导力的几项原则。其中之一是指员工们参与制定工作步骤和流程，就会趋向于遵守这些工作步骤和流程。其他的关键性原则包括在团队合作中利用关键性人物获得支持，制定安全倡议。最后，如果稍作改变，员工们认可的这种理念会改变。就创建积极安全的氛围而言，安全领导力规则很有效，也是基本的。遵守并严格执行这些规章制度并不能创建一个真正的氛围，因为只有理解这些规章制度，才会真正地去遵循这些规章制度。

积极的雇员安全委员会强调的是公司和雇员之间的合作关系，它们以创建并维护安全健康的工作环境为目标。积极的雇员安全委员会是指这些雇员成为代表群体的倡导者，它们组织安全听证会、从事安全培训、参与调查研究、受理雇员们的质疑和投诉。它们的任务在于构建成功的安全工作氛围。学校对于委员会和任何其他组织机构都是根据目标进行运作。委员会的组建方式不同，许多学校委员会成员不包括学生。但学生中也有一些关键倡导者。对这些政策和实施过程做进一步的了解，就可以知道这些政策和做法为什么以及如何影响学生们，对使用者而言，有利于使用者的倡议更加容易取得成功。

预 算

安全管理要求将经费预算整合到管理理念之中。目标管理（MBO）是有效的方法，可以维护各个层面的机构组织，达成清晰和可量化的目标。基于已发生的危险事件造成的损失来制定安全管理目标，或者根据一定时间内危险事件发生的次数和花费的成本来划分事件类型，制定组织机构的政策底线。基于目标管理理念，实施可量化的、以文件形式规划的一个或多个行动预案，可以实现目标。

掌握适当的文字材料和跟踪调查机构度量指标，可以很容易地明确行动目标。需要组建多功能团进一步调查和综合性地解决问题。通过尝试，或者和其他试图采用同样策略的机构组织分享信息，可以估算出所需成本。通过成本分析可以对每个目标所制订的计划进行监测。根据商贩们对他们产品的报价、合约商的报价以及实施时的内部消耗，可以合理地估算执行预案，实施策略的所需成本。制定策略以阻止发生危险事件，根据每种类型危险事件所耗费的直接成本的平均值来统计所需成本，根据这些数字进行统计，能够使成本估算更加接近真实花费。在项目的各个阶段都会预算达到每个目标所需的投资成本，然后根据投资预算来估算收益回报。这是对于下一个年度财政或下一段时间的安全预案项目和目标有计划进行投资的长线回报。

安全成本和其他成本一样被纳入产品成本。就教育而言也是如此。那种依照上一年的安全费用，并根据通货膨胀或者间断的项目而增加安全费用的做法已经过时。制定年度或长期可衡量目标的运作方式使得安全工作可以和其他工作相提并论。安全成本并不是工作领域偶尔所需的附带费用。

完善校园安全管理疏漏之处

鉴于安全问题多样化意识的日益增长和对这种现状冲击力的理解，今天的教育者正面临严峻的问题。在过去的年代里，诸如安全这种问题并没有引发各种争论，如今却在道德包容、教育的天赋人权、欺凌这些话题上引发热议。但是，关于学校安全的讨论趋于忽视教师们和教工们在工作场所的安全问题。讨论重点在于安全保障措施。

安全是领导力的基本原则，这个理念可以追溯到公元 2000 以前巴比伦王国制定的书面版本建筑法规中"以眼还眼"的规定（Goetsch，2008，p. 4）。早在 2000 年以前的巴比伦社会就认识到房屋建造者们对顾客所担负的道德责任。如果领导者们对身边人的生活状态不够关注，他们就没有体现正义这种领导品质。现代工人们赔付的全部理念开端于耶和华免税的传统，亦即为了保障受伤士兵们的家人们的生活，让他们住进自己家里和照顾他们（Larson，L. K. and Larson，A.，2000）。

安全的道德之基在于公平公正，这一点很明确地贯穿于世界各地不同文化的安全历史中。在领导者的带领和指引下完成工作，尽可能合理地保护下属和同僚们的安全，这是任何一个合法而值得信赖的领导者期望实现的目标。就教育者和教育服务业工人而言也是如此。有一些误导的说法比如教育工作的风险很低，所以在教育业不怎么需要进行风险管理；风险管理只是制造业的核心任务等，出现这些说法是教育者们的失败。教育界的职业受伤害率让人瞠目结舌，而这也显示出教育领导力在基本安全管理方面的隐患。

为了确保机构组织完善安全管理的各方面工作，构建安全文化氛围，机构组织所有层面必须把安全原则作为基本工作原则，必须在履行责任和问责方面做好筹划，成员们必须把安全操作当成习惯做法。不使用正确的安全操作规程、倡导为达到目的而投机、培养不正确的安全陋习，这些现象会降低工作各个层面安全管理工作的积极效应。假如在工作中把忽视安全问题当成无所谓的现象，就会一再地冒险投机。换句话说，即认为安全不是什么大事。孩子们很容易受到影响，假如在早先曾经发生过类似的事件，那么成年之后改变自己的行为将会更加困难。

学校安全管理工作还包括避免学区雇员们的流失。在学校，场地管理人员、维修保管人员、机动车驾驶员这一些岗位被认为是"最危险的"工作。教师岗位的安全管理工作产生了令人瞠目结舌的数据，这些数据使人们看到在安全管理工作方面出现的隐患，并影响今天的操作运营。从劳动统计局查到的由普通企业的雇主们所提供的伤亡数据显示在 2009 年间，每 100 个工人中，只有 3.6 个工人得到了紧急医疗救护。这些数据包括制造类行业如轧钢厂、切割厂、汽车压膜厂、汽车装配厂和仓储。当教育服务业方面的伤亡数据降到 3.2 （根据北美行业分类系统代码 61 所统计的国家水平）时，许多州在制造业行政工作类别方面统计出的伤亡率数据都被认为是不可接受的 （美国劳动统计局，2010）。

让我们先来了解美国劳动统计局搜集的数据所显示的背景信息。通过北美行业分类系统对不同企业的伤亡率对比做基准测试。这 61 种行业的分类是针对教育界工人而言的。这最初的 61 种行业分类又进一步被划分为更细的如下类别：

- 6111：小学和中学
- 6112：初级学员
- 6113：学院、综合性大学和专科学校
- 6114：商学院、计算机和管理培训
- 6115：技校和贸易学校
- 6116：其他学校教学
- 6117：教育支持服务

这些机构的雇员们根据这些种类的岗位，汇报受损情况（美国劳动统计局，2010）。

从全美教育服务业工人们中选取的样本来统计伤亡率。用同样的方法对所有其他的工作类别进行了实际伤亡率统计。亦即依据 OSHA300 日志，把所符合设定条件标准的伤亡率数据乘以 200000；或者用给定年份里一百个工人不包括加班时间在内的规定工作时间，除以实际的工作时数。这样就可以得出每一百个雇员会发生的事件率。在根据 OSHA300 日志汇报伤亡率时，必须满足以下标准：

- 它必须和工作有关。
- 它必须是新的伤害事故或者是现存状况的强烈恶化。
- 它必须：
  - 需要休假；
  - 需要调动工作；
  - 需要限制工作状况；
  - 导致意识丧失；
  - 导致死亡；
  - 导致需要接受医生治疗的严重身体受损；
  - 需要紧急救护之外的医疗。

"紧急救护"的定义有很多方面：

● 使用冷疗或者热疗；

● 需要进行按摩，但不是由临床治疗医师或者其他的健康护理执业人员进行；

● 临时使用夹板；

● 使用绷带、纱布等包扎伤口；

● 用非外科手术的方法移除夹板或者眼部和皮肤处的异物。

比如说，内华达州汇报了对教育服务业（北美行业分类系统代码61）的97400名雇员中4400例受伤事件进行调查的情况，其伤亡率是每一百个教育服务业雇员中有4.52人受伤。佛蒙特州的伤亡率是每一百个教育服务业雇员中有54.74人受伤。肯塔基州汇报了在15800名雇员中2600例的伤亡事件，其伤亡率是每一百个教育服务业雇员中有16.46人伤亡。在过去五年里显示出伤亡率上升的趋势（美国劳动统计局，2010）。在全美地区，对比数据已列在图35-1中。

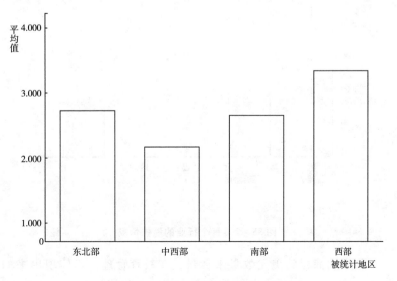

图 35-1　据报道的受伤害事件数量

根据 2005 年到 2009 年间收集的数据，肯塔基学校董事会协会发现在肯塔基的 96 个学区中，较之于人们认为最危险的工作行业的伤亡率，教师行业的伤亡率高出很多。正如图 35-2 所示，教师群体发生了 4709 例伤害事件，与之相比，监护人群体发生了 1676 例，食品服务行业是 2312 例，而维修保管人员群体是 462 例，驾驶员中是 876 例。在回顾教育工作者们中发生的伤害事件类型时，我们看到了一幅不可原谅的全景：在所有的事故中，4824 例是坠落事故，2647 例是背部受伤，866 例是发生在不同层面之间的掉落事故，2542 例是被物体砸到，1279 例是被咬伤。乔·艾萨克斯（Joe Isaacs）是肯塔基学校董事会协会的前任损耗控制专家、肯塔基城市联盟现任损耗控制专家，在和乔·艾萨克斯的面谈中，可以得知在不同高度的层面之间出现坠落事件主要是因为教师们站在椅子上，教师们的背部受伤是因为用力过度，学生们在攻击教师们及助手时会出现咬伤事件（Isaacs，2010）。

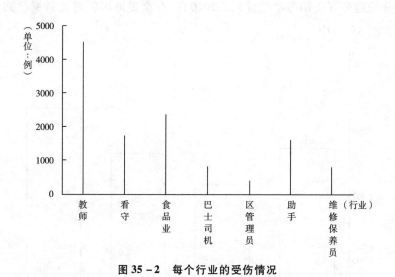

图 35-2　每个行业的受伤情况

如果用消耗的美元数量来衡量，在教育管理方面体现出来的安全隐患犹如无底洞影响着每天的运营操作（图 35-3 和 35-4）。

从 2005 年到 2009 年，因为高空坠落事件而损耗的金额数达 11241952 美元 。教师们因为用力过猛导致背部受伤而损耗的金额数达 10338849 美元。同时期的总成本达 3391321100 美元。尽管上述所列费用是由保险公司来进行支付的。就肯塔基学校董事会协会而言，则是由学区来承担不断增加的费用（Isaacs, 2010）。

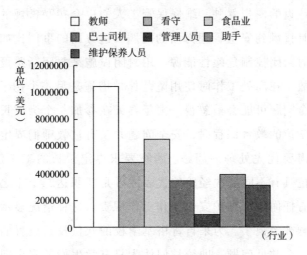

图 35 – 3　各行业的损失美元数目

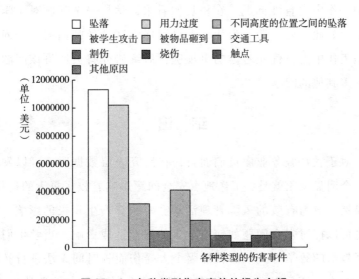

图 35 – 4　各种类型伤害事件的损失金额

在教师、维修保管人员和司机之间出现这种差异的一个潜在原因和安全培训的数量和实施的防止受伤策略有关。比如说，司机和学区必须遵守驾照管理系统和商业驾驶安全管理系统。除了联邦政府和州立政府的举措，还需要让司机们接受培训以及根据安全管理和技能培训进行的特别评估。一个很好的例子就是在学区之间往返的模拟驾驶。维修保管工人们也会接受常规的安全培训，并且接触到安全管理方面的问题。这方面的事例比如在保养和维修时封闭控制危险性能源。用封闭设施来封闭断路设置阻止触电事故。在高处工作时使用坠落保护措施是另一个例子。教师们的安全问题可能会被忽视。去年春天在参加一个为校长们设置的硕士学位的教育课程时，安全问题并没有被教师们界定为校长工作中需要优先处理的问题。当被要求界定校长的工作任务时，这十四位具有不同层次经验的代表或者是任职达二十年之久的人士中没有任何人将维护安全当作工作职责。这种情况显示出教师安全问题被忽视了。为来自肯塔基学校的八位校长设置的课程显示出的一个常见问题，即校长们认为只有学生们的安全问题才是他们工作中的首要问题。在校长们看来，学校安全问题对于学生们而言如此重要，那么为什么来自同样学区的教师们的安全问题不是工作中需要优先考虑的事项呢？后续研究将会回答该问题以及许多其他的问题。

结　论

对于教育服务业雇员们而言，在研究表层数据时，可以发现的一个明显现象就是，工作地点安全问题影响着校区每天的运作。很显然，更为有效的风险管理活动会对预算产生积极的影响。我们也可以探讨安全问题如何对学生的课业造成影响。当学生们适应了教师的教学方式，而教师因个人受伤而长时间无法进行教学工作时会请不同的教师们前来代课，这会影响课堂教学的活力。

从更为基础的层面来讲，我们应该探讨道德体系和教育服务工人们以及学生们如何影响着校园安全。瓦格纳和辛普森指出拥有较高道德体系的学校可能会更安全，因为孩子们学会选择做正确的事，只有这样做才是公平的。这就和那些对学生们的行为举止进行强制规范的学校形成了鲜明对比。瓦格纳和辛普森声称具备较高层次道德体系的学校会更为安全，如果这种说法正确，安全是领导力的道德原则，学区就必须关注工作地点的安全问题，以及学生们的安全问题。安全问题不应该是校园管理中的隐患，相反应该对校园管理起促进作用。

个案研究

在过去那些年的运营中，为了削减成本，中心办公室采取了一项措施，不再替换那些即将退休的高层管理人员，而是找其他人来执行这些管理职能。预期这项措施每年节省 20 万到 30 万美元。但是，工人们因公受伤事件需要获得的赔偿金额，其中包括一些高层教师因为残疾而造成的赔偿金额的增加，所以这些预期的节省金额被大幅度削减。学区保险公司派出阻止损失的专家对学区进行审计，并提供建议以寻求改进措施。其中的一项改进建议就是执行官方工作危险性分析审计。

- 领导力是如何影响工作环境的安全现状的？
- 你是如何在校园体系内部运作安全商业案例的？

1. 为一名小学教师进行工作危险性分析。你要考虑校长们为衡量教师而制定的标准，以及所列出的作为教师职责的官方任务描述。你应该对教师们进行调查和面谈，了解工作的执行情况，以便于对实际任务和其他的任务有一个全面的了解。

2. 是否能够让学生们参与鉴定并报告滑倒、绊倒或坠落危险？

3. 界定场地工人或者维护保管工人有可能面临的各种危险。

参考文献

Biggins, R. (2010). Notes from Educational Course EAD 801. Eastern Kentucky University, Richmond, KY.

Bird, F., Jr., Germain, G. L., and Clark., M. D. (2003). *Practical Loss Control Leadership* (3rd ed.). Det Norske Veritas, Duluth. GA.

Goetsch, D. (2008). *Occupational Safety and Health for Technologists, Engineers, and Managers*. Pearson Prentice Hall, Upper Saddle River. NJ.

Isaacs, J. (2010). School liability issues. 2010 Kentucky School Board Association Annual Meeting. Louisville. KY.

Larson, L. K., and Larson, A. (2000). *Workers' Compensation Law Case, Materials, and Text* (3rd ed.). Lexis Publishing, New York.

U. S. Bureau of Labor Statistics. (2010). Injury/illness data table. Accessed May 2, 2012. http:/www. bls. gov/news. release/archives/osh_1021 2010. pdf.

Wagner, P., and Simpson, D. (2009). *Ethical Decision Making in School Administration: Leadership as Moral Architecture*. SAGE Publications. Thousand Oaks, CA.

图书在版编目（CIP）数据

校园安全综合手册／（美）E.斯科特·邓拉普
（E. Scott Dunlap）编；张缵译. －－北京：社会科学
文献出版社，2016.10
　（安全救护系列图书）
　书名原文：The Comprehensive Handbook of School
Safety
　ISBN 978 - 7 - 5097 - 9429 - 6

　Ⅰ.①校…　Ⅱ.①E…②张…　Ⅲ.①安全教育 - 青少
年读物　Ⅳ.①X956 - 49

　中国版本图书馆 CIP 数据核字（2016）第 163249 号

· 安全救护系列图书 ·
校园安全综合手册

编　　者／〔美〕E. 斯科特·邓拉普（E. Scott Dunlap）
译　　者／张　缵

出 版 人／谢寿光
项目统筹／许春山
责任编辑／王珊珊

出　　版／社会科学文献出版社·教育分社（010）59367278
　　　　　　地址：北京市北三环中路甲 29 号院华龙大厦　邮编：100029
　　　　　　网址：www. ssap. com. cn
发　　行／市场营销中心（010）59367081　59367018
印　　装／三河市东方印刷有限公司

规　　格／开本：787mm×1092mm　1/16
　　　　　　印张：37　字数：493 千字
版　　次／2016 年 10 月第 1 版　2016 年 10 月第 1 次印刷
书　　号／ISBN 978 - 7 - 5097 - 9429 - 6
著作权合同
登 记 号／图字 01 - 2013 - 8944 号
定　　价／98.00 元